爆炸与防护

BAOZHA YU FANGHU

李 剑 编著

中国水利水电出版社
www.waterpub.com.cn

内 容 提 要

本书从爆炸的基本理论出发，系统全面地论述了爆炸的基本原理、爆炸作用与毁伤以及与爆炸相关的测试技术。同时从安全防护的角度讲解了爆炸物检测与处置、爆炸防护的技术应用、爆炸周围环境防护和爆炸周边人员防护的相关内容。全书结构严谨、内容丰富，理论与实践的结合十分紧密，具有很强的实用性。

图书在版编目（CIP）数据

爆炸与防护 / 李剑编著. -- 北京 : 中国水利水电出版社, 2014.9（2022.10重印）
ISBN 978-7-5170-2412-5

Ⅰ. ①爆… Ⅱ. ①李… Ⅲ. ①爆炸－安全防护 Ⅳ. ①X932

中国版本图书馆CIP数据核字(2014)第199693号

策划编辑：杨庆川　责任编辑：杨元泓　封面设计：马静静

书　名	爆炸与防护
作　者	李　剑　编著
出版发行	中国水利水电出版社
	(北京市海淀区玉渊潭南路1号D座 100038)
	网址：www.waterpub.com.cn
	E-mail：mchannel@263.net(万水)
	sales@mwr.gov.cn
	电话：(010)68367658(发行部)、82562819(万水)
经　售	北京科水图书销售中心(零售)
	北京科水图书销售有限公司
	电话：(010)63202643、68545874
排　版	北京鑫海胜蓝数码科技有限公司
印　刷	三河市人民印务有限公司
规　格	184mm×260mm　16开本　18.5印张　450千字
版　次	2014年10月第1版　2022年10月第2次印刷
印　数	3001-4001册
定　价	62.00元

前　言

爆炸这一现象与人类社会的发展是密不可分的，人类生活当中有各种形式的爆炸。如鞭炮为节日增加了喜庆气息，核聚变产生的新能源方便了生产生活，这些是造福人类的表现。另一个方面，战争中的炮火令无数人流离失所，工厂煤矿等地的意外爆炸事故严重影响了国家和人民的生命财产安全。由此可见，爆炸现象有利有弊，与科学技术一样，是一把双刃剑，必须得到正确利用才能造福人类。

近年来，我国的石油、化学工业发展迅猛，新工艺、新技术、新装置、新产品层出不穷，与此同时各类爆炸事故频频发生。关于爆炸理论的书籍纷纷面世，但较多的偏重于对爆炸的防治。笔者通过多年的教学实践发现，仅仅掌握一些防爆技术还不足以科学地应对各类爆炸事故，更重要的是要系统了解和掌握爆炸发生、发展的过程并对可能造成的事故进行定性、定量的后果分析。换言之，既要全面学习与爆炸相关的理论知识，也要具备处理爆炸事故的实际操作能力。在这样的背景之下，本人撰写了《爆炸与防护》一书。

本书与其他同类著作相比，在撰写过程中突出了以下几方面的特点。第一，以爆炸现象的基本理论为重点内容。爆炸理论是本书的灵魂部分，起到了贯穿全书的作用，这部分内容系统全面，科学性强，同时也存在着一定的难度，本书尽量本着循序渐进的原则，由浅入深地进行论述。第二，理论联系实际，注重实用性。本书的爆炸概论和防护概论之间存在着十分紧密的联系，既做到了理论的严谨、完整，又实现了操作的方便、可行。同时本书删减了一些实用价值不大的内容，以最新的理论成果为基础，从而满足我国当今的现实需求。第三，整体结构完善，理论方法与具体案例相结合。本书的整体结构以爆炸防护的基础理论为大纲，并适当加入与之紧密相关的现实和操作案例，各种图表的运用使研究成果十分直观，做到了图文并茂、深入浅出。

《爆炸与防护》一书共有七章内容，包括基础理论和方法操作两大部分。基础理论部分包括前三章内容，涉及爆炸理论基础、爆炸作用与毁伤、爆炸测试技术。方法操作部分为四至七章内容，包括爆炸物检测与处置、爆炸防护技术、爆炸周围环境防护、爆炸周边人员防护等。

本书在撰写的过程中，得到了许多专家和同仁的指导和帮助，在此一并表示感谢。本书的主要内容为本人所授主干课的课程讲义，多年来取得了较好的教学效果。书中所用的部分素材，参考了国内外相关著作的研究成果，一些图例和表格均摘自其中，未能一一注明的，敬请谅解。

由于本人水平有限、时间仓促，错误和不妥之处在所难免，敬请各位专家和读者批评指正，以便在日后修改完善。

作　者

2014 年 7 月

目　　录

第1章　爆炸理论基础

1.1　爆炸现象

1.1.1　爆炸的基本概念

爆炸是指物质状态发生突变(包括密度、温度、体积、压力等因素),在极短的时间内释放出大量能量,形成空气冲击波,并且通常伴随有声或光效应,可使周围物质受到猛烈冲击作用的现象。

爆炸包含物质的物理变化和化学变化,在变化过程中,伴随有能量的快速转化,较多情况是内能转化为机械压缩能,且使原来的物质或其变化产物、周围介质产生运动。爆炸现象通常包括两个阶段:首先是这种或那种的内能转化为强烈的物质压缩能;其次是压缩能的膨胀,即释放阶段,使潜在的压缩能转化为机械功。

整个世界都是物质组成的,如空气、阳光、水、木材、煤、石油、汽油、酒精、乙炔、煤气、铝粉、火药、雷管等等都是物质,一切物质都在永不停息地运动着。物质运动具有不同的表现形式,其中爆炸就是物质剧烈运动的一种表现。爆炸的能源有许多种类:如电、热、运动、弹性压缩、原子能、化学能等。另外,水下的强力火花放电,或者将大电流通过细的导线都有可能引起爆炸,这时,电能转化为加热空气、水汽的能量。

1.1.2　爆炸的特征与分类

1.爆炸的特征

爆炸是物质发生的一种急剧的物理、化学变化。在变化过程中伴有物质所含能量的快速释放,变为对物质本身、变化产物或周围介质的压缩能或运动能。通常来讲,爆炸表现为以下两个特征①:

第一,爆炸的内部特征。大量气体和能量在有限的体积内突然释放或急剧转化,并在极短时间内在有限体积中积聚,造成高温高压等非寻常状态对邻近介质形成急剧的压力突跃和随后的复杂运动,显示出不寻常的移动或机械破坏效应。

第二,爆炸的外部特征。爆炸将能量以一定方式转变为原物质或产物的压缩能,随后物质由压缩态膨胀,在膨胀过程中作机械功,进而引起附近介质的变形、破坏和移动。同时由于介质受振动而发生一定的声响。

简言之,爆炸的特征就是爆炸过程进行得快,爆炸点附近压力急剧升高,发出响声的同时令周围介质产生震动,甚至遭到破坏。

---

① 张英华,黄志安.燃烧与爆炸学.北京:冶金工业出版社,2012

2.爆炸的分类

按照物质产生爆炸的原因和性质的不同，可以将期分为三类，即物理爆炸、核爆炸和化学爆炸。

物理爆炸：由物质的物理变化造成的爆炸。例如：蒸汽锅炉或高压气瓶的爆炸，闪电，电爆炸，地震，火山爆发，高速撞击，保险丝爆炸，煤矿的瓦斯、煤突出等，冬季低温造成的输水管爆裂等。由于某种原因锅炉蒸汽管或高压气瓶压力急剧升高，或者由于腐蚀、其它机械破损致使管壁或容器壁强度下降发生蒸汽管或气瓶爆炸，这种爆炸是由于蒸汽或高压气体的内能突然释放造成的，爆炸发生的原因是物质物理变化，没有化学变化，因而属于物理爆炸。高速运动的物体猛烈撞击高强度障碍物时，动能迅速转换为热能，如果能量足够大，可使物体气化形成强烈的压缩气体发生物理爆炸。地震，煤矿的瓦斯、煤突出等是弹性压缩能引起的物理爆炸。上述爆炸发生时能量急剧变化的原因是由物理变化引起的，因而都是物理爆炸。但物理爆炸过程中，也不排除局部或细节上发生化学变化。

核爆炸：也称为原子爆炸，由原子核裂变反应或核聚变反应引起的爆炸。例如：原子弹爆炸和氢弹的爆炸。核爆炸在能量和爆炸速度上远大于上述两类爆炸，例如，5 千克铀全部裂变仅需 $0.58\mu s$，释放能量 1 亿千瓦时，相当于 10 万吨 TNT 炸药爆炸的能量，因此比炸药爆炸具有更大的破坏力。核爆炸除产生冲击波作用外，同时还产生很强的光和热辐射以及各种粒子辐射。密度为 $1.6g \cdot cm^{-3}$ 的 10 万吨 TNT 球形装药，装药半径为 77.7 米，若爆轰速度为 $7000m \cdot s^{-1}$，球中心起爆，则需要 11ms 的时间爆轰完毕。释放同样的能量，后者所需时间是前者的数万倍。核爆炸在释放能量的数量和速率（功率）上比普通的炸药爆炸要强的多。

化学爆炸：由物质的化学变化或快速化学反应引起的爆炸。化学爆炸过程中化学反应释放的化学能转变为气体压缩能。例如：炸药爆炸，可燃气或可燃粉尘与空气混合物的爆炸。化学爆炸按照化学变化的不同，又可以分为如下三类：

(1)简单分解爆炸某些物质的分子结构极不稳定，受到震动即可引起分子分解而爆炸。如叠氮化铅（PbN_6）、乙炔银（Ag_2C_2）等起爆药就属此类。简单分解爆炸时并不一定发生燃烧反应，爆炸所需的热量是由爆炸物本身分解时产生的。

(2)复杂分解爆炸：某些物质自身既含有 C、H 一类可燃元素，又含有 O 这类助燃元素，还与 N 元素形成不稳定原子结构，如 C—N、H—N、O—N，N—N 等，当它遇到外界激发能量时，立即发生自燃烧反应（通过自身的分界能产生燃烧所需的氧），放出大量的热，使 C—N 键、N—N 键、O—N 键受热分解而断裂，迅速转化为爆炸。大部分炸药爆炸都属于这一类，如硝化甘油的爆炸反应：

$$C_3H_5(ONO_2)_3 = 3CO_2\uparrow + 2.5H_2O\uparrow + 1.5N_2\uparrow + 0.25O_2\uparrow \quad (1-1)$$

(3)燃爆性混合物的爆炸：所有可燃气体、蒸气及粉尘同空气（主要是氧）的混合物所发生的爆炸均属此类型。如在化工生产中，可燃性气体或蒸气与空气形成燃爆性混合物的可能性很大。物料从工艺装置中、管道里泄漏到厂房里，或空气进入有可燃气体的设备里，都可能形成燃爆性混合物，遇到点火源便会造成燃烧爆炸事故。

1.2　炸药特性

1.2.1　炸药定义与分类

1. 炸药的定义和特点

炸药是指能够发生化学爆炸的物质，包括化合物(单体炸药)和混合物，狭义上看是指爆炸做功的主要装药，包括猛炸药和起爆药，主要化学变化形式为爆轰或者说主要利用其爆轰性能。

广义上看，火药，烟火剂也属于炸药的范畴，但主要利用其燃烧性能。

炸药具有的特点①有：

(1)高能量密度——单位体积内能量高。

(2)强自行活化物质。

炸药在外部激发能作用下发生爆炸后，在不需外界补充任何条件和没有外来物质参与下，爆炸反应即能以极快速度自持进行，并直至反应完毕。

表 1-1　炸药爆热、活化能及其比值

炸药	Q_v/kJ·mol^{-1}	E/kJ·mol^{-1}(分解活化能)	Q_v/E
TNT	1093	223.8	4.6
PETN	1944	163.2	11.9
RDX	1404	213.4	6.6
HMX	1832	220.5	8.3

表 1-1 是几种炸药的爆热和分解活化能，从数值上权且可以这么说 1molTNT 的爆热可活化 4.6mol 的 TNT，因而炸药的爆炸变化可以自行活化，自动传播。

(3)亚稳定物质。

炸药是危险品，不安全，但具有足够的稳定性；从热分解角度看，除起爆药外，大部分猛炸药的热分解速率低于某些化学肥料及农药，因此在很多情况下炸药不是一触即发的危险品。若要使炸药发生爆炸必须给予一定外界能量刺激，有实用价值的炸药必须具有足够稳定性，能够承受相当强烈的外界作用而不发生爆炸。近代战争要求炸药具有低的敏感性、高的安全性。某些工业炸药(爆破剂)的感度很低，不能被一只工程雷管直接引爆，还得借助于猛炸药，所用起爆的药量达到百克。某些具有爆炸性、但很不稳定的物质，例如 NI_3，没有应用价值。过于钝感或者过于敏感的物质都不适合作为炸药。

(4)自供氧物质。

炸药的燃烧和爆轰是分子或组成内组分之间的化学反应，不需要外界供给氧。因此当炸药着火时，隔氧法灭火不仅不起作用，反而可能造成燃烧转爆轰，导致更为严重的后果。

① 金韶华，松全才. 炸药理论. 陕西：西北工业大学出版社，2010

2.炸药的分类

炸药具有多种多样的类型，一般按照使用用途和组成两种方法进行分类：

(1)按使用用途分。

按用途可以将炸药分为四大类，即起爆药、猛炸药、烟火剂和火药。

1)起爆药：对外界作用十分的敏感，即轻微的外界刺激(如机械、热、火焰)，就能引发爆炸变化，并在极短时间内由燃烧转变为爆轰，主要用于装填雷管或其它起爆装置。起爆药由点火到稳定爆轰在毫米量级的距离完成，起爆药对机械作用比较敏感，但将其装在一个金属壳体内却相当安全。常见的起爆药有叠氮化铅[$Pb(N_2)_2$]、雷汞[$Hg(ONC)_2$]、三硝基间苯二酚铅(即史蒂酚酸铅)[$C_6H(NO)_3O_2Pb$]、二硝基重氮酚[$C_6H_2(NO_2)_2ON_2$]等。图1-1是两种起爆药的结构式：

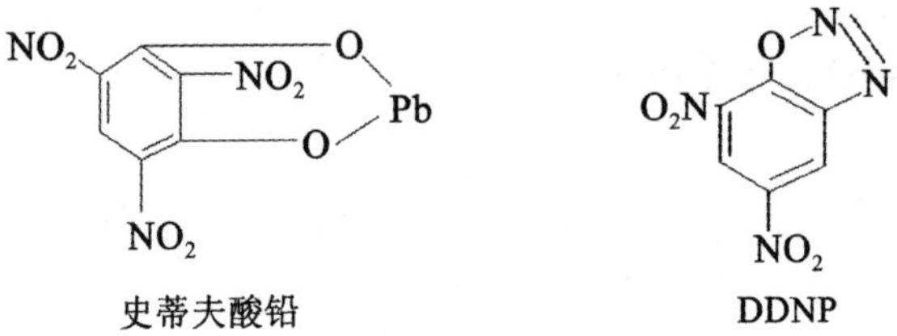

史蒂夫酸铅　　DDNP

图1-1　两种起爆药的结构式

起爆药用来引起其他炸药发生爆炸变化，工程上和军事上用其装填各种起爆器材和点火装置，例如工程雷管、火冒(用以起爆猛炸药、点燃火药)等。

起爆药在一个爆炸装置中最先发生爆炸，因而也称为初级炸药、主发炸药或第一炸药。

2)猛炸药：猛炸药是主要的爆炸做功装药，主要利用其爆轰性能。猛炸药又有军用和民用之分。和起爆药相比，猛炸药对外界的作用比较钝感，需要较大外界能量作用才能发生爆炸，因而猛炸药也称为次发炸药、高级炸药或第二炸药。例如：三硝基甲苯(TNT)、环三亚甲基三硝胺(RDX)、丙三醇三硝酸酯(NG)、B炸药(TNT－RDX的混合物)、民用工业用的乳化炸药等等。图1-2是几种猛炸药的结构式：

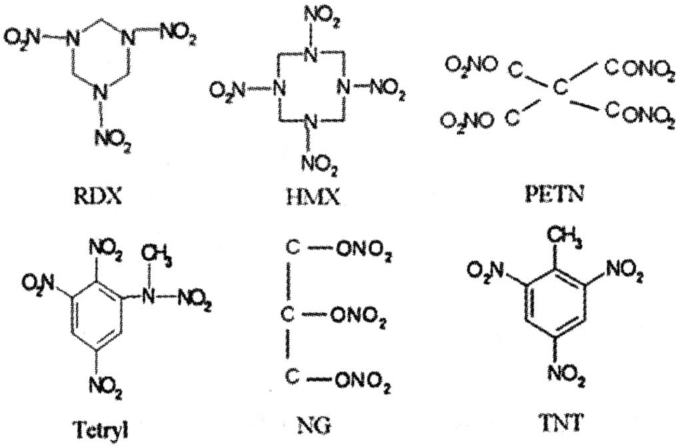

RDX　　HMX　　PETN

Tetryl　　NG　　TNT

图1-2　猛炸药的结构式

3)火药：火药在没有外界助燃剂(如氧)作用下，能进行有规律的快速燃烧，用作抛掷、发射、推进等，虽然火药也可以爆轰但实际中主要利用其燃烧性能。例如：枪弹、炮弹的发射药，火箭、导弹的推进剂等。

黑火药或有烟火药是我国古代三大发明之一，现在仍被广泛的使用，如用于制造导火索，点火药，传火药等。除了黑火药外，常用的火药或发射药使用最多的是由硝化棉、硝化甘油为主要成分，外加部分添加剂胶化而成的无烟火药。

单基火药又称硝化棉火药，主要成份为硝化棉（硝化纤维）(NC)，含 NC 为 95%。

双基火药又称硝化甘油火药（以两种主要成份为基础，其主要成份为硝化棉（NC）和硝化甘油（NG）或其它活性硝酸酯（硝化乙二醇）。

高聚物复合火药用于火箭的发射装药—又称固体推进剂。其主要成份是以高分子化合物、金属粉（铝粉）等为可燃剂，固体氯酸盐（如高氯酸铵）等为主要氧化剂成份。

4）烟火剂（烟火药）：在隔绝外界氧的条件下能燃烧，并产生光、热、烟等效应的混合物。其主要成份为：氧化剂、可燃剂、粘合剂和其它附加物，用于制造焰火、爆竹等；军事上用于制造照明剂、燃烧剂、信号弹、曳光剂、有色发烟剂等，烟火剂用于装填特种弹药，产生特定的烟火效应。例如：安全气囊、照明弹、烟幕弹等。烟火剂也可以发生爆炸，但是实际应用中只希望其发生燃烧。

(2)按组成分。

有许多分类方法，主要分为两大类即爆炸化合物（单体炸药，又称分子内炸药）和爆炸混合物（混合炸药，又称分子间炸药）。

1）单体炸药即爆炸化合物，分子内含有氧化性基团和可燃元素—分子内炸药，混合炸药即爆炸混合物，混合物组成内的组分之间发生氧化反应—分子间炸药。

对单体炸药按分子结构特征（爆炸性基团）又可分为：

—C≡C—基：存在于乙炔衍生物中，如乙炔银，乙炔铜等；

—N=C—基：存在于雷酸盐及氰化物中。如雷酸汞[$Hg(ONC)_2$]，雷酸银[$Ag(ONC)$]等；

—N=N—、—N=N≡N 基：存在于偶氮化合物和叠氮化合物中，如叠氮化铅[$Pb(N_3)_2$]，叠氮化银[AgN_3]等；

—N—X—基：存在于氮的卤化物中，如三氯化氮[NCl_3]，二碘化氢氮[NHI_2]等；

—O—Cl—O_2(O_3)基：存在于无机氯酸盐、有机氯酸酯或高氯酸酯中，如氯酸钾[$KClO_3$]，高氯酸铵[NH_4ClO_4]，高氯酸甲酯[CH_2OClO_3]等；

—O—O 基：存在于过氧化物中，如过氧化三环酮[$((CH_3)_2—COO)_3$]等；

—N=O 基：存在于亚硝基化合物和亚硝酸盐（酯）中，如环三亚甲基三亚硝胺[$(—CH_2—N—NO)$]等；

—NO_2 基：存在于硝基化合物中，应用最为广泛，如 NH_4NO_3，黑索今（RDX，环三亚甲基三硝胺），硝化甘油（NG），三硝基甲苯（TNT）等。

根据—NO_2 与 C、N、O 的连接又可分为硝基化合物、硝（基）胺化合物、硝酸酯三大类。TNT、RDX、太安（PETN）是这三类单体炸药的典型代表。

2）爆炸混合物：也称为混合炸药，爆炸性混合物弥补了单体炸药在品种、成型工艺、原材料来源及价格方面的不足，具有较大的选择性及适用性，扩大了炸药的应用范围。如：A 炸药（RDX 和蜡的混合物）、Amatol 炸药（TNT 和 NH_4NO_3 的混合物）、B 炸药（TNT 和 RDX 的混合物）、RDX+石蜡（钝化 RDX）、RDX+铝、高聚物粘结炸药、燃料空气炸药等，上述均为军用混合炸药;此外还有许多民用混合炸药,如铵油炸药、乳化炸药等。

1.2.2 炸药的性能参数

炸药的性能参数通常以下面五个参量来表示,即爆热、爆温、爆容、爆速和爆压,也就是所谓的“五爆”①。但在实际应用中,人们还经常以“威力”和“猛度”这两个概念来表示炸药总的作功能力和其炸碎与其接触材料的能力。所以,经常用来表示炸药爆炸性能的参量共有七个。

1.爆热及计算方法

爆热指单位质量炸药爆炸时所释放出的热量。通常以1kg或lmol炸药所放出的热量来表示,单位是kJ/kg或kJ/mol。爆热是一个很重要的爆炸性能参数,它是炸药对外做功的能源。爆热愈大,就表示炸药对外作功的能力愈大。

炸药的爆热是一个总的概念,对爆炸过程来说,可分为三类,即爆轰热 Q_D、爆破热 Q_B 与最大爆热 Q_{max},这三个能量概念和炸药的其它爆炸性质有密切关系。

爆轰热 Q_D,是指爆轰波波阵面上或爆轰波化学反应区放出的热量,与炸药爆速密切相关,实测十分困难;爆轰热这个概念是与爆轰的流体动力学理论相联系的。

爆破热 Q_B,是指炸药爆轰中进行的一次化学反应的热效应,与气体爆炸产物绝热膨胀时所产生的二次平衡反应热效应的总和,与炸药爆炸时实际做功能力有关,实测结果与爆炸或爆破的条件密切相关。

最大爆热 Q_{max},又称为理想爆热,是指炸药爆炸时放出能量可能的最多限度,亦称为理论爆热,具有理论意义,实际过程达不到此值,可以通过理论假设进行计算。

因此三者的数量关系为:$Q_D < Q_B < Q_{max}$。

爆热的计算有理论计算和经验计算两种。理论计算主要依据是盖斯定律,计算时需要写出爆炸反应方程式或者说需要知道爆炸时爆炸产物的组成。经验计算有各种方法,计算时应注意计算式的来历及其适用范围和条件。

(1)理论计算方法。

计算依据:盖斯定律——化学反应过程中,体积恒定或压力恒定,且系统没有做任何非体积功时,化学反应热效应只取决于反应的初态与终态,与反应过程的具体途径无关。

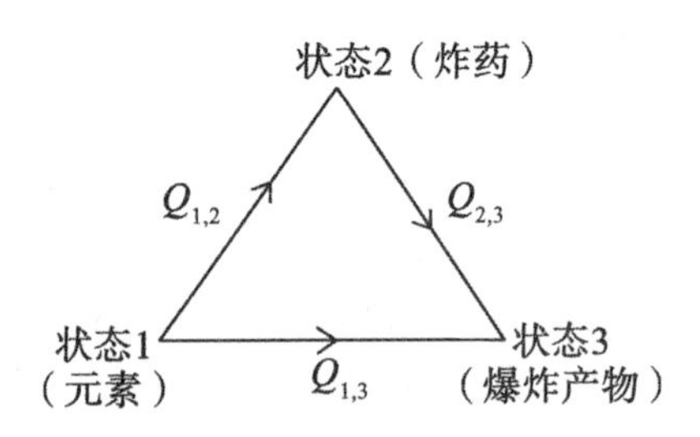

图 1-3 计算爆热的盖斯三角形

由图1-3可知,状态1→状态3的途径有两条:一是由元素的稳定单质直接生成爆炸产物,并放出热量 $Q_{1,3}$;二是由元素的稳定单质先生成炸药,放出或吸收热量 $Q_{1,2}$,然后再由炸药

① 郝建斌.燃烧与爆炸学.北京:石油化工出版社,2012

爆炸反应生成爆炸产物并放出热量 $Q_{2,3}$。其中，$Q_{1,3}$ 即为各爆炸产物的生成热之和，$Q_{1,2}$ 即为炸药生成热，$Q_{2,3}$ 即为爆热。

由盖斯定律知：$Q_{1,3}=Q_{1,2}+Q_{2,3}$，所以，炸药的爆热计算式为：

$$Q_{2,3}=Q_{1,3}-Q_{1,2} \tag{1-2}$$

上式中，$Q_{1,3}$、$Q_{1,2}$ 可以从一般的热化学手册中查得，从而可计算爆炸过程的热效应，即计算爆热。表 1-2 就列举了一些常用炸药和爆炸产物的生成热数据（单质的生成热为零，不考虑相变），某些物质的生成热还可以通过燃烧热或有关计算求得。

表 1-2　某些物质和炸药的生成热（定压，291K 时）

物质	分子式	相对分子质量 M_r	生成热 Q_f	
			$kJ \cdot mol^{-1}$	$kJ \cdot kg^{-1}$
梯恩梯	$C_7H_5O_6N_3$	227	73.22	322.56
2,4－二硝基甲苯	$C_7H_6O_4N_2$	182	78.24	429.89
特屈儿	$C_7H_5O_8N_5$	287	－19.66	－68.52
太安	$C_5H_8O_{12}N_4$	316	541.28	1712.92
黑索今	$C_3H_6O_6N_6$	222	－65.44	－294.76
奥克托今	$C_4H_8O_8N_8$	296	－74.89	－253.02
硝酸肼	$N_2H_5NO_3$	95	250.20	2633.83
硝基胍	$CH_4O_2N_4$	104	94.46	879.4
硝基甲烷	CH_3NO_2	61	91.42	1498.70
硝化棉（含 N12.2%）	$C_{22.5}H_{28.8}O_{35.1}N_{8.7}$	998.2	2689.00	2702.86
硝化乙二醇	$C_2H_4O_6N_2$	152	247.90	1630.93
硝基脲	$CH_3O_3N_3$	105	283.05	2695.69
硝化甘油	$C_3H_5O_9N_3$	227	370.83	1633.60
硝酸脲	$CH_5N_3O_4$	123	564.17	4586.75
1,5－二硝基萘	$C_{10}H_6O_4N_2$	218	－14.64	－67.17
1,8－二硝基萘	$C_{10}H_6O_4N_2$	218	－27.61	－126.67
硝酸铵	NH_4NO_3	80	365.51	4568.93
硝酸钠	$NaNO_3$	85	467.44	5499.25
硝酸钾	KNO_3	101	494.09	4891.97
高氯酸铵	NH_4ClO_4	117.5	293.72	2499.72
高氯酸钾	$KClO_4$	138.5	437.23	3156.88
水（气）	H_2O	18	241.75	13430.64
水（液）	H_2O	18	286.06	15892.23

续表

物质	分子式	相对分子质量 M_r	生成热 Q_f	
			kJ · mol^{-1}	kJ · kg^{-1}
一氧化碳	CO	28	112.47	4016.64
二氧化碳	CO_2	44	395.43	8987.04
一氧化氮	NO	30	−90.37	−3012.48
二氧化氮(气)	NO_2	46	−51.04	−1109.67
二氧化氮(液)	NO_2	46	−12.97	−281.97
氨	NH_3	17	46.02	2707.29
甲烷	CH_4	16	76.57	4785.45
石蜡①	$C_{18}H_{38}$	254	558.56	2199.07
木粉①	$C_{39}H_{70}O_{28}$	986	5690.24	5771.03
轻柴油①	$C_{16}H_{32}$	224	661.07	2951.21
沥青①	$C_{30}H_{18}O$	394	594.13	1507.94

注:①为定容条件下的生成热。

一般 $Q_{1,3}$、$Q_{1,2}$ 为定压生成热,故得到的 $Q_{2,3}$ 为定压爆热。实际工作中炸药的爆炸瞬间近似于体积不变,因而炸药爆炸时可以视为定容的过程,常采用定容爆热来表示炸药的爆热。由之前讲授的内容,知:$Q_V=Q_P+\Delta nRT$,而对凝聚炸药,可忽略最初体积,即有:$Q_V=Q_P+n_2RT$,因此,计算爆热的步骤大致可以分成 3 步:

第一步:写出爆炸反应方程式;

第二步:由盖斯定律计算 $Q_P(Q_{2,3})$;

第三步:将 Q_P 换算成 Q_V。

(2)经验计算方法。

1)单体炸药爆热的经验计算——阿瓦克扬公式

特点:此法不需要爆炸反应方程式即可计算爆热。

实质:将爆炸产物和它们的生成物作为氧系数的函数。

阿瓦克扬认为实际爆炸产物生成热总和 $Q_{1,3}$ 与爆炸产物的最大生成热总和 Q_{max} 之间存在一定的比例关系,即:

$$Q_{1,3}=KQ_{max} \tag{1-3}$$

式中,K 为真实性系数,一般小于 1。根据实验发现,K 值与氧系数 A 之间又存在关系:

$$K=0.32A^{0.24} \tag{1-4}$$

对 $C_aH_bO_cN_d$ 类炸药,爆热的计算公式可表示如下:

对正氧平衡炸药($A\geqslant1$)有:

$$Q_V=0.32(100A)^{0.24}(395.4a+120.9b)-Q_{Vf} \tag{1-5}$$

对负氧平衡的炸药($A<1$)有:

$$Q_V=0.32(100A)^{0.24}(197.7c+22.1b)-Q_{Vf} \tag{1-6}$$

其中，Q_V——炸药的爆热（定容爆热），单位为 $kJ \cdot mol^{-1}$；

Q_{Vf}——炸药的定容生成热 $kJ \cdot mol^{-1}$；

A——氧系数。

2）混合炸药爆热的经验计算

混合炸药爆热的经验就算满足质量加权法则，即：

$$Q_V = \sum \omega_i Q_{Vi} \quad (kJ \cdot kg^{-1}) \tag{1-7}$$

式中，ω_i——混合炸药中第 i 组分的质量分数；

Q_{Vi}——混合炸药中第 i 组分的爆热。

若已知第 i 组分的定容生成热 Q_{Vfi}（$kJ \cdot mol^{-1}$），则：

$$Q_{Vf} = \sum n_i Q_{Vf_i} \tag{1-8}$$

式中，n_i——i 组分的摩尔数。

因此可以按类似于单体炸药的阿瓦克扬法来估算混合炸药的爆热。

2.爆温及计算方法

爆温是炸药的重要性能参数之一，取决于爆热和爆炸产物的组成，其单位可以用摄氏温度（℃）或绝对温度（K）来表示。一般来说，所提到的"爆温"概念为以下三种情形之一：

1）炸药爆炸所释放的热量将爆炸产物所能加热到的最高温度（实际为绝热火焰温度）；

2）爆轰的 C—J 温度（由流体力学理论与状态方程得出的温度）；

3）反应的平均温度（如北京理工大学许更光院士用光谱法测量得出的温度）。

爆温的计算通常有以下两种方法：

（1）热容法计算。

为了使爆温的理论计算简化，有以下假定：

1）爆炸过程是定容绝热的，反应热全部用来加热爆炸产物；

2）爆炸产物处于化学平衡和热力学平衡，产物的热容只是温度的函数，与爆炸时所处的压力状态（或密度）无关，此假定对高密度炸药爆温计算将带来一定的误差。

下面根据爆炸产物的平均热容来计算炸药的爆温：

设 T_0 为炸药的初温，取 $298K$，T_B 为炸药的爆温，单位为 K，$t = T_B - T_0$。

$\overline{C_V}$ 为炸药全部爆炸产物在温度间隔 t 内的平均热容，则有：

$$Q_V = \overline{C_V}(T_B - T_0) = \overline{C_V}t \tag{1-9}$$

$$\overline{C_V} = \sum n_i \overline{C_{Vi}} \tag{1-10}$$

式中，n_i 为第 i 种爆炸产物的摩尔数；

$\overline{C_{Vi}}$ 为第 i 种爆炸产物平均定容比热，$J \cdot (mol \cdot k)^{-1}$。

产物的摩尔比热容与温度的关系一般为：

$$\overline{C_{Vi}} = a_i + b_i t + c_i t^2 + d_i t^3 + \cdots\cdots \tag{1-11}$$

式中，t 为温度间隔。

对于一般的工程计算仅取一次项，即认为热容与温度为线性关系。于是，有：

$$\overline{C_{Vi}} = a_i + b_i t \tag{1-12}$$

$$\overline{C_V} = A + Bt \tag{1-13}$$

其中，系数 $A=\sum n_i a_i$；$B=\sum n_i b_i$，对于不同的产物，只是系数不相同而已。

由以上两式得：

$Q_V = At + Bt^2$ 或 $At + Bt^2 - Q_V = 0$

$$\therefore\ t=\frac{-A\pm\sqrt{A^2+4BQ_V}}{2B} \tag{1-14}$$

上式中"－"应舍去，∵ $A>0$，$B>0$ 而 $t>0$，因此有：

$$T_B=\frac{-A+\sqrt{A^2+4BQ_V}}{2B}+298(\mathrm{K}) \tag{1-15}$$

由上式可以看出，已知爆热、爆炸产物组成、每种产物的摩尔比热容，就可以算出爆温 T_B 数值。而对于爆炸产物的平均比热容一般采用 Kast 平均热容计算式得出：

对于双原子(如 N_2、O_2、CO 等)：$\overline{C_V}=20.08+18.83\times10^{-4}t(\mathrm{J\cdot mol^{-1}\cdot K^{-1}})$

对于水蒸气：$\overline{C_V}=16.74+89.96\times10^{-4}t$

对于三原子分子(如 CO_2，HCN 等)：$\overline{C_V}=37.66+24.27\times10^{-4}t$

对于四原子分子(如 NH_3 等)：$\overline{C_V}=41.84+18.83\times10^{-4}t$

对于五原子分子(如 CH_4 等)：$\overline{C_V}=50.21+18.83\times10^{-4}t$

对于碳：$\overline{C_V}=25.11$

对于氯化钠：$\overline{C_V}=118.4$

对于氧化铝(Al_2O_3)：$\overline{C_V}=99.83+281.58\times10^{-4}t$

对于固体化合物：$\overline{C_V}=25.11n$(其中 n 为固体化合物中的原子数)

(2) 按产物的内能值计算。

除采用 Kast 平均热容法外，还可利用爆炸产物得内能值来计算。爆炸产物的内能值随温度变化的数据已较准确的求出，并列于表 1-3。

该法计算的依据：爆炸产物的内能值随温度变化而变化，对定容过程($dV=0$)而言，有 $-dE=dQ+pdV=dQ$ 成立，即爆炸放出的热量全部用在转变爆炸产物的内能上，即有 $\Delta E=-Q_V$。所以已知爆炸产物组成和爆热，就可利用表 1-3 中产物变化的内能数据就可以算出爆温(平衡态)。

具体的计算过程为：首先假定一个爆温 T_B，按此假定的温度查表 1-3，求出其爆炸产物的全部内能值 ΔE，将 ΔE 与该炸药的爆热值 Q_V 进行比较，若两者相近，则可认为该假定温度即为爆温，否则再假定一新的温度重新计算。

表 1-3　一些产物的内能变化值

T/K	E/kJ·mol⁻¹									
	H_2	O_2	N_2	CO	NO	OH	CO_2	H_2O	C	Al_2O_3 ①
291	0	0	0	0	0	0	0	0	0	0
298.15										0
300	0.188	0.188	0.188	0.188	0.192	0.192	0.259	0.226	0.079	0.146

续表

T/K	E/kJ·mol⁻¹									
	H_2	O_2	N_2	CO	NO	OH	CO_2	H_2O	C	$Al_2O_3$①
400	2.264	2.330	2.276	2.280	2.347	2.335	3.364	2.791	1.114	8.852
500	4.356	4.556	4.381	4.402	4.540	4.452	6.832	5.439	2.446	19.137
600	6.452	6.887	6.535	6.581	6.795	6.577	10.602	8.192	4.025	30.095
700	8.560	9.314	8.745	8.832	9.544	8.699	14.619	11.083	5.799	41.583
800	10.682	11.820	11.025	11.155	11.527	10.845	18.845	14.092	7.799	53.458
900	12.824	14.393	13.372	13.552	14.004	13.021	23.238	17.213	9.765	65.621
1000	15.025	17.025	15.778	16.008	16.544	15.464	27.778	20.456	11.878	78.002
1200	19.447	22.148	20.769	21.083	21.769	19.799	37.208	28.083	16.292	103.240
1400	24.066	27.957	25.937	26.338	27.163	24.556	46.999	34.472	20.945	129.101
1600	28.853	33.614	31.242	31.711	32.673	29.476	57.003	42.066	25.790	155.582
1800	33.811	39.359	36.660	37.192	38.246	34.564	67.308	50.0200	—	182.639
2000	38.920	45.200	42.158	42.752	43.894	39.786	77.697	58.258	35.748	210.262
2200	44.162	51.141	47.727	48.367	49.589	45.124	88.249	66.731	—	238.429
2400	49.526	57.170	54.187	54.036	55.338	50.576	98.889	75.400	48.593	376.095
2600	54.999	63.279	59.015	59.739	61.124	56.120	109.629	84.216	—	405.383
2800	60.572	69.488	64.722	65.475	66.948	61.747	120.441	93.165	—	434.671
3000	66.229	75.781	70.454	71.249	72.789	67.446	131.302	102.366	61.898	463.959
3200	71.965	82.140	76.22	77.044	78.655	73.207	142.248	115.525	—	493.247
3400	77.764	88.575	82.019	82.860	84.534	79.040	153.306	120.784	—	522.535
3500									75.454	537.179
3600	83.626	93.199	87.835	88.697	90.433	84.931	164.406	130.181	—	551.823
3800	89.546	101.65	93.667	94.554	96.374	90.876	175.506	139.691	—	581.111
4000	95.512	108.25	99.508	100.429	102.33	96.86	186.669	149.281	89.387	610.399
4200	101.53	114.93	105.38	106.307	108.32	102.92	197.886	158.820	—	639.687
4400	107.59	121.66	111.27	112.207	114.32	109.01	209.162	168.377	—	668.975
4600	113.69	128.44	117.18	118.169	120.37	115.16	220.442	177.975	—	698.263
4800	119.83	135.22	123.09	124.09	126.44	121.37	231.706	187.606	—	727.551
5000	126.01	142.02	129.03	129.58	132.54	127.59	243.165	197.409	—	756.839

注：①Al_2O_3 指 Al_2O_3（晶、液），即 $\Delta E_{Al_2O_3} = \Delta H_{Al_2O_3}$。

3.爆容及计算方法

爆容（也称比容）指单位质量炸药爆炸时所形成的气体产物在标准状态（摄氏0℃，1atm）下所占据的体积。爆容常用 V_0 表示，其单位为 $L \cdot kg^{-1}$。爆容大小反映出生成气体量的多少，而气体介质是炸药爆炸做功的工质，所以爆容是评价炸药做功能力的重要参数。爆容越大，表明炸药爆炸做功效率越高。

爆容通常根据爆炸反应方程式来计算：

$$V_0 = \frac{22.4n}{M} \tag{1-16}$$

式中，n—— 爆炸产物中气态组分的总摩尔数；

M—— 爆炸反应方程中炸药的质量，单位为 kg；

22.4—— 标准状况下，气体的摩尔体积。

4. 爆速及计算方法

爆速指爆轰波沿炸药装药稳定传播的速度，其单位是 m/s，爆速是衡量炸药爆炸强度的重要标志。爆速越大，炸药爆炸就越强烈。

炸药的爆速是它的重要爆轰参数之一，也是它的重要性能指标。爆速是目前能准确测量的爆轰参数，而且它与其它性能，如爆轰压、猛度等密切相关，因此爆速是衡量炸药爆炸能力的重要指标之一。对爆速的研究和测试是炸药爆炸理论的重要内容[①]。

(1) Kamlet 公式。

康姆莱特(Kamlet M J) 等人根据 BKW Ru by 代码的计算结果和炸药爆速实验数据的分析，归纳出计算炸药爆速和爆压的简易经验公式。

康姆莱特认为炸药的爆速可以简化地归结为以下四个参数的关系上，即单位质量炸药的爆轰气体产物的摩尔数、爆轰气体产物的平均摩尔质量、爆轰反应的化学能(爆热) 和装药密度。前面三个参数直接决定于炸药的爆炸反应，炸药的爆炸反应是一个很复杂的反应，第二章虽已对不同氧平衡的炸药提出了一些经验估算方法，但每种方法均有很大局限性，只能进行近似估算。康姆莱特的进一步研究表明，虽然这三个参数均随着爆炸反应式的不同而有很大变化，但按用不同方法确定的反应式进行计算时，爆热高时气态产物的物质的量就小，爆热低时气态产物的物质的量就大，也就是说爆炸反应式对这三个参数的综合影响是不敏感的，他们称这种现象为缓冲平衡。康姆莱特提出的计算炸药爆速的经验公式是：

$$D = 0.7062\varphi^{\frac{1}{2}}(1 + 1.30\rho) \tag{1-17}$$

其中：$\varphi = NM^{\frac{1}{2}}Q^{\frac{1}{2}}$

式中：D—— 密度为 ρ 时炸药的爆速，$km \cdot s^{-1}$；

ρ—— 炸药装药密度，$g \cdot cm^{-3}$；

N—— 每克炸药爆轰时生成气态产物的物质的量；

M—— 气体爆轰产物的平均摩尔质量；

φ—— 炸药的特性值

Q—— 每克炸药的爆炸化学能，即单位质量的最大爆热，$J \cdot g^{-1}$；

在确定 N、M、Q 时，假设爆炸反应按最大放热原则($H_2O - CO_2$ 平衡) 进行，即碳、氢、氧、氮炸药爆炸时，全部氮生成氮气，全部氢生成水，剩余的氧使碳生成二氧化碳；如氧不足以使全部碳氧化，则多余的碳以固体炭形式存在；如全部碳氧化后仍有氧剩余，则以氧气的形式存在。对于 $C_aH_bO_cN_d$ 炸药的 N、M、Q 值的计算可按表 1-4 进行。

① 周霖. 爆炸化学基础. 北京：北京理工大学出版社，2005

表 1-4 N、M、Q 的计算方法

参数	炸药组分条件		
	$c \geqslant 2a+0.5b$	$2a+0.5b > c > 0.5b$	$0.5b > c$
$N(\text{mol}\cdot\text{g}^{-1})$	$\frac{b+2c+2d}{4Mr}$	$\frac{b+2c+2d}{4Mr}$	$\frac{b+d}{2Mr}$
$M(\text{g}\cdot\text{mol}^{-1})$	$\frac{4Mr}{b+2c+2d}$	$\frac{56d+88c-8b}{b+2c+2d}$	$\frac{2d+28d+32c}{b+d}$
$Q\times10^{-3}(\text{J}\cdot\text{g}^{-1})$	$\frac{120.9b+196.8a+\Delta H_f^o}{Mr}$	$\frac{120.9b+196.8(c-0.5b)+\Delta H_f^o}{Mr}$	$\frac{241.8c+\Delta H_f^o}{Mr}$

注：表中 M_r— 炸药的摩尔质量；ΔH_f^0— 炸药的标准生成焓，$\text{kJ}\cdot\text{mol}^{-1}$。

(2) 氮当量和修正氮当量公式。

计算炸药爆速的氮当量公式是我国炸药工作者国遇贤于是 1964 年提出的，公式的表达式如下：

$$D = 1.850\sum N + 1.160(\rho-1)\sum N \tag{1-18}$$

式中：D— 炸药的爆速；ρ— 炸药装药密度；$\sum N$— 炸药的氮当量。

他认为，炸药的爆速除与装药密度有关外，还与爆轰产物的组成密切相关，为此可将爆速表示为产物组成特密度的函数，在爆轰产物中，取氮气对爆速的贡献为 1，其它爆轰产物的贡献与氮气相比较的系数称为氮当量系数，它们的取值列于表 1-5 中。

表 1-5 爆轰产物的氮当量系数

爆轰产物	N_2	H_2O	CO	CO_2	O_2	C	HF	CF_4	H_2	Cl_2
氮当量系数	1	0.54	0.78	1.35	0.5	0.15	0.577	1.507	0.290	0.876

炸药的氮当量以 100 克炸药为基准，将各种爆轰产物的物质的量与其氮当量系数乘积的总和称为氮当量。

爆轰产物的组成按下述规则确定：首先将分子中的氢氧化为水；然后碳再被氧化为一氧化碳，有多余的氧再将一氧化碳氧化为二氧化碳；若还有氧多余即以氧气状态存在，若不能将碳完全氧化为一氧化碳时，则出现固体炭。

若将(1－18) 式加以简化，给出氮当量表达式如下：

$$D = 1.850\sum N + 1.160(\rho-1)\sum N = (0.690+1.160\rho)\sum N \tag{1-19}$$

其中：$\sum N = \frac{100}{M}\sum X_i N_i$

式中：M— 炸药的摩尔质量，$\text{g}\cdot\text{cm}^{-3}$；

N_i— 第 i 种产物的氮当量系数

X_i— 每摩尔炸药中第 i 种爆轰产物的物质的量。

用氮当量公式计算炸药的爆速时，只要知道炸药的元素组成和密度即可，因没有考虑分子结构对爆速的影响，精度较差。为了提高计算精度，张厚生等提出了炸药分子结构对爆速的影响，修正了公式，同时调整了氮当量系数，发展成修正氮当量公式：

$$D = (0.690 + 1.16\rho)\sum N' \qquad (1-20)$$

其中：$\sum N' = \frac{100}{M}(\sum P_i N_{P_i} + \sum B_k N_{B_k} + \sum G_j N_{G_j})$

式中：$\sum N'$— 炸药的修正当量；P_i— 每摩尔炸药中第 i 种爆轰产物的物质的量；

N_{P_i}— 第 i 种爆轰产物的氮当量系数；N_{B_k}— 第 k 种化学键的氮当量系数；

B_k— 第 k 种化学键在炸药分子中出现的次数；

G_j— 第 j 种基团在炸药分子中出现的次数；

N_{G_j}— 第 j 种基团的氮当量系数；M— 炸药的摩尔质量。

修正的爆轰产物、化学键和基团的氮当量系数分别列于表 1-6、1-7 和 1-8 中。

表 1-6　爆轰产物的修正氮当量系数(N_{P_i})

爆轰产物	N_2	H_2O	CO	CO_2	O_2
修正氮当量系数	0.981	0.626	0.723	1.279	0.553
爆轰产物	C	HF	CF_4	H_2	Cl_2
修正氮当量系数	0.149	0.612	1.630	0.195	1.194

表 1-7　化学键的氮当量系数(N_{B_k})

化学键	N_{B_k}	化学键	N_{B_k}
C—H	−0.0124	C＝N	−0.0077
C—C	0.0628	C≡N	−0.0128
⋯C＝C⋯	−1.0288	O—H	−0.1106
C⋯C	0.0101	N—H	−0.0578
C＝C	0.0345	N—F	0.0126
C≡C	0.214	N—O	0.0139
C—F	−0.1477	N⋯O	−0.0023
C—Cl	−0.0435	N＝O	0
C—O	−0.0430	N—N	0.0321
C＝O	−0.1792	N＝N	−0.0043
C—N	0.0090	N≡N	0
C$\overline{\overline{\cdots}}$N	0.0807		

表 1-8　基团的氮当量系数(N_{G_j})

基团	N_{G_j}	基团	N_{G_j}
	−0.0064	−OH · NH_3	0.0470
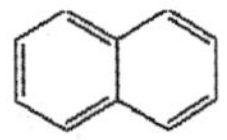	−0.0161	C−NO_2	0.0016

续表

基团	N_{G_j}	基团	N_{G_j}
C—C ‖ ‖ N—N \ / O	−0.2542	$N-NO_2$	−0.0028
C—C ‖ ‖ N—N \ / \ O O	−0.1052	$C-ONO_2$	0.0022
$N\equiv N$	0.0065	$N-NO$	0.0429

(3) 混合炸药爆速的体积加和公式。

前面介绍的公式主要适用于单体炸药爆速的计算。当计算混合炸药的爆速时，可将其看作同样分子式的单体炸药处理，不过前述 Kamlet 公式和氮当量公式，只适用于由猛炸药组成的混合炸药，不适用于含较多惰性附加物或金属粉的混合炸药。目前广泛使用的混合炸药大多含有惰性附加物或金属粉，如高聚物炸药、含铝炸药等等，找出用于计算这类混合炸药爆速的方法具有现实意义。

尤瑞泽(Urizav)提出混合炸药的爆速可用各组分的爆速或传爆速度与其体积分数的乘积加和得到，即：

$$D=\sum D_i\varepsilon_i \tag{1-21}$$

其中：$\varepsilon_i=\dfrac{V_i}{\sum V_i}$

式中：D_i— 组分的特征爆速，$m\cdot s^{-1}$；ε_i— 组分的体积分数；

V_i— 组分的体积 cm^3；$\sum V_i$— 混合炸药的总体积，cm^3

需要说明的是，若混合炸药的装药密度小于理论密度，即炸药中含有空隙时，可将空气也看作是混合炸药的一个组分，只计算其体积，而忽略其质量。

当混合炸药处于理论密度时，炸药中不存有空隙，完全的各组分物质组成，其爆速加和公式可写为：

$$D_T=\sum D_i\varepsilon_i \tag{1-22}$$

式中 i 只包括凝聚物质组分。

当混合炸药处于任意密度时，可看作由炸药物质与空气组成，其爆速加和公式为：

$$D=D_\sigma\varepsilon_\sigma+D_T(\sum\varepsilon_i) \tag{1-23}$$

式中：D_σ、ε_σ— 分别为空气的特征速度和体积分数；

D_T、$(\sum\varepsilon_i)$— 分别为混合炸药在理论密度时的爆速和体积分数。

知：$\varepsilon_\sigma(\varepsilon)=1-\dfrac{\rho}{\rho_T}$，将其代入(1−23)式，得：

$$D=D_\sigma(1-\frac{\rho}{\rho_T})+D_T\cdot\frac{\rho}{\rho_T} \tag{1-24}$$

取空气的传播速度，$D_\sigma=\dfrac{1}{4}D_T$，则：

$$D=\frac{1}{4}D_T+\frac{3}{4}D_T\cdot\frac{\rho}{\rho_T} \tag{1-25}$$

可见,计算混合炸药的爆速,必须先计算理论密度的最大爆速,再计算装药密度条件下的爆速。为应用方便,将混合炸药爆速的计算公式归纳如下:

$$\left.\begin{aligned}
D &= 0.25D_T+0.75D_T\cdot\rho/\rho_{TMD}\\
D_T &= \frac{\sum D_iV_i}{\sum V_i}\\
\rho_T &= \frac{\sum m_i}{\sum V_i}\\
V_i &= \frac{m_i}{\rho_i}
\end{aligned}\right\} \tag{1-26}$$

式中:D— 混合炸药在密度为 时的爆速,$m\cdot s^{-1}$;

D_T— 混合炸药在理论密度 ρ_T 时的爆速,$m\cdot s^{-1}$;

D_i—i 组分在理论密度进的特征速度,$m\cdot s^{-1}$;

V_i—i 组分在理论密度时占有的体积,cm^3

m_i—i 组分的质量,g

部分炸药或附加物的理论密度和特征爆速列于表 1-9 中。

表 1-9 部分炸药或附加物的理论密度及特征爆速

炸药或附加物	理论密度 (g/cm)	特征爆速 (m/s)	炸药或附加物	理论密度 (g/cm)	特征爆速 (m/s)
梯恩梯	1.65	6970	Kel－F 弹性体	1.85	5380
黑索今	1.81	8800	维通 A	1.82	5390
特屈儿	1.73	7660	硅酮树脂	1.05	5100
奥克托今	1.90	9150	聚四氟乙烯	2.15	5330
太安	1.77	8280	石蜡	0.90	5400
硝基胍	1.72	7740	蜂蜡	0.96	5460
吉纳	1.67	7708	硬脂酸	0.87	5400
硝化甘油	1.59	8000	Kel－F 蜡	1.78	5620
硝化棉	1.50	6700	铝粉	2.70	6850
重一硝胺	1.96	8850	煤粉	1.74	7200
地恩梯	1.52	6200	硝酸钡	2.64	6070
聚乙烯	0.93	5550	高氯酸钾	2.52	5470
聚苯乙烯	1.05	5280	高氯酸铵	1.95	6250
硅橡胶	1.05	5720	水	1.0	5400
聚醋酸乙烯酯	1.17	5400	空气		1500

5. 爆压及计算方法

爆压即爆轰压力,指爆炸产物在爆炸反应完成瞬间所具有的压强,其单位是 Pa。在爆炸过程中，爆炸产物中的压力是不断变化的，所以爆压是指爆轰波前沿所具有的压强。爆压是炸药爆炸瞬间猛烈破坏程度的标志。爆压的常用计算方法有以下两种[①]：

(1)Kamlet 公式。

Kamlet 公式除了用于爆速经验计算外，还可用于爆压的计算。根据大量计算结果，采用本方法得到的计算值与实际测量值之间的相对偏差，大部分在 5% 以内，因而适合于工程计算。Kamlet 爆压经验公式为：

$$P_d = 7.617 \times 10^8 \varphi\rho^2 \quad (1-27)$$

其中：$\varphi = NM^{1/2}Q^{1/2}$

式中：P_d— 炸药的 C－J 爆压，Pa；ρ— 装药密度，$g \cdot cm^{-3}$

用 Kamlet 经验公式计算的几种常用炸药的爆压与实测值的比较列如表 1-10 中。

表 1-10　用 Kamlet 公式计算的爆压

炸药名称	φ	装药密度 ($g \cdot cm^{-3}$)	P_d 计算值 ($\times 10^{10} P_a$)	P_d 测定值 ($\times 10^{10} P_a$)	相对误差 (%)
梯恩梯	9.896	1.634	2.012	1.908	+5.2
黑索今	13.877	1.765	3.293	3.263	+0.9
梯恩梯 / 黑索今 40/60	12.285	1.718	2.783	2.915	−4.6
特屈儿	11.483	1.714	2.565	2.679	−4.4
太安[①]	13.932	1.575	3.175	3.005	+5.7

注：① 约含 3% 的惰性附加剂。

必须指出，用 Kamlet 公式计算 C、H、O、N 炸药的爆压时，装药密度应大于 $1.0g \cdot cm^{-3}$，对于临界直径很小的高密度炸药，其计算值更为准确。

(2) 氮当量和修正氮当量公式。

1978 年我国炸药工作者张厚生提出了爆压计算的氮当量公式和修正氮当量公式：

$$P_d = 1.092(\rho \sum N)^2 - 0.574 \quad (1-28)$$

$$P_d = 1.106(\rho \sum N')^2 - 0.840 \quad (1-29)$$

式中：P_d— 炸药的爆压，GPa；N— 炸药的氮当量；

N'— 炸药的修正氮当量

6. 威力

炸药对外作功的能力，主要取决于爆热和爆容的大小。炸药的威力在理论上可以用炸药的潜能来表示，或者用爆热与热功当量的乘积来表示，但实际上由于爆炸反应的不完全性和爆炸放出的热量不可能完全转变为机械功，因而常用铅铸实验值来表示。即将一定量的炸药放在规定为标准的铅铸孔中进行爆炸，以爆炸后铅铸孔容积的扩张值来表示炸药的威力。威力值越大，表明炸药的作功能力愈大。

① 张守忠. 爆炸基本原理. 北京：国防工业出版社，1988

7. 猛度

猛度即炸药破碎与其直接接触材料的能力，猛度越大，与其接触材料就被炸得越碎。例如炮弹、手榴弹的碎片数就与炸药的猛度关系很大。猛度的大小取决于爆速和爆压，常以铅柱压缩值来表示，即在符合规定的标准铅柱上放置一定量的炸药，二者之间垫上钢片，引爆以后铅柱会被压缩，测量铅柱的高度差即可表示炸药的猛度。

威力和猛度大小的表示，通常以TNT的威力和猛度作为基准(100)，以相对值来表示其他炸药的威力和猛度。

1.2.3 炸药的热特性

1. 炸药的热分解

热分解指的是，在热的作用下，物质分子发生键断裂，形成相对分子质量小于原来物质分子的众多分解产物的现象，炸药在热的作用下也会产生分解。

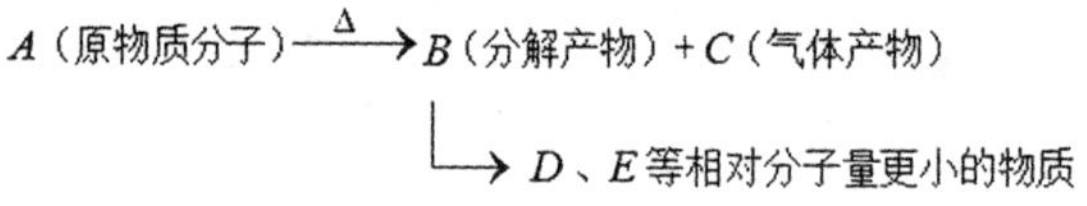

$$A\text{（原物质分子）}\xrightarrow{\Delta}B\text{（分解产物）}+C\text{（气体产物）}$$

$$\hookrightarrow D\text{、}E\text{等相对分子量更小的物质}$$

图 1-4　物质热分解示意

炸药的热分解具备物质分解的一般规律，同时也表现出自身的特点：

(1) 温度影响反应。

温度每升高10℃，大部分炸药的分解速度增加4倍。一般化学动力学规则(Van't Hoff 规则)：温度升高10℃，反应速率增加2～4倍，而炸药是取上限的。这说明炸药的活化能比一般的化学物质大。活化能大说明：

1) 炸药分子在常温下有相当好的热稳定性；

2) 炸药分解反应速度对温度的变化率较大。

不同的温度，热分解规律(速度，产物类型等)是不同的，故需要在不同温度下研究炸药的热分解问题。

(2) 自行加速反应。

反应速率的变化趋势与炸药结构和外界条件有关，反应速度比初始反应大许多倍。如果分解产物或少量其它杂质能够增加分解速度时，那么在炸药中加入一些能够与这些分解产物或少量杂质作用的物质，就能够提高炸药的化学安定性，因此加入的物质称为安定剂。例如：无烟药往往加入安定剂二苯胺，加入的二苯胺作用为中和残酸与分解产物，以提高无烟药的安定性。

一般来说，硝酸酯类炸药的热安定性较差，硝基化合物类炸药的热安定性最好，而硝基胺类炸药居中。

(3) 相态、晶型的影响。

气相、液相、固相及晶型不同的同一炸药，其热分解规律也不一样。一般由固相到液相时，热分解速度加快。

研究热分解时需要考虑相态的影响，应在同一相态进行热分析比较，图1-5给出了相态和温度对分解速度的影响。

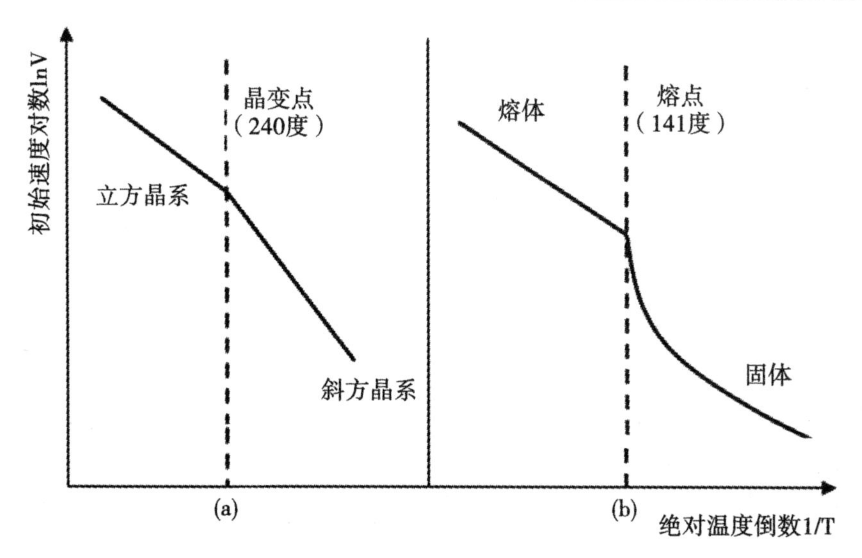

图 1-5 炸药热分解速度与温度的关系

（a）高氯酸铵 （b）太安

2.炸药的热安定性

安定性也叫做稳定性，是指在一定条件下，炸药保持其物理、化学和爆炸性质不发生明显变化的能力①。它对炸药的制造、储存和使用具有重要的实际意义，是评定炸药能否正常使用的重要性能之一。炸药的安定性可分为物理安定性和化学安定性，前者指延缓炸药发生吸湿、挥发、渗油、结块、老化、冻结等方面的能力，如乳化炸药的析晶，硝化甘油炸药冻结、渗油，硝铵炸药的结块、吸湿，铵油炸药的渗油，高聚物粘结炸药的强度及老化等属于物理安定性问题；后者指延缓炸药发生分解、水解、氧化和自行催化反应等方面的能力，两者相互关联。炸药通常要存储一定时期，在这期间应保持其性质不变。

（1）化学安定性理论。

炸药的初始分解反应速度取决于炸药性质和温度，而与外界条件和有无附加物无关。一般而言，炸药的初始分解反应速率大小决定了炸药最大可能的热安定性。例如：对 NG 的单分子反应，速率常数 K：

$$k = Aexp(-\frac{E}{RT})$$

半分解期：
$$\tau = \frac{1}{k}\ln 2 = \frac{exp(\frac{E}{RT})}{A}\ln 2 \qquad (1-30)$$

根据 Nobel 的数据：$A = 10^{18.64}$，$E = 182840.8 \text{J} \cdot \text{mol}^{-1}$

不同的温度下，$\tau_{\frac{1}{2}}$ 的计算见表 1-11 所示。

① 金韶华，松全才．炸药理论．陕西：西北工业大学出版社，2010

表 1-11　硝化甘油的速率常数和半分解期

t/℃	T/k	k/s^{-1}	$\tau_{1/2}/a$(年)
0	273.15	$10^{-16.34}$	4.8×10^{8}
20	293.15	$10^{-13.95}$	2.0×10^{5}
40	313.15	$10^{-10.93}$	1870
60	333.15	$10^{-9.20}$	35

表格中的数据说明最不安定的炸药的代表 NG,仍然是相当稳定的,但是这种计算是不合理的,其原因如下:

第一,实际炸药不允许分解到这样深的程度,否则早已失去使用价值;

第二,这种计算仅考虑了单分子反应,实际上经过一定延滞期后,便会出现激烈的自催化反应。

考虑自加速反应的计算结果为:30℃ 时,3.2 年,60℃ 时,550 小时。显然,炸药热分解发展到自加速阶段,其安定性已大为降低。决定化学安定性的基本因素是自加速反应,而初始反应只起间接作用(初始分解产物引起的自催化)。

研究炸药化学安定性问题,就是要研究热分解延滞期的规律,自行加速反应的发展的可能性与特点,以及控制自行加速反应的条件和措施。

(2) 炸药热安定性分析。

炸药总的分解速度与温度关系很复杂。测定炸药的热安定性就是测定炸药热分解速度与温度的关系。即是要测定不同温度下,炸药分解量与时间的关系 — 形式动力学曲线。

测试结果描述主要有两种情况:

第一种情况:仅仅测定分解反应量 — 时间曲线上的一点,或者是确定生成一定量的分解产物所需的时间,或者是确定某一个时间内分解的炸药量。

图 1-6 中的炸药 1 初始分解反应速度小,但不断加速,在某一时刻,开始剧烈及加速,炸药 2 在刚开始分解速度较大,但加速趋势小,当炸药 1 剧烈加速时,炸药 2 还处于平稳的热分解阶段。

当选用 x_1 和 x_1' 评价热安定性时或选用 t_2 和 t_2' 评价热安定性时,都会出现不同的评价结果,无法真实地评价。

第二种情况:测定或观察从开始分解到分解到相当大程度的全过程,并给出分解的形式动力学曲线 — 这种方法可估性大。同时观测不同 T 下的形式动力学曲线。对混合炸药,还必须考虑不同炸药分子间的相互作用等影响,因此除测定混合物的形式动力学曲线外,还要测定每个组分的及每两个组分的两两组合等情况的形式动力学曲线。此外,还应采用多种手段从不同侧面研究炸药的热安定性。

3. 炸药的相容性

单一化合物炸药难以满足现代战争和工程爆破对炸药的要求,在实践中,几乎所有的炸药都是混合炸药,例如 A 炸药是 RDX 和石蜡的混合物,高聚物粘结炸药(PBX)是 RDX 或 HMX 等与某些高分子的混合物,乳化炸药是 AN、水、油、蜡等的混合物。

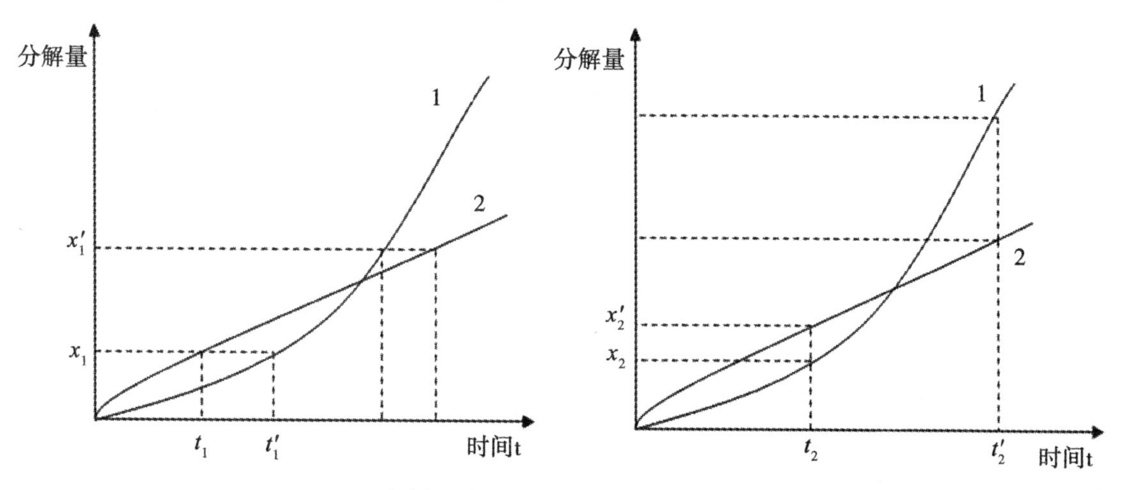

图 1-6　对分解规律不同的炸药所进行的热安定性评价

注:图中曲线 1,2 分别为炸药 1 和炸药 2 的分解形式动力学曲线

混合炸药组成多,或炸药与包装材料,弹壳等接触,会造成炸药的物理,化学性质,爆炸性质发生变化。一般来说,混合物的热分解速度要大于各单独组分的热分解速度,也就是说混合物比单一炸药更具有较大的危险性。例如高氯酸铵在 160℃ 分解速率很小,硝化甘油在这一温度下也可以平稳的分解,但两者以 1:1 的比例混合后,在 160℃ 时立即爆燃。表 1-12 给出了重乙硝胺(三硝基乙基,化学式 $C_4H_5N_8O_{14}$,代号为 BTNENA) 及其和某些高聚物的热分解特性。如果和原来的炸药相比,热分解的速率明显加快,不能满足实际需要,就认为这个混合物不相容,反之可以认为是相容的,但是这种判断往往带有很大的经验性。

表 1-12　BTNENA 与某些高聚物混合物的在 160℃ 时的热分解半分解期

混合物	$\tau_{1/2}$/min
BTNENA	59
BTNENA/PIB(95/5)	56
BTNENA/PVAC(95/5)	40.8
BTNENA/PMMA(95/5)	36
BTNENA/BB－SDMP(95/5)	爆燃
BTNENA/PVB(95/5)	爆燃

注:PIB— 聚异丁烯;PVAV— 聚醋酸纤维;PMMA— 有机玻璃;
PB－S－DMP— 丁苯、苯乙烯、苯二甲酸二苯酯的混合物

炸药与材料的相容性:指炸药与材料(或其它混合炸药组分) 相混合或相接触后,保持各有物理、化学和爆炸性质不发生明显变化的能力。

炸药相容性定义是:炸药和添加剂共同混合后所组成的混合物热分解速率与原来的单一炸药相对比的变化程度,强调对比变化程度,可以数学表示为:

$$R^0 = C - (A + B) \quad (1-31)$$

上式中 R^0 表示炸药、添加剂共混后热分解量的差值变化,C 表示混合物的热分解量,A、B

分别表示炸药、添加剂各自单独的热分解量。

相容性可以分为组分相容性和接触相容性两种。组分相容性也称为内相容性，是指混合炸药中各组分间的相容性。接触相容性又称为外相容性，是指炸药与外部包装、接触材料之间的相容性。

1.3 炸药起爆

1.3.1 炸药的起爆原因

炸药具有爆炸性能。在通常情况下，它能处于相对的稳定状态，也就是说，它不会自行发生爆炸。要是炸药发生爆炸，必须使炸药失去相对的稳定状态，即必须给炸药施加一定的外能作用。炸药在外界能量作用下发生爆炸变化过程称为炸药的起爆。外界的能量越大，炸药起爆越容易。通常外界能量有热能、电能、光能（激光能量）、机械能（撞击、摩擦）、辐射能（射线）、电磁波能等。我们把引起炸药爆炸变化的最小能量称为引爆冲能。它是度量引起爆炸变化的定量指标。

炸药是一种处于相对稳定状态的物质，本身的能量水平比较高（如处于高位的小球），只有在一定的引爆冲能作用下，才会发生爆炸。有关炸药的稳定性和引爆能量之间的关系可用图1-7（左）的化学能栅图予以表示。在无外界能量激发时，炸药处在能栅图中 Ⅰ 位置，此时炸药是处于相对稳定的平衡状态，其位能为 E_1，当收到外界能量作用后，炸药被激发到状态 Ⅱ 位置，此时炸药已吸收外界的作用能量，同时自身的位能跃迁到 E_2，位能的增加量为 $E_{1,2}$。如果 $E_{1,2}$ 大于炸药分子发生爆炸反应所需的最小活化能，那么炸药便发生爆炸反应，同时释放出能量 $E_{2,3}$，最后形成的爆炸产物处于状态 Ⅲ 的位置。

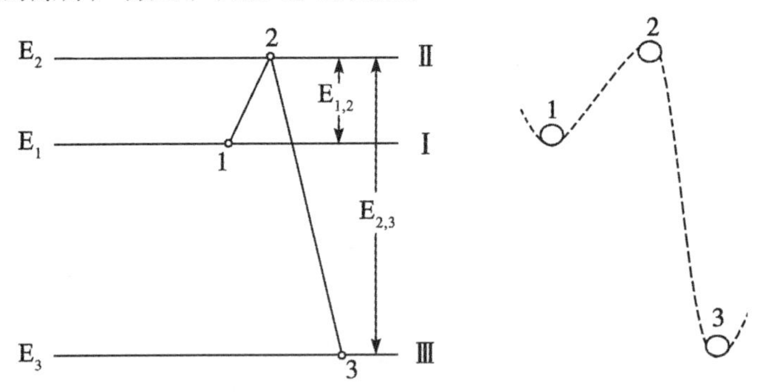

图 1-7 炸药爆炸能栅图

Ⅰ — 炸药稳定平衡状态；Ⅱ — 炸药激发状态；Ⅲ — 炸药爆炸反应状态

事实上，炸药爆炸的能栅变化如同图1-7（右）中处在位置1放置一个小球，小球此时是处在相对稳定的状态，如果给它一个外力让其越过位置2，则小球就会立即滚到位置3，同时产生一定的动能。从能栅图还可以看出，外界作用所给的能量 $E_{1,2}$ 既是炸药发生化学反应的活化能，又是外界用以激发炸药爆炸的最小引爆冲能，因此可以得出：$E_{1,2}$ 越小，该炸药的感度越大，炸药越易起爆；反之，$E_{1,2}$ 越大，则炸药的感度越小，炸药越难起爆。

1.3.2 炸药的起爆机理

1. 热能起爆机理

热爆炸：凡是在单纯的热作用下，炸药在几何尺寸与温度相适应的时候能发生自动的不可控的爆炸现象均称热爆炸。热爆炸理论主要是研究炸药产生热爆炸的可能性、临界条件（温度、几何尺寸）和一旦满足了临界条件以后发生热爆炸的时间等问题。热爆炸的临界条件就是指在单纯的热作用下，能够引起炸药自动发生爆炸的那些最低条件。

炸药在热作用下发生爆炸的理论探索是从爆炸气体混合物热爆炸问题的研究开始的。H. H. 谢苗诺夫建立了混合气体的热自动点火的热爆炸理论。这一理论的基本观点是，在一定条件（温度、压力及其它条件）下，若反应放出的热量大于热传导所散失的热量，就能使混合气体发生热积累，从而使反应自动加速，最后导致爆炸。

弗兰克－卡曼涅斯基发展了定常热爆炸理论，这一理论进一步考虑了温度在反应混合气体中的空间分布。莱第尔、罗伯逊将热爆炸理论应用于凝聚炸药的起爆研究中，提出了热点学说。这一学说揭示了撞击、摩擦、发射惯性力等机械作用下炸药激发爆炸的机理和物理本质。布登、约夫等把热爆炸理论进一步扩展到起爆药的起爆研究中，并对热爆炸的临界条件的某些参数进行了计算。

就研究内容而言，热爆炸理论可分为定常热爆炸和非定常热爆炸理论。定常与非定常都是指温度与时间的关系而言，即炸药温度是否随时间变化。定常热爆炸理论研究的重点是发生热爆炸的条件，而非定常热爆炸理论则是重点研究具备热爆炸条件后，过程发展的速度。

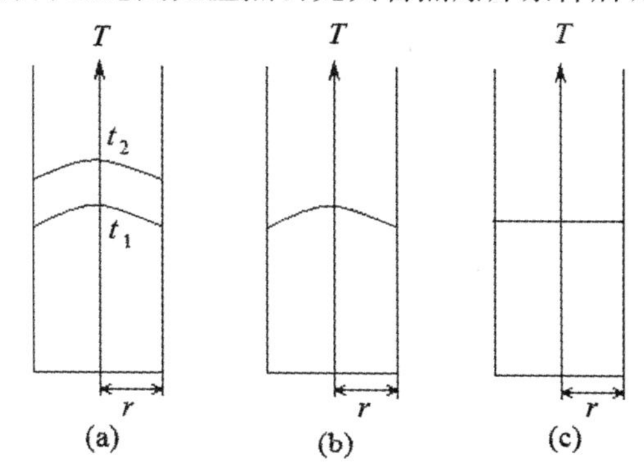

图 1-8 容器中炸药温度分布的三种典型情况

(a) 非定常分布 $T=f(r,t)$ (b) 定常不均温分布 $T=f(r)$ (c) 定常均温分布 $T=$ 常数

定常热爆炸理论又分为两种情况，即均匀温度分布和不均匀温度分布。均温分布是指容器中炸药各处温度均相等。而不均温分布，则指的是炸药各处温度有不同分布，中部温度最高，壁面处温度最低。图 1-8 所示为炸药温度分布的三种典型情况。其中图(a) 表示炸药温度 T 既随位置 r 变化，又随时间 t 而变；图(b) 表示炸药温度只随位置变化而与时间 t 无关，属于温度定常分布的一种；图(c) 是温度定常均与分布情况，是三者中最简单的情况。

2. 机械能起爆机理

目前，炸药的机械能起爆机理研究较为公认的是“热点学说”，它是由英国的布登在研究摩擦学的基础上于上世纪 50 年代提出来的，由于热点学说能较好地解释炸药在机械能作用下发生爆炸的原因,因此得到了人们的普遍认可。

热点学说认为,在机械作用下,产生的热来不及均匀地分布到全部试样上,而是集中在试样个别的小点上,例如集中在个别结晶的两面角,特别是多面棱角或小气泡处。在这些小点上温度达到高于爆发点的值时,就会在这些小点处开始爆炸。这些温度很高的局部小点称为热点。在机械作用下爆炸首先从这些热点处开始,而后扩展到整个炸药的爆炸。

热点学说认为,热点的形成和发展大致经过以下几个阶段:① 热点的形成阶段;② 热点的成长阶段,即以热点为中心向周围扩展的阶段,其主要表现形式是速燃;③ 低爆轰阶段,即由燃烧转变为低爆轰的过渡阶段;④ 稳定爆轰阶段。

实验证明,热点可由很多途径产生,但最主要的有三种原因:

① 炸药中空气隙或气泡在机械作用下的绝热压缩;② 炸药颗粒之间,炸药与杂质之间,炸药与容器器壁之间发生摩擦而生热;③ 液态炸药(或低熔点炸药)高速粘性流动加热。

除此之外,还可能由于超声振动、高能粒子(电子、α 粒子、中子等)轰击、静电放电、强光辐射、晶体成长过程中的内应力等原因形成热点。

3. 冲击波起爆机理

在弹药或爆破技术中经常有这种情况:一种炸药爆炸后产生的冲击波通过某一介质去起爆另一种炸药。例如,引信的传爆药柱爆炸后往往经过金属管壳、纸垫或空气隙再引爆另一种炸药;聚能装药中用隔板来调整波形,也是利用冲击波通过隔板传爆的方式;在爆破工程中,如何使相邻炸药殉爆完全,也是个强冲击波起爆的问题。冲击波是一种强烈的压缩波,当炸药受到冲击波的强烈压缩要产生热,因此冲击波起爆是属于热起爆范畴的。若是均相炸药(即不含气泡、杂质的液体炸药或单晶体炸药)在受冲击波作用时,其冲击波面上一薄层炸药均匀受热升温,此温度如达到爆发点,则经过一定延滞期后发生爆炸。若是非均相炸药受到冲击时,则由于炸药受热的不均匀性,使在局部率先产生热点,爆炸首先在热点开始并扩展,然后引起整个炸药的爆炸。

4. 其他起爆机理

光能起爆机理。炸药在光作用下的起爆机理,目前得到公认的仍然是光能转变为热能而起作用的热机理。光照射到炸药面上后,除去反射和穿透的部分光外其余光能被炸药吸收,转变为热能使炸药升温达到爆发点而爆炸。至于光冲击、光电效应、光化学作用等对引爆来说是次要的。实验证明普通光(可见光、红外光、紫外光)可引起一般起爆药(Ag_2C_2、$Pb(N_3)_2$、AgN_3)不同程度的分解。如果光强大足够强,则可导致爆炸。敏感的猛炸药(PETN,RDX)可用激光引爆。

电能起爆机理。炸药在电能作用下激起爆炸的机理,分为电能转化为其它能量起爆和电击穿起爆两类。如桥丝式电火工品的起爆是电能转化为热能引起的起爆,属于热起爆机理范畴。又如炸药在外界强电场作用下,可引发其爆炸,属于电击穿起爆作用,不同于一般的热起爆机理。电能起爆广泛应用于压电引信、无线电引信及导弹引信等,还用作航天飞行器解脱金属件的动力能源,如爆炸螺栓、切割索、火箭级间分离器等。另外在外界电能,如静电、射频、杂散电流等作用下,电火工品也容易引起爆炸。

1.3.3 炸药对外界的感度

1. 炸药的热感度

炸药的热感度是指炸药在热作用下发生爆炸的难易程度。热作用的方式主要有两种：均匀加热和火焰点火，习惯上把均匀加热时炸药的感度称为热感度，而把火焰点火时的炸药感度称为火焰感度①。

炸药可以在温度足够高的热源均匀加热时发生爆炸。从开始受热到爆炸经过的时间称为感应期或延滞期。在一定条件下，炸药发生爆炸或发火时加热介质的温度称为爆发点或发火点。在一定实验条件下，使炸药发生爆炸时加热介质的最低温度称为最小爆发点。目前广泛采用一定延滞期的爆发点来表示炸药的热感度，常用的有 5min、1min 或 5s 延滞期的爆发点。

炸药在火焰作用下，发生爆炸变化的难易程度称为炸药的火焰感度。火焰雷管中的起爆药，是在火焰作用下引起爆炸的，所以对起爆药、火焰雷管和点火药要测定其火焰感度。

火焰感度用上下限表示。上限：使炸药 100% 发火的最大距离(黑药柱下端到炸药表面的距离)。下限：使炸药 100% 不发火的最小距离。下限表示炸药对火焰的安全程度。因此上限大则炸药感度大，下限大则炸药的危险性大。

对于起爆药，若比较其准确发火的难易程度，应比较其上限。从安全角度考虑应绝对避免和火焰接触。

2. 炸药的静电火花感度

炸药大多是绝缘物质，其比电阻在 $10^{12}\Omega/cm$ 以上，炸药颗粒间及与物体摩擦时都能产生静电。在炸药生产和加工过程中，不可避免地会发生摩擦，如球磨粉碎、混药、筛药、压药、螺旋输送、气流干燥等工艺过程都发生炸药之间摩擦或炸药与其它物体之间地摩擦，因摩擦而产生的静电往往可达 $10^2V \sim 10^4V$ 的高压，尤其是在干燥季节更甚。在一定条件下，(例如电荷积累起来又遇到间隙) 就会迅速放电，产生电火花，可能引起炸药的燃烧和爆炸。如果在火花附近有可燃性气体和炸药粉尘时，就更容易引燃。因此静电是火炸药工厂、火工厂及弹药装药厂发生事故的重要因素之一。

3. 炸药的冲击波感度

炸药在冲击波作用下发生爆炸的难易程度，称为炸药的冲击波感度。研究这个问题对炸药和弹药的安全、生产、储存和使用以及弹药、引信、火工技术的发展都具有重要的实际意义。例如，进行火炸药、火工品及弹药装药生产工房及储存仓库的安全距离设计时，需要知道炸药在多大冲击波压力作用下 100% 爆炸，或 100% 不爆炸的感度数据。再如，设计聚能装药中调整爆轰波形用的塑料隔板，确定引信中雷管与传爆药柱之间的距离和隔爆装置的尺寸时，也需要掌握炸药对冲击波作用感度的有关规律。测定炸药冲击波感度常用的方法有隔板试验、楔形试验及殉爆试验等。

---

① 赵雪娥，孟亦菲，刘秀玉. 燃烧与爆炸物理学. 北京：化学工业出版社，2011

1.4 炸药的爆破性能

1.4.1 炸药的爆破能力

1. 做功能力的一般概念

炸药的爆破作用可以理解为对距离炸药装药表面相当距离内的总爆炸作用，通常表现为爆炸产物膨胀过程中做功造成破坏或介质发生位移，因此，爆破能力指的就是炸药的做功能力，即单位质量炸药所做的总爆炸功。

炸药做功的形式是多种多样的，一般有以下几种：

(1) 与炸药包直接接触的介质(外壳和土、岩)的变形和粉碎。

(2) 与炸药不直接接触，但与炸药相距不远的介质(土、岩)的压缩、变形、破碎和松动。

(3) 部分土壤被抛出并形成抛射漏斗坑(炸药离地表距离不太大时)。

(4) 在土壤中产生弹性波(地震波)。

(5) 空气冲击波的产生和传播(炸药离地面不太远时)。

在物理学中，所有爆炸产生的功之总和叫做总功，所谓总功只是炸药总能量的一部分，称为炸药的作功能力或爆破能力。炸药的作功能力是评价炸药性能的一个重要参数，如下式所示：

$$A = A_1 + A_2 + A_3 + \cdots\cdots + A_n = \eta E \tag{1-32}$$

式中：A— 炸药的作功能力；

A_1、A_2、A_3、……、A_n— 各项爆炸作用所作的功；η— 作功效率；

E— 炸药爆炸总能量

2. 做功的理论表达式

与爆轰条件过程一样，炸药爆炸作功的过程也是极其迅速的，因此可以假设炸药爆轰生成的高温高压气体进行绝热膨胀作功。根据热力学第一定律：系统内能的减少等于系统放出的热能和系统对外所做的功。其数学表达式为：

$$-dU = dQ + dA \tag{1-33}$$

式中：$-dU$— 系统内能的减少量；dQ— 系统放出的热量；dA— 系统所作的功。

根据上述假设，爆轰产物的膨胀过程是绝热的，故 $dQ = 0$，则上式可写为：

$$-dU = dA = -\overline{C_V}dT \tag{1-34}$$

产物由 T_d 膨胀到 T 所作的功，即上式对温度的积分：

$$A = \int_{T_d}^{T} -\overline{C_V}dT = \overline{C_V}(T_d - T) = \overline{C_V}T_d(1 - \frac{T}{T_d}) \tag{1-35}$$

上式中：T_d— 爆温，K；T— 产物膨胀终了时的温度，K；

$\overline{C_V}$— 爆轰产物的平均定容热容。

又因为爆热有以下关系式：

$$Q_V = \overline{C_V}(T_d - T_0) = \overline{C_V}T_d - \overline{C_V}T_0 \tag{1-36}$$

上式中：T_0— 标准条件下的温度，K

而对于一般凝聚炸药，通常有：$\overline{C}_V T_0 / \overline{C}_V T_d \approx 3\% \sim 5\%$，则可以近似取：

$$\overline{C}_V T_0 \approx Q_V \tag{1-37}$$

所以(1－34)式可写成：

$$A = Q_v(1 - \frac{T}{T_d}) \tag{1-38}$$

当具体计算炸药膨胀过程所作的功时，终了温度 T 很难确定，所以常用膨胀时体积和压力的变化代替温度的变化。爆炸产物的膨胀过程一般可以认为是等熵绝热膨胀过程，压力和体积有以下关系：

$$\rho V^{\gamma} = 常数 \tag{1-39}$$

式中：γ— 等熵指数

设产物性质符合理想气体，则可得：

$$\frac{T}{T_d} = (\frac{V_d}{V})^{\gamma-1} 或 \frac{T}{T_d} = (\frac{\rho}{\rho_d})^{\frac{\gamma-1}{\gamma}}$$

上式中：ρ_d、ρ— 分别为爆轰产物初态、终态的压力；

V_d、V— 分别为爆轰产物初态、终态的体积

则(1－34)式可以写成：

$$A = \overline{C_V} T_d(1 - \frac{T}{T_d}) = \overline{C_V} T_d[1 - (\frac{P}{P_d})^{\frac{\gamma-1}{\gamma}}] = \overline{C_V} T_d[1 - (\frac{V_d}{V})^{\gamma-1}] \tag{1-40}$$

$$A = Q_V[1 - (\frac{P}{P_d})^{\frac{\gamma-1}{\gamma}}] = \eta Q_V \tag{1-41}$$

$$A = Q_V[1 - (\frac{V_d}{V})^{\gamma-1}] = \eta Q_V \tag{1-42}$$

为了进行各种炸药作功能力的比较，确定以 P 为 1.0.13 × 10^5 Pa(1atm) 时的 A 值作为理论作功能力。其物理意义是炸药的爆炸产物在绝热条件下膨胀到 1.013 × 10^5 Pa 压力时所做的最大功。

1.4.2　炸药的抛射能力

炸弹的抛射能力也是其爆炸过程中一种意义较大的做功形式，目前，人们发展出许多种实验方法来估算炸药的抛射能力。测量炸药的抛射能力通常用一种标准炸药的相应特性参数来衡量，较为常用的方法有弹道摆和圆柱试验法[①]。

1. 弹道摆方法

弹道摆能够测定炸药爆炸的许多参数，为了测定炸药的抛射能力，应该把试验装药直接靠在摆的端部。冲量值由爆炸时摆达到的最大速度或根据摆产生的偏转来确定。这种实验方法在当年曾用来得到爆轰速度和冲量之间的线性关系，还可用来评估炸药装药直径、壳体浮度和强度对冲量的影响。

---

① [俄]奥尔连科主编；孙承纬译．爆炸物理学．北京：科学出版社，2011

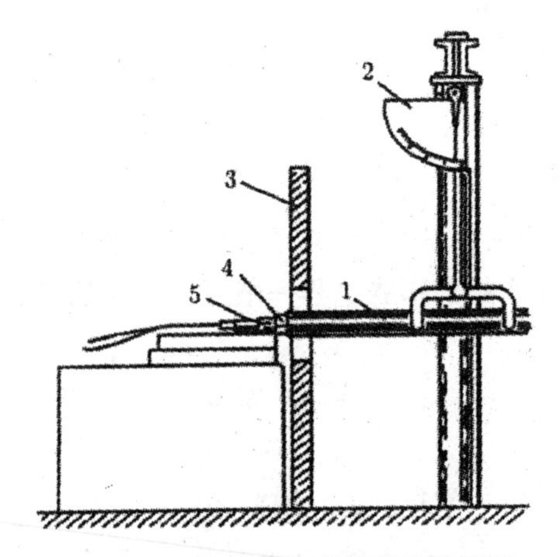

图 1-9　测定抛射能力的弹道摆筒图

1— 摆；2— 测角仪；3— 防护板；4— 钢盘；5— 带电雷管的炸药装药

2. 圆筒试验法

"圆筒试验法"在当前应用的最为广泛，俄罗斯也有与这种方法类似的试验，称之为 *T*—20。试验中使用的圆筒材料为退火纯铜，两种实验装置的尺寸如下：

表 1-13　*T*—20 与圆筒试验装置的尺寸

试验方法	长度 /mm	内直径 /mm	壁厚 /mm
T—20 方法	180 ～ 200	20.0	2.0
圆筒试验	300	25.4	2.6

炸药抛射能力的测量方法有很多种，如电接触探针、脉冲 *X* 射线照相和高速摄影等。*T*—20 试验方法带有照相记录器，进行测量较为方便。

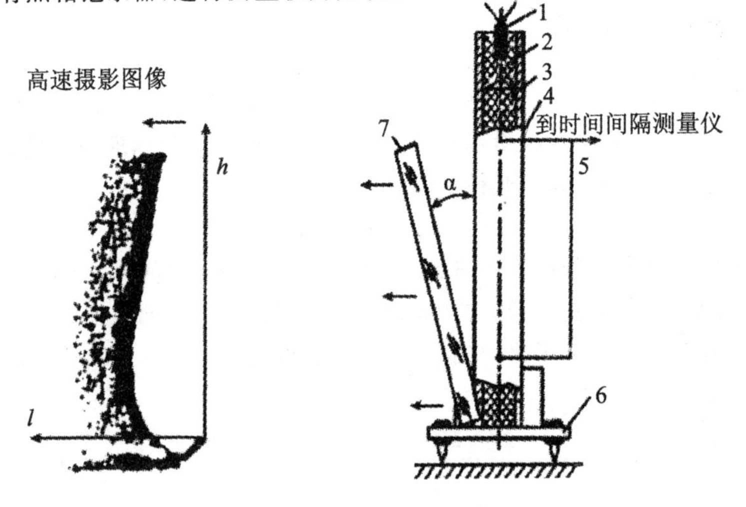

图 1-10　*T*—20 试验示意图

1— 雷管；2— 平面波发生器；3— 炸药装药；4— 圆柱筒；

5— 爆速测量探针；6— 底座；7— 有机玻璃光探板

1.4.3　炸药的猛度

1. 猛度的一般概念

炸药与其他作功源相比，最大的特征是它具有极其巨大的功率。炸药爆炸时对外作功，作用时间短，压力突跃十分强烈，使与其直接接触或附近的物体在短时间内受到一个非常高的压力和冲量的作用，导致粉碎和破坏。炸药的做功能力是决定炸药总体破坏的能力，而猛度是决定炸药局部破坏的能力。

局部破坏作用也可以称为爆炸的直接作用或猛炸作用，它是指爆轰产物对其接触的或周围物体的强烈破坏作用。弹丸爆炸形成破片、破甲弹的破甲作用、爆炸高速抛掷物体，爆炸切割钢板的和破坏桥梁，以及对矿体、岩体、土壤、混凝土等的猛炸作用，均是炸药局部破坏的例子。炸药的猛度对于武器设计、爆破工程具有实际意义，在爆破工程中，岩体或矿体的坚硬程度以及性质不同，为了获得一定块度的矿岩，就应根据矿岩的性质来选用不同猛度的炸药，否则就有可能造成不利于资源利用的过分粉碎，或形成不便于装载运输，甚至需要二次爆破的大块。

爆炸的直接作用只表现在离炸点极近距离的范围内，因为只有在极近距离的范围内，爆轰产物才能保持有足够的压力和足够大的能量密度，破坏与它相遇的物体。流体动力学爆轰理论指出，在凝聚相炸药爆轰产物膨胀的开始阶段，服从下面(1－43) 式的状态方程式：

$$P\rho^{-\gamma} = \text{常数}(\gamma = 3) \tag{1－43}$$

式中 p 和 ρ 分别为爆轰产物的压力和密度。对于一般猛炸药，当爆轰产物膨胀半径为原装药半径的 1.5 倍时，压力已经降到 200MP 左右，这时对于金属等高强度物体的作用已经很微小了。因此爆轰产物的直接作用，只是在炸药与目标接触或极近距离才表现出来，炸药猛度的理论表示或实验测定都是以直接接触的爆炸为根据的。

2. 猛度的表示方法

目前的研究成果认为，炸药爆炸的直接作用主要取决于爆轰产物的压力和作用时间，也就是说主要取决于爆轰产物作用于目标的压力和冲量。研究表明，当爆轰产物对目标的作用时间远大于目标本身的固有振动周期时，它对目标的破坏能力主要取决于爆轰产物的压力；当爆轰产物对目标的作用时间远小于目标本身的固有振动周期时，其破坏能力主要取决于冲量；而作用时间与目标本身的固有振动周期接近时，其破坏能力与压力和冲量均有关。因此，在不同的情况下，压力和冲量所起的作用是不同的，可以用它们来表示炸药的猛度。下面介绍两种猛度表示方法：

第一种是用爆轰结束瞬间产物的压力表示猛度。炸药爆轰时能破坏周围坚固物体的原因是由于高温高压的爆轰产物对它直接而强烈作用的结果。爆轰产物的压力越大，对周围物体的破坏能力也越大，所以，对凝聚相炸药可用下式表示其猛度：

$$P_1 = \frac{1}{4}\rho_0 D^2 \tag{1－44}$$

式中：P_1— 炸药的爆压；ρ_0— 炸药的装药密度；D—— 炸药的爆速。

从上式可以看出，炸药密度和爆速越大，它的爆压也越大，则用爆压表示的猛度越大。对于单质炸药，炸药密度在 1.0～1.7g・cm^{-3} 时，近似有 $D = A\rho_0$，A 是密度为 1g・cm^{-3} 时炸药的爆速。将 D 式代入(1－44) 式得：

$$P_1 = \frac{1}{4}A^2\rho_0^3 \tag{1－45}$$

这说明猛度近似地与炸药密度的三次方成正比，密度增大时，猛度也将很快增大。

第二种是用作用在目标上的比冲量来表示猛度。由于炸药的爆炸作用时间很短，在大部分情况下可以用爆轰产物作用在与传播方向垂直面积上的压力与该力对目标作用时间的乘积称为作用在目标上的冲量，其表示式为：

$$I = \int PSd\tau \tag{1-46}$$

式中：I— 作用在目标上的冲量；P— 作用在目标上的压力；

S— 目标的受力面积；τ— 压力对目标的作用时间

作用在目标单位面积上的冲量叫做比冲量。若目标的受力面积 S 不随时间而改变，则：

$$i = \frac{I}{S} = \int Pd\tau \tag{1-47}$$

式中：i— 比冲量。

因此，知道作用在目标上的压力后，就能知道比冲量。

1.5 冲击波

1.5.1 冲击波理论

1. 冲击波的定义

炸药在空中爆炸以后，形成一团高温、高压、高能量密度的气体产物，并且以极高的速度向周围膨胀，使压力、温度和密度突然升高，这就是空气冲击波。[①]

冲击波也叫做激波，凡是"冲激波"或"击波"的说法都是错误的。

冲击波的定义：冲击波是强压缩波，波阵面所到之处介质状态参数发生突跃变化，相对于波前介质，传播速度是超音速的（$\frac{D-u_0}{C_0}>1$），相对于波后介质传播速度就是亚声速的（$\frac{D-u_1}{C_1}<1$），换言之，从波前观察，激波是超声速的，从波后观察是亚声速的。

2. 冲击波的形成

以下一维管道中的活塞运动来说明冲击波形成的物理过程。

设有无限长管子，左侧有一活塞。在 $t=0$ 时，活塞静止，位于管道的 0－0 处，管中气体未受扰动，初始状态参数为：P_0, ρ_0, T_0。假定从 $t=0$ 到 $t=\tau$ 时刻，活塞速度由 0 加速到时出现激波，状态参数为：P_1, ρ_1, T_1。

对每个小的 $d\tau$ 时刻时，介质状态参数只发生 dP、$d\rho$、dT 变化，因而遵循声波或弱压缩波传播规律：$\begin{cases}\tau = nd\tau \\ \omega = nd\omega\end{cases}$（$n$ 充分大）

① 张宝平，张庆明，黄风雷. 爆轰物理学. 北京：兵器工业出版社，2009

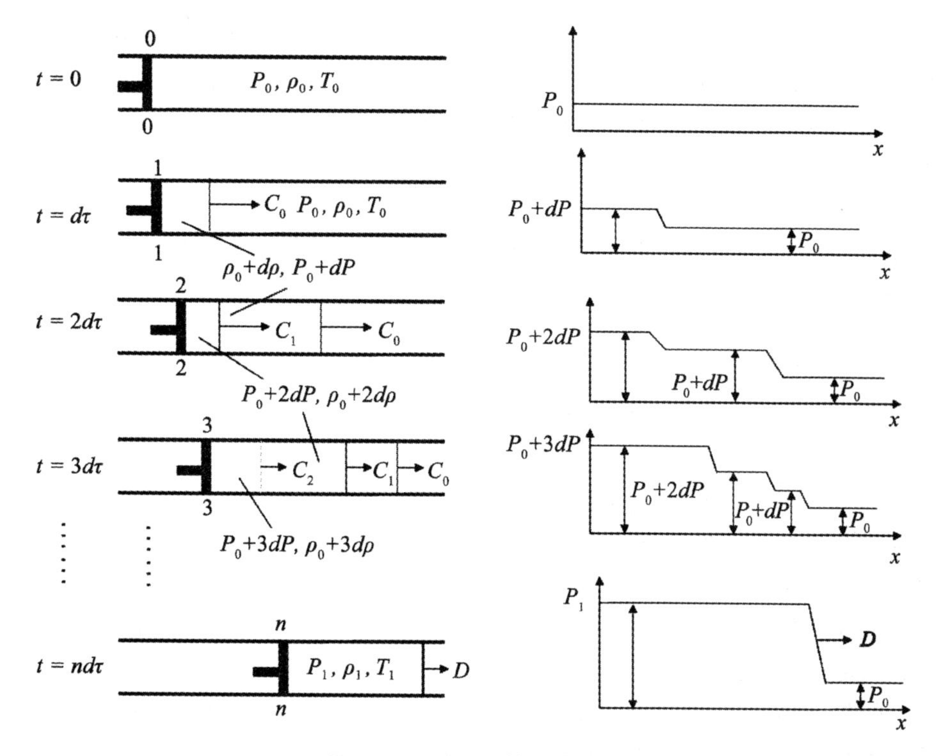

图 1-11　冲击波的形成过程

当 $t = d\tau$，活塞以 $d\omega$ 推进到 1－1 处，活塞前气体受到弱压缩，产生第一道弱压缩波，波后状态为：$P_0 + dP$，$\rho_0 + d\rho$，$T_0 + dT$，声波传播速度为，于是：

$$C_0 = \sqrt{\gamma A \rho_0^{\gamma-1}} = \sqrt{\gamma R T_0} \tag{1-48}$$

当 $t = 2d\tau$，活塞运动道 2－2 处，产生第二道压缩波，该波在已压缩过的气体（$P_0 + dP$，$\rho_0 + d\rho$）中传播，波速为：

$$C_1 = \sqrt{\gamma A (\rho_0 + d\rho)^{\gamma-1}} = \sqrt{\gamma R (T_0 + dT)} \tag{1-49}$$

显然，

$$C_1 > C_0 \tag{1-50}$$

即第二道压缩波比第一道波快，终就会赶上第一道波，从而叠加成更强的压缩波。

当 $t = 3d\tau$ 时，有：$C_1 = \sqrt{\gamma A (\rho_0 + 2d\rho)^{\gamma-1}} = \sqrt{\gamma R (T_0 + 2dT)}$　　(1－51)

依次下去，活塞前气体将产生一系列弱压缩波，而后一道波总是比前一道波传播的快，从而叠加形成强的压缩波 —— 即形成了冲击波。

很容易理解，活塞运动的加速度越大，形成的冲击波的时间越短。活塞在充满气体的管道中加速运动形成冲击波时，并不要求活塞的运动速度超过未扰动气体中的音速。当管中气体为 1 个大气压、活塞运动速度为 10m/s 时，所形成的冲击波波阵面上的超压 ΔP 为 0.05 个大气压，活塞速度为 340m/s 时，所形成的冲击波波阵面上的超压 ΔP 为数个大气压。从这里也可以看出，所形成冲击波的超压 ΔP 随着活塞的速度或加速度的增加而增加。而在空气中运动的物体要形成冲击波，其运动速度必须超过（或接近）空气中的音速。这是因为在封闭的管道中，介质状态参数的变化很容易积累起来而形成冲击波（因为活塞将活塞后的膨胀区与活塞前的压缩区隔离开了），而物体在三维的空间运动时，若其速度低于空气中的音速，则前面的压缩波以空气中的音速传播，物体向前运动的同时，周围空气则向其后的真空地带膨胀，形成膨胀波，使得运动物体前方空气的压缩状态不能叠加起来，所形成的压缩不总是以未扰动空气中的音速传播，故不能形成冲击波。当物体的运动速度超过当地空气中的音速时前面的空气来不及"让开"，即空气的状态参数来不及均匀化（膨胀波以音速传播），突然受到运动物体的压缩，能形成冲击波。

总之，冲击波是由压缩波叠加而成的，压缩波叠加形成冲击波是一个由量变到质变的过程，二者的性质有根本的区别。弱压缩波通过时，介质的状态发生连续变化，而冲击波通过时，介质状态参数发生突跃变化。

1.5.2 平面正冲击波

平面正冲击波波阵面是个强间断面，是数学上的跳跃间断点：

$$f(x-0)=P_1\neq f(x+0)=P_0$$

平面正冲击波具有以下特点：波阵面是平面；波阵面与未扰动介质的可能流动方向垂直；忽略波阵面两边介质的粘性与热传导。

平面正冲击波基本关系的建立：

设激波运动（传播速度）为 D，见图 1-12，下标为 0 的表示波前参数，下标为 1 的表示波后参数，P、T、e、u、ρ 为介质的压力、温度、内能、质点速度或气流速度和密度，将坐标系建立在波阵面上，令波阵面右侧的未扰动介质以速度 $U_0=D-u_0$ 向左流入波阵面，而波后已扰动介质以速度 $U_1=D-u_1$ 由波阵面向左流出。

取波阵面为控制体，此时波前波后介质状态参数间关系应满足一维定常流条件。静坐标系

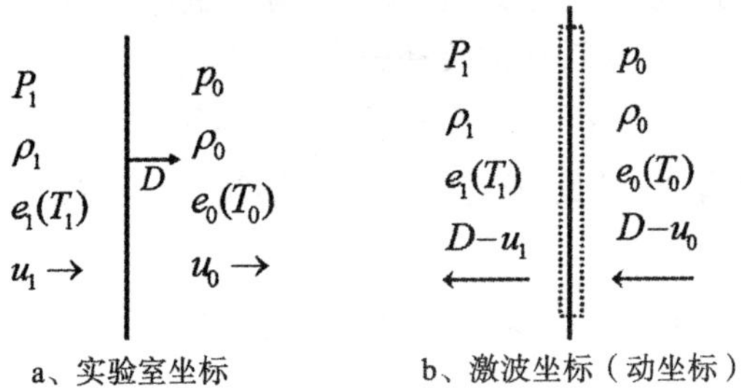

图 1-12 平面正激波基本关系式的建立

中，所有参数是 (x,t) 的函数，而动坐标系中，仅是 x 的函数，与时间 t 无关。

$$\rho_0(D-u_0)=\rho_1(D-u_1) \tag{1-52}$$

——质量守恒

$$P_1-P_0=-\rho_0(D-u_0)[(D-u_1)-(D-u_0)]=\rho_0(D-u_0)(u_1-u_0) \tag{1-53}$$

——动量守恒

$$e+P_1V_1+\frac{(D-u_1)^2}{2}-[e_0+P_0V_0+\frac{1}{2}(D-u_0)^2]=0 \tag{1-54}$$

——能量守恒

以上三式就是平面正冲击波波前、波后参数间的基本关系式。

(1－54) 式可写为：

$$e_1 - e_0 + \frac{1}{2}(u_1^2 - u_0^2) = D(u_1 - u_0) + \frac{P_0}{\rho_0} - \frac{P_1}{\rho_1} \tag{1-55}$$

由(1－52)式,得:$\rho_1 = \frac{\rho_0(D-u_0)}{D-u_1}$

由(1－53)式,得:$u_1 - u_0 = \frac{P_1 - P_0}{\rho_0(D-u_0)}$

上两式代入(1－55)式并化简得到:

$$e_1 - e_0 + \frac{1}{2}(u_1^2 - u_0^2) = \frac{P_1 u_1 - P_0 u_0}{\rho_0(D-u_0)} \tag{1-56}$$

冲击波关系式的能量方程又称为冲击波绝热方程,即著名的雨果尼奥(Hugoniot)方程。

1.5.3 冲击波的传播

冲击波的传播是以自由传播的形式进行的,这种自由传播是指冲击波完全依靠自身的能量传播的过程。

活塞加速运动形成冲击波后,如果活塞突然停止运动,则冲击波失去外界能量补充,将依靠自身的能量继续传播。活塞突然停止后,由于惯性,紧贴活塞的气体质点仍以活塞速度向前运动,这样活塞前出现了空隙,从而在受冲击波压缩的气体中产生膨胀波,传播方向与冲击波方向一致,并能追赶上,从而使冲击波强度减弱。

此外,由于激波传播过程中存在着粘性摩擦、热传导、热辐射等不可逆能量损耗,也促使冲击波强度减弱。

空中点爆炸形成的冲击波为球面激波,其衰减速度比平面一维激波自由传播时的衰减速度快得多。除膨胀波和不可逆能量损耗影响外,球形激波波及的范围与距离与R的三次方成正比。受到压缩的气体体积迅速增加,单位质量压缩气体得到的能量随波的传播距离迅速减小,因而激波的强度会迅速下降。

1.6 爆轰波

1.6.1 爆轰波理论

1. C－J 理论[①]

爆轰波是沿爆炸物传播的强冲击波,与一般冲击波的主要不同点是,在其传过后爆炸物因受到它的强烈冲击作用而立即激起高速化学反应,形成高温高压爆轰产物并释放出大量化学反应热能。这些能量又被用来支持爆轰波对下一层爆炸物进行冲击压缩。因此,爆轰波就能够不衰减地传播下去。也就是说,爆轰波是一种伴随有化学反应热放出的强间断面的传播。简言之,爆轰波是指带有化学反应的冲击波,即冲击波＋化学反应区。基于这样一种认识,在19世纪末的1899年柴普曼(Chapman)和柔格(Jouguet)于20世纪初的1905年及1917年各自独立地提出了关于爆轰波的平面一维流体动力学理论,简称为爆轰波的C－J理论或C－J假说,具

① 宁建国,王成,马天宝. 爆炸与冲击动力学. 北京:国防工业出版社,2010

体内容为：

(1) 假定冲击波与化学反应区作为一维间断面处理，反应在瞬间完成，化学反应速度无穷大，反应的初态和终态重合。流动或爆轰波的传播是定常的。

(2) 一维平面波：药柱直径无限大，忽略起爆端影响。

(3) 间断面：爆轰波理解为冲击波，化学反应区作为瞬间释放能量的几何面紧紧贴在冲击波的后面，整个作为间断面来处理，从间断面流出的物质在已处于热化学平衡态，因此波后可用热力学状态方程来描述。

(4) 稳定爆轰(定常)：坐标系可作为惯性系建立在波阵面上。

2. 爆轰波基本关系式

与冲击波间断相似，在爆轰波间断面两侧，三个守恒方程成立(动坐标系中)：

$$\begin{cases} \text{质量守恒：}\rho_0(D-u_0)=\rho_1(D-u_1) & (1-57) \\ \text{动量守恒：}P_1-P_0=\rho_0(D-u_0)(u_1-u_0) & (1-58) \\ \text{能量守恒：}e_1-e_0=\dfrac{1}{2}(P_1+P_0)(V_0-V_1) & (1-59) \end{cases}$$

上述三个方程在形式上和激波的关系式完全一样，但是能量方程(1－59)式中 e_1 不仅包括物质热运动的内能，而且还包括化学反应能。在激波关系中 $e=e(P,V)$，而在爆轰波关系中，由于存在化学反应，$e=e(P,V,\lambda)$，其中 λ 为化学反应进展度。

$\lambda=0$：表示未进行化学反应的初态；

$\lambda=1$：表示反应终态，对于C－J理论，终态与初态重合。

根据假定，从 $\lambda=0$ 到 $\lambda=1$ 是瞬间完成的，期间没有时间间隔。用 $e(\lambda)$ 表示单位质量(或 mol) 的化学反应能，则 $e(\lambda)$ 可写为：

$$e(\lambda)=(1-\lambda)Q \qquad (1-60)$$

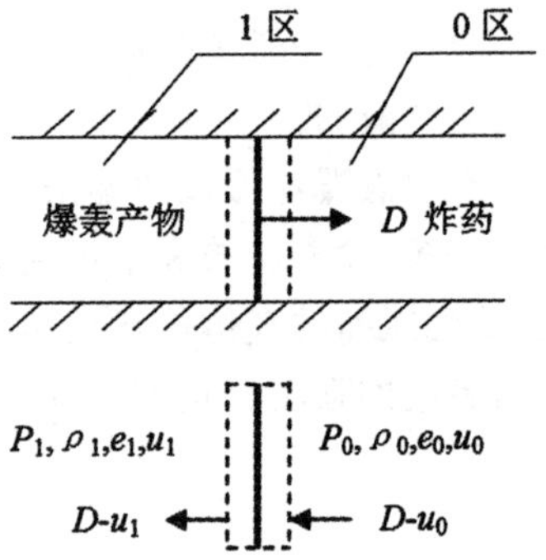

比内能 e 可表示为：$e=e(P,V,\lambda)=e(P,V)+e(\lambda)$

Q— 炸药的爆热(爆轰化学反应放出的热量)，所以有：

$$e(P_1,V_1,\lambda=1)=e(P_1,V_1),$$

$$e(P_0,V_0,\lambda=0)=e(P_0,V_0)+Q$$

图 1-13　爆轰波基本关系式的建立

故(1－59) 式可写为：

$$e(P_1,V_1)-e(P_0,V_0)=\frac{1}{2}(P_1+P_0)(V_0-V_1)+Q \qquad (1-61)$$

或可表示为：

$$e_1-e_0=\frac{1}{2}(P_1+P_0)(V_0-V_1)+Q \qquad (1-62)$$

(1－62) 式就是爆轰波的 Hugoniot 方程。

(1－57) 式、(1－58) 式、(1－62) 式就是爆轰波的基本关系式。

1.6.2　爆轰波参数计算

根据三个守恒方程得到的三个关系式及C－J条件、状态方程就可构成计算爆轰参数的封闭方程组(共 5 个方程，5 个变量：D、P、u、T、ρ)：

$$\begin{cases} D-u_0=V_0\sqrt{\dfrac{P_1-P_0}{V_0-V_1}} & \text{(质量守恒)} \quad (1-63) \\ u_1-u_0=\sqrt{(P_1-P_0)(V_0-V_1)} & \text{(动量守恒)} \quad (1-64) \\ e(P_1,V_1)-e(P_0,V_0)=\dfrac{1}{2}(P_1+P_0)(V_0-V_1)+Q & \text{(能量守恒)} \quad (1-65) \\ D-u_1=C_1 & \text{(C－J 条件)} \quad (1-66) \\ P=P(V,T) & \text{(状态方程)} \quad (1-67) \end{cases}$$

若作以下假定：

(1) 原始活性气体和爆轰产物均为多方气体，其状态方程为 $PV=RT$；

(2) 爆轰前后气体的绝热指数均是 γ，其等熵方程为 $P=AV^{-\gamma}$；

(3) 波前静止，即 $u_0=0$。

则方程组变为：

$$\begin{cases} D=V_0\sqrt{\dfrac{P_1-P_0}{V_0-V_1}} & (1-68) \\ u_1=\sqrt{(P_1-P_0)(V_0-V_1)} & (1-69) \\ \dfrac{P_1V_1}{\gamma-1}-\dfrac{P_0V_0}{\gamma-1}=\dfrac{1}{2}(P_1+P_0)(V_0-V_1)+Q & (1-70) \\ \dfrac{P_1-P_0}{V_0-V_1}=\gamma\dfrac{P_1}{V_1} & (1-71) \\ P_1V_1=RT_1 & (1-72) \end{cases}$$

如果已知气体的初始状态(P_0,V_0)以及绝热指数 γ 和爆热 Q，即可计算爆轰波阵面上参数 P_1、V_1、u_1、T_1 及爆速 D。解上面的方程组可得：

$$\begin{cases} D=\left(\dfrac{\gamma^2-1}{2}Q+{C_0}^2\right)^{\frac{1}{2}}+\left(\dfrac{\gamma^2-1}{2}Q\right)^{\frac{1}{2}} & (1-73) \\ P_1-P_0=\dfrac{\rho_0D^2}{\gamma+1}\left(1-\dfrac{{C_0}^2}{D^2}\right) & (1-74) \\ V_0-V_1=\dfrac{V_0}{\gamma+1}\left(1-\dfrac{{C_0}^2}{D^2}\right) & (1-75) \\ u_1=\dfrac{D}{\gamma+1}\left(1-\dfrac{{C_0}^2}{D^2}\right. & (1-76) \\ T_1=\dfrac{(\gamma D^2+{C_0}^2)^2}{\gamma(\gamma+1)^2RD^2} & (1-77) \end{cases}$$

注：(1－77) 式中 R 为 $8314/M$，M 为爆轰产物的相对分子量。

对于强爆轰波，可忽略 P_0，相应地 C_0($C_0=\sqrt{\gamma P_0V_0}$) 也可忽略，则有：

$$\begin{cases} D=[2(\gamma^2-1)Q]^{\frac{1}{2}} & (1-78) \\ P_1=2(\gamma-1)Q\rho_0 & (1-79) \\ V_1=\dfrac{\gamma}{\gamma+1}V_0 & (1-80) \\ u_1=\left[\dfrac{2(\gamma-1)Q}{\gamma+1}\right]^{\frac{1}{2}} & (1-81) \\ T_1=\dfrac{Q}{R}\,\dfrac{2\gamma(\gamma-1)}{\gamma+1} & (1-82) \end{cases}$$

利用简化后的最后一组方程组，在做一定的变换，可以得到其它的方程式。

将(1－80)式和(1－82)式以及 $R = C_P - C_V = kC_V - C_V = (k-1)C_V$ 代入 $p_1V_1 = RT_1$ 中得到：

$$T_1 = \frac{p_1V_1}{R} = \frac{2(k-1)\rho_0 Q \cdot \dfrac{kV_0}{k+1}}{(k-1)C_V} = \frac{2k}{k+1} \cdot \frac{Q}{C_V} = \frac{2k}{k+1}T_d \qquad (1-83)$$

式中 T_d— 混合气体按爆热计算的爆炸温度。由于：

$$Q = C_vT = \frac{pV}{k-1} = \frac{1}{k-1} \cdot nRT = \frac{nR}{k-1} \cdot \frac{k+1}{2k}T_1 = \frac{(k+1)nR}{2k(k-1)}T_1$$

所以：

$$D = \sqrt{2(k^2-1)Q} = \sqrt{2(k^2-1)\frac{(k+1)nR}{2k(k-1)}T_1} = \frac{k+1}{k}\sqrt{knRT} = \frac{k+1}{k}\sqrt{\frac{8310}{M}kT_1} \qquad (1-84)$$

式中 M— 爆轰产物的平均相对分子质量。

在对应上面有关公式时，可以很方便地计算出混合气体的爆轰参数。

C－J 理论是由气相爆轰建立的，对于凝聚炸药的爆轰仍然具有一定的适用性，尽管存在一定的争议。气相爆轰与凝聚爆轰的主要区别在于爆轰参数上。

表 1-14　某气相爆轰与凝聚炸药爆轰参数的对比

	***H－O* 混合物**	**某 *B* 炸药(*TNT* 与 *RDX* 混合物)**
ρ_0	4.9×10^{-4}g·cm^{-3}	1.71g·cm^{-3}
D	2840m·s^{-1}	7990m·s^{-1}
P_1	19.1kg·cm^{-2}	290000kg·cm^{-2}

对凝聚态炸药而言，爆轰产物的密度高，不能采用理想气体和范德华方程作为气体的状态方程，但其它方程与气相爆轰一致，凝聚态炸药也遵守 C－J 条件或 C－J 爆轰选择定则。

1.6.3　爆轰波的传播

1. C－J 条件

C—J 条件又称爆轰选择定则，它是爆轰波稳定传播的条件。前面的(1－57)式、(1－58)式和(1－62)式是由三个守恒方程得到的，再加上状态方程 $e = e(P,V)$ 共有 4 个方程，但有 5 个未知数：P_1, ρ_1, u_1, e_1 和 D，构成方程组求解未知变量，还需要补充一个方程才能求解，这个方程就是：$D - u_1 = C_1$，即所谓的 C－J 条件。

这个条件就是爆轰波能够稳定传播的条件，也就是说如果没有这个 C－J 条件，那么爆轰波支上的任何状态都是可能的，但实验表明，对气相或凝聚相炸药爆轰，在给定初态下，爆轰波都是以某一特定的速度稳定传播的。

另外，从几何上看，三个守恒方程有解时，在理论上有三个解，即强爆轰解、弱爆轰解和 C－J 爆轰解。然而，Chapman 和 Jouguet 提出：只有 C－J 爆轰才是稳定存在的，这就是所谓的 C

—J理论。那么什么叫C—J条件呢?Chapman和Jouguet分别提出了自己的观点：

(1)Chapman提出的稳定爆轰传播条件：

$$-\left(\frac{dP}{dV}\right)_{曲线2}=\frac{P_1-P_0}{V_0-V_1} \tag{1-85}$$

即实际上爆轰对应于所有可能稳定爆轰传播的速度中的最小速度。

(2)Jouguet提出的条件为：

$$D-u_1=C_1 \tag{1-86}$$

上式可描述为:爆轰波相对于爆轰产物的传播速度等于爆轰产物的音速。

两者提法不一样,但是本质是相同的,因此都称为C—J条件,可综合表述为:爆轰波若能稳定传播,其爆轰反应终了产物的状态应与波速线和爆轰波Hugoniot曲线相切点M的状态相对应,否则爆轰波在传播过程在中是不可能稳定的。该点的状态又称为C—J状态。在该点,膨胀波的传播速度恰好等于爆轰波向前推进的速度。

2.气体炸药爆轰波传播的影响因素

经过大量的实验研究,人们认识到气体炸药的爆轰传播与气体混合物的初始密度(或初始体积)、爆温以及气体混合物中有无掺和物等因素有关。

由理想气体状态方程求出的气体炸药爆轰参数,对初始密度较小的混合气体是成立的,但是由于在爆轰过程中爆轰产物密度增加较大,其波阵面上的压力很大,此时理想气体状态方程就不适用了,气体混合物的初始密度便显著地影响着爆速。

对于高密度的气体混合物可以用阿贝尔状态方程,即：

$$p(V-a)=\frac{RT}{M} \tag{1-87}$$

式中:a— 爆炸产物的余容；

M— 爆炸产物的平均相对分子质量。

通过一定推导和变换,有下式成立：

$$\frac{V_0-a}{V_1-a}=\frac{k+1}{k} \tag{1-88}$$

爆速的公式则应写成：

$$D=\frac{V_0}{V_0-a}\sqrt{2(k^2-1)Q}=\frac{1}{1-a\rho_0}\sqrt{2(k^2-1)Q}$$

$$=\frac{1}{1-a\rho_0}\cdot\frac{k+1}{k}\sqrt{knRT_1}=\frac{1}{1-a\rho_0}\cdot\frac{k+1}{k}\sqrt{\frac{8310}{M}kT_1} \tag{1-89}$$

所以,影响气体炸药爆轰传播的因素有以下规律：

(1)初始密度:如果气体混合物运用阿贝尔状态方程,并设a为常数,则气体混合物初始密度增大,其爆速D也将增大,但爆温合爆轰产物的质点速度u_1都不变。

(2)混和气体的相对分子量:如加入相对分子质量较小的惰性气体,则会增加气体的爆速；

(3)爆轰温度T_1,而初温T_0对D_{C-J}影响较小:因为爆温取决于爆热和爆炸产物的热容,对于平均热容小的气体混合物,爆热大则爆速高。

3.凝聚炸药爆轰波传播的影响因素

对于凝聚炸药而言,影响其爆轰传播速度的因素主要有以下几个方面:

(1) 炸药化学性质的影响。

由公式 $D=\sqrt{2(\gamma^2-1)Q}$ 知,爆热影响着炸药爆速的大小。对于单体炸药以及由单体炸药组成的混合炸药,随着 Q 增加,炸药爆速 D 相应增加;对于含铝混合炸药等,由于反应的多阶段性,只有初始阶段放出的热对爆热有贡献,如表 1-15 所示。

表 1-15 单体炸药与含铝炸药的爆轰参数对比

	RDX	RDX+Al	TNT	TNT+Al
爆热	低	高	低	高
爆速	高	低	高	低

(2) 装药的物理因素对爆轰速度的影响。

如图 1-14 所示,对于无侧向膨胀的爆轰过程图 1-14(a),反应区放出的能量全部用来支持爆轰的传播,对应着最大爆轰速度 D_m,对于一定的炸药(特定的装药高度)D_m 为定值,也就是理想爆轰的数值。而对于有侧向膨胀的爆轰而言图 1-14(b),除了轴向膨胀外,还有径向膨胀,膨胀的结果使得反应区能量密度降低,从而降低了爆速。

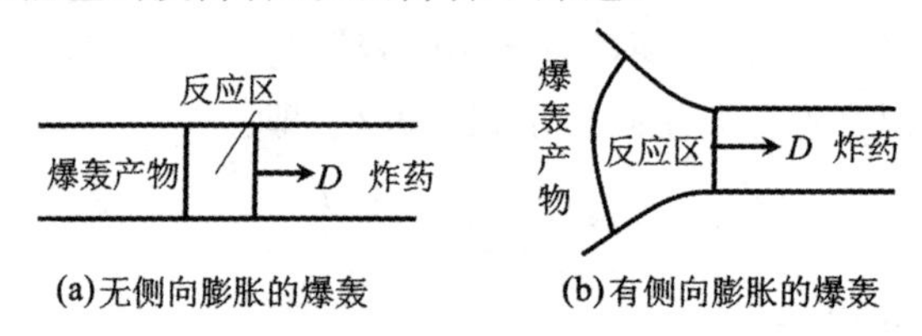

图 1-14 有无侧向膨胀的爆轰

(3) 密度对爆轰速度的影响。

如图 1-15 所示,对于单体炸药以及由单体炸药组成的混合炸药,ρ 越大,D 越大,一般密度和爆速呈线性关系;对于由缺氧和富氧成分所组成(反应能力相差悬殊的成分)的混合炸药和爆轰感度低的混合炸药,密度小时,ρ 越大,D 越大,但有个极限 — 即所谓的“临界密度”,超过临界密度时甚至发生所谓“压死”现象 — 拒爆(不能爆轰),但是如果再增加装药直径,爆速仍会增加;若装药直径超过极限直径,则不存在“压死”现象。存在这种现象的炸药的爆轰反应机理主要是以混合反应机理为主要特征。

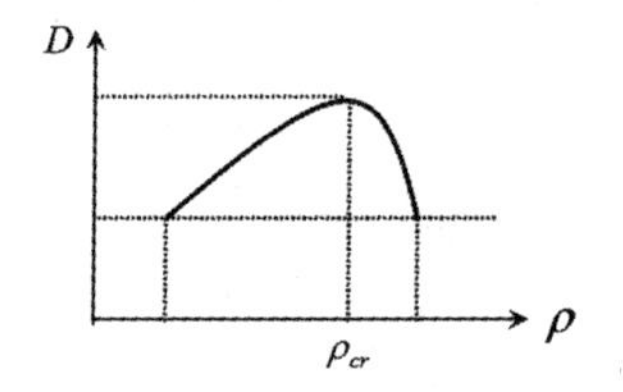

图 1-15 炸药密度对爆速的影响

(4) 颗粒尺寸和外壳强度对爆轰速度的影响。

当装药直径小于极限直径时对爆速有影响,但不影响极限爆速。

(5) 附加物对爆速的影响。

一般,在单体猛炸药中添加惰性物质或可燃物质如石蜡、Al粉,爆速会下降,但是AN与燃料油的混合物将导致爆速提高。

(6) 沟槽效应(channel effect)的影响。

内沟槽(空心)与外沟槽存在于不耦合装药中,如图1-16所示。对于爆轰感度低的炸药,存在沟槽时,爆速下降;对于爆轰感度高的炸药,存在沟槽时,爆速提高。

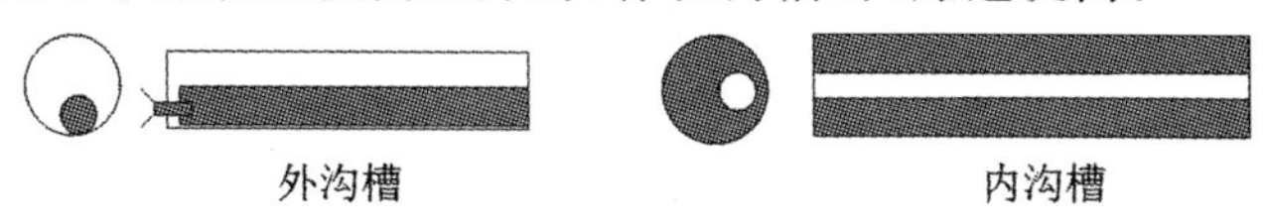

图1-16 沟槽效应

沟槽的存在,爆轰时在沟槽中存在超前于爆轰波的空气冲击波,该冲击波压缩炸药,使得密度增加,导致爆速发生相应变化。

第2章　爆炸作用与毁伤

2.1　不同介质中的爆炸作用

2.1.1　空中的爆炸作用

1. 空中爆炸的基本现象与特点

当炸药在空气中产生爆炸时，瞬时可以转变为高温高压的爆炸产物。这些爆炸产物在空气中进行膨胀，然后在爆炸产物内形成稀疏波。同时，爆炸产物强烈压缩空气，在空气中形成爆炸空气冲击波。爆炸产物的膨胀规律，可近似地用多方指数型状态方程来表示：

$$P\hat{u}^{\gamma} = const$$

在上述式中：P 、$\hat{u}$ 分别是爆炸产物的压力和比容，γ 为多方指数，与爆炸产物的组成和密度有关，密度越大则 γ 值越大。

对上式进行初步估算可以得出，对于半径为 γ_0 的球形装药，当爆炸产物的膨胀半径 γ 增加0.5倍时，压力下降到0.029。因此爆炸产物膨胀的初期压力衰减很快，在 $\gamma > 1.5\ r_0$ 后，爆炸产物继续膨胀，直到与周围未扰动空气的初始压力 P_0 相平衡，此时，其相应的体积为爆炸产物的极限体积，所对应的半径为极限体积半径。对于球形装药而言，极限体积半径约为原来的10倍；对于柱形装药，极限体积半径约为原来的30倍。①

当爆炸产物膨胀到与周围未扰动空气的初始压力 P_0 相平衡时，其膨胀并没有停止，而是由于惯性效应继续膨胀，直到惯性效应消失为止。此时，爆炸产物的平均压力低于空气的初始压力 P_0 时，爆炸产物的体积达到最大值。由于爆炸产物内部的压力低于空气的初始压力 P_0，又出现周围空气反过来对爆炸产物进行压缩，使其压力不断回升。同样，由于惯性效应产物被过度压缩，使爆炸产物的压力又稍大于 P_0，并开始第二次膨胀和压缩的脉动过程。实验结果表明，对爆炸破坏作用有实际意义的只是第一次的膨胀和压缩的脉动过程。

爆炸产物与空气的分界面刚开始是清晰的，由于产物的脉动过程，特别是分界面周围产生的湍流效应使界面越来越模糊，最后与空气介质混在一起。

2. 炸药爆炸后空气冲击波的形成与传播规律

通常情况下，当爆炸产物停止膨胀时，空气冲击波就与爆炸产物分离，并独自向前传播。两者分离的距离很难精确确定。对球形装药爆炸，在 $\gamma = 10r_0 \sim 15r_0$ 时，两者才开始缓慢分离。爆炸空气冲击波在传播过程中，波的前沿以超声速传播，而正压区的尾部是以与压力 P_0 相对应的声速传播，所以正压区被不断拉宽，受压缩的空气量不断增加，使得单位质量空气的平均能量不断下降。此外，冲击波的传播过程是不等熵的，存在着因空气冲击绝热压缩而产生的不可

① 宁建国，王成，马天宝. 爆炸与冲击动力学. 北京：国防工业出版社，2010。

逆的能量损失。冲击波强度越大，这种不可逆能量的损失越大。因此，空气冲击波传播过程中波阵面压力在初始阶段衰减快，后期衰减平缓，传播到一定距离后，冲击波衰减为音波。爆炸空气冲击波的传播如图 2-1 所示。

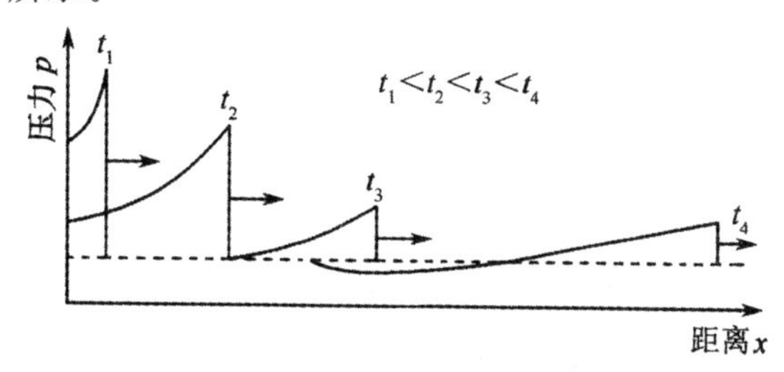

图 2-1　爆炸空气冲击波的传播示意图

3. 爆炸空气冲击波初始参数

炸药爆炸时，在与之接触的介质中必然要产生冲击波，在爆轰产物中可产生冲击波或稀疏波。(研究初始参数对评定炸药爆炸对邻近介质的作用，冲击波传播规律很有益处)

介质中的初始冲击波参数取决于炸药的爆轰参数和介质的性质(力学性质：压缩性与密度)，如果介质的密度大于爆轰产物的密度，则在介质与爆轰产物分解面处的压力 $P_x > P_2$(爆轰压力)，同时向爆轰产物中传递一个冲击波；否则 $P_x < P_2$，则向爆轰产物中传递一个稀疏波。

$P_2 > P_x$ 时情形：当装药在空气中爆炸时，最初爆轰产物与空气的最初分界面上的参数，也就是形成空气冲击波的初始参数。

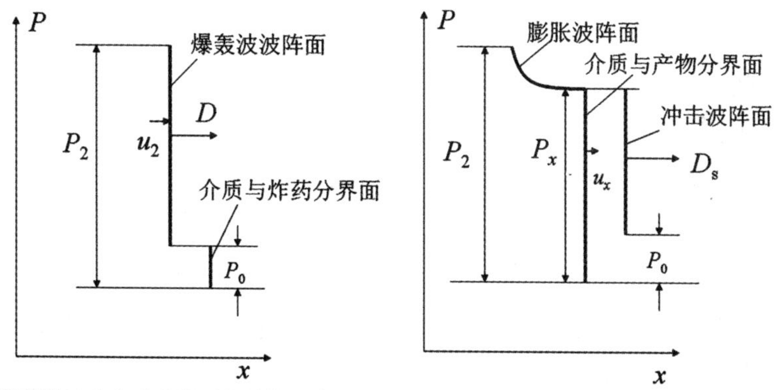

a.爆轰波冲击介质分界面之前的压力分布　b.爆轰产物与介质发生碰撞时的压力分布

图 2-2　$P_2 > P_x$ 时分界面附近初始参数分布情况

由于爆轰形式的冲击波在开始阶段必然是强冲击波，可采用强冲击波关系式：

$$D_x = \frac{k+1}{2}u_x \quad P_x = \frac{2\rho_0 D_x^2}{k+1} \quad \rho_x = \frac{k+1}{k-1}\rho_0 \tag{2-1}$$

可见，只要能从理论上获得 u_x，即可计算其它参数。

爆轰产物在界面处的速度(质点速度)：

$$u_x = u_2 + u_1 \tag{2-2}$$

上式中：u_2— 爆轰波波阵面处产物质点速度，$u_2 = \dfrac{1}{r+1}D$；u_1— 由于反射膨胀波(稀疏波)传入时的产物速度增量。

爆轰产物的膨胀规律：是个等熵过程，符合 $pV^{r} = const$，但 γ 是变化的，按二阶段考虑：

第一阶段：$P_2V_2^3 = P_KV_K^3$，其中 P_K、V_K：中间状态的压力与比容

第二阶段：$P_KV_K^r = P_xV_x^r \quad \gamma = 1.2—1.4$

一般对中等强度的炸药：$P_K = 200\text{Mpa}$

P_K、V_K 也可由爆轰波的 Hugoniot 方程计算。

对多方气体：$\dfrac{P_2V_2}{\gamma-1} - \dfrac{P_KV_K}{\gamma-1} + \Delta Q = \dfrac{1}{2}(P_2 - P_0)(V_0 - V_2) + Q_V$

上式：ΔQ— 膨胀到 K 点时，爆轰产物剩余的能量；Q_v— 炸药的爆热

忽略 P_0：$\dfrac{P_2V_2}{\gamma-1} - \dfrac{P_KV_K}{\gamma-1} + \Delta Q = \dfrac{1}{2}P_2(V_0 - V_2) + Q_V$

计算表明 $\dfrac{P_KV_K}{\gamma-1} \ll \dfrac{P_2V_2}{\gamma-1}$，可忽略，故有：

$$\frac{P_2V_2}{\gamma-1} + \Delta Q = \frac{1}{2}P_2(V_0 - V_2) + Q_V, \gamma = 3$$

$$\because P_2 = \frac{1}{\gamma+1}\rho_0 D^2,\ V_2 = \frac{\gamma}{\gamma+1}V_0$$

$$\therefore \Delta Q = Q_V - \frac{D^2}{2(\gamma^2-1)}, \gamma = 3 \qquad (2-3)$$

在 P_K 以下，爆轰产物可看成是理想气体：$P_KV_K = RT_K$

而 $\quad T_K = \dfrac{\Delta Q}{\overline{C_V}}$

$$\therefore P_KV_K = \frac{R\Delta Q}{\overline{C_V}} = (k-1)\Delta Q \quad (k = 1.3) \qquad (2-4)$$

由(2－3)、(2－4) 式可得：$P_KV_K = (k-1)\left[Q_V - \dfrac{D^2}{2(\gamma^2-1)}\right]$ (2－5)

将(2－5) 式与$\dfrac{P_2V_2}{\gamma-1} + \Delta Q = \dfrac{1}{2}P_2(V_0 - V_2) + Q_V$联立可解得 P_K、V_K。

u_1 的计算：u_1 是由膨胀波侵入时而获得的质点速度。假定流动是一维的，膨胀波在静止气流中流动图像如下（波速为 c）：

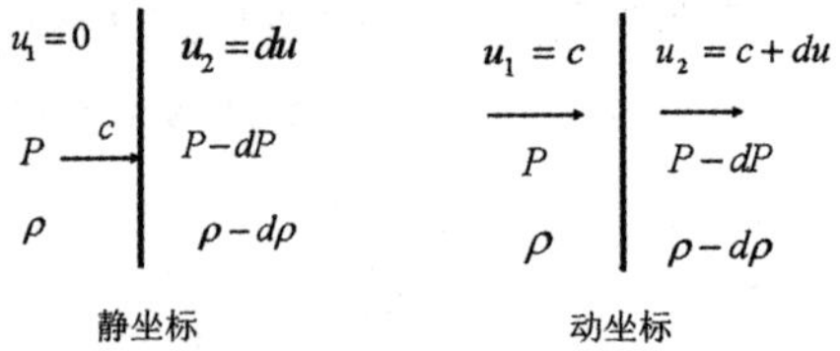

静坐标：$u_1=0$，P，ρ | $u_2=du$，$P-dP$，$\rho-d\rho$（波速 c）

动坐标：$u_1=c$，P，ρ | $u_2=c+du$，$P-dP$，$\rho-d\rho$

图 2-3　膨胀波在静止气流中流动图像

由动量守恒定律：知：

$$P-(P-dP) = -\rho c[c-(c+du)] = \rho c du$$

即：$dP = \rho c du$

$$\therefore du = \frac{dP}{\rho c} \qquad (2-6)$$

由质量守恒定律：$\rho c = (\rho - d\rho)(c + du) = \rho c + \rho du - cd\rho$（忽略二阶小量）

$\therefore\ \rho du = cd\rho$

$$\Rightarrow c = \frac{\rho du}{d\rho} \tag{2-7}$$

由(7－6)式、(7－7)式可得：

$$du = \sqrt{\frac{dPd\rho}{\rho^2}} = \sqrt{-dPdV} \tag{2-8}$$

$$\therefore\ u_1 = \int_{P_x}^{P_2} \frac{dP}{\rho c} \tag{2-9}$$

$\because P = A\rho^{\gamma}$（$\gamma = 3$，开始阶段）

$c^2 = (\frac{dP}{d\rho})_S = A\gamma\rho^{\gamma-1} = \gamma\frac{P}{\rho}$

微分上式：$2cdc = A\gamma(\gamma-1)\rho^{\gamma-2}d\rho$

同除以 $A\gamma\rho^{\gamma-1}$：$\frac{2dc}{c} = \frac{(\gamma-1)d\rho}{\rho}$ 即：

$$d\ln\rho = \frac{2}{\gamma-1}d\ln c \tag{2-10}$$

对 $P = A\rho^{\gamma}$ 两边取对数后再微分的：

$d\ln P = \gamma d\ln\rho$，而 $\gamma = \frac{c^2\rho}{P}$

$\therefore d\ln P = \frac{c^2\rho}{P}d\ln\rho \quad\Rightarrow\quad dP = c^2\rho d\ln\rho \quad\Rightarrow\quad \frac{dP}{\rho} = c^2 d\ln\rho$

(7－10)式 $= c^2\ \frac{2}{\gamma-1}d\ln c = \frac{2c}{\gamma-1}dc$

$$\therefore u_1 = \int_{P_x}^{P_2}\frac{dP}{\rho c} = \int_{P_x}^{P_k}\frac{dP}{\rho c} + \int_{P_k}^{P_2}\frac{dP}{\rho c}$$

$$= \int_{c_x}^{c_k}\frac{2dc}{\rho c} + \int_{c_k}^{c_2}\frac{2dc}{\gamma-1} = \frac{2c_k}{k-1}(1-\frac{c_x}{c_k}) + \frac{2c_2}{\gamma-1}(1-\frac{c_k}{c_2}) \tag{2-11}$$

$\because c_2 = \frac{\gamma}{\gamma+1}D$

$$\therefore\ \frac{c_k}{c_2} = \frac{\sqrt{\frac{\gamma P_k}{\rho_k}}}{\sqrt{\frac{\gamma P_2}{\rho_2}}} = (\frac{\rho_k}{\rho_2})^{\frac{\gamma-1}{2}} = (\frac{P_k}{P_2})^{\frac{\gamma-1}{2\gamma}}$$

$$\frac{c_x}{c_k} = (\frac{P_x}{P_k})^{\frac{k-1}{2k}}$$

$$\therefore 有\ u_x = \frac{D}{\gamma+1}\{1 + \frac{2\gamma}{\gamma-1}[1-(\frac{P_k}{P_2})^{\frac{\gamma-1}{2\varphi}}]\} + \frac{2c_k}{k-1}[1-(\frac{P_x}{P_k})^{\frac{k-1}{2k}}] \tag{2-12}$$

$$而\ P_x = \frac{2\rho_0 D_x^2}{k+1} = \frac{k+1}{2}\rho_a u_x^2 \tag{2-13}$$

上式中 ρ_a— 未扰动空气的密度

由(2－12)式、(2－13)式，即可计算 P_x、u_x 从而也可计算出 D_x。

$P_2 < P_x$ 时的情况：此时介质的密度大于爆轰产物的密度，将向爆轰产物反射一压缩波(冲击波)，同时在介质中也产生一个入射波。此时，$u_x = u_2 - u_1$，在分界面处，两个冲击波的初始 P_x，u_x 相等，但波速不同，方向相反。

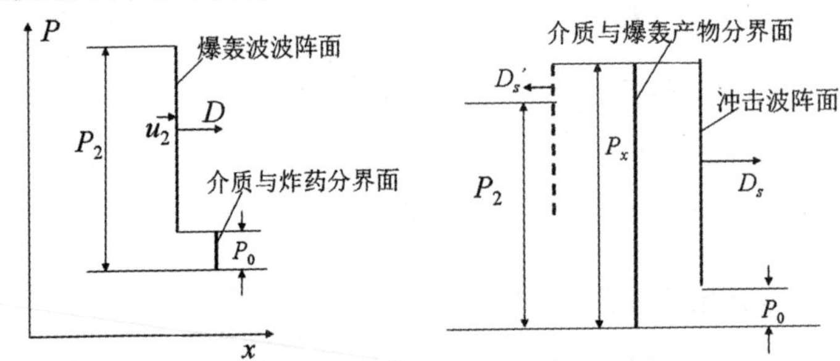

图 2-4　$P_2 < P_x$ 时分界面附近初始参数分布情况

4.相似律在空气爆炸中的应用

炸药在空气中爆炸时，影响冲击波波阵面上的压力的基本物理量有：炸药的爆热 Q_V，装药密度 ρ_0，装药半径 r，爆心距 R，以及空气的压力 P_a 和初始密度 ρ_a，若忽略空气的粘滞力与导热性：$\Delta P = (Q_v, \rho_0, r, R, P_a, \rho_a)$，以 R, P_a, ρ_a 为三个基本参量，则可构成 $6+1-3=4$ 个无量纲的量，即：

$$\pi = f(\pi_1, \pi_2, \pi_3)$$

$$\pi = \frac{\Delta P}{R^{\alpha_1} P_a^{\alpha_2} \rho_a^{\alpha_3}} = \frac{\Delta P}{P_a}(\alpha_1 = \alpha_2 = 0, \alpha_2 = 1)$$

$$\pi_1 = \frac{Q_V}{R^{\beta_1} P_a^{\beta_2} \rho_a^{\beta_3}} = \frac{Q_V}{P_a/\rho_a}(\beta_1 = 0, \beta_2 = 1, \beta_3 = -1)$$

同理得：$\pi_3 = \dfrac{r}{R}$，$\pi_2 = \dfrac{\rho_0}{\rho_a}$

∴ 有：$\dfrac{\Delta p}{P_a} = f\left(\dfrac{Q_V}{\dfrac{P_a}{\rho_a}}, \dfrac{\rho_0}{\rho_a}, \dfrac{r}{R}\right)$

如果装药密度相同，用同一种炸药在相同空气中作试验，则：

$\pi_1 = const, \pi_2 = const$

$$\therefore \frac{\Delta P}{p_a} = f\left(\frac{r}{R}\right) \quad \text{——空气爆炸几何相似律} \qquad (2-14)$$

说明：进行多次实验时，只要 $\dfrac{r_1}{R_1} = \dfrac{r_2}{R_2} = \dfrac{r_3}{R_3} = \cdots\cdots = const$，则 Δp 相同。如果装药量 w_1 在 R_1 处的超压为 ΔP，那么另一装药量 w_2，在 R_2 处的超压也是 ΔP，则有：$\dfrac{R_1}{R_2} = \dfrac{\sqrt[3]{w_1}}{\sqrt[3]{w_2}}$，即 ΔP 是 $\dfrac{\sqrt[3]{w}}{R}$ 的函数($w = \dfrac{4}{3}\pi r^3 \rho_0$)

$$故：\Delta P = f\left(\frac{\sqrt[3]{w}}{R}\right) \qquad (2-15)$$

上述函数关系可写成 $\Delta P = A_0 + A\frac{\sqrt[3]{w}}{R} + B(\frac{\sqrt[3]{w}}{R})^2 + C(\frac{\sqrt[3]{w}}{R})^3 + \cdots$

$\because R \to \infty \quad \Delta p \to 0 \quad \therefore A_0 = 0$

$$\therefore \Delta P = A\frac{\sqrt[3]{w}}{R} + B(\frac{\sqrt[3]{w}}{R})^2 + C(\frac{\sqrt[3]{w}}{R})^3 \tag{2-16}$$

上式中$\bar{R} = \frac{R}{\sqrt[3]{w}}$称为对比距离，$A$、$B$、$C$ 为系数由实验确定

根据大量实验，TNT 球形药包在无限空中爆炸时，有：

$$\Delta P = \frac{0.84}{\bar{R}} + \frac{2.7}{\bar{R}^2} + \frac{7}{\bar{R}^3} \tag{2-17}$$

上式中：$\bar{R} = \frac{R}{\sqrt[3]{w}}$　(kg/cm³)，$1 \leqslant \bar{R} \leqslant 10 \sim 15$，

R— 爆心距(m)；w— 装药量(kg)

一般认为无限空中是指：$\frac{h}{\sqrt[3]{w}} \geqslant 0.35$　(2-18)

对其它炸药，需要换算成 TNT 当量：

$$w_T = w\frac{Q_V}{4.184 \times 10^6} \quad Q_v: \mathrm{J \cdot kg^{-1}} \tag{2-19}$$

装药在刚性地面上爆炸时，可以看作是 2 倍的装药在无限空间的爆炸，这时用 $w_T = 2w$ 代入上式进行计算。

对沙、粘土一类普通地面，按 $w_T = 1.8w$ 进行计算。

计算时，需要注意公式的应用范围：$\frac{h}{\sqrt[3]{w}} \geqslant 0.35, 1 \leqslant \bar{R} \leqslant 10 \sim 15$

$\Delta P \sim \bar{R}$ 的关系：ΔP 随 $\bar{R}$ 增加而减少，在小 $\bar{R}$ 的范围，ΔP 下降迅速；在大 $\bar{R}$ 的范围内，ΔP 下降缓慢。有了超压的计算结果，就可由冲击波的基本关系式计算出波阵面上的其他参数。

2.1.2　水中的爆炸作用

1. 水中爆炸的基本现象与特点

在不同的介质中，质量相同的同种炸药所产生的爆炸威力是不同的。由于水和空气具有不同的密度(海水密度 $\rho = 1024.6$ kg/m³，而空气的密度 $\rho = 1.226$ kg/m³，海水的密度约为空气的 835 倍) 和不同的压缩性(空气是可压缩的，而海水的压缩性通常只有空气的 1/30000 到 1/20000，一般认为是不可压缩的)。因此炸药在水中所产生的破坏作用比在空气中强烈得多。这是由于水的压缩性很小，它积蓄能量的能力很低，当炸药爆炸时，海水就成为压力波的良好传导体。当装药在无限水介质中爆炸时，在装药本身的体积内形成了高温、高压的爆炸气体产物，其压力远远超过了周围水介质的静压。因此，在爆炸所产生的高压气体作用下，在水介质中同样会产生水中冲击波，同时爆炸气体的气团向外膨胀并做功。冲击波在水中的传播与声的水下传播近似。

水中声速比空气中的声速大，在 18 ℃ 海水中声速大约为 1494 m/s，空气中的声速为 340 m/s，由于水具有上述的特殊性质，所以装药爆炸后所形成的水中冲击波和爆炸产物的膨胀也

就具有它自身的特点。

当炸药在水中爆炸后，在某点 $R=R_0$ 处，测得压力时程曲线大体如图 2-5 所示。

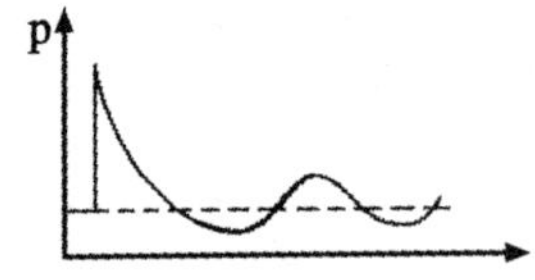

图 2-5　水中冲击波压力时程曲线示意图

冲击波阵面后，压力时程曲线大体按指数衰减规律。在衰减段后边有一个一个的驼峰，且一个比一个弱，这是由于爆炸气体的气团在水中膨胀与收缩所引起的。这种爆炸气体在水中膨胀与收缩称为气泡脉动。

(1) 水中冲击波的特点。

球面冲击波的波前推动水，波前的压力转化为水的压强波和水的扩散运动，这导致气体爆炸产物的膨胀。冲击波扩散时，其波前压力以指数衰减形式向周围传播，初速远大于水中的音速，此后传播速度很快减至音速，能量也急骤减少，出现冲击波衰减。在一定距离后，冲击波转变为声波。

冲击波包括正、负压力区(高压区和低压区)。高压区的长度称冲击波波长 λ，它比低压区的长度小。冲击波波前压力是它的主要特征，随着距离爆炸中心增加，冲击波波前压力逐渐降低。

如图 2-6 所示为冲击波压力分布图。从图中可以看出冲击波的这些特性，图中虚线表示冲击波按声学规律传播时的压力分布曲线。该曲线是用 TNT 炸药测得的。

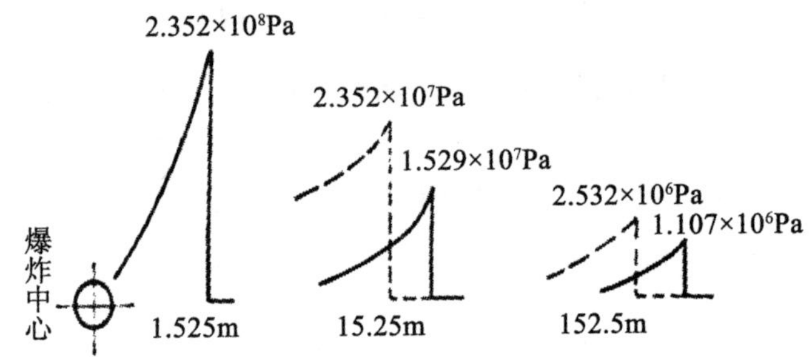

图 2-6　冲击波压力分布

总之，冲击波与声波相比较有以下特点：

1) 冲击波的传播速度开始大于声波数倍，随着波的推进，其速度迅速下降，直至声速。

2) 冲击波的最大压力衰减极快。

3) 波形随着传播而扩展。

(2) 气泡的脉动作用。

爆炸后，首先在水中产生冲击波，同时气泡开始首次膨胀，气泡扩大到一定程度，气泡内的压力变化与周围压力相等，但由于水的惯性作用，气泡将继续扩大。当气泡内的压力小于外界流体运动静止压力时，气泡才停止膨胀而开始收缩，气泡收缩到内部压力高到足以改变外界流体运动方向为止。此后气泡又开始膨胀。因此，由于水的惯性及水和气体的弹性而产生了气泡的脉动。在深水中爆炸时，气泡在脉动过程中，由于能量的消散或浮出水面而告终。

在气泡脉动过程中，当气泡收缩到直径最小时，气泡内的压力达到极大，这时便射辐出压力波而在水中传播。此压力与冲击波产生的压力不同，在理论情况下，它没有剧烈的变化。第一次脉动的最大压力约为冲击波峰值压力的 10％～20％，但这种压力的持续时间则大大超过冲击波压力的持续时间。当气泡脉动时，每个后继脉动消散的总能量小于前一脉动消散的总能量，约有储存能量的 59% 损失在第一个脉动上（气泡的膨胀与压缩），近 20% 损失在第二个脉动上，近 7% 损失在第三个脉动上。由这些量可看出每个脉动所具有的能量。

2. 水肿冲击波的初始参数

炸药在水中爆炸时，向水介质中入射一个冲击波，其初始冲击波速度为 D_w，波前为未扰动的水的初始状态 $p_0,\rho_0,v_0=0$，波后状态为 p_w,ρ_w,v_w，如图 2-7 所示。

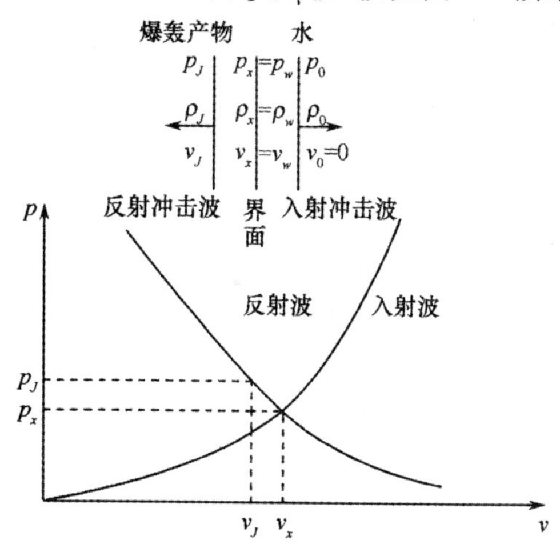

图 2-7　水中冲击波初始参数图

而在爆炸产物中反射一个稀疏波，由爆轰产物二维不定常流动基本知识有

$$dv=-\frac{2}{\gamma-1}dc$$

$$\int_{v_J}^{v_x}dv=\int_{c_J}^{c_x}-\frac{2}{\gamma-1}dc$$

$$v_x=v_J+\frac{2c_J}{\gamma-1}\left(1-\frac{c_x}{c_J}\right)$$

$$\frac{c_x}{c_J}=\left(\frac{p_x}{p_J}\right)^{\frac{\gamma-1}{2\gamma}},v_J=\frac{D}{\gamma+1},c_J=\frac{\gamma}{\gamma+1}D$$

$$v_x=\frac{D}{\gamma+1}\left\{1+\frac{2\gamma}{\gamma-1}\left[1-\left(\frac{p_x}{p_J}\right)^{\frac{\gamma-1}{2\gamma}}\right]\right\} \tag{2-20}$$

对入射冲击波，由动量守恒关系可得

$$P_w=\rho_0 D_w v_w \tag{2-21}$$

由实验可以知，在 0 ～ 45GPa 范围内，水的冲击绝热方程为

$$D_w=1.483+25.306\lg\left(1+\frac{v_w}{5.19}\right) \tag{2-22}$$

上述式中：$D_w v_w$ 为水中冲击波速度和质点速度。

将式(2－22) 代人式(2－21) 得

$$p_w=\rho_0\left[1.483+25.306\lg\left(1+\frac{v_w}{5.19}\right)\right]v_w \tag{2-23}$$

在水和爆轰产物界面两侧有压力和质点速度连续可得

$$v_x=v_w,p_x=p_w \tag{2-24}$$

这样式(2－22)和式(2－23)和式(2－24)联立求解就可以得到水中冲击波初始参数值。[①]

3.相似律在水中爆炸的应用

水中爆炸时，如同空气中爆炸一样，存在着爆炸相似率。设装药在无限水介质中爆炸，同时不考虑重力的影响，则影响水中爆炸的参数有炸药密度 ρ_0，炸药爆热 $Q_{\tilde{u}}$，炸药装药半径 r_0，未扰动水的压力 p_0，未扰动水的密度 p_{w0}，未扰动水的声速 c_0，水的状态方程指数为 n，离爆心的距离为 R，时间 t。因此，水中冲击波压力可写为

$$P = f(Q_{\tilde{u}},\ \rho_0,\ r_0, p_0, p_{w0}, c_0, n,\ R,\ t) \tag{2-25}$$

根据 π 定律可以得到如下的函数关系

$$\frac{p}{\rho_{w0} c_0^2} = f\left(\frac{Q_{\tilde{v}}}{c_0^2}, \frac{\rho 2_0}{\rho_{w0}}, \frac{p_0}{\rho_{w0} c_0^2}, n, \frac{R}{r_0}, \frac{tc_0}{r_0}\right) \tag{2-26}$$

如果炸药的性质 $Q_{\tilde{u}}$，密度 ρ_0 不变，以及水的初始状态不变，则式(2－26)变为

$$\frac{p}{p_{w0} c_0^2} = f\left(\frac{R}{r_0}, \frac{tc_0}{r_0}\right) \tag{2-27}$$

上述式(2－27)说明：装药在水中爆炸后，在某点的压力只与时间和距离爆炸中心的距离有关，当装药半径 r_0 增大 λ 倍，若在距离 λR 处，时间也相应放大 λ 倍，则压力变化规律相同。实验结果也表明了这一点。

美国水面武器中心(NSWC)综合了大量水下爆炸实验数据，归纳成水下爆炸参数统一公式[②]

$$参数 = K\left(\frac{\tilde{\omega}^{1/3}}{R}\right)$$

2.1.3　岩土中的爆炸作用

炸药在土中爆炸是指装药在岩石或土壤中的爆炸。由于地层(包括岩石)是一种很不均匀的介质，它们的颗粒之间存在着较大的空隙，即使是同一岩层，各部分岩质的结构与力学性能也存在着较大的差别，因此，与空气和水中的爆炸相比，土中爆炸的情况更加复杂。

1.装药在岩土介质中爆炸的内部作用

当装药在无限岩土介质中爆炸时，它在岩土中会产生冲击波，冲击波的强度随着传播距离而迅速衰减，因此它对岩土的破坏特征也会随之发生变化。根据岩土的破坏特征，以装药为中心由近及远依次可以分为压碎区、破裂区和震动区，如图2-8所示。

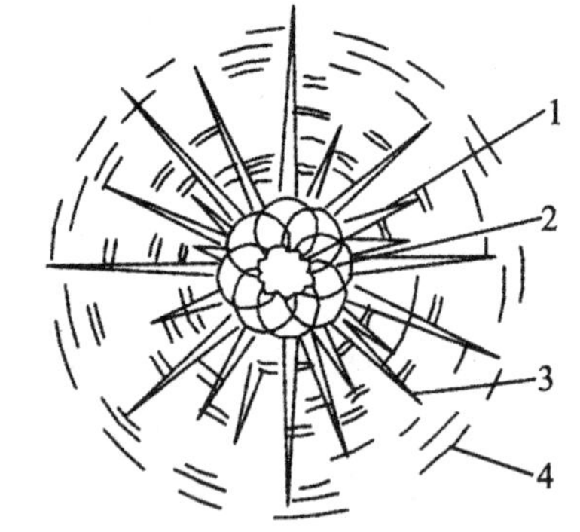

图2-8　装药在无限岩石介质中的爆炸

1—爆腔；2—压碎区；3—破裂区；4—震动区。

(1)压碎区。

炸药爆炸后，爆轰产物的压力高达到数万兆帕，其值远远超过岩土的动态抗压强度，因此

---

① 宁建国，王成，马天宝.爆炸与冲击动力学.北京：国防工业出版社，2010

② 宁建国，王成，马天宝.爆炸与冲击动力学.北京：国防工业出版社，2010

靠近装药表面的岩土将被压碎，甚至进入流动状态。被压碎的介质由于爆炸产物的挤压作用发生径向运动，形成一个空腔，称为爆腔或排出区。其体积约为装药体积的几十倍。与排出区相邻的区域是强烈的压碎区，在这个区域内，如果岩土为均匀介质，则会形成一组滑移面，表现为细密的裂纹，其切线与爆炸中心引出的射线成 45° 角。

(2) 破裂区。

炸药的爆炸能量大部分消耗于岩土的压缩或粉碎。随着冲击波传播距离的增加，岩土单位面积上作用的能量密度下降而冲击波在传播过程中急剧衰减，因此，传播到压碎区外岩土的应力波的强度低于岩土动态抗压强度而不再能直接引起岩土的压碎破坏。虽然如此，其应力值仍然足够引起岩土的质点径向位移、径向扩张和切向拉伸应变。如果这种切向拉伸应力值高于此处岩土动态抗拉强度，那么在岩土中便会产生径向裂隙。当切向拉伸应力衰减到低于岩土动态抗拉强度时，裂隙便停止向前发展。

另外，在爆炸产物的膨胀过程中，爆炸产物也会逸散到周围介质的径向裂隙中，进一步助长了这些裂隙的扩展。这样，爆炸产物的压力、温度迅速下降，原先受压缩的岩土中的弹性变形能被释放出来，也会造成环状裂隙。总之，在冲击波和爆炸产物的共同作用下，压碎区周围岩土中形成相互交错的径向裂隙和环状裂隙，岩土被割裂成为大大小小的碎块，形成破裂区或破碎区。

(3) 震动区。

在破裂区外围的岩土中，冲击波已经衰减到很小，不能引起岩土的破坏，只能产生质点的震动。因而称这一区域为震动区。

2. 装药在岩土介质中爆炸的外部作用

当装药在有限岩土介质中爆炸时，实际上是考虑岩土和空气的界面(自由面)对爆炸的影响特性，由于爆炸冲击波在自由面的反射作用，炸药爆炸除在其周围的岩土介质中产生压碎区、破裂区和震动区之外，视其到岩土自由表面的距离不同二还将在自由表面引起岩土的破裂、鼓包和抛掷，形成爆破漏斗，如图 2-9 所示。①

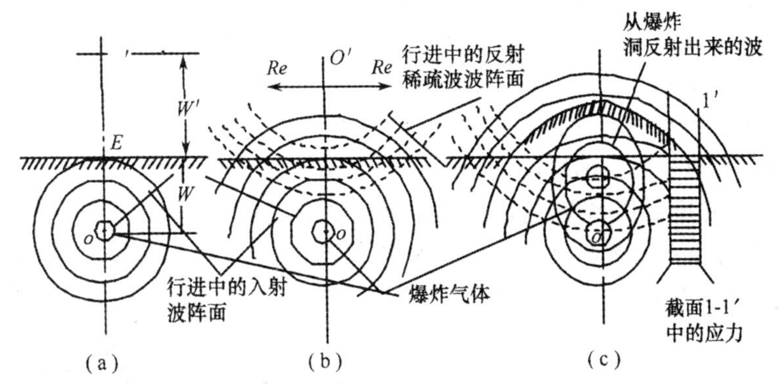

图 2-9　装药在有限介质中的爆炸

(a) 压力波的传播；(b) 反射稀疏波的形成；(c) 岩石的鼓起

(1) 爆破漏斗的形成过程。

爆炸漏斗的具体形成过程如图 2-10 所示。

① 王凤英，刘天生. 毁伤理论与技术. 北京：北京工业大学出版社，2009

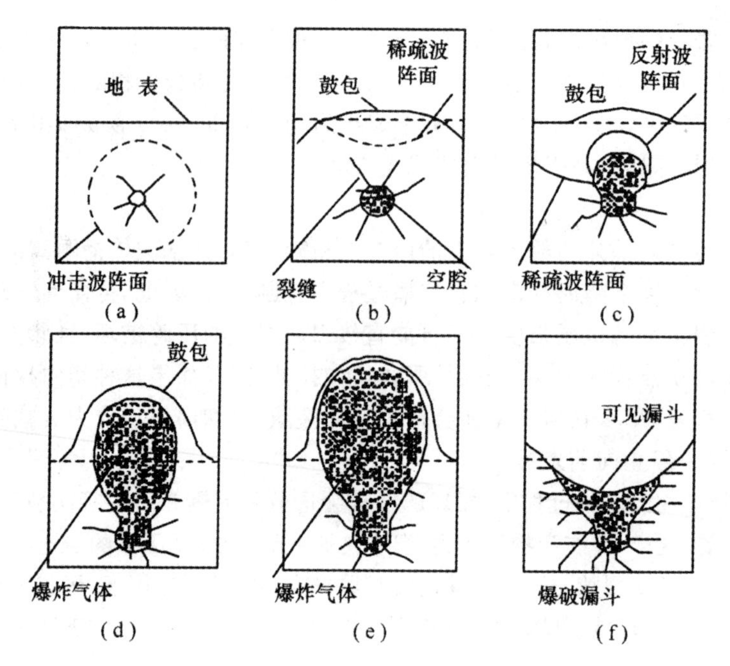

图 2-10　形成爆破漏斗的各个阶段

1) 装药爆炸后，在岩土中产生的径向压缩应力波由爆源向外传播(图 2-10(a))。

2) 压缩波遇到自由面时，由于自由面处两种介质(岩土与空气)的波阻抗不同，压缩波将发生反射，形成与入射压缩波性质相反的稀疏波由自由表面向爆源传播(图 2-10(b))。

3) 拉伸应力波到达爆腔的表面反射为一压缩波，并叠加到先前的压缩波和拉伸波上，球形腔体产生变形并向上扩张，同时腔体内的爆炸产物也在继续膨胀，起到扩张作用(图 2-10(c))。

4) 从腔体表面反射回来的压缩波在自由表面进一步反射为稀疏波传向腔体，再反射压缩波向自由面传播。被爆炸产物排挤出来的上抛物体继续向上和两边运动，腔体继续向上扩张直到最大值(图 2-10(d)，(e))。

5) 达到最大高度后，抛出来的岩土块回落，形成可见的漏斗的表层(图 2-10(f))。

在以上过程中，由于岩土的抗拉强度很低，只要拉伸波的强度大于岩土的抗拉强度，就会导致岩土有一层或几层片状剥离，这也为爆破漏斗的形成起到了非常重要的作用。

综上所述，自由面在爆炸破坏过程中起着非常重要的作用，自由面既可以形成片落漏斗，也可以助长径向裂隙的延伸，并且还可以大大减少岩土的夹制性。有了自由面，爆炸后的岩土才能从自由面方向破碎、移动和抛出。自由面越大、越多，越有利于爆炸的破坏作用。因此，在爆破工程中要充分利用自由面，或者人为地创造自由面。

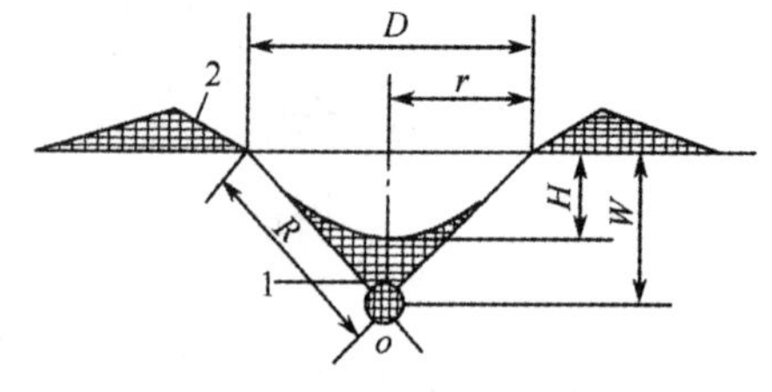

图 2-11　爆破漏斗

D— 爆破漏斗直径；H— 爆破漏斗可见深度；r— 破漏斗半径；W— 最小抵抗线；R— 漏斗作用半径；1— 药包；2— 爆堆。

(2) 爆破漏斗的几何参数。

设一球形装药在有自由面存在的条件下爆炸所形成的爆破漏斗的几何尺寸如图 2-11 所示。

爆破漏斗可用以下几何参数进行描述：

1) 最小抵抗线形 W：装药中心到自由面的垂直距离，即药包的埋置深度；

2) 爆破漏斗半径 r：爆破漏斗的底圆半径；

3) 爆破作用半径 R：也叫做破裂半径，即自药包中心到爆破漏斗底圆圆周上任一点的距离；

4) 爆破漏斗的可见深度 H：自爆破漏斗中岩堆表面最低点到自由面最短距离。在一定抵抗线和装药量条件下，形成爆破漏斗范围内的一部分岩土被抛掷到漏斗外，一部分岩土被抛掷后又回落到漏斗坑内，回落后爆破漏斗的最大可见深度即爆破漏斗的可见深度。

除了上述构成爆破漏斗的一些几何以外，在爆破工程中还有一个经常用到的重要指数，即爆破作用指数，它是爆破漏斗半径厂和最小抵抗线形的比值，表示为

$$n=\frac{r}{W}$$

2.2　爆炸毁伤的原理

2.2.1　破片作用原理

破片对目标的作用，具体是指破片的终点弹道问题。其主要起贯穿作用、引燃作用和引爆作用。

1. 破片的贯穿作用

破片依靠动能对目标造成机械损坏，即形成孔穴或贯穿目标。破片对目标形成穿孔的动能巨应大于或等于目标动态变形功

$$E_k \geqslant K_1 S_m b\sigma_b \tag{2-28}$$

上述式中，K_1—— 比例系数，与材料性质和打击速度有关，是速度的增值函数；

S_m—— 破片与目标相遇时的面积，m^2；

b—— 目标的厚度，m；

σ_b—— 目标材料的临界应力，Pa。

当破片在飞向目标的过程中，由于做不规则的旋转运动，所以，在与目标遭遇的瞬间，可能出现的面积在 $S_{min} \leqslant S_m \leqslant S_{max}$ 范围内。由此看来，对一枚已确定的破片，穿透目标的最小动能亦不是常量，而与破片打击目标时的面积有关。

$$\frac{E_K}{S} \geqslant K_1 \frac{S_m}{S} b\sigma_b \tag{2-29}$$

上述式中，S—— 破片的等效受阻面积，m^2。

为便于工程计算，取硬铝板（常用 LYl 2）为等效标准，忽略对于不同材料 K_1 值的变化，近似认为临界需用功只与着速有关，那么

$$b\sigma_b = b_{al}\sigma_{al} \tag{2-30}$$

上述式中，b—— 计算目标的实际厚度，m；

σ_b—— 计算目标的实际强度，Pa；b_{al}—— 计算目标的等效铝板厚，m；

σ_{al}—— 标准铝板强度，对 LYl2，$\sigma_{al} = 4.61 x 10^8$ Pa。

将(2－30) 式代入(2－29) 式，得

$$\frac{E_K}{S} \geqslant K_1 \sigma_{al} b_{al} \frac{S_m}{S} \tag{2-31}$$

试验统计表明：对于铝板 K_1 值随打击速度的增加上升很快，在打击速度不超过 2 500 m/s 时

$$K_1(\nu) = 0.92 + 1.023\nu^2 \times 10^{-6}$$

如表 2-1 所示为 K_1 计算值与实测值的比较数据。①

表 2-1　K₁ 值与打击速度的关系

打击速度	k_1 计算值	k_1 实际值
1400	2.925	2.30
1500	3.222	3.23
1600	3.539	3.54

令
$$K = K_1 \sigma_{al}$$

则(2－31) 式可写为

$$\frac{E_K}{Sb_{al}} \geqslant K \frac{S_m}{S} \tag{2-32}$$

左端即为破片打击靶板的比动能 E_b，代入打击动能 E_k，可写为

$$E_b = \frac{1}{2} m_f \frac{\nu_B^2}{Sb_{al}} (\mathrm{J/m^2 \cdot m}) \tag{2-33}$$

上述式中，m_f—— 破片在撞击靶板时的质量，kg；

ν_B—— 破片打击靶板时的速度，m/s。

只要(2－32) 式成立，靶板就被击穿。对一定的靶板来说，满足(2－32) 式的破片数，就相当于破片的穿甲率。由试验归纳的单枚破片击穿概率 p_{en} 的公式

$$p_{\mathrm{en}} = \begin{cases} 0 & E_b \leqslant 4.61 \times 10^8 \\ 1 + 2.65e^{-0.34E_b} - 2.96^{-0.14E_b} & E_b > 4.61 \times 10^8 \end{cases}$$

将(2－33) 式中 S 用破片形状系数 φ 表示，并取 $\varphi = 0.5$ 则

$$E_b = \frac{m_f^{1/3} \cdot \nu_B^2}{b_{al}} \times 10^4 (\mathrm{J/m^2 \cdot m}) \tag{2-34}$$

上述式中，破片质量 m_f 的单位为 g，等效铝板厚度 b_{al} 的单位为 m，速度 ν_B 的单位为 m/s。

如果不考虑靶板强度，对于爆炸变形后的预制钢珠破片，侵彻杜拉铝板时得出下面的经验公式

$$T = 1.12 \times 10^{-7} (d \times 10^3)^{1.29} \nu_B^{1.23} \tag{2-35}$$

上述式中，T—— 对杜拉铝板侵彻深，m；

d—— 爆炸前钢珠直径，m。

钢珠在炸药中安装方式不同，装药爆炸后，钢珠的质量、速度及对杜拉铝板的侵彻深是不

① 王凤英，刘天生. 毁伤理论与技术. 北京：北京工业大学出版社，2009

同的，对于直径为 3mm 的钢珠，嵌入 $\varphi 32 \times 58$ mm 装药中的试验情况如图 2-12 所示。

靶板材料的密度和塑性对钢珠侵彻深 T 的影响如图 2-13 所示。

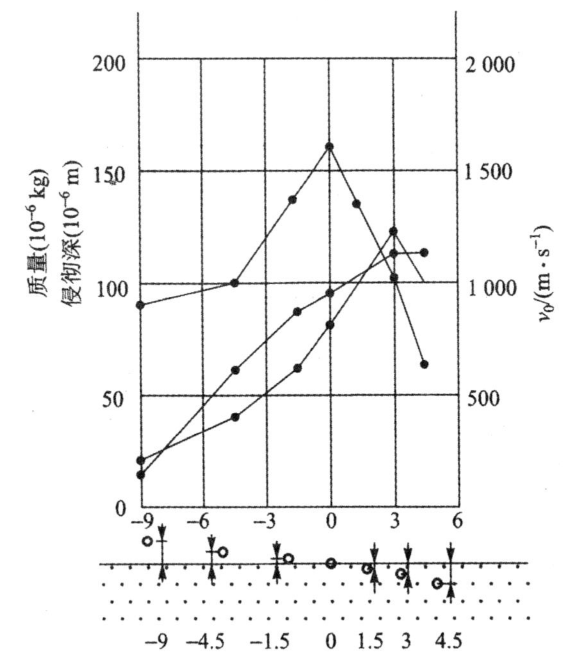

图 2-12 直径 3mm 钢珠的初速、质量、侵彻深度与嵌入装药深度的函数关系

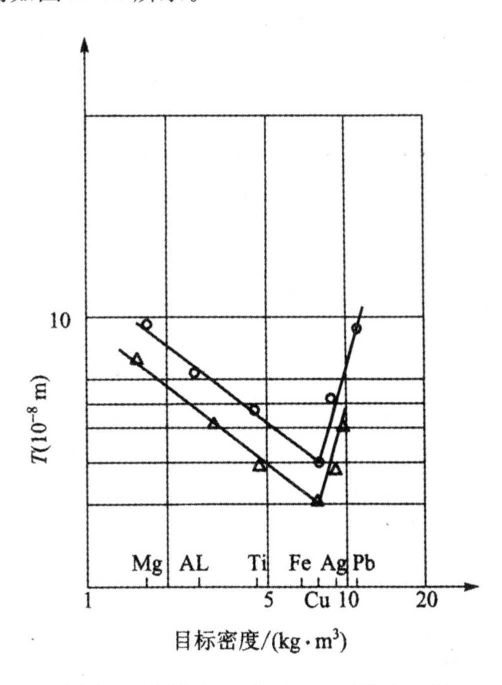

图 2-13 直径 2mm 和 4mm 钢珠对不同目标材料侵彻深与目标密度的关系

o——4mm 钢珠，$v = 1550$m/s；

Δ——2mm 钢珠，$v = 2200$m/s

炸药装药的尺寸及几何形状不同，装药爆炸后，钢珠的质量损失也不同，则侵彻深将发生很大变化，所以对炸药药柱的每种特定长度，都相应地有最佳钢珠尺寸，这时钢珠质量损失将达到最小。

2. 破片的引燃作用

现代飞机和机动车辆油箱占有很大比重，设法使油箱内燃料引燃，对击毁这类目标具有重要的现实意义。由于引燃作用必须以贯穿为前提，并且要考虑遭遇高度的影响，所以单枚破片的引燃概率

$$p_{\mathrm{con}}^{H} = p_{\mathrm{en}} \times p_{\mathrm{com}}^{0} \times F(H) \tag{2-36}$$

上述式中：p_{con}^{H}—— 海平面高度上单枚破片引燃概率；

p_{en}—— 高度函数；

$F(H)$—— 单枚破片贯穿目标的击穿概率。p_{com}^{0} 由试验得出下列经验公式

$$p_{\mathrm{com}}^{0} = \begin{cases} 0, i \leqslant 1.86 \\ 1 + 1.083e^{-4.19i} - 1.96e^{-1.48i} > 1.86 \end{cases} \tag{2-37}$$

式中，i—— 破片冲击比冲量$(\mathrm{N \cdot s/cm^2})$。$i = 2.001 \times 10^6 m_f^{1/3} \nu_B$，破片着靶质量单位为 kg，打击速度单位为 m/s。

高度函数在 $H < 16$km 时，由下式计算

$$F(H) = [1-(H/16)^2] \tag{2-38}$$

当高度 $H > 16\text{km}$，破片即使贯穿油箱亦不能引燃。上述公式仅适用于普通油箱结构，如果是特殊防燃油箱结构，不适用此方法计算。不同质量破片在各种打击速度时的 p^0_{com} 列于表 2-2。

表 2-2　不同质量破片在各种打击速度时的 p^0_{com}

M_f/g	1			20			50		
$\nu_B/(\text{m}\cdot\text{s}^{-1})$	700～8000	1100～1300	1300～1500	700～900	1100～1300	1300～1500	700～900	1100～1300	1300～1500
p^0_{com}		0.038	0.05	0.16	0.317	0.38	0.2	0.5	0.54

3. 破片的引爆作用

当破片直接打击弹药的装药部分时，会激发弹药爆炸。影响引爆作用的因素有被引爆物参数、冲击体参数和遭遇条件。引爆概率的通用表达式为①

$$p_{ex} = f(\nu_B, m_f, S, \rho_e, \delta, \alpha_\theta, K_1, K_2, K_3) \tag{2-39}$$

上述式中，ν_B—— 遭遇速度，m/s；

m_f—— 打击破片质量，g；

S—— 撞击面积的数学期望值；

ρ_e—— 炸药装药密度，g/cm^3；

δ—— 弹药壳体壁厚，mm；

α_θ—— 破片与弹药相遇角，(o)

K_1—— 破片冲击体头部形状系数；

K_2—— 表征炸药类型的特征参数；

K_3—— 表征弹药外壳材料的参数。

对于轰炸机，装弹量多，单枚破片的引爆概率的经验表达式为

$$p_{ex}(A_1, a_1) = \begin{cases} 0, & \text{当 } 10^{-6}A_1 < 6.5 + 100a_1 \\ 1.303e^{-5.6} \times \dfrac{10^{-8}A_1 - a_1 - 0.065}{1 + 3a_1^{2.31}} \times \sin\left(0.34 + 1.84\dfrac{10^{-}8A_1 - a_1 - 0.065}{1 + 3a_1^{2.31}}\right) \\ \text{当 } 10^{-6}A_1 > 6.5 + 100a_1 \end{cases} \tag{2-40}$$

上述式中，$A_1 = 5 \times 10^{-3}\rho_e m_f^{2/3} v_B$，$a = 5 \times 10^{-2}\dfrac{\rho_{m1}b_1 + \rho_{m2}b_2}{m_f^{1/3}}$

ρ_{m1}—— 被引爆物外壳的密度，g/cm^3

b_1—— 被引爆物外壳的厚度，mm；

ρ_{m2}—— 飞机蒙皮金属密度，g/cm^3

b_2—— 飞机蒙皮金属厚度，mm。

① [俄]奥尔连科主编；孙承纬译. 爆炸物理学. 北京：科学出版社，2011

2.2.2　动能作用原理

1. 动能效应

动能效应是指由弹丸对装甲碰击引起的侵彻和破坏作用，也称为穿甲效应。弹丸对靶板的侵彻可能出现穿透、嵌入和跳飞三种情况。弹 —— 靶的相互作用，仅发生在局部区域。靶板的破坏形态如图 2-14 所示的几种，其中以冲塞和延性扩孔为多见。穿透靶板后，仍具有一定速度的弹丸残体、碎片以及目标装甲的碎片一起进入目标内，发生二次效应，杀伤人员、毁伤仪器和引爆、引燃弹药等。

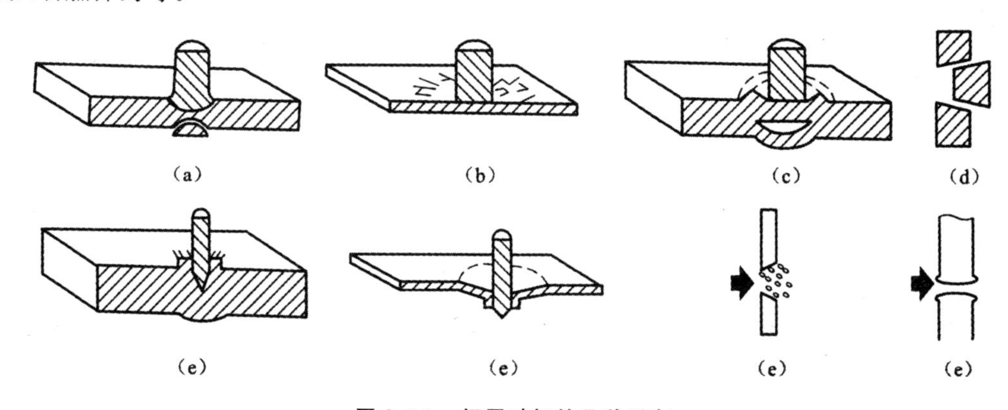

图 2-14　钢甲破坏的几种形态

(a) 初始应力波产生的破坏；(b) 脆靶中初始应力波后的径向破坏；(c) 崩落破坏(脱痂)；(d) 冲塞；(e) 靶前花瓣型；(f) 靶后花瓣型；(g) 破碎型；(h) 延性扩孔

在实战中，动能弹对装甲的作用多属斜穿甲情况，若速度低，着靶角太大，比动能小及头部形状不当，则可能发生跳飞。

影响靶板破坏的基本因素有弹丸的头部形状结构、钢甲的相对厚度以及弹丸与钢甲的相对硬度。

研究发现，半无限靶被弹丸侵彻形成的弹坑容积大小总是与弹丸的动能成正比，这一正比关系与弹丸的形状无关。设弹丸为圆柱体，质量 $m = \frac{\pi}{4}d^2 lp$，则可推导出：

$$L \infty l\rho v^2 \tag{2-41}$$

即穿深 L 与弹长 l、弹材密度 ρ 和着速 ν_c 平方成正比。显然，为了增大穿甲威力，只能在增加弹长、选用高密度材料及提高弹丸着速三方面下工夫。

弹丸的比动能可写成 $e = \frac{1}{2}\rho l\nu_c^2$，可见，穿深与弹丸比动能成正比。

对有限厚靶板来说，主要用极限穿透速度来评定弹丸或装甲性能。极限穿透速度是对一定的弹丸，穿透给定厚度和倾角的靶板所必需的最小速度，通常以 ν_u 表示。但由于不同的领域所研究的侧重面不同，所以对极限速度的定义也有差别。比如，对装甲防护来说，将弹丸穿不透靶板，仅使其背面发生贯穿性裂纹(以能够渗透煤油为准) 的最大速度称为靶板的防护极限速度，或“击穿强度”“背强”，记为 ν_b。对于穿甲机制研究来说，往往将弹丸穿不透靶板的最高速度和穿透靶板的最低速度二者的平均值作为评定标准，称为弹道极限速度，记为 ν_{50}。由上述可见，在设计和评估弹丸性能时，应主要以极限穿透速度为准。在工程上，极限穿透速度常以穿透率达 90% 的着靶速度，即用 ν_{90} 来表示；同理，ν_{50} 也具有穿透为 50% 的含义。[①]

2. 普通穿甲弹的穿甲作用

普通穿甲弹的穿甲作用是指长径比 $l/d \leqslant 5$ 的穿甲弹或穿甲弹芯对目标靶的碰击、穿透作用。由实验得知，这类穿甲弹对目标靶的穿透一般以侵入开始，主要以剪切冲塞形式破坏靶板。产生的塞块厚度小于靶厚，直径略等于弹径，周围表面有剪切拉边和摩擦痕迹，有蓝色光泽，表面硬度明显高于其基体靶板材料，有剪切带发生，有因温升超过熔点而形成的微径球状熔融物。

3. 杆式穿甲弹的穿甲作用

尾翼稳定的长杆式穿甲弹的弹芯长径比达 10 ~ 25，速度高，多采用重金属作弹芯，断面密度大，给穿甲作用带来很大好处。

杆式弹对付的主要目标是大倾角(60° ~ 68°) 的均质钢甲、多层间隔装甲和复合装甲。它们的穿甲现象与普通穿甲弹不同，主要特点有以下几个方面：

(1) 在穿甲过程中弹体发生明显的侵蚀和破碎，造成质量损失。

(2) 对中厚均质靶板，其穿孔大于弹径，在靶前留下喇叭状开口弹坑，坑壁因弹靶、碎片飞溅作用而粗糙。

(3) 穿甲过程可分为三个阶段，即开坑、侵彻、冲塞，以侵彻为主，故弹杆在高速大倾角条件下入射靶板而不易跳飞。

如今，长杆式穿甲弹芯多选用钨合金或铀合金，在穿甲过程中靶前弹坑相对较小、较光滑。钨合金弹杆侵彻的动态头部形状呈流体动力学(蘑菇头) 形状；铀合金弹杆在穿甲过程中呈鳞状脆性剥落破坏，损失的弹丸破坏能较少。铀合金碎片有明火引燃作用，所以具有良好的后效。

2.2.3 聚能作用原理

1. 聚能效应

空穴装药是指一端具有空穴而在另一端起爆的柱形装药。空穴的几何形状可以是半球形、锥形等任何形状。当药柱在另一端起爆时，在空穴端将造成爆轰产物的能量聚集，形成聚能气流。这种爆轰产物的聚集，可大大提高局部作用力，与没有空穴装药相比，它可在金属板上造成一个较深的空穴，这种现象称之为聚能效应。

如果空穴内衬一薄层金属、玻璃、陶瓷或其他固体材料，则称该固体衬套为药型罩，按照锥角大小不同可分为射流和爆炸成型弹丸。当药型罩锥角增大到 100° 以上时，爆炸后药型罩大部分翻转。罩壁在爆轰产物的作用下仍然汇合到轴线处，但是压合角均超过 90° 和小锥角药型罩大小相同，不再发生罩壁内外层的能量重分配，也不区分为射流和杆两部分，药型罩被压合成为一个直径较小的“高速弹丸”，由于头尾存在速度差，高速爆炸成型弹丸在运动中仍有所拉长，但基本上保持完整，高速弹丸和射流有本质上的不同，它的直径较粗，能量密度则低多了。

2. 聚能射流形成过程

如图 2-15 所示，给出了 105mm 无壳聚能射流形成过程，图 2-15(a) 为初始状态；图 2-15(b) 为起爆后 5.93υs 的情况，这时爆轰波正好达到罩项；图 2-15(c) 为起爆后 9.76 υs 的情

① 王凤英，刘天生. 毁伤理论与技术. 北京：北京工业大学出版社，2009

况，此时爆轰波到达罩高的 1/4 处，杆的尾部已显露出来了；图 2-15(d) 表示早期形成的射流：图 1.5(e) 表示爆轰完毕，杆和射流已连续形成。①

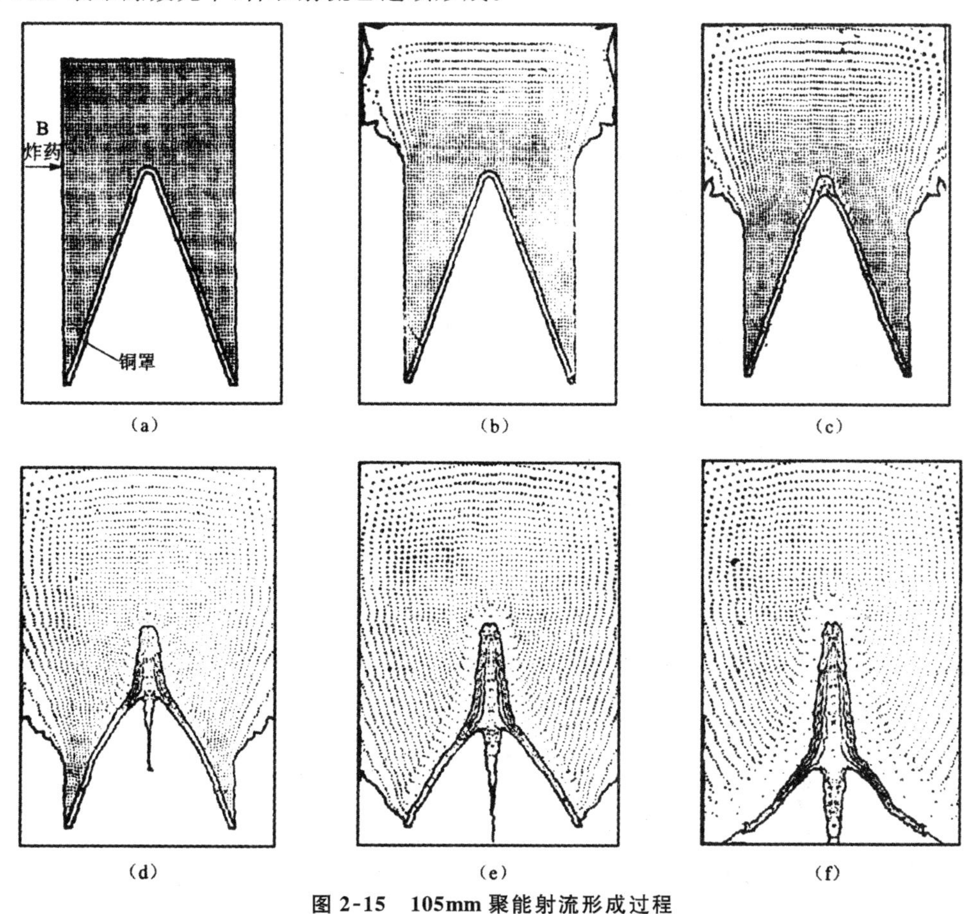

图 2-15 105mm 聚能射流形成过程

(a)$t=0$；(b)$t=5.93\upsilon s$；(c)$t=9.76\upsilon s$；(d)$t=15.26\upsilon s$；(e) $t=18.7\upsilon s$；(f)$t=23.3\upsilon s$

当上述射流以很高的速度冲击金属板时，与不带药型罩的空穴装药相比，它可在金属板上形成一个更深的空穴。在金属板中产生的峰值压力为 100 ～ 200GPa，衰减后的平均压力为 10 ～ 20 GPa；平均温度为金属熔化温度的 20% ～ 50%，平均应变为 0.1 ～ 0.5，应变率可达 10^6 ～ 10^7/S。在侵彻过程中，射流的局部温度和应变比金属板内还要高。射流对金属板的侵彻过程如图 2-16 所示。在金属板上形成的空穴主要是由于射流和靶板相互作用形成高压而造成靶板材料的侧向位移，并非由于热效应引起。在侵彻过程中，当忽略靶板背面的层裂效应时，靶材完全被推向四周，并不产生靶板质量的变化。

如果将带有药型罩的炸药装药离开靶板表面一定距离引爆，侵彻深度还会增加。药型罩口部至靶板表面的距离称之为炸高。具有锥形药型罩的炸药装药，其侵彻深度随炸高的变化曲线如图 2-17 所示。其中对应最佳深度的炸高称最佳炸高。具有这种性质的装置称为聚能装药。聚能装药被广泛应用于军事弹药和民用爆破方面，如侵彻坦克装甲、掩体，以及勘探、采石和打捞

① 马晓青. 冲击动力学. 北京：北京理工大学出版社，1992

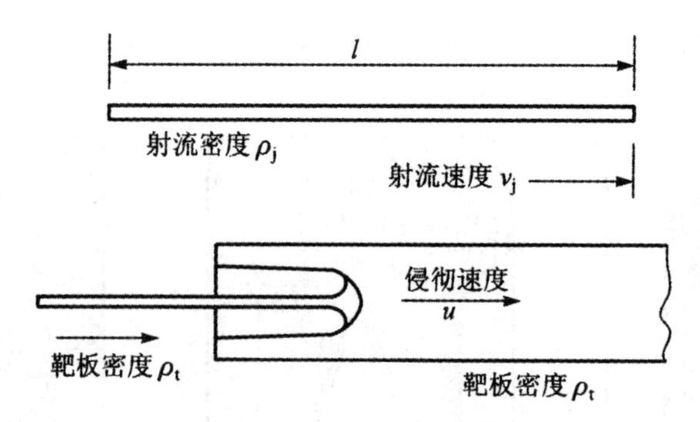

图 2-16　射流对靶板的侵彻

作业等。

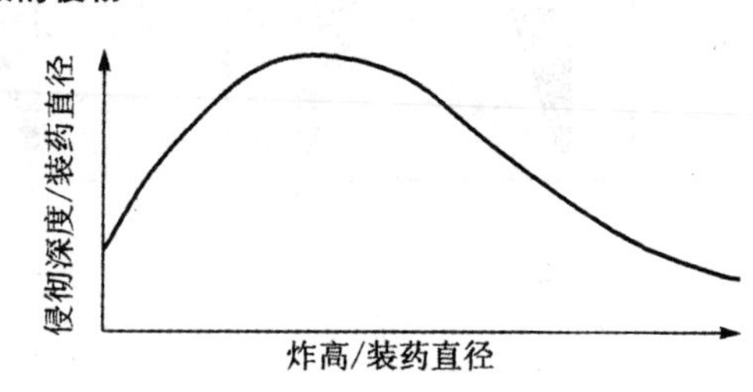

图 2-17　聚能装药侵彻深度——炸高曲线

具有大锥角和半球形药型罩的聚能装药与小锥角药型罩聚能装药相比，其压合过程截然不同。此类药型罩装药，当爆轰波传播到罩顶时，药型罩将从顶部发生翻转，形成高速射弹，其直径较大，速度和速度梯度较低。如图 2-18 所示。

图 2-18(a) 所示为锥形空穴装药与金属板接触引爆时产生的侵彻效应，这时在金属板上造成的凹坑深度约为锥形空穴口部直径的一半。该凹坑是由高压、高速的聚能气流冲刷(Munroe效应)造成的。当装药空穴内附有一金属或玻璃等锥形药型罩时，金属板上会产生一个更深的凹坑，如图 2-18(b) 所示。再进一步，当带有药型罩的炸药装药离开靶板表面一段距离时，侵彻深度增加更大，如图 2-18(c) 所示。聚能装药侵彻深度的增加完全是由于药型罩在爆轰产物作用下经历了高压、高速压合形成了射流引起的。

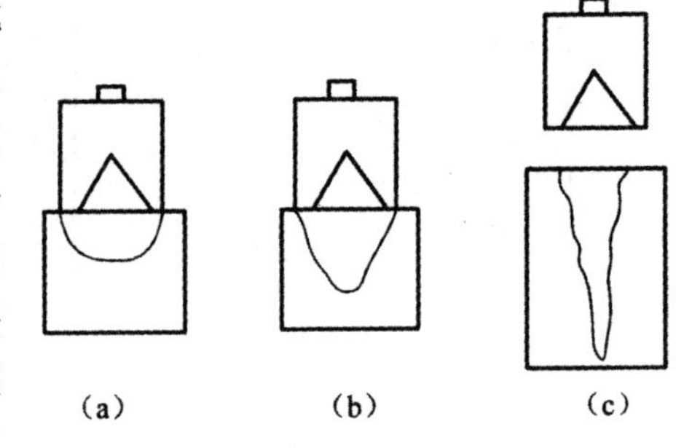

图 2-18　锥形空穴装药的侵彻效应

(a) 接触爆炸；(b) 有药型罩；(c) 有炸高

另外，射流效应并不仅限于锥形罩和半球罩，还可以制成楔形和环形药型罩，分别用于线型装药或盘型装药中，如图 2-19 所示。这时由线型装药产生的射流将形成一个薄片，而盘犁装药则形成环状射流。

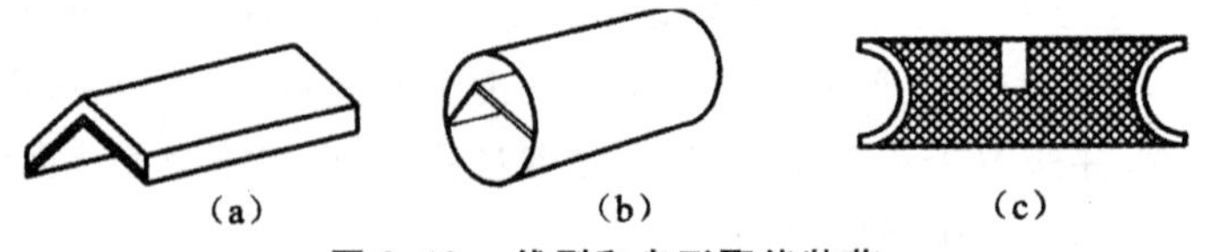

图 2-19　线型和盘形聚能装药

(a)、(b) 线型装药；(c) 盘型装药

2.2.4　燃烧作用原理

1. 燃烧的条件

燃烧是伴随有发光、放热现象的剧烈的氧化反应。放热、发光、生成新物质是燃烧现象的三个特征。燃烧一般在空气或氧气中进行，氧是氧化剂。但是氧化剂并不限于氧气，氯在氢气中

燃烧，炽热的铁、铜与氯气反应等均为燃烧现象。

燃烧不包括一般的不发光的氧化还原反应。如铁生锈、脂肪在人体中的氧化等。因此，能够被氧化的物质不一定都能燃烧，而能燃烧的物质一定能被氧化。在铜与稀硝酸的反应中，反应结果生成硝酸铜，其中铜失掉两个电子被氧化，但在该反应中没有同时产生光和热，所以不能称它为燃烧。灯泡中的灯丝连通电源后虽然同时发光、发热，但它也不是燃烧，因为它不是一种激烈的氧化反应，而是由电能转变为光能的一种物理现象。

2. 燃烧效应

燃烧效应是利用纵火剂火种自燃或引燃作用，使目标毁伤以及由燃烧引起的后效，如油箱、弹药爆炸等。燃烧弹以及穿爆燃弹药或具有随进燃烧效果的破甲弹，其纵火作用都是通过弹体内的纵火体（火种）抛落在目标上引起燃烧来实现的。因此要求纵火体有足够高的温度，一般不应低于 800℃ ～ 1000℃，且燃烧时间长，火焰大，容易点燃，不易熄火，火种有一定的黏附力，有一定的灼热熔渣。①

目前采用的燃烧剂基本有三种：

（1）金属燃烧剂，能做纵火剂的有镁、铝、钛、锆、铀和稀土合金等易燃金属。多用于贯穿装甲后，在其内部起纵火作用。

（2）油基纵火剂，主要是凝固汽油一类。其主要成分是汽油、苯和聚苯乙烯。这类纵火剂温度最低，只有 790℃，但它的火焰大（焰长达 1m 以上），燃烧时间长，因此纵火效果好。

（3）烟火纵火剂，主要是用铝热剂，其特点是温度高（2400℃ 以上），有灼热熔渣，但火焰区小（不足 0.3m）。

以上一些纵火剂也可以混合使用。

燃烧效应的大小由纵火剂的性能和被燃烧目标的性质、状态两方面来决定。除上所述对纵火剂的要求外，在被燃目标性质、状态方面，包括目标的可燃性（油料种类、草木的温度、湿度等）、几何形状（结构和堆放情况等）以及目标的数量。

燃烧过程一般分为点燃、传火、燃烧和大火蔓延四个阶段。点燃过程以常见目标木材来看，也要经过烘干、变黄、挥发成分分解、碳化（230℃ ～ 300℃），最终开始燃烧（大于 300℃）。由此可见，燃烧除了需要一定的温度之外，还需要有一定的加热过程。而火势的传播与蔓延就要求已点燃的部分在一定热散失的条件下仍能继续对周围的被燃目标完成上述的点燃过程。由于燃烧弹药中携带火种有限，要利用它来达到纵火的目的，在使用中就必须合理地选择纵火目标，有足够好的投放精度，最好集中使用，并考虑气象条件。

2.3　爆炸对周边环境的损毁

2.3.1　空气中爆炸的损毁作用

装药在空气中爆炸能使周围目标产生不同程度的破坏和损伤。离爆炸中心小于（10 ～ 15）r_0（r_0 为装药半径）时，目标受到爆炸产物和冲击波的同时作用，而超过上述距离时，只受到

① 王凤英，刘天生. 毁伤理论与技术. 北京：北京工业大学出版社，2009

空气冲击波的破坏作用。因此在进行估算时，必须选用相应距离的有关计算公式。

各种目标在爆炸载荷的作用下的破坏是一个极其复杂的过程，它不仅与冲击波的作用过程有关，而且与目标的特性以及某些随机因素有关。当装药距目标一定距离时，其破坏作用的计算由结构本身振动的周期 T 和冲击波正压区作用时间 τ_+ 确定。如果 $\tau_+ \leqslant T$，则目标的破坏作用决定于冲击波冲量；反之，则取决于冲击波的峰值压力。通常，大药量和核爆炸时，由于正压区作用时间比较长，主要考虑峰值压力的作用。目标与炸药距离较近时，由于正压区作用时间很短，通常按冲量破坏来计算。①

冲击波作用按冲量计算时，必须满足以下关系：

$$\frac{\tau_+}{T} \leqslant 0.25 \tag{2-42}$$

而按峰值压力计算时，必须满足以下关系：

$$\frac{\tau_+}{T} \geqslant 10 \tag{2-43}$$

在上述两个范围之间，无论按冲量还是按峰值压力计算，误差都很大。

空气冲击波作用下人的不同伤亡程度所对应的距离可以按以下公式进行计算：

$$r = K_{人}\sqrt[3]{\omega} \tag{2-44}$$

空气冲击波超压对各种军事装备的总体破坏情况主要体现在以下几个方面：

(1) 飞机：超压大于0.1MPa时，各类飞机完全破坏；超压为0.05 MPa～0.1 MPa时，各种活塞式飞机完全破坏，喷气式飞机受到严重破坏；超压为0.02 MPa－0.05 MPa时，歼击机和轰炸机轻微损坏，而运输机受到中等或严重破坏。

(2) 轮船：超压为0.07MPa～0.085MPa时，船只受到严重破坏；超压为0.028MPa～0.043MPa时，船只受到轻微或中等破坏。

(3) 车辆：超压为0.035 MPa～0.3MPa时，可使装甲运输车、轻型自行火炮等受到不同程度的破坏。

(4) 当超压为0.05MPa～0.11MPa时，能引爆地雷，破坏雷达和损坏各种轻武器。

2.3.2 水中爆炸的损毁作用

水下爆炸时，对水下建筑物、桥梁、水中生物以及对舰船等都有不同程度的破坏作用。装药在水中爆炸时，通常产生冲击波、气泡和压力波。三者都能使目标受到一定程度的破坏。对于各种猛炸药，大约有一半以上的能量是以冲击波的形式向外传播的。因此，多数情况下，冲击波的破坏起着决定性作用。气泡和压力波一般引起附加的破坏作用。

水中接触爆炸时，除了爆炸产物直接作用外，同时有水中冲击波的作用。战斗部破坏雷舰时，其破坏半径 R 为

$$R = 0.6\sqrt[3]{\omega} \tag{2-45}$$

水中爆炸的破坏作用与装药质量及目标离爆炸中心的距离有关。各种爆破弹的冲击波压力与距离的关系如图 2-20 所示。

---

① 宁建国，王成，马天宝. 爆炸与冲击动力学. 北京：国防工业出版社，2010

在图 2-21 舰艇结果破坏情况与炸药量 $\tilde{\omega}$、距离 r 的关系图中，1 区所受的压力 45 MPa，这时舰艇将沉没，无装甲舰艇将受到严重破坏。2 区内舰艇将受到严重破坏。3 区内舰艇将受到中等破坏。4 区内将受到轻微损伤。

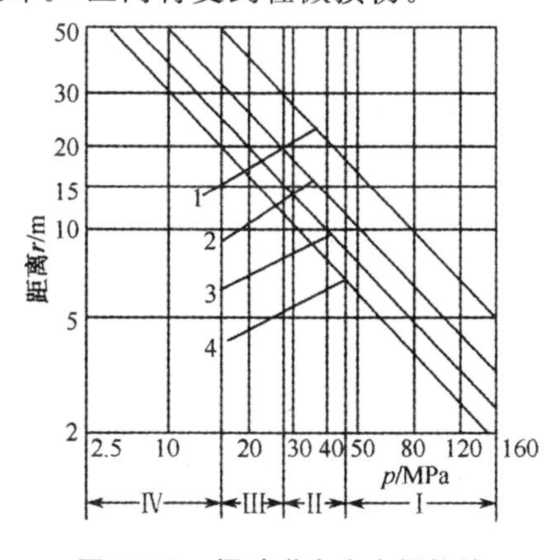

图 2-20　爆破弹在水中爆炸的冲击波压力一距离关系

TNT 装药量：1—675kg；2—240kg；3—120kg；4—70kg

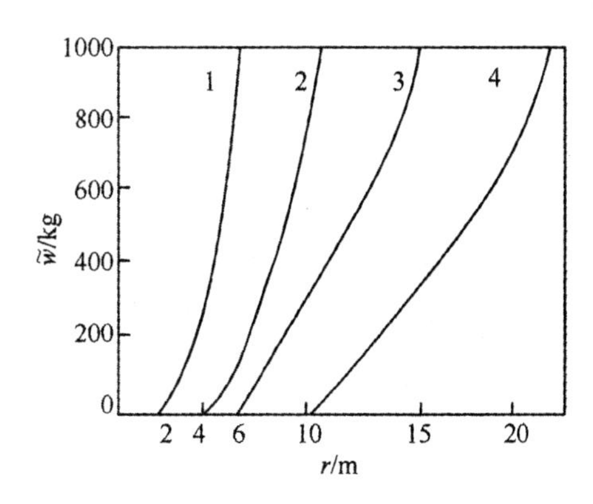

图 2-21　舰艇结构破坏情况与炸药量面 $\tilde{\omega}$、距离 r 的关系

1— 水下防护结构破坏；2— 外壳穿孔，内隔墙破坏；3— 外壳严重破坏；4— 外壳漏水。

水中爆炸安全距离一般由大量爆炸实验总结归纳成经验公式或数据，确定不同目标的安全距离。当爆源距离大于 R_S 时，则认为为安全。小于 R_S 时，则认为不安全。在小于 R_S 情况下进行水下爆炸时，就应采取减震、防震措施，减轻水下爆炸的不利破坏效应。

（1）对水面船舶的安全距离。对位于水面的船舶主要考虑水中冲击波的影响。不同船舶允许承受的冲击波压力限值见表 2-3。

表 2-3　不同船舶允许承受的冲击波压力限值

船舶类型	安全压力 /(10^5 Pa)	说明
客货轮	2 ～ 4	不使船上旅客及工作人员感到很大震惊
质量较差的木船	9 ～ 10	不产生渗水
质量较好的木船	10 ～ 15	不产生渗水
拖轮	8 ～ 15	船上机器和仪器不产生异常
工程船舶	15 ～ 20	不使机器和仪器损坏，能正常运转
铁驳船	30	不使船壳受损伤或变形
航行中的船舶	10	

（2）临近建筑物的安全距离。对于岸边建筑物一般采取爆破地震波产生的振动速度小于建筑物允许值来确定安全距离；对位于水域中的建筑物宜同时核算地震波产生的振动速度及水中冲击波产生的动应变（或应力）均小于允许值来确定爆破安全距离。按地震波产生的振动速度可由下式计算：

$$v = c_v \left(\frac{\bar{\omega}^{1/3}}{R}\right)^{\beta_v} \tag{2-46}$$

式中：$\bar{\omega}$ 为炸药量(kg)；R 为离爆心的距离(m)；c_v，β_v 秒，由试验确定的振速系数和率减系数。

表 2-4 列出了黄浦港码头工程试验确定的体系系数数值。表 2-5 列出了中国铁道部安全规则中推导的建筑物振动速度允许值。

表 2-4　水下爆破地震波的振动速度经验公式系数

爆炸类型	物理量	公式系数	
		c_v	β_v
水中爆炸	河底竖向速度	98	0.84
水底裸露	河底竖向速度	110	0.92
水中钻孔	河底竖向速度	27	0.60

表 2-5　建筑物允许振动速度

项　　目	允许速度 /(cm/s)
可以保证建筑物安全	＜5.0
房屋墙壁抹灰有开裂、掉落	12.0
斜坡上大石滚落，地表出现细小裂缝，一般房屋受到破坏	20.0
松软的岩石表面出现裂缝，干砌片移动，建筑物受到严重破坏	50.0
岩石崩落，地形有明显变化	150.0

2.3.3　爆炸对建筑物的损毁作用

爆炸冲击波对建筑物的损毁作用，与冲击波本身的强弱和建筑物的结构特征有关。由于冲击波正压区作用时间随着距爆炸点的距离和爆炸药量的增加而增加，故大药量远距离爆炸时，常以冲击波峰值超压破坏为主；小药量近距离爆炸时，常以比冲量破坏为主。

在爆炸药量和爆炸中心距建筑物距离一定的情况下，破坏作用则主要取决于建筑物本身结构特性和冲击波正压作用时间(t^+)。其中，爆炸药量决定了对冲击波载荷的接受情况，爆炸中心距建筑物距离则决定了受载荷作用的时间长短。每种建筑结构都有自身确定的振动周期(T)，如果 $t^+ \geqslant T$，则爆炸对建筑物的破坏作用主要取决于冲击波的峰值超压；反之，如果 $T \geqslant t^+$，则爆炸对建筑物的破坏作用主要取决于冲击波的比冲量；如果冲击波正压作用时间大于10倍建筑结构自振周期，即 $T \geqslant 10T$，则建筑物的破坏主要是靠冲击波峰值超压的作用；如果冲击波正压作用时间小于建筑结构自振周期的1/4，即 $t^+ \leqslant T/4$，则冲击波刚一作用到该结构上，它就开始振动，并且振动方向与冲击波所加的外力一致，所以，冲击波正压区全部冲量都用在加速该结构的振动上，外力使振动加强，这样，建筑物的破坏主要是靠冲量的作用；如果冲击波正压作用时间在(1/4)～10倍建筑结构自振周期之间，即 $0.25 \leqslant t^+ / T \leqslant 10$，则建筑物的破坏为峰值超压与比冲量双重作用的结果。从研究爆炸事故对周围居民建筑安全的角度来讲，我们主要是考虑较大药量爆炸对较远距离作用，因而，主要以冲击波峰值超压来衡量爆炸对建筑物的破坏作用。

如表 2-6 所示，给出了一些建筑构件的自振周期和破坏载荷的数据，只要把冲击波正压区作用时间与构件的自振周期相比较，就可以确定冲击波作用的性质和类型。

表 2-6　一些建筑构件的自振周期和破坏载荷①

构件名称	自振周期(s)	破坏载荷	
		超压(kg/m^2)	比冲量($kg \cdot s/m^2$)
砖墙(2 层砖厚)	0.01	0.45	220
砖墙(1.5 层砖厚)	0.015	0.25	190
钢筋混凝土墙(0.25m 厚)	0.015	3.0	—
木梁楼板	0.3	0.10 ~ 0.16	—
轻隔板	0.07	0.05	—
玻璃窗	0.02 ~ 0.04	0.05 ~ 0.10	—

需要指出，爆炸事故发生时，距爆炸中心较近的建筑物，尽管冲击波波阵面的压力很高，但是由于受作用的面积小，正压区作用时间较短，故可能只造成局部破坏；而距爆炸中心较远的建筑物，虽然冲击波波阵面的压力衰减了，但由于受作用面积大，正压区作用时间较长，所以往往造成大面积总体性破坏，如图 2-22 所示。

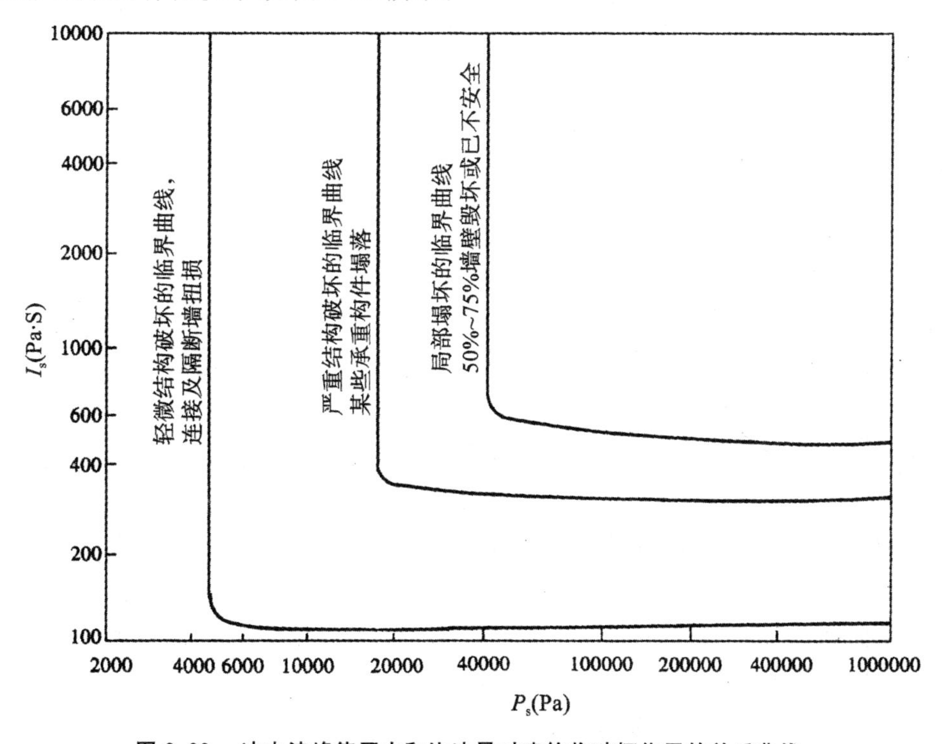

图 2-22　冲击波峰值压力和比冲量对建筑物破坏作用的关系曲线

① 张国顺. 燃烧爆炸危险与安全技术. 北京：中国电力出版社，2003

表 2-7 所示为爆炸对建筑物的破坏程度。

表 2-7 爆炸对建筑物的破坏程度表

破坏等级	等级名称	破坏特征描述									
		玻璃	木门窗	砖外墙	木屋盖	钢混凝土屋盖	瓦屋面	顶棚	内墙	钢混泥土柱	冲击波峰值超压（kg/cm²）
一	基本无破坏	偶然破坏	无损坏	无损坏	无损坏	无损坏	无损坏	无损坏	无损坏	无损坏	≤0.02
二	次轻度破坏	少部分到大部分块状破坏	窗扇少量破坏	无损坏	无损坏	无损坏	无损坏	无损坏	无损坏	无损坏	0.09～0.02
三	轻度破坏	大部分被震碎	窗扇大量破坏，窗框门扇破坏	出现较小裂缝，最大宽度小于5mm，稍有倾斜	木屋面板变形，偶然折裂	无损坏	大量移动	抹灰大量掉落	板条墙抹灰大量掉落	无损坏	0.25～0.09
四	中度破坏	粉碎	窗户掉落、内倒、窗框门扇大量破坏	出现较大裂缝，宽5～50mm，稍有倾斜，砖垛出现较小裂缝	木屋面板、木屋檩条折裂，木屋支座松动	出现微小裂缝，最大宽度大于1mm	大量移动到全部掀掉	木龙骨部分破坏、下垂	砖内墙出现小裂缝	无损坏	0.40～0.25
五	次严重破坏		窗扇、门被摧毁，窗框掉落	出现严重裂缝，宽50mm以上，严重倾斜。砖垛出现较大裂缝	木屋檩条折断，木屋架杆件偶然折裂，支座错位	出现明显裂缝，宽1～2mm修理后能继续使用		塌落	砖内墙出现大裂缝	无损坏	0.55～0.40
六	严重破坏			部分倒塌	部分倒塌	出现较宽裂缝，最大宽度大于2mm			砖内墙出现严重裂缝到部分倒塌	有倾斜	0.76～0.55
七	完全破坏			大部分到整个倒塌	整个倒塌	砖墙承重的，大部分倒塌；钢混尼土柱的，严重破坏			大部分倒塌	有较大倾斜	≥0.76

炸冲击波强度与某些构件或设施破坏程度的关系如表 2-8 所示。

表 2-8　冲击波超压及其破坏效应

超压 Δp(kg/cm)	冲击波破坏效应	超压 Δp(kg/cm)	冲击波破坏效应
0.002	某些大的椭圆形窗玻璃破裂	0.08	树木折枝,房屋需修理方能居住
0.007	某些小的椭圆形窗玻璃破裂	0.10	承重墙破坏,屋基向上错动
0.01	窗玻璃全部破裂	0.15	屋基破坏,30% 树木倾倒,动物耳膜破坏
0.02	有冲击碎片飞出	0.2	90% 树木倾倒,钢筋混凝土柱扭曲
0.03	民用住房轻微损坏	0.3	油罐开裂,钢柱倒塌,木柱折断
0.05	窗户外框损坏	0.5	货车倾覆,民用建筑全部毁坏,人肺部受伤
0.06	屋基受到损坏	0.7	砖墙全部破坏
		1.0	油罐压坏

2.4　爆炸对周围人员的损伤

2.4.1　空气中爆炸对人的损伤

根据公式 $r = K_{人}\sqrt[3]{\omega}$:$K_{人}$ 为人的安全距离系数,爆炸在空气中对人的损失其值具体见表 2-9。

表 2-9　人的安全距离系数 $K_{人}$ 取用值

序号	爆炸条件或爆破方式	$K_{人}$				
		无伤	轻伤	中伤	重伤	死亡
1	地面爆炸(爆心无土围)	10.0 ~ 14.5	7.0 ~ 10.0	5.4 ~ 7.0	3.3 ~ 5.4	<3.30
2	地面爆炸(爆心有土围)	6.5 ~ 8.5	5.0 ~ 6.5	4.0 ~ 5.0	2.7 ~ 4.0	<2.70
3	弹药在钢拱覆土库内爆炸(集中堆放)	11.0 ~ 17.5	6.8 ~ 11.0	4.8 ~ 6.8	2.5 ~ 4.8	<2.50
4	弹药在钢拱覆土库内爆炸(分散堆放)	10.5 ~ 17.0	6.0 ~ 10.5	4.3 ~ 6.0	2.2 ~ 4.3	<2.20
5	炸药在钢拱覆土库内爆炸	11.0 ~ 16.0	7.5 ~ 11.0	5.7 ~ 7.5	3.5 ~ 5.7	<3.50
6	炸药在钢筋混凝土覆土库内爆炸	9.5 ~ 15.0	5.7 ~ 9.5	4.4 ~ 5.7	2.0 ~ 4.4	<2.00
7	隧道内爆破	5.0 ~ 8.0	3.5 ~ 5.0	2.4 ~ 3.5	1.5 ~ 2.4	<1.50
8	露天大爆破,深孔爆破 ①	5.5 ~ 8.5	4.0 ~ 5.5	3.0 ~ 4.0	1.5 ~ 3.0	<1.50
9	裸露药包爆破 ①	11.0 ~ 12.5	7.2 ~ 11.0	5.4 ~ 7.2	3.2 ~ 5.4	<3.20

① 包括瞬发爆破与微差爆破

2.4.2 水中爆炸对人的损伤

水中爆炸对浸没在水中的人体作用是一个很重要的问题。水中冲击波能使人体的内脏（胃、肠、肝脏、肾脏）等受到破坏。经验表明，水中爆炸时冲击波杀伤极限距离比空气中的大4倍左右。各种装药量水中爆炸对人体的伤害列于表2-10。

表2-10 不同距离不同药量水中爆炸对人体的损伤

炸药量 /kg	1	3	5	50	250	500
对人致死的极限距离 /m	8	10	25	75	100	250
引起轻度脑震荡，同时使胃壁、肠壁损伤的距离 /m	8 ～ 20	10 ～ 50	25 ～ 100	75 ～ 150	100 ～ 200	250 ～ 300
引起微弱脑震荡，而脑腔、内脏不受损伤的距离 /m	20 ～ 100	20 ～ 300	100 ～ 350	—	—	—

对于水面工作人员，在水底裸露爆破时，当水深 $H < 1$m，且 $H < 0.5\tilde{\omega}^{1/3}$ 时，可按照陆地裸露爆破考虑，最小安全距离不小于350m ～ 400m，当水深1m ～ 15m，且 $H > 0.5\tilde{\omega}^{1/3}$ 时，按照地形、地质条件、药包重量和水深，在120m ～ 300m。范围内选取；水深大于2.5m，且 $H > 0.5\tilde{\omega}^{1/3}$ 时，在70m ～ 150m范围内选取，或按下式计算

$$R_c = \frac{200\tilde{\omega}^{1/4}}{\eta H^{1/2}} \tag{2-47}$$

式中：H 为水深(m)；$\tilde{\omega}$ 为单位药包质量(kg)；η 为与地形、地质有关的系数，$\eta = 1.1 \sim 1.3$。

对于水中工作人员(包括潜水人员)，最小安全距离按水中工作人员处的冲击波压力小于 $(0.2 \sim 0.3) \times 10^5$ Pa确定。

2.4.3 爆炸对人员的损伤情况

爆炸对人员的损伤有四种类型。第一级或原发性损伤是指仅因炸药引爆所致损伤。第二级冲击伤为弹片损伤所致。第三级冲击伤为患者被抛掷所致(如头部撞击墙壁)。第四级或最后一级损伤包括所有其余因素所致损伤，如烧伤和有毒气体吸入等。以下以爆炸对人员的损伤情况进行研究。

1. 直接损伤

爆炸直接毁伤是炸弹(药)在目标相对近的距离爆炸时，由爆炸冲击波、破片和飞散物对人员与设施造成的杀伤及破坏作用。

(1) 冲击伤。

冲击波作用于机体表面产生的压力差使体表迅速加速移动，导致剪切压力波通过体表传播。第一级损伤主要存在于机体胸部、腹部、头部、耳朵和中枢神经系统。如可以引起血管破裂致使皮下或内脏出血；内脏器官破裂，特别是肝脾等器官破裂和肺脏撕裂；肌纤维撕裂等。

1) 鼓膜破裂。鼓膜是爆炸后最易受损身体结构，可在相对低压下发生。损伤主要作用于紧张部，大多数情况下可自然痊愈。患者表现为耳痛、耳内出血、耳鸣、听力丧失和耳漏。对于鼓膜

破裂的患者应进行彻底检查，并在 24 小时内评估听力和耳鼻喉功能。早期耳鼻喉检查时必须自外耳道和明显损伤处清除碎片。切勿灌注。创口内含大块碎片时方考虑应用抗生素，且应与耳鼻喉科会诊决定。

2）腹部冲击伤。腹部爆炸伤根据具体损伤可出现延迟。患者可出现腹痛、恶心、呕吐、腹泻、里急后重和直肠出血，体征包括血流动力学不稳定，腹部防护，腹膜刺激和直肠出血。腹部爆炸伤疑似病例的治疗包括观察、评估、影像学检查（腹部平片和 CT）和手术干预。

3）肺冲击伤。肺冲击伤是冲击波作用于胸部的结果。肺爆炸伤可致严重的肺挫伤，出血，肺泡水肿和血管损伤，但由于组织表面的密度不同，形成的压力也不同，因此，严重情况也不同。例如气胸、血胸、支气管瘘、肺泡性肺静脉瘘致空气栓塞、脂肪栓塞和其他胸部损伤。通常情况下，爆炸伤患者表现为广泛的呼吸系统症状（胸痛，咯血，呼吸困难，咳嗽）和（或）体征（呼吸急促，低通气，呼吸暂停，咳嗽，咯血，肺音改变，缺氧）联系广泛。严重的肺冲击伤表现为分散淤滞，全肺汇流出血。挫伤可为双侧性，但通常限于朝向爆炸一侧肺部，同时可在随后几小时到几天内持续扩散。生理性分流的形成和肺顺应性降低，导致肺纤维化和组织缺氧。损伤在 24 ~ 48 小时内可发展为急性呼吸窘迫综合征，最严重者在 72 小时内可发生呼吸困难及低氧血症。肺爆炸伤患者应予以氧疗预防缺氧，实施干预使气道通畅确保适宜的通气血流比值（插管，管引流术）。胸部影像学检查显示肺爆炸伤呈现特征性的“蝴蝶”。肺爆炸伤患者需在重症监护室进行积极复杂的治疗。①

4）脑震伤。许多爆炸损失者冲击暴露后未意识到自己可能患轻度脑震伤，其表现为注意力难以集中，情绪波动，睡眠中断且容易焦虑。直到第二或三次冲击暴露后才意识到已受伤。持续震荡后症状，如头痛、眩晕、短期记忆丧失或注意力难以集中。由于上述症状相对微小，伤员应接受医生或心理学家全面广泛的评估。客观的神经心理测试是必须的，即使只有床旁检测亦足够。现致力于研发神经心理测试，使其软件在笔记本电脑运行且易于使用。

（2）烧伤。

爆炸烧伤可以产生三种后果：瞬间火焰烧伤、热辐射烧伤及火灾烧伤。三者并非完全独立而是相互重叠相互影响。

1）瞬间火焰烧伤。

炸药引爆后，火焰的最初温度可达 3000℃。炽热的火焰引起的烧伤在深度和广度上有所不同，此类损伤的受害者通常非常接近爆炸源且与火焰接触引起灼伤。例如，20 世纪 80 ~ 90 年代发生在美国的一系列爆炸案中，引爆炸弹后因靠近爆炸点 40% 的受害者都会造成 Ⅱ 度、Ⅲ 度烧伤，包括头部，颈部，躯干和上肢。最初瞬间火焰所致烧伤随初焰温度升高而加重。例如 1981 年的工业气雾剂厂爆炸。此次爆炸中，易燃的异丁烷气体充当了促进剂，因而伤者的全层烧伤率相当高。最接近爆炸的受害者烧伤的平均水平达到了体表总面积的 85.7%，全层体表烧伤面积达到了 56.7%。由于爆炸强度与距离的平方成反比，离现场最远的受害者平均体表烧伤面积为 25%，其中全层体表烧伤面积为 6.7%。14 位幸存者中的 13 人和此次事件中全层烧伤死亡的 5 人相比，有 9% ~ 60% 的体表烧伤。

爆炸和受害者之间的物理屏障有助于减少爆炸本身火焰辐射的热量造成的瓦片效应，从

① ［美］纳比尔著，蔡继峰主译. 爆炸与冲击相关损失. 北京：人民卫生出版社，2011

而减少了大面积和深度烧伤的不良后果。衣物也可减少火焰对皮肤的传热，但火焰通常有足够热量点燃纺织品，也对衣物的阻燃性提出了更高要求。

2）热辐射烧伤。

火焰外围的受害者可被火焰的热辐射烧伤。这些大多是表面性质的闪光烧伤，也是爆炸受害者最常见的烧伤情况。热辐射所致损伤取决于温度和能量作用于身体组织的比率。它与炸药重量增加的原理类似，热辐射强度的增加将会产生更大的热能，因而导致更深层的烧伤。热辐射与瞬间火焰烧伤都与初焰温度相关，若含有促进剂，将爆发更大更深的热量，造成更严重的烧伤后果。因爆炸造成的热辐射与距离的平方成反比，通常情况下，爆炸点1英尺（1英尺 = 0.305m）范围之内可致伤。

热量的传导率取决于爆炸的持续时间，爆炸越快热传导率越高，所致烧伤亦更严重。热量的传导率不影响爆炸情况，但只有热传导时间持续10秒以上才能成为影响因素。衣服和其他屏障能够对热辐射引起的闪光烧伤给予防护，天然纺织纤维的保护作用优于合成纤维，且合成纤维的融化可造成更严重烧伤。此外，比起吸热的深色衣服，浅色衣服能够更好地反射热能而提供保护。热辐射所致烧伤多见于无保护的裸露区域如面部和手部。损伤往往影响没有保护的区域。快速的能量转移致使整个表面烧伤面积在深度上趋同。

热辐射伤害也常用概率模型描述。概率与伤害百分率的关系为：

$$D = \int_{\infty}^{Pr-5} \exp\left(-\frac{u^2}{2}\right) du \tag{2-48}$$

具体应用时，可参考表2-11进行换算。

表2-11　概率与中毒死亡的换算

死亡率 % \ 概率Y	0	1	2	3	4	5	6	7	8	9
0		2.67	2.95	3.12	3.25	3.36	3.45	3.52	3.59	3.66
10	3.72	3.77	3.82	3.87	3.92	3.96	4.01	4.05	4.08	4.12
20	4.16	4.19	4.23	4.26	4.29	4.33	4.26	4.39	4.42	4.45
30	4.48	4.50	4.53	4.56	4.59	4.61	4.64	4.67	4.69	4.72
40	4.75	4.77	4.80	4.82	4.85	4.87	4.90	4.92	4.95	4.97
50	5.00	5.03	5.05	5.08	5.10	5.13	5.15	5.18	5.20	5.23
60	5.25	5.28	5.31	5.33	5.36	5.39	5.41	5.44	5.47	5.50
70	5.52	5.55	5.58	5.61	5.64	5.67	5.71	5.74	5.77	5.81
80	5.84	5.88	5.92	5.95	5.99	6.04	6.08	6.13	6.18	6.23
90	6.28	6.34	6.41	6.48	6.55	6.64	6.75	6.88	7.05	7.33
99	7.33	7.37	7.41	7.46	7.51	7.58	7.58	7.65	7.88	8.09

当 $Pr = 5$ 时，伤害百分率为50%。

皮肤裸露时的死亡概率：

$$Pr = -36.38 + 2.561n(tq^{4/3}) \qquad (2-49)$$

有衣服保护时(20% 皮肤裸露)的死亡概率：

$$Pr = -37.23 + 2.561n(tq^{4/3}) \qquad (2-50)$$

有衣服保护时(20% 皮肤裸露)的二度烧伤概率：

$$Pr = -43.14 + 3.01881n(tq^{4/3}) \qquad (2-51)$$

有衣服保护时(20% 皮肤裸露)的一度烧伤概率：

$$Pr = -39.83 + 3.01881n(tq^{4/3}) \qquad (2-52)$$

后果分析时取值：

暴露时间：对于火球，采用火球持续时间；对于池火和喷射火，可取 30 秒或 40 秒；

伤害率：通常都按 50% 伤害率计算。例如按 50% 死亡率划定死亡范围。该范围表明范围内、外死亡人数各占一半；也可以认为死亡范围内人员全部死亡，范围外无一人死亡。

3) 火灾烧伤。

无论是瞬间火焰或爆炸辐射热均可引起火灾，尤其是易燃易爆物的爆炸。初焰温度增加热辐射，若同时使用促进剂或更大量爆炸物，爆炸导致火灾的可能性将大大增加。鉴于瞬间火焰和热辐射烧伤波及爆炸范围几英尺内的受害者，因此应尽可能让受害者远离火灾区域。爆炸后受害者及周围地区的具体情况决定火灾所致烧伤的严重程度。

火灾所致烧伤的严重程度取决于大火的热量和身体组织暴露在高温里的持续时间。身陷火海无法逃脱的受害者身体大部分组织暴露在火中，将导致更严重的烧伤。爆炸后火灾烧伤的表面积与组织暴露于火中的面积相关。若爆炸点燃或烧毁衣物，损伤程度将更严重。若衣服未着火，则身体面部和手部等外露部分受主要损伤。若衣服着火且受害人无法迅速扑灭火焰，将导致更大面积严重烧伤。

2. 间接损伤

爆炸间接毁伤是指除上述造成爆炸直接毁伤的各种因素之外，由爆炸产生的直接地冲击或感生地冲击引起的震动对人员、设施或仪器设备造成的伤害，以及爆炸产生的毒气和失血等因素造成的伤害。

(1) 毒气损害。

爆炸后，有些爆炸物品可能会产生毒蒸气云，它在空气中飘移、扩散，直接影响现场人员并可能波及附近居民区。大量毒物短时间内经皮肤、呼吸道、消化道等途径进入人体，使机体受损并发生功能障碍，称之为急性中毒。慢性中毒是指毒物在不引起急性中毒的剂量条件下，长期反复进入机体所引起的机体在生理、生化及病理学方面的改变，出现临床症状、体征的中毒状态或疾病状态。事故后果分析中一般只考虑急性中毒。

急性中毒表现在四个方面。

1) 刺激。呼吸系统、皮肤、眼睛等可以感觉到刺激，一些物质在体积分数较低时就产生刺激，这样可以提醒人们寻求防护。

2) 麻醉。有些物质能影响人的反应能力，使采取防护措施或提醒别人时反应迟钝。

3) 窒息。大多数气体由于取代了空气中的氧气而造成窒息。有些物质，如一氧化碳，可以置换血液中的氧从而阻止氧进入人体组织。

4) 系统损害。有些物质能损害人体器官，其损害可能是暂时的、也可能是永久的。

毒物对人员的危害程度取决于毒物的性质、浓度和人员与毒物接触的时间等因素。爆炸后有毒物质产生初期，其毒气形成气团密集在爆炸源周围，随后由于环境温度、地形、风力和湍流等影响使气团漂移、扩散，扩散范围变大，浓度减小。

爆炸后，吸入起爆或燃烧产生的有毒气体可导致黏膜、气管和支气管水肿、出血，部分或完全剥离。幸存者和死者的气道内常见吸入烟尘或血液，喉部吸入性烟尘后，喉部黏膜覆有厚层烟尘。作为生前吸入的标志，气道内的烟尘或血液说明爆炸发生当时受害者尚生存。必须强调，死亡后不可能有大量烟尘通过声带进入气管。相反，死后血液可坠积于气管。然而，尸检后切片镜检可见，肺泡内吸入的血液呈红蓝紫色马赛克样沉积于肺实质，证明爆炸当时死者仍有呼吸(有意识或无意识)。大多数情况下，爆炸导致头部钝性创伤，颅底骨折，大量血液自鼻咽或口咽流出。另一方面，支气管轻至中度出血或肺泡腔内(中心)血液沉积不能说明血液白气管或主支气管原位吸入，亦可能源于损伤的肺泡间隔毛细血管或较大的间质血管。

另外，爆炸后，吸入起爆或燃烧产生的有毒气体可导患 ARDS 和败血症。当然，ARDS 的病因除肺冲击伤外还有其他创伤性肺损伤如低血容量性休克、输液，败血症亦可能是肺功能进行性紊乱和相关临床体征的原因，但临床证据指出无论爆炸生还者是否出现 ARDS，肺冲击伤的损伤程度亦有其主要效应。然而，死后现象不因 ARDS 出现与否有所改变。肺部 ARDS 的尸检特征如下：肉眼可见肺部呈暗淡蓝红色。肺部质量因水肿、充血和炎性细胞聚积而增加。由于富含蛋白质的水肿液聚积与肺泡腔和间质组织，肺实质切面潮湿，伴泥浆样灰色液体流出。镜下可见继肺泡内蛋白水肿，ARDS 早期可见间隙(血管周和支气管周)水肿和肺泡内纤维蛋白沉积。ARDS 进展期可见血浆蛋白、细胞碎片和纤维蛋白沉积形成透明膜覆盖上皮细胞、炎性细胞及间质纤维沉积于间质组织。

以下研究毒物产生后果的概率函数法。概率函数法是通过人们在一定时间内接触一定浓度毒物造成影响的概率来描述毒物泄漏后果的一种方法。概率与中毒死亡率有直接关系，二者可以互相换算，如表 2-12 所示，概率值在 0 ～ 9 之间。

表 2-12　一些常见毒物性质的有关参数①

物质名称	*A*	*B*	*n*
氯	−5.3	0.5	2.75
氨	−9.82	0.71	2.0
氯化氢	−9.93	2.05	1.0
丙烯醛	0.54	1.01	.05
四氯化碳	−21.76	2.65	1.0
甲基溴	−19.92	5.16	1.0
光气(碳酸氯)	−19.27	3.69	1.0
氢氟酸(单体)	−26.4	3.65	1.0

① 赵雪娥等人.燃烧与爆炸理论.北京：化学工业出版社，2010

概率值 y 与接触毒物浓度及接触时间的关系如下：

$$Y = A + B\ln(c^n t) \quad (2-53)$$

式中：A、B、C_n—— 取决于毒物性质的常数，表2-7中列出了一些常见的有关参数；

c—— 接触毒物的浓度，$\times 10^{-6}$；

t—— 接触毒物的时间，min。

使用概率函数表达式时，必须计算评价点的毒性负荷($c^n \cdot t$)，因为在一个已知点，其毒性、浓度随着气团的稀释而不断变化，瞬时产生就是这种情况。确定毒物产生范围内某点的毒性负荷，可把气团经过该点的时间划分为若干区段，计算每个区段内该点的毒物浓度，得到各时间区段的毒性负荷，然后再求出总毒性负荷。

$$\text{总毒性负荷} = \sum \text{时间区段内毒性负荷} \quad (2-54)$$

通常，接触毒物的时间不会超过30min，因为在这段时间里人员可以逃离现场或采取保护措施。当毒物连续产生时，某点的毒物浓度在整个云团扩散期间没有变化。当设定某死亡率时，由表2-10查出相应的概率 y 值，根据式(2－53)可计算出 c 值：

$$c^n t = e^{\frac{Y-A}{B}} \quad (2-55)$$

按扩散公式可以进一步算出中毒范围。

如果毒物产生是瞬时的，则有毒气团通过某点的毒物浓度是变化的。此时，考虑浓度的变化情况，计算出气团通过该点的毒性负荷及该点的概率值 y，然后查表2-10就可得出相应的死亡率。

(2) 失血过多。

爆炸造成的间接损坏还有失血过多。失血是爆炸死亡的首要原因。而凝血是导致外伤患者失血相关致伤率和死亡率的主要助推者。外伤患者凝血病的诊断和治疗，尤其是爆炸导致多处穿通伤者，对积极的预后效果至关重要。目前缺乏血液制品的使用信息和爆炸伤患者院内凝血病的表现。爆炸伤幸存者中常见出血性低血压，超过86%的急诊患者存在复合伤，将大量需求血液制品。大量输血患者往往出现低温、酸中毒和凝血病，诊断需30～60分钟。此外，目前的治疗方案往往在报告实验室检查前使用袋装红细胞，进一步稀释了凝血因子，加快了出血速度。大量输血患者的早期诊断有助于正确使用血液制品，采用初始替代疗法，如立即使用解冻的新鲜冰冻血浆。①

① [美]纳比尔著，蔡继峰主译．爆炸与冲击相关损失．北京：人民卫生出版社，2011

第3章　爆炸测试技术

3.1　炸药的感度测试

3.1.1　炸药热感度测试

炸药的热作用有均匀加热和火焰点火两种形式，这两种形式的测试要应用不同的方法以下分别进行研究。

1. 均匀加热感度测试

通过对炸药进行均匀加热，能够达到它的爆发点，爆发点的实验测定装置如图3-1。

在圆筒形合金浴内，盛有低熔点合金，一般为伍德合金，成分为铋50%、铅25%、锡13%、镉12%。夹层中有电阻丝加热，炸药试样放在一个8号雷管壳中，雷管壳用软木塞(或铜塞)塞住，套上定位用的螺丝套，使管壳投入后浸入合金浴深度在25mm以上。合金浴的温度由温度计指示。

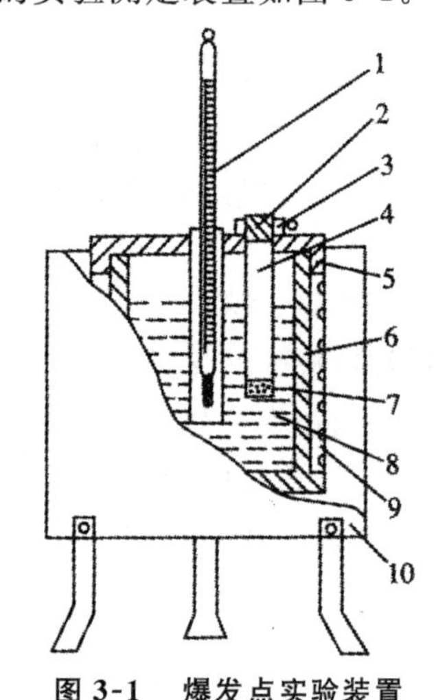

图3-1　爆发点实验装置

1—温度计；2—塞子；3—螺套；4—管壳；5—盖；6—圆筒；7—炸药试样；8—合金浴；9—电阻丝；10—外壳

测定时，将合金浴加热并恒定于预定温度 T(通过预备试验获取 T 值)，再把装有一定量炸药(火药、猛炸药通常取20mg～30mg，起爆药取10mg)的雷管壳(口部用铜塞或木塞塞住)迅速投入合金浴，同时打开秒表，记录爆炸或发火延滞时间 τ(或用电秒表自动计时)。连续求出不同的恒定温度 $T_1, T_2, T_3, \cdots, T_n$ 所对应的延滞期 $\tau_1, \tau_2, \tau_3, \cdots, \tau_n$。根据实验数据作 T 与 τ，$\ln\tau$ 与 $1/T$ 的关系图，由 $\tau-T$ 图上可求得5s延滞期爆发点。

实验得到的凝聚炸药爆发点与延滞期的关系是：

$$\ln\tau = A + \frac{E}{RT} \qquad (3-1)$$

上式中：τ— 延滞期，s

E— 与爆炸反应相应的炸药活化能($J \cdot mol^{-1}$)

R— 通用气体常数($8.314 J \cdot mol^{-1} \cdot K^{-1}$)

A— 与炸药有关的常数

T— 爆发点(K)

用上述方法测得的爆发点低，说明炸药的热感度大，反之炸药的热感度小。

2. 火焰感度测试

火焰感度测试方法目前都比较粗糙，最简单的一种是密闭火焰感度仪，如图3-2所示。

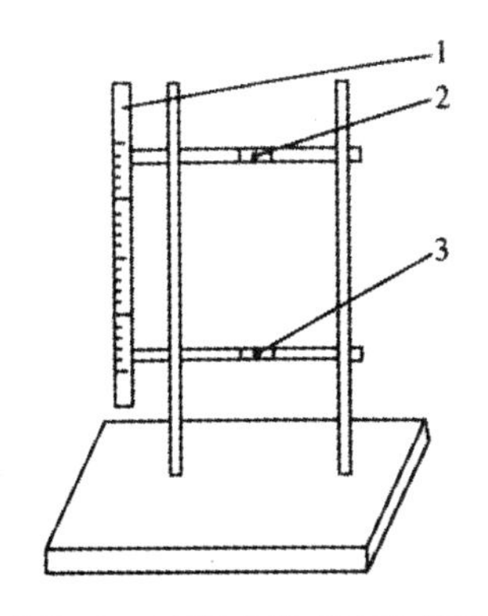

图 3-2 密闭火焰感度仪简图

1— 刻度尺；2— 固定火药柱；3— 火帽台

测定时，用标准黑药柱燃烧时喷出的火焰或火星作用在炸药的表面上，观察是否发火（或爆炸）。

表 3-1 黑火药和几种起爆药的火焰感度

炸药名称	100% 发火的最大距离 /cm
雷汞	20
叠氮化铅	<8
斯蒂酚酸铅	54
特屈拉辛	15
二硝基重氮酚	17
黑火药	2

3.1.2 炸药撞击感度测试

撞击感度是指在机械撞击作用下，炸药发生爆炸的难易程度，最常用的测试方法为落锤法[①]，测定撞击感度的仪器是立式落锤仪，其结构如图 3-3 所示。它有两个固定的、互相平行且与地面垂直的导轨，重锤由钢爪或磁铁固定在不同的高度，通过解脱机构使重锤自由落下。常用的锤质量为 10kg、5kg、2kg 等。

测定时，炸药样品放到撞击装置的两个击柱中间，使重锤自由下落，撞在击柱上。受撞击的炸药凡是发生声响、发火、冒烟等现象之一均为爆炸。

撞击感度表示方法主要有以下几种：

(1) 爆炸百分数。在一定锤重和一定落高条件下撞击炸药，以其爆炸概率（爆炸百分水）表示。测试时常用的条件为锤质量 10kg，落高 25cm，一组平行试验 25 次，平行试验两组，计算其爆炸百分数。若某些炸药爆炸百分数为 100% 时，不易互相对比，则改用较轻的落锤，如 5kg 或 2kg 再进行测定。常用炸药的爆炸百分数列于表 3-2 中。

---

① ［俄］奥尔连科主编；孙承纬译. 爆炸物理学. 北京：科学出版社，2011

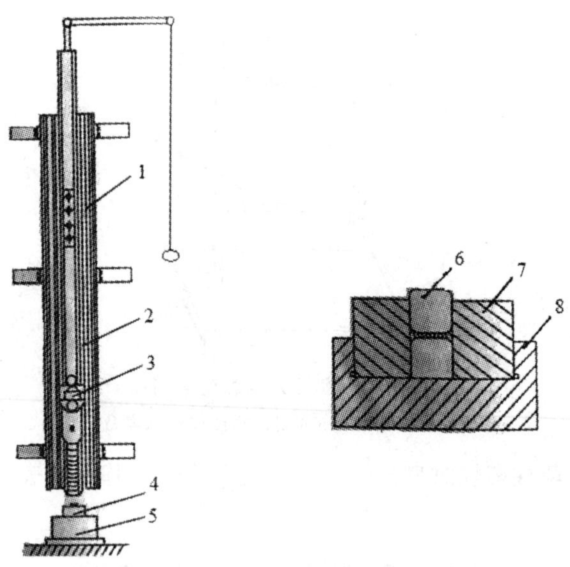

图 3-3 立式落锤仪示意图

1— 导轨；2— 刻度尺；3— 落锤；4— 撞击装置；5— 钢底座；6— 击柱；7— 导向套；8— 底座

表 3-2 几种常用炸药的爆炸百分数

（锤质量 10kg，落高 25cm，试样 50mg）

炸药	爆炸百分数 /%
TNT	8
CE	48
PETN	66
HMX	100
RDX	80 ± 8
TNT50/RDX50	50

（2）用 50% 爆炸的落高（称为特性落高或临界落高）表示炸药的撞击感度。普遍采用升降法测定，或者由感度曲线求得。常用炸药 50% 爆炸落高列于表 3-3 中。

表 3-3 常用炸药 50% 爆炸落高

（锤重 2.5kg，试样 35mg）

炸药	临界落高 /cm	炸药	临界落高 /cm
TNT	200	A－3 炸药 *	60
CE	38	RDX64/TNT36	60
RDX	24	阿马托	116
PETN	13	硝酸铵	＞300
HMX	26	双基推进剂	28
注：* A－3 炸药成分为 RDX91/ 蜡 9			

(3)用上下限表示炸药的撞击感度。撞击感度的上限是指炸药100%发生爆炸时的最小落高，下限则是指炸药100%不发生爆炸时的最大落高。试验测定时先选择某个落高，再改变落高，观察炸药爆炸情况，得出炸药发生爆炸的上限和不发生爆炸的下限，以每次10个实验为一组。试验得出的数据可作为安全性能的参考数据。

3.1.3　炸药摩擦感度测试

摩擦感度是指在摩擦作用下，炸药发生爆炸的难易程度。以摩擦作用作为初始冲能来引爆炸药的并不多，手榴弹中的拉火管是靠摩擦发火的。从安全的观点看，炸药在生产、运输和使用过程中经常会遇到摩擦作用，因此研究炸药的摩擦感度是很重要的。

我国普遍采用摆式摩擦仪来测定炸药的摩擦感度。测定装置示意图见图3-4所示。

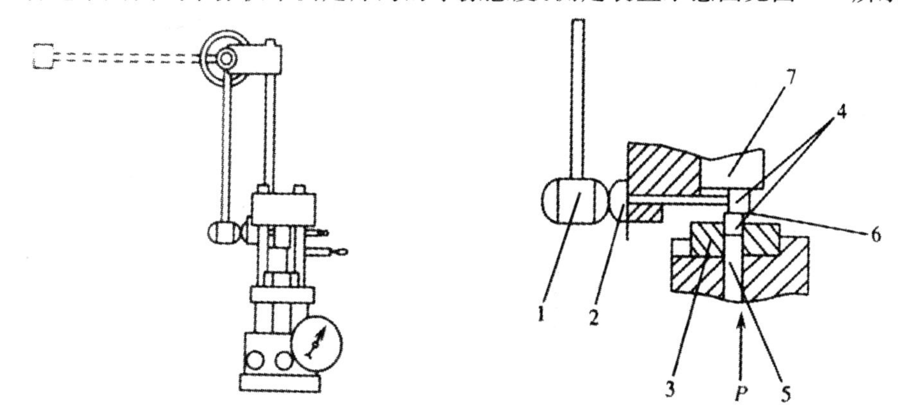

图3-4　摆式摩擦仪示意图

1—摆锤；2—击杆；3—导向套；4—击柱；5—活塞；6—炸药试样；7—顶板

摆式摩擦仪的基本原理是加有静载荷的摩擦击柱间夹有试样，在摆锤打击下使上下击柱发生水平移动，以摩擦炸药试样观察爆炸与否。判断是否爆炸的标准同撞击感度。测定时将20mg炸药放在上下击柱间，用油压机通过活塞2将击柱4推出导向套，并紧压在顶板7上，以使炸药试样6承受一固定垂直压力P，压力大小由压力表读出。将摆锤臂悬挂成所需的摆角(一般悬挂成90°)，打击在击柱2上，使上击柱滑动1.5mm～2mm的水平距离，观察是否爆炸。平行试验25次，计算爆炸百分数。爆炸百分数越高，摩擦感度越大。表3-4为几种炸药的摩擦感度。

表3-4　几种炸药的摩擦感度

注：猛炸药试验条件：摆角90°，垂直压力$P=5929\times10^5$Pa，表压49×10^5Pa，药量20mg					
炸药种类	TNT	CE	RDX	PETN	RDX50/TNT50
爆炸百分数/%	0	24	48～52	92～96	4～8
注：起爆药试验条件：摆角80°，表压5.88×10^5Pa，药量10mg					
炸药种类	雷汞	叠氮化铅	特屈拉辛	斯蒂酚酸铅	
爆炸百分数/%	100	70	70	70	

3.1.4 炸药的爆轰感度测试

在爆轰波作用下，炸药发生爆炸的难易程度叫做爆轰波感度，又称起爆感度①。对于单体和军用混合炸药，小量的起爆药都可以引起爆轰，引起炸药爆轰的最小起爆药量叫做极限起爆药量。但是对于工业炸药来讲，还需用起爆药包进行“接力”。

用于测定单体炸药爆轰感度的方法比较简单，图3-5为该方法的示意图，这种方法可用于求得引起炸药爆轰时起爆药的极限起爆药量。

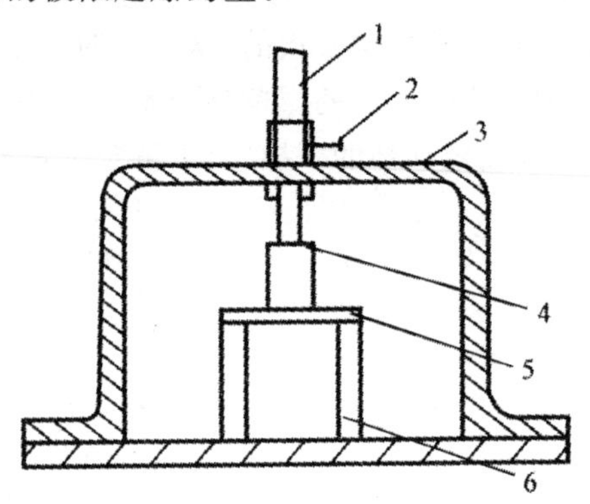

图3-5 炸药爆轰波感度测定装置

1—导火索；2—固定管；3—防护罩；4—试样管；5—验证板；6—支座

具体测定方法：将1g的炸药装入8号雷管壳中，在专门模具中压实，压强保持在49 MPa。精确称量起爆药，小心地将起爆药压在雷管壳中的炸药上，再装入100mm长的导火索，在专用爆炸室内点火引爆。观察爆炸试验后作为验证板铅板的变形。如果铅板上出现直径大于管壳外径的孔洞，表明猛炸药被完全引爆。用内插法可求得能引致炸药爆轰的最小起爆药质量。

表3-5 常见炸药的极限起爆药量

起爆药	极限起爆药质量 m_{min}/mg			
	TE	PA	TNT	RDX
PbN_6	25	25	90	15
HGN_6	45	75	145	
TIN_6	70	115	335	
雷酸银	20	50	95	
雷酸亚铜	25	80	125	
雷汞	290	300	360	190

3.1.5 炸药的冲击波感度测试

炸药的冲击波感度测试通常采用隔板试验的方法，该法是在主发炸药(用以产生冲击波)

① 张宝平，张庆明，黄风雷. 爆轰物理学. 北京：兵器工业出版社，2009

和被发炸药(被冲击波引爆)间放置惰性隔板(材质多为金属或塑料),常用升降法测定使被发炸药发生50%爆炸的临界隔板厚度,作为评价冲击波感度的指标。该法的实验装置见图3-6所示。主发炸药被雷管引爆后,输出的冲击波压力为隔板所衰减后再作用于被发炸药上,观察后者是否仍能被引爆。改变隔板厚度试验,即可求得起爆被发炸药的最大隔板厚度或被发炸药50%爆炸的隔板临界厚度。隔板厚度与隔板材料及其大小(大隔板及小隔板)有关。隔板材料可以是空气、水、纸板、石蜡、有机玻璃、金属或其它惰性材料,隔板尺寸也有多种。

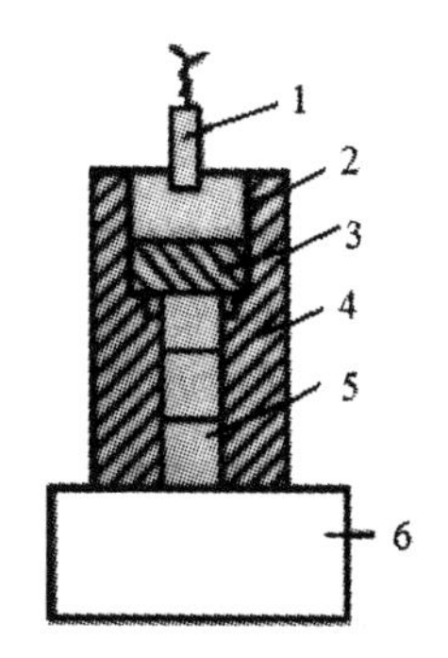

图 3-6　隔板试验装置

1— 雷管;2— 主发装药;3— 隔板;4— 固定器;5— 被发装药;6— 验证板

另外还有一种锲形试验的装置图见图3-7所示。测定时,将炸药制成斜面状(锲形),由厚面引爆,观察爆轰在何处停止传播,以该处炸药的厚度(即临界爆轰尺寸)表征炸药的冲击波感度。通常此值越大,冲击波感度越低。试验用药量为50g左右,锲形角可为1°,2°,3°,4°或5°。

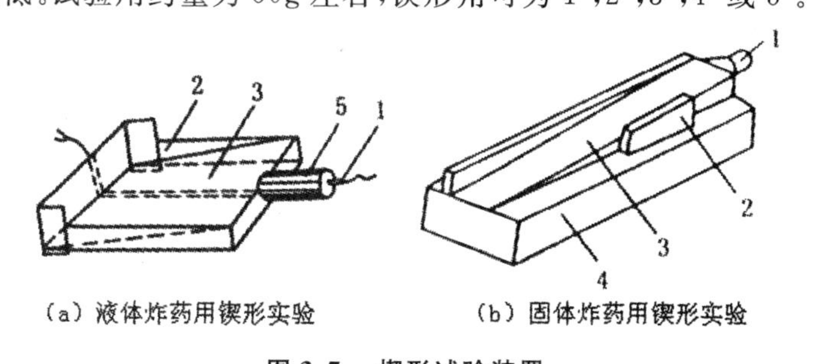

(a) 液体炸药用锲形实验　　(b) 固体炸药用锲形实验

图 3-7　楔形试验装置

1— 雷管;2— 槽子或限制版;3— 炸药;4— 验证板;5— 传爆药柱

3.1.6　炸药的殉爆距离测试

衡量炸药危险感度的方法主要是检测撞击感度、摩擦感度等。衡量炸药使用感度的方法则主要是通过起爆感度试验、冲击波和殉爆感度试验进行测试。炸药的殉爆现象如下:

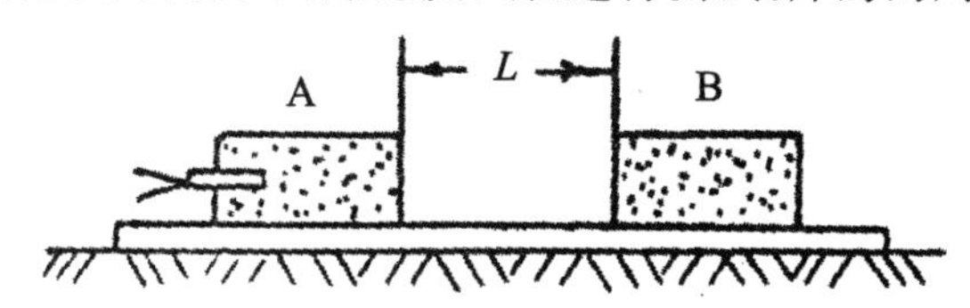

图 3-8　炸药殉爆示意图

如图3-8所示,装药 A 爆炸时,引起与其相距一定距离的被惰性介质隔离的 B 装药爆炸,这一现象称作殉爆。

惰性介质可以是空气、水、土壤、岩石、金属或非金属材料等。装药 A 称为主发装药,被殉爆的装药 B 称为被发装药。

在一定程度上,殉爆反映了炸药对冲击波的感度。引起殉爆时两装药间的最大距离称为殉爆距离。炸药的殉爆能力用殉爆距离表示。

殉爆距离是工业炸药的一项重要性能,在工业炸药生产检验项目中,殉爆距离几乎是必做的项目，用于判断炸药的质量。在炸药品种、药卷质量和直径、外壳、介质、爆轰方向等条件都给定的条件下，殉爆距离既反映了被发装药的冲击波感度，也反映了主发装要的引爆能力，两者都与工业炸药的加工质量有关。

最常用的殉爆距离测试方法，通常采用炸药产品的原装药规格，将砂土地面铺平，用与药卷直径相同的金属或木质圆棒在砂土地面压出一个半圆形凹槽，长约 60cm，将两药卷放入槽内，中心对正，精确测量两药卷之间的距离，在主爆药卷的引爆端插入雷管，每次插入深度应一致，约占雷管长度的 2/3。引爆主发药卷后，如果被发药卷完全爆炸，则增大两药卷之间的距离，重复试验，反之，则减小两药卷之间的距离，重复试验；增大或减小的步长为 10mm。取连续三次发生殉爆的最大距离为该炸药的殉爆距离。

在工业炸药的技术要求中，一般规定一个殉爆距离的标准，因此在生产性检验时，可直接按标准取值，若连续三次均殉爆，即认为合格，一般不再测试该炸药确切的殉爆距离。

3.1.7 炸药的摩擦带电量测试

要想知道炸药摩擦带电的难易程度，就要测量炸药摩擦后所带的静电量。静电量 Q 的大小取决于系统的电容和电压：

$$Q = CV \tag{3-2}$$

上式中：C— 电容；V— 电压

静电量测定装置如图 3-9 所示：炸药从金属板 1 滑下，进入金属容器 2，此时在静电电位计上读得静电电压，炸药和金属容器本身就存在一个电容 C_1，所以系统总电容 $C = C_1 + C_2$，C_2 是已知外加电容，C_1 是需要试验测定得。测量方法是：先不加电容 C_2，测得电压 V_1，再加上电容 C_2，测得电压 V_2。不加 C_2 时，电量 $Q_1 = C_1V_1$；加入 C_2 时，电量 $Q_2 = (C_1 + C_2)V_2$。因为电量是相同得，即 $Q_1 = Q_2$，所以 $C_1V_1 = (C_1 + C_2)V_2$，因此可得：

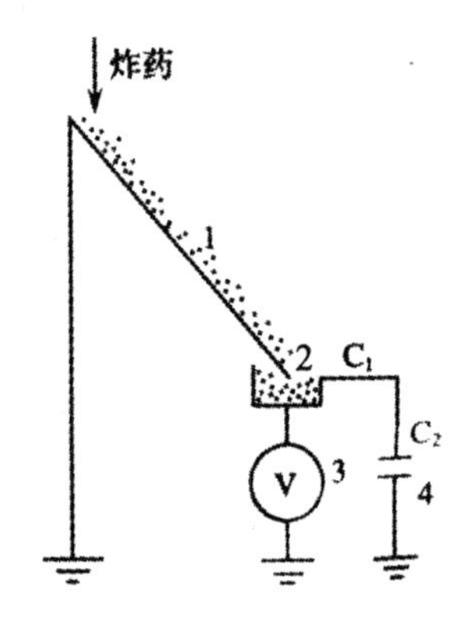

图 3-9　静电量测量装置示意图

1— 金属板；2— 金属电容；
3— 静电电位计；4— 外加电容

$$C_1 = \frac{C_2V_2}{V_1 - V_2} \tag{3-3}$$

静电的极性可用如下方法来判断：用绸子和玻璃棒摩擦，然后使玻璃棒与容器中的炸药接触。如果玻璃棒电位降低，则说明炸药带负电，因为玻璃棒带的是正电，和带负电的物体接触，它的电位才会降低。

3.1.8 炸药的静电火花感度测试

炸药在一定静电火花作用下发生爆炸的难易程度叫做炸药的静电火花感度，炸药的电火花感度用着火率表示。所谓着火率，是指在某一固定外界电火花的能量下进行多次试验时着火的百分数。图 3-10 是研究炸药电火花感度的一种测试装置线路。此装置主要通过电容放电的方式得到电火花。电火花能量大小由下式计算：

$$E = \frac{1}{2}CV^2 \tag{3-4}$$

上式中：E— 电火花能量；V— 电压；C— 电容。

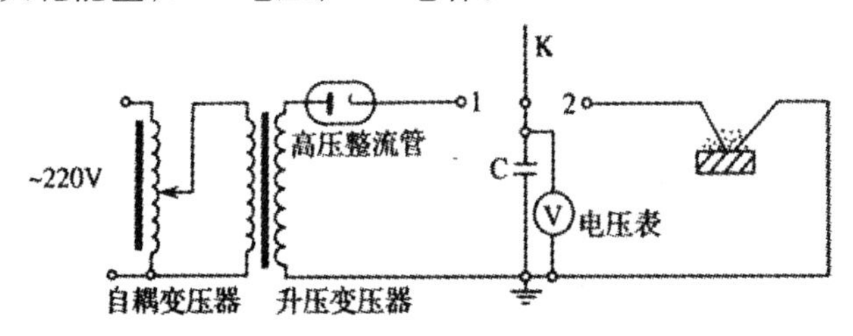

图 3-10　静电火花感度测试线路图

用自耦变压器调压再经变压器升高，经整流器整流，将交流电变为直流电。把开关 K 合到位置 1 时，电容充电，充电电压可达 3000V。然后把开关合到位置 2，尖端电极即放电。两电极间距离约 1mm，电容 $C=0.1\mu F$，药量约 1g。放电产生的电火花作用在两个尖端电极的炸药试样上，看炸药试样是否爆炸。以爆炸百分数或 50% 发火的临界能量来表示其静电火花感度。

常用的几种猛炸药的静电火花感度列于表 3-6 和表 3-7。

表 3-6　炸药在不同能量电火花作用下的爆炸百分数

能量 /J		0.013	0.050	0.113	0.200	0.313	0.450	0.613	0.600
电压 /kV		0.5	1.0	1.5	2.0	2.5	3.0	3.5	4.0
炸药	TNT	18	50	68	83	100	100	—	—
	RDX	0	13	20	38	55	85	100	100
	CE	10	37	68	100	100	—	—	—
	A－IX－I	0	0	20	57	100	100	—	—

表 3-7　炸药的静电火花感度

炸药	$E_0^{(1)}$/J	$E_{50}^{(2)}$/J	$E_{100}^{(3)}$/J
TNT	0.004	0.050	0.374
RDX	0.013	0.288	0.577
CE	0.005	0.071	0.195
A－IX－I	0.062	0.165	0.384

注：(1)E_0 为 100% 不爆炸所能承受的最大静电火花的能量；

(2)E_{50} 为 50% 爆炸所需的静电火花能量；

(3)E_{100} 为 100% 爆炸所需的最小静电火花能量。

3.2 炸药爆炸性能测试

3.2.1 炸药爆速测试

1. 导爆索法

导爆索法即 Dautriche 法[①]，这种测试炸药爆速的方法是有道特里什首先提出来的，是最古老的一种测量爆速的方法。本方法是用已知爆速的导爆索测定炸药的爆速。该方法的试验装置如图 3-11 所示。

当炸药由雷管引爆后，爆轰波传至 A 点时，引爆导爆索的一端，同时继续沿炸药药卷传播，当到达 B 点时，导爆索的另一端也被引爆。在某一时刻，导爆索中沿两个方向传播的爆轰波相遇于 N，在铅板或铅板记录爆轰波相遇时碰撞的痕迹。根据爆轰波相遇时所用的时间相等的原理可算得炸药的爆速。

$$t_1 = t_2$$
$$\Rightarrow L_{ab}/D + t_{BN} = t_{AN}$$
$$\Rightarrow L_{ab}/D + (BM - L)/L = (AM + L)/D_C, BM = AM$$
$$\Rightarrow D = L_{ab} \times D_C/L$$

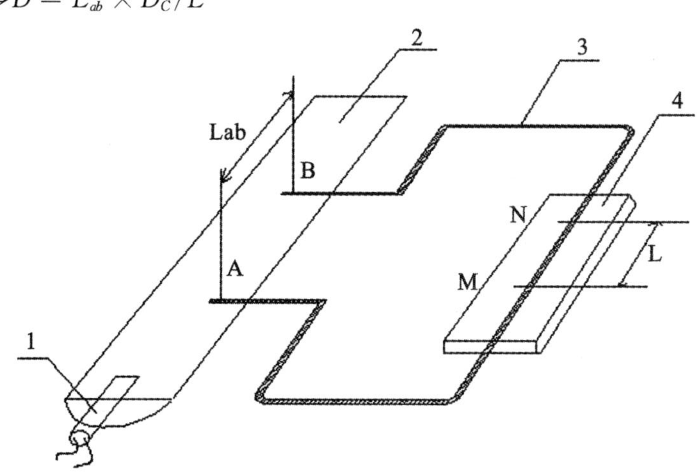

图 3-11 导爆索法测爆速装置图

1— 雷管；2— 试样；3— 导爆索；4— 铅板或铝板

2. 测时仪法

这种方法的基本原理是利用炸药爆轰时爆轰波阵面的电离导电特性或压力突变，测定爆轰波依次通过药柱内（或外）各探针所需的时间从而求得平均爆速。这种方法的优点是操作简单方便、精确度高、受试药卷不需要很长、且测定的数据可以用数字显示，必要时还可以与计算机联用，因此在生产检测和科研工作中被广泛应用。测试仪记时测量法的基本工作原理如图 3-12 所示。

① 郝建斌. 燃烧与爆炸学. 北京：石油化工出版社，2012

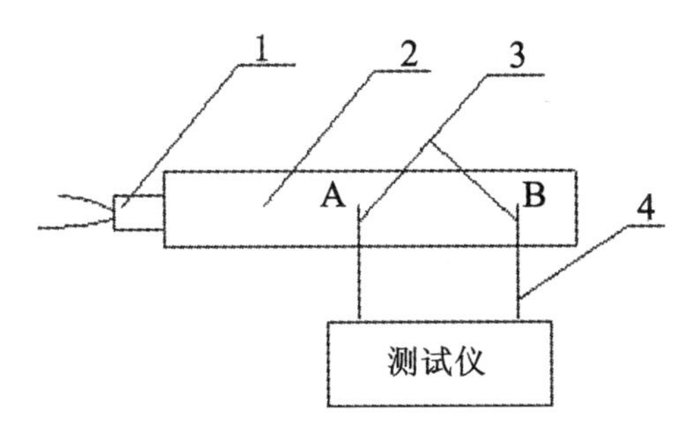

图 3-12　电测法测试系统框图

1— 雷管；2— 试样；3— 传感元件；4— 信号传输线

实验采用的是"断 — 通"方式：在爆轰波未传到探针位置前，探针处于"断"的状态；在爆轰波传到探针位置 A 点的瞬间，爆轰产物被电离而使探针处于"通"的状态，爆速仪触发一个电信号，爆轰波到达 B 点再触发一个电信号，这样电子测时仪就记录了爆轰波通过 A、B 两点的时间 t，于是可求出 AB 段的平均爆速。

3. 高速摄影法

高速摄影法也叫做光学法。采用高速摄影仪将爆轰波阵面发出的光拍摄记录，得到爆轰波传播的距离 — 时间扫描曲线，再利用工具显微镜或其它仪器测出曲线上各点（即爆轰波通过装药任一断面）的瞬时速度（$D(t) = ds(t)/dt$），或用分幅照相法测量爆轰波通过药柱的平均爆速。此法可测出爆速变化的过程，其原理图如图 3-13 所示。

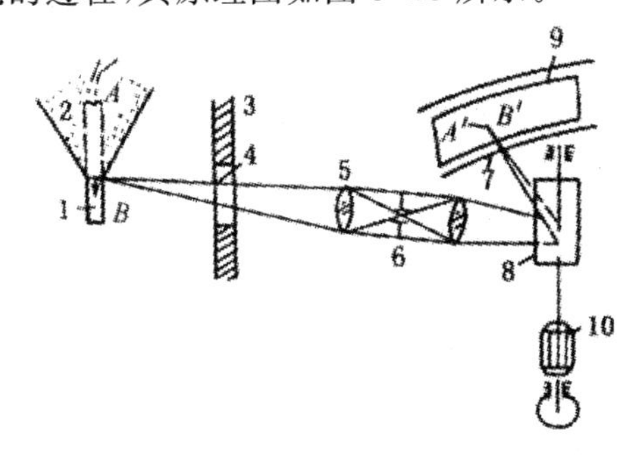

图 3-13　高速摄影法测爆速原理图

1— 药柱；2— 爆轰产物；3— 防护墙；4— 透光玻璃窗口；5— 物镜；
6— 狭缝；7— 相机框；8— 转镜；9— 胶片；10— 高速电动机

3.2.2　炸药爆压测试

目前测定爆压比较成熟的方法有自由表面速度法、水箱法和电磁法三种。自由表面速度法是测定炸药爆炸作用下金属板的自由表面速度，然后反推出炸药的爆压；水箱法是测定炸药在水中爆炸后所形成的初始冲击波的速度，然后反推出炸药的爆压；电磁法是直接测定爆轰产物的质点速度，再用以计算炸药的爆压。

1. 自由表面速度法

基本原理：自由表面速度法的实验装置如图 6-4 所示。在被测炸药柱上端放置平面波发生器，被测炸药柱下端放置金属板。当一维平面爆轰波沿药柱末端与金属板 3 的交界面上时，形成两个相反方向的冲击波，即传入金属板中的冲击波和向产物发射的冲击波。

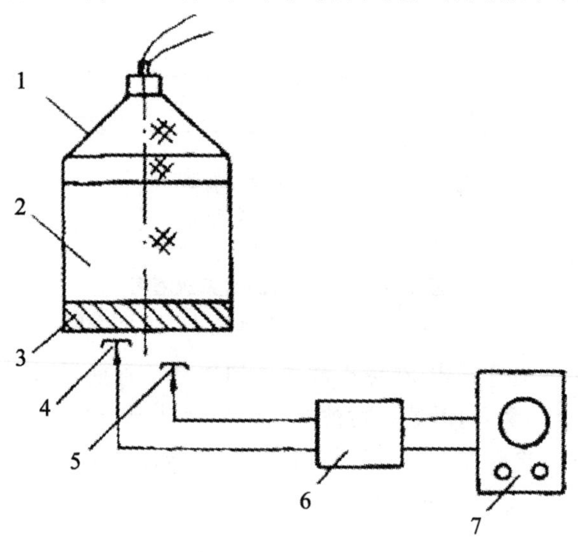

图 3-14　自由表面速度法装置示意图

1— 平面发生器；2— 被测药柱；3— 金属板；4，5— 探针；6— 讯号发生器；7— 脉冲示波器

测定金属板自由表面速度的装置和方法有多种，如电探针法、光探针法和激光干涉法等。

2. 水箱法

基本原理：水箱法的基本原理与自由表面速度法相似，不同的是水箱法是通过测定炸药爆炸后所形成的水中冲击波参数来求得爆压。

对于炸药 — 水体系，由冲击波阻抗公式可以得到下列方程：

$$P_d = \frac{1}{2} u_W (\rho_{W,0} D_W + \rho_0 D) \tag{3-5}$$

式中：u_W— 水在冲击波通过后的质点速度；

$\rho_{W,0}$— 水的初始密度，在标准状态下取 $1 \mathrm{g \cdot cm^{-3}}$；$D_W$— 水中的冲击波速度

根据莱斯(Rice)和沃尔什(Walsh)的实验测定，当水中冲击波压力 $P_W < 45\mathrm{Gpa}$ 时，D_W 和 u_W 有以下关系：

$$D_W = 1.483 + 25.036 \lg(1 + \frac{u_W e}{5.19}) \tag{3-6}$$

由此可知，只要测得炸药在水中爆炸后所形成的冲击波初始速度 D_W，可按(3 — 6) 式计算水的质点速度 u_W；将 D_W、u_W 以及炸药的爆速 D 代入(3 — 5) 式，即可求得被测炸药的爆压。

实验装置与方法：水箱法测爆压的实验装置如图 3-15 所示，其功能实为测定水中爆炸冲击波的初始速度。

在透明的水箱中充以蒸馏水，被测药柱爆炸后，当爆轰波到达与水相接触的药柱端面时，向水中传入冲击波，并在水中逐层传播。冲击波所到之处，水层突然受到压缩，水的密度增大，该层水的透明度降低。这样，随着冲击波的传播，在水中就显示出一个暗层从药柱顶端向水深部移动。为了使暗层的轨迹能用照相机记录下来，在照相机视线方向上水箱的另一侧设置一个与被测药柱爆炸同步的爆炸光源。当被测药柱爆炸时，光源药柱同时爆炸，后者爆炸形成的冲

击波冲击氩气发出强光，而水中移动着的暗层蔽住亮光，这样在胶片上就记录下一个暗层移动的轨迹。表3-8列出了水箱法测得的几种炸药的爆压值：

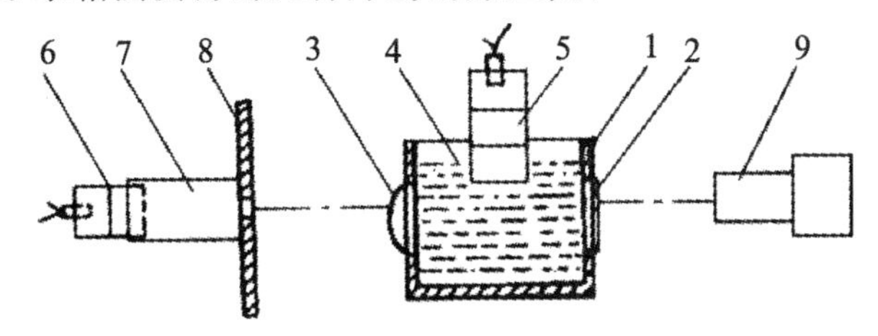

图3-15　水箱法测定爆压装置示意图

1— 水箱；2— 光学玻璃；3— 玻璃透镜；4— 蒸馏水；5— 主发装药
6— 光源药柱；7— 白纸筒；8— 木栏板；9— 高速扫描照相机

表3-8　水箱法测得的几种炸药的爆压值

炸　药	密度 ρ_0(g·cm^{-3})	爆速 D(m·s^{-1})	爆压 P_d(GPa)
梯恩梯	1.587	6827	18.86±0.28
梯恩梯	1.638	6920	20.1
黑索今	1.700	8415	29.39±0.68
奥克托今	1.751	8542	32.46
黑索今/梯恩梯(65/35)	1.708	7909	28.57±0.74

水箱法是一种比较简单易行的方法，且试验结果可靠，重复性较好，精度约2%。该法试验药量小，这对于新炸药配方研究很有利。近年来，由于采用透镜获得了平行光光源，使扫描照相底片清晰度大大提高，从而提高了水箱法的测量精度。

3. 电磁法

基本原理：电磁法是将金属箔框行 Π 传感器直接嵌入炸药柱内，药柱爆轰时，铝箔框作切割磁力线运动，由电磁感应产生感生电动势，直接测量得到爆轰产物质点运动速度，然后利用动量守恒定律求算被测炸药爆压的方法。由动量守恒定律知：

$$P_d = \rho_0 Du \tag{3-7}$$

可以看出，只要能测量出爆轰产物C—J面的质点速度 u、炸药的爆速 D，炸药的爆压就可由(3－7)式直接得到。

炸药的爆速是很容易准确测得的，爆轰产物C—J面的质点速度可根据法拉第电磁感应定律测定。

由法拉第电磁感应定律得知，当金属导体在磁场中切割磁力线运动时，在与导体两端相连接的电路中会产生感应电动势，电动势的大小由下面公式确定：

$$\varepsilon = BLv \tag{3-8}$$

式中：ε— 感应电动势，V；B— 磁感应强度，T；

L— 切割磁力线部分导体的长度，m；v— 导体的运动速度，m·s^{-1}。

如果将厚度为0.01～0.03mm的金属箔做成框形 Π 传感器并嵌入炸药柱内，再将试验样品放在均匀磁场中(互相垂直方向)，则当爆轰波传播到传感器时，框形 Π 传感器就和产物质点一起运动。由于传感器的质量很小，所以它的惯性也小，可以假设传感器的运动速度 v 和C—J

面上的产物质量速度 u 相等，即：$v = u$，代入(3－8)式，便得到：$u = \frac{\varepsilon}{BL}$，再代入(3－7)式，就可得到计算被测炸药爆压的公式：

$$P_d = \rho_0 D \frac{\varepsilon}{BL} \tag{3-9}$$

可见，用电磁法测爆压的关键是测定感应电动势 ε。

实验装置与方法：电磁法的实验装置如图 3-16 所示。框形 Π 传感器的关键元件，通常用厚度为 0.01～0.03mm 的铝箔剪成 1～5mm 宽的条，再折成框底边宽 5～10mm 的传感器，嵌在炸药中，使框底与药柱端面平行，框平面与磁场方向垂直，铝箔引线由电缆连接到高压示波器。

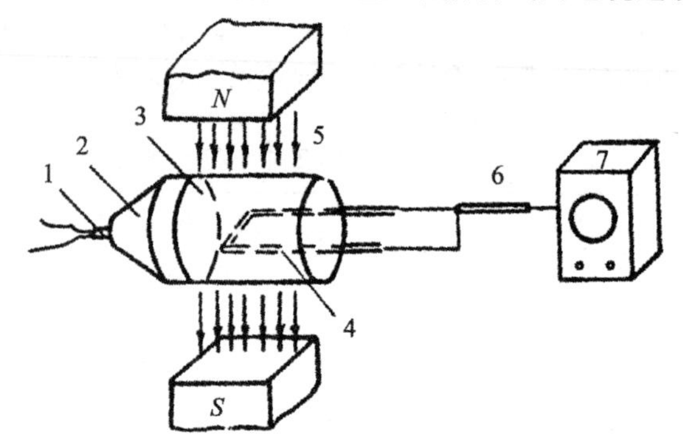

图 3-16　电磁法测爆速装置示意图

1— 雷管；2— 平面波发生器；3— 被测炸药；4— 铝箔传感器；
5— 均匀磁场；6— 电缆；7— 高压示波器

雷管起爆后，通过平面波发生器向被测炸药中传入平面爆轰波，当稳定的平面爆轰波到达 Π 型铝箔框时，框底立即获得与爆轰产物质点相同的运动速度，并与爆轰产物一起运动，由于铝框底作切割磁力线方向的运动，因而在回路中产生一个感生电动势 ε，通过电缆传输到示波器，由示波器记录下电动势波形。典型的感应电动势波形如图 3-17 所示，波形最高点相应于铝箔以化学反应区末端面处爆轰产物质点速度运动时所产生的电动势。

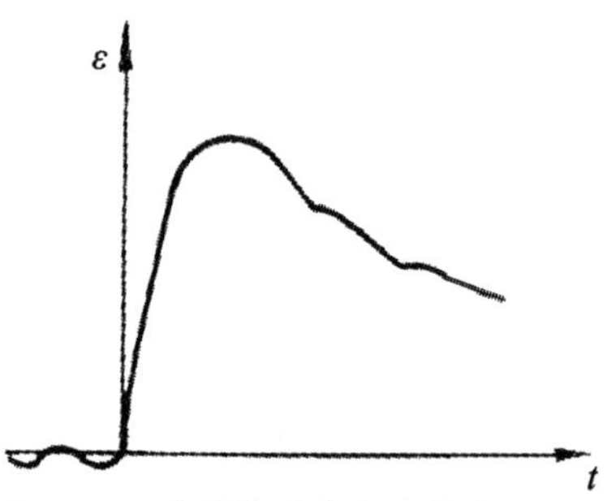

图 3-17　典型的感应电动势波形图

3.2.3　炸药爆热测试

爆温的实验测定具有一定的困难，因为在爆炸过程中，温度高，变化极快，同时爆炸时破坏性大，而一般温度直接测量需要较长的平衡时间。目前主要采用光学测定和光谱学法两大类方法测量爆温。表 3-9 给出了几种炸药光学法得到的爆温实验值。

表 3-9　几种炸药的爆温实测值

炸药	NG	RDX	PETN	TNT	Te
密度($g \cdot cm^{-3}$)	1.6	1.79	1.77		
爆温 /K	4000	3700	4200	3010	3700

光谱学测温主要有双谱线测温和多光谱测温两种。双谱线测温的一种方法见图 3-18。

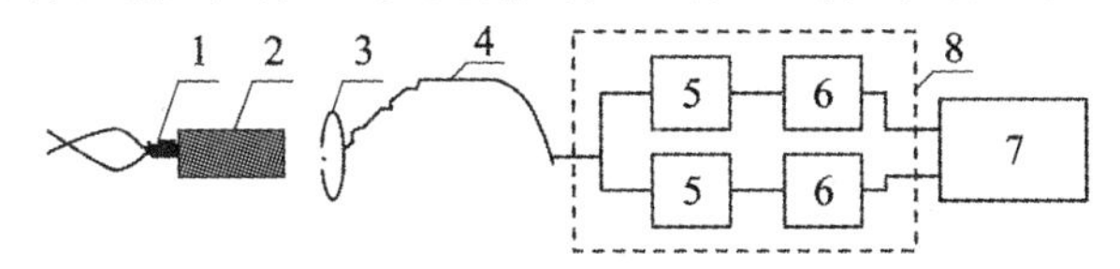

图 3-18　原子发射光谱双谱线测温系统示意图

1—雷管；2—炸药；3—望远镜；4—分束光导纤维；
5—分光系统；6—光电倍增管；7—记录系统

双谱线测温系统的原理基于原子光谱学理论，同种原子的 2 条谱线强度比为：

$$\frac{I_{\lambda_1}}{I_{\lambda_2}}=\frac{A_1 g_1 \lambda_2}{A_2 g_2 \lambda_1}e^{-\frac{E_1-E_2}{kT}} \tag{3-10}$$

式中：$I_{\lambda 1}$ 和 $I_{\lambda 2}$ 为 2 条波长分别为 λ_1 和 λ_2 的光谱线的强度，A_1 和 A_2 分别为 2 条谱线的跃迁几率，g_1 和 g_2 分别为 2 条谱线激发态的统计权重，E_1 和 E_2 分别为 2 条谱线的激发态能量，k 为波尔兹曼常数，T 为激发温度。对式(3—10)式两边取对数得：

$$\ln\left[\frac{I_{\lambda_1}}{I_{\lambda_2}}\right]=\ln\left[\frac{A_1 g_1 \lambda_2}{A_2 g_2 \lambda_1}\right]+\frac{E_2-E_1}{kT} \tag{3-11}$$

令 $A=\ln\left[\frac{A_1 g_1 \lambda_2}{A_2 g_2 \lambda_1}\right]$，令 $B=\frac{E_2-E_1}{kT}$，则：

$$T=\frac{B}{\ln\left(\frac{I_{\lambda_1}}{I_{\lambda_2}}\right)-A} \tag{3-12}$$

上式中 A 和 B 是综合考虑了原子的特性、波长以及系统的光传递系数等因素后的特定常数，通过单缝型预混燃烧器标准空气—乙炔火焰系统进行标定，测得 $A=1.880$，$B=-3.191$。实验测得 $I_{\lambda 1}$ 和 $I_{\lambda 2}$，便可以由(3—12)式求得温度。测试时采用的 2 条谱线分别为 CuI 510.5nm 和 CuI 521.18nm，这两条谱线的波长非常接近，它们的辐射率 ε 几乎相等，因此，测温时就可以不考虑辐射率对测温的影响。

系统的工作原理如下：炸药爆炸后，炸药中含有的铜元素被瞬态高温原子化，此时利用处于同一水平高度的望远镜将爆炸后发出的光进行传输，该光束经光导纤维一分为二后，分别由一组铜谱线的滤光片(通光波长分别为 510.5 nm 和 521.8 nm)进行滤光，然后到达 2 个同型号的光电倍增管(*R*300 型)，再由这两个光电倍增管接收并转化为电信号，进入数据处理系统。

3.2.4　炸药猛度测试

炸药猛度的实测主要有铅柱压缩法，铜柱压缩法，猛度摆等，其中最常用的就是铅柱压缩法。这种方法是 Hess 于 1876 年提出的，因此又称为 Hess 试验法。试验装置如图 3-19 所示。

在一厚钢板上放置一个由纯铅制成的圆铅柱，该圆柱直径 40±0.2mm，高 60±0.5mm。在铅柱上放置一块直径 41mm、厚 10±0.2mm 的钢片，它的作用是将炸药的爆轰能量均匀地传递给铅柱，使铅柱不易碎而发生塑性变形。

在钢片上放置炸药装药试样，装药密度一般控制在 1.0g·cm^{-3}，质量为 50g。试样装在直径 40mm 的纸筒中，用细线将装药试样及铅柱固定在钢板上，试样纸筒、钢片和铅柱要处于一轴线上。

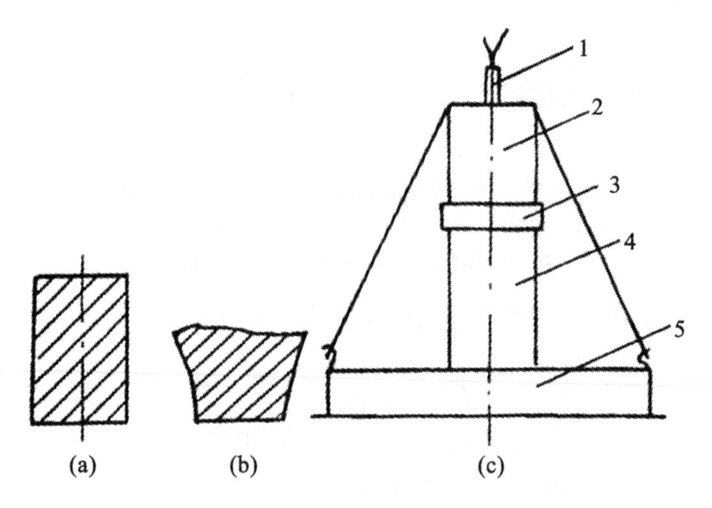

图 3-19　铅柱压缩法试验装置

(a)— 试验前的铅柱；(b)— 试验后的铅柱；(c)— 试验装置

1— 雷管；2— 炸药；3— 钢片；4— 铅柱；5— 厚钢板

试验前，铅柱的高度要经过精确测量。炸药爆炸后，铅柱被压缩成蘑菇行，高度减小，用卡尺或螺旋测微计测量压缩后铅柱的高度（从四个对称位置依次测量，取平均值）。用试验前后铅柱的高度差 Δh 表示炸药的猛度，也称为铅柱压缩值。

铅柱的质量和铸造工艺对压缩值影响很大，必须严格控制每批铅柱必须抽样用标准炸药试样进行标定。炸药装药形状、密度和雷管在炸药装药中的位置对试验结果均有一定的影响，因而试验时必须严格控制条件。几种常用炸药铅柱的压缩值列于表 3-10。

表 3-10　常用炸药的猛度（铅柱压缩值）

炸 药 名 称	密度 ρ(g·cm^{-3})	猛度 Δh	试样药量(g)
梯恩梯	1.0	16±0.5	50
特屈儿	1.0	19	50
苦味酸	1.2	19.2	50
黑索今	1.0	24	25
太 安	1.0	24	25

铅柱压缩法的优点是设备简单、操作方便。它是产品质量控制，特别是工业炸药产品检测的一中广泛应用的方法。

3.2.5　炸药做功能力测试

测试炸药做功能力的方法主要有铅壔法、威力摆、水下爆炸实验等，其中最常用的是铅壔法[①]。这种方法是澳大利亚特劳茨(Trauta) 提出，后来确定为测定炸药作功能力的国际标准方

① 张立.爆破器材性能与爆炸效应测试.安徽：中国科学技术大学出版社，2006

法，因此有特劳茨实验法之称。铅壔法操作较为简单，其原理是以一定量的炸药在铅壔中央内孔中爆炸，爆炸产物膨胀将内孔扩张，按壔孔爆炸前后体积的增量作为判断和比较炸药作功能力的尺度。铅壔为圆柱体，用高纯度铅浇铸而成，直径 200mm、高 200mm，中央有一直径 25mm、深 125mm 的圆柱内孔。

铅壔法实验见图 3-20 所示。

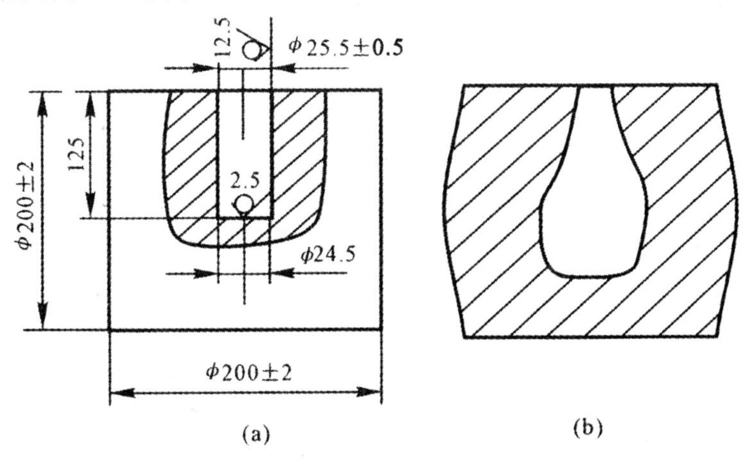

图 3-20　铅壔扩孔体积变化示意图

(a) 爆炸前；(b) 爆炸后

实验时将装备好的炸药试样准确称取 100.01g，放在用锡箔卷成的圆柱筒(直径 24mm)内，装上雷管后放入铅壔的内孔中，孔中剩下的空隙用一定颗粒度的干燥石英砂填满，以减少炸药产物向外飞散。

炸药在铅壔中爆炸时，产物对内孔铅壁剧烈地进行压缩，产生冲击波，然后产物膨胀。爆炸的能量使铅发生塑性变形，并使圆柱内孔扩大成梨形大孔。爆炸能量主要消耗在铅的压缩变形上，对周围介质空气作的功可以忽略不计。测量爆炸前后铅壔孔的体积差，用此值表示炸药的作功能力。显然，体积差越大，炸药的作功能力越大。铅壔扩张实验值的计算式如下：

$$\Delta V = V_2 - V_1 \tag{3-13}$$

式中：ΔV— 铅壔扩张实验值，ml；V_1— 爆炸前铅壔孔的容积，ml；

V_2— 爆炸前铅壔孔的容积，ml

实验规定在 15℃ 下进行，如果实验在其他温度下进行，由于铅的硬度和强度不同会造成偏差，应将测定结果按(3 — 14) 式和表 3-11 进行修正。

表 3-11　铅壔扩张实验值的修正量

温度 t(℃)	修正量 V_A(%)	温度 t(℃)	修正量 V_A(%)	温度 t(℃)	修正量 V_A(%)
−30	+18	−5	+7	15	0.0
−25	+16	0	+5	20	−2.0
−20	+14	5	+3.5	25	−4.0
−15	+12	8	+2.5	30	−6.0
−10	+10	10	+2.0		

$$V_L = (1 + V_A)\Delta V \qquad (3-14)$$

式中：V_L— 炸药的作功能力(铅壔扩张值)，ml；V_A— 铅壔扩张值修正量；

ΔV— 铅壔扩张实验值，ml

3.3 起爆器材及其爆炸性能测试

3.3.1 起爆器材

1.起爆器材的定义

起爆器材指能够受外界很小能量激发，能按设定要求发火或爆炸的元件、装置或制品。它的作用是产生热冲能或爆炸冲能，同时伴有高温高速气体、灼热颗粒、金属飞片等，迅速传给火药或炸药，将其点燃或引爆，特殊场合也可作为独立能源对外做功。起爆器材包括雷管、导火索、导爆索、导爆管等，其中雷管占有主要的地位，起爆器材属于火工品的一部分。

起爆器材爆炸产生的能源不直接用于工程爆破，在工程方面主要用来起爆各种矿用炸药或其他工程爆破使用的炸药，再由炸药爆炸释放能量完成各种爆破工程。事实上，爆破器材起到一种传导的效果。

2.起爆器材的分类

起爆器材一般按作用特性分类，分为引爆器材和引燃器材，引爆器材包括雷管、导爆索、继爆索等，引燃器材包括导火索、引火管、导爆管及其分路器等。

其中雷管是起爆器材中十分重要的一种，它可分为电雷管和非电雷管两类，电雷管包括瞬发电雷管和延期电雷管，非电雷管则包括火雷管和导爆管雷管。

另外，索管状起爆器材也占有重要地位，主要包括导火索、导爆索、导爆管等。

3.起爆器材的设计要求①

起爆器材的发展已经经历了很长的时间，在科学技术日益发达的今天，人们对它的设计要求越来越高，归纳起来主要有以下几个方面：

(1) 感度适当。感度指的是起爆器材能够激发能量的大小，感度适当既是其准确作用的要求，同时也能保证生产、运输、使用时的安全。

(2) 威力适当。即起爆器材要满足使用的要求，在完成任务的前提下，尽量节省资源，避免资源的浪费。

(3) 安定性好。安定性指起爆器材在长期存放过程中不会变质、失效，甚至发生自燃、自爆等危险状况。起爆器材的安定性既与生产时的质量有关，也与存放时的保护装置有关。

(4) 环保性好。即起爆器材在使用过以后，尽量降低其污染，或者能通过一些有效手段进行完全性的治理。

(5) 经济实用。即在保证起爆器材良好性能的前提下，尽量降低其生产成本。

---

① 谢兴华. 起爆器材. 安徽：中国科学技术大学出版社，2009

3.3.2 起爆器材性能测试

1.雷管的药柱密度测试

雷管的爆炸性能主要取决于它的装药,目前的雷管装药均为猛炸药和起爆药,猛炸药决定雷管对炸药的起爆力,也就是为被起爆的炸药提供足够的起爆能量和作用时间;起爆药则对雷管的感度、爆轰的成长并传递给猛炸药起主要作用。雷管的内部作用过程,实际上是一系列能量传递的过程。总之,雷管的爆炸能量决定于装药的种类、性质和药量多少。

然而,直接影响雷管起爆能力的因素是装药密度:当装药密度大时,起爆能力强。但爆轰的敏感度却会降低。因而压装猛炸药时,通常上层的炸药压力小些,下层的炸药压力大些。基于上述原理,雷管中的猛炸药一般都采用两遍压装药,一遍装药密度较大,一般为 1.55 ~ 1.65g/cm³;二遍装药密度较小,一般为 1.3g ~ 1.4g/cm³。

雷管的药柱密度测试原理即采用两次不同密度的压装猛炸药做铅板穿孔爆炸试验,根据穿孔直径的大小确定其起爆能力,具体步骤如下:

(1) 装药量:称量一遍药量0.35g,二遍药量0.35g,根据管壳的内径、装药量和密度计算出两次装药的压药高度。

(2) 计算公式:可根据原始公式推导出一遍二遍的装药高度。

$$\rho = \frac{G}{V} \tag{3-15}$$

$$V = \pi r^2 h - \frac{1}{3}\pi r^2 h' = \pi r^2 (h - h') \tag{3-16}$$

$$h_1 = \frac{G}{\rho \pi r^2} + \frac{1}{3}h' \tag{3-17}$$

$$h_2 = \frac{G}{\rho \pi r^2} \tag{3-18}$$

式中:$h1$、$h2$— 一、二遍装药高度,cm;

h'— 底部窝心高度,cm;

G— 装药量,g;

r— 管壳内径,cm;

ρ— 压药密度,g/cm³。

(3) 将事先准备好的雷管按照不同的装药密度进行试验,观察其爆炸结果,做好记录,可以将所得数据整理如表 3-12 所示。

表 3-12 雷管装配参数表

管壳参数(mm)		装药参数(mm)	
管壳长度		一遍药高	
管壳内径		二遍药高	
管壳外径		起爆药高	
塑料塞高		装药总高	

(4) 根据所得数据进行分析,得出实验的正确结论。

2.电雷管电学特性测试

金属桥丝电雷管在电流作用下的发火过程非常复杂,这一过程大致可以分为下列三个阶段。

第一阶段通入电流时,桥丝加热,桥丝升温到药剂的发火点。

第二阶段桥丝周围的一薄层药剂升温到发火点,药剂经过一段燃烧传递过程(即延迟期)后发火。

第三阶段药剂的火焰传给起爆药,爆炸在雷管装药中逐次传递。

事实上,各阶段之间不存在明显的界限。如在桥丝加热的同时,药剂也就开始了升温。特别是在输入的电流比较小,桥丝加热的时间比较长,上述前三个阶段的作用同时存在的可能性就很大。如果通入的电流比较大,桥丝升温极快,爆炸很快发生,药剂加热部分只限于和桥丝接触的一薄层,这时药剂的传热阶段就不明显,而且延迟期也就很短了。具体的实验过程如下:

电流通过电桥丝,电能按焦耳一愣次定律装化为热能:

$$Q = 0.24 I^2 R t \tag{3-19}$$

式中,Q— 电桥丝上放出的热,J;

I— 电流强度,A;

R— 桥丝电阻,Ω;

t— 电流通过桥丝的时间,s。

桥丝电阻由下式计算:

$$R = \rho \frac{L}{S} = \rho \frac{4L}{\pi D^2} \tag{3-20}$$

式中,ρ— 电桥丝材料的比电阻;

L— 电桥丝长度;

S— 电桥丝截面积;

D— 电桥丝直径。

将(3-20)式带入(3-19)式即可得出:

$$Q = 0.306 \frac{\rho L}{D^2} I^2 t \tag{3-21}$$

下面是一些金属和金属合金的物理特性:

表 3-13　一些金属和金属合金的物理特性

金属或合金的名称	电桥丝比电阻(在 300℃ 时)	电桥丝比热	电桥丝密度	材料特性值
铂(Pt)	0.144	0.033	21.2	4.86
铂铱合金(85%Pt+15%Ir)	0.355	0.032	21.4	1.93
铜镍合金(60%Cu+40%Ni)	0.485	0.098	8.9	1.79
钨(W)	0.114	0.039	19.3	6.6

续表

金属或合金的名称	电桥丝比电阻（在 300℃ 时）	电桥丝比热	电桥丝密度	材料特性值
镍铬合金(65%Ni＋15%Cr＋20%Fe)	1.20	0.12	8.2	0.82
因瓦合金(36%Ni＋64%Fe)	1.20	0.126	8.1	0.85
铁(Fe)	0.255	0.12	7.9	3.72
铜(Cu)	0.034	0.09	8.9	23.5

3. 电雷管静电感度测试

电雷管静电感度测试的原理为静电放电对雷管的引爆作用，可以等效地看成一只充电至一定电压的电容器在雷管的脚线对脚线或脚线对壳体之间的放电。以引爆电雷管所需的 50% 发火电压或在固定条件下的发火率表示该电雷管的静电感度。

实验测定是需要准备静电感度仪一台和恒温恒湿装置一套。静电感度仪原理如图 3-21 所示。

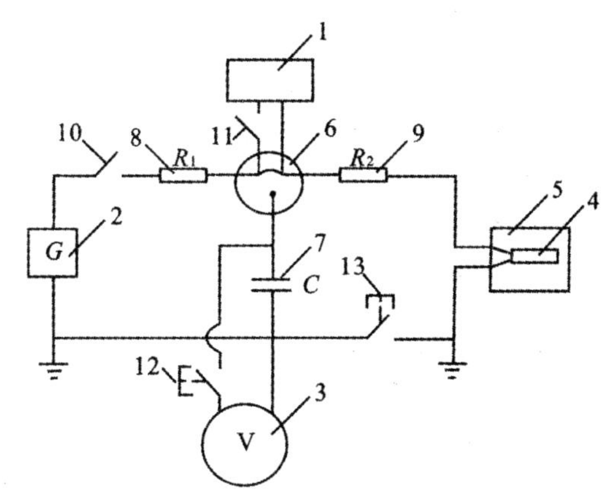

图 3-21　静电感度仪原理图

1— 低压电源控制电路；2— 直流高压电源；3— 静电电压表；4— 电雷管；5— 爆炸箱；6— 真空继电开关；7— 储能电容；8— 充电电阻；9— 放电电阻；10— 直流高压开关；11— 电源开关；12— 调节开关；13— 引爆开关

抽取一定数量（通常不少于 120 枚）的雷管试样，在不同的测定条件下进行测试，对测定结果进行分析和整理。下面是一些工业雷管的测试结果。

表 3-14　模拟人体静电放电的工业雷管感度

产品种类	桥丝材质及直径(mm)	产品结构	50% 发火电压(kV)		50% 发火能量(rrd)	
			脚—脚	脚—壳	脚—脚	脚—壳
瞬发纸壳	镍铬 Ø0.35	桥丝直插	8.6	25 kV 不爆	19.2	
瞬发纸壳	镍铬 Ø0.04	桥丝直插	13.5	25 kV 不爆	47.2	
瞬发覆铜壳	镍铬 Ø0.04	桥丝直插	13.1	25 kV 不爆	44.6	
瞬发塑料壳	镍铬 Ø0.04	桥丝直插	14.5	25 kV 不爆	54.2	
瞬发纸壳	镍铬 Ø0.04	药头式	25.2	25 kV 不爆	163.0	
毫秒 2 段覆铜壳	镍铬 Ø0.04	药头式	15.2	23.0	57.9	132.6
毫秒 3 段覆铜壳	镍铬 Ø0.04	药头式	20.4	25 kV 不爆	104.2	
毫秒 5 段覆铜壳	镍铬 Ø0.04	药头式	24.1	25 kV 不爆	149.8	
纸壳秒延期	镍铬 Ø0.04	药头式	20.0	25 kV 不爆	102.7	
纸壳秒延期	镍铬 Ø0.04	药头式	19.4	25 kV 不爆	97.3	

3.3.3 起爆器材爆炸性能测试[①]

1. 雷管起爆能力测试

雷管起爆能力的测试通常采用钝感炸药法，即用雷管直接起爆钝感炸药，以被起爆炸药的钝感程度表示雷管的起爆能力。

钝感炸药的制备是在纯TNT中逐步增加一定比例的惰性物质滑石粉含量，至雷管不能完全起爆时为止，以炸药发生完全爆轰时，炸药中含有的滑石粉最大百分率表示雷管的起爆能力。

衡量钝感炸药爆轰状态的方法是在药包末端插入一定长度的导爆索，导爆索平行放置在铝板表面，以导爆索爆炸时留在铝板上的爆痕进行判断。具体步骤如下：

(1) 混药。粉状TNT过60目筛，滑石粉过100目筛(需红外干燥)。分别以不同的混要比例进行配比，混合均匀，每一种混制200g。

(2) 装药。用模具卷牛皮纸成直径25mm，高80mm的纸筒，一段封闭，然后烘干。称量50g的钝感炸药，装入纸筒，密度控制位1.0g/cm^3，将雷管插入，封好药卷口固定雷管。将导爆索插入顿感炸药中，固定好。

(3) 引爆时应使各个药卷保持一定距离。避免相邻药卷发生殉爆。

2. 雷管爆炸冲击波压力测试

雷管爆炸输出的冲击波压力是评价和比较该类产品的接触起爆能力的重要参数，目前较为成熟的测量方法有锰铜压阻法。

利用锰铜材料在动态高压作用下的压阻效应，也就是利用从试验得到的$P-\Delta R/R_0$，关系确定压力值，测量雷管底部输出压力。雷管底部输出压力的大小不仅与雷管自身的性能及结构相关，而且与被作用材料的动态力学性质相关。试验是测量雷管爆炸后底部耦合到有机玻璃中的冲击波压力。

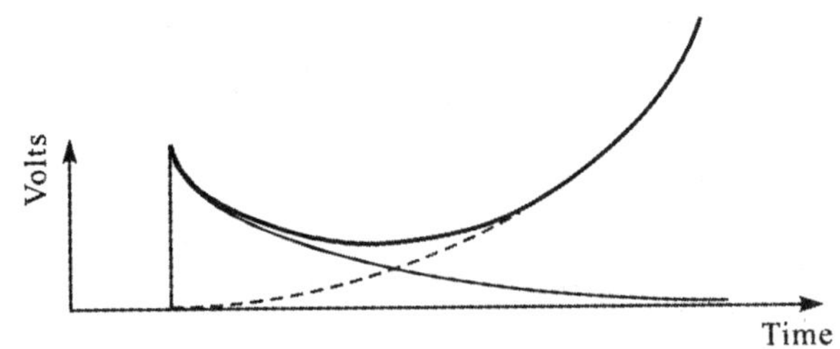

图 3-22 雷管爆炸作用下锰铜压阻传感器输出波形

—— 纯压力信号；······纯拉伸应变信号；—— 纯压力信号＋纯拉伸应变信号

图3-22中Volts－Time关系和压阻计的相对电阻变化相关(图3-23)。

采用锰铜压阻法测量爆炸冲击波的压力，仪器设备的安装是一个十分重要的环节。

其中，雷管的安装要特别注意安全性，在安装全部完成投入使用之前还要进行必要的检查，确保仪器正常工作。

---

① 张立.爆破器材性能与爆炸效应测试.安徽：中国科学技术大学出版社，2006

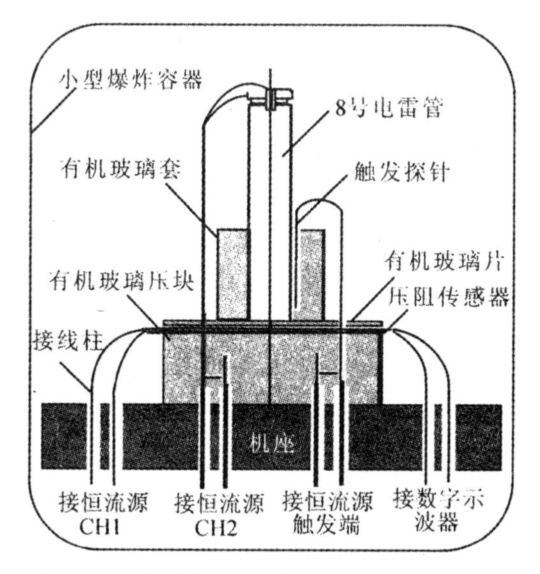

图 3-23　锰铜压阻发测雷管输出压力示意图

3. 索类爆破器材传爆测试

索类爆破器材是指导火索、非电导爆管和导爆索，这些器材在制造材料和功能上各有所不同(图 3-24)。这三种索类器材传递能量的方式不同，被激发的方式也不相同，试验时通常利用电热丝作为初始媒介，使能量得以转换，完成传爆和爆炸过程。

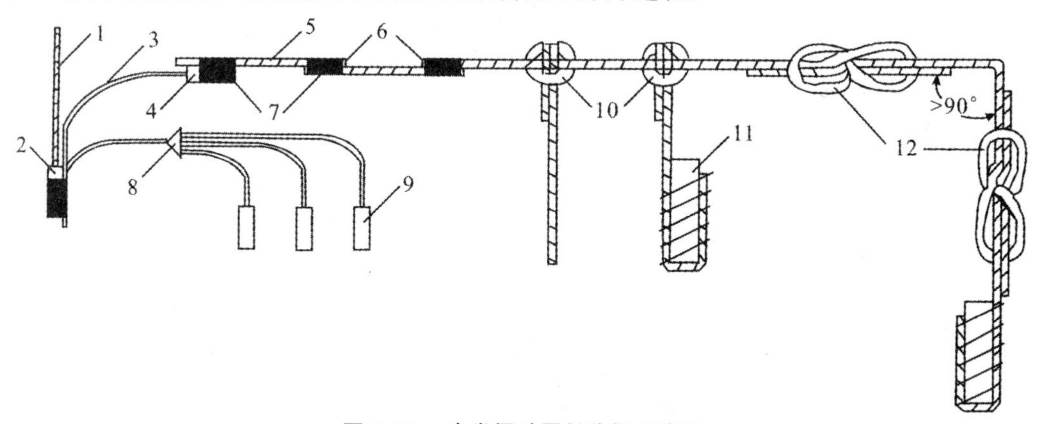

图 3-24　索类爆破器材传爆示意图

1— 导火索；2— 火雷管；3— 非电导爆索；4、9— 非电导爆雷管；5— 导爆索；
6— 搭接；7— 胶布固定；8— 导爆四通；10— 束结；11— 炸药；12— 水手结

具体步骤如下：

(1) 将不短于 1.2 m 长的导火索一端插入火雷管并用铁箍卡口固定。

(2) 非电导爆雷管脚线尾端和一根导爆管与火雷管反向连结，用胶布固定。

(3) 导爆管雷管与 1 m 长导爆索一端正向连接，另一端与第二根 1 m 长导爆索一端搭结，并用胶布固定。

(4) 第二根导爆索的另一端与中部打成水手结的两根长 2.0 m 导爆索的一端搭结用胶布固定。

(5) 在第一个水手结与搭结点中部用两根 1 m 长导爆索等距离打成束结。

(6) 取两卷各 150 g 炸药，一卷与任意一根束结导爆索尾段缠绕，并用捆扎绳扎牢；另一卷炸药与第二水手结导爆索尾段缠绕，也用捆扎绳扎牢。

(7) 固定在火雷管上的导爆管的另一端，与三发导爆管雷管脚线尾端剪平齐后插入带有铁箍的导爆四通，再用卡口钳将铁箍卡紧。

(8) 将传爆装置放入爆炸容器内，水手结中部弯成大于 90 度，将容器内外门关闭，人员撤离到安全地点后即可进行试验。

3.4 爆炸冲击电测技术①

3.4.1 爆轰波和冲击波的信号特征

1. 爆轰波的信号特征

在前面我们已经了解了爆轰波的定义与分类，爆轰波可以分为定常爆轰波和不定长爆轰波，二者在波形特征上有明显的不同之处。

当站在实验室坐标上观察定常爆轰过程时，爆轰波的反应区的波形不变，定常爆轰波的压力波形 $p = p(x,t)$ 如图 3-25 所示。图中反应区的压力曲面，即 N—CJ 曲面，其剖面形状不变，也就是此曲面上所有的等压线均为直线。在反应区中，所有等压线在 $x - t$ 平面上的投影必须满足以下关系：

$$D_j = \frac{x - x_M}{t - t_M} = \frac{x_N}{t_N} \tag{3-22}$$

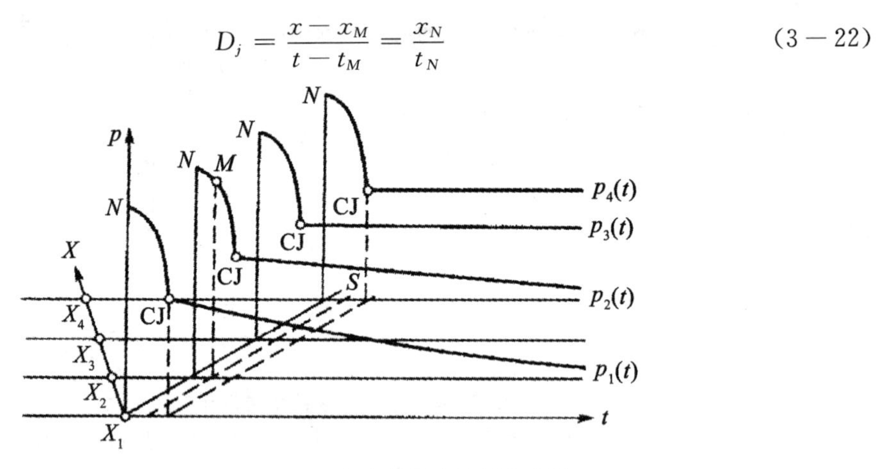

图 3-25 $p - x - t$ 空间中定常爆轰波压力波形

如果采用某种传感器在多个位置上测量爆轰波压力，只要这种传感器的响应速率足够快，必能获得一组压力记录波形，在这些波形中，反应区波形可以重合在一起，如图 3-26 所示。图中所有泰勒波波形的起点都是 CJ 点，起点之后不再重合。测点离爆面越远，记录波形就越平坦，反之，则衰减越快。

① 黄正平. 爆炸与冲击电测技术. 北京：国防工业出版社，2006

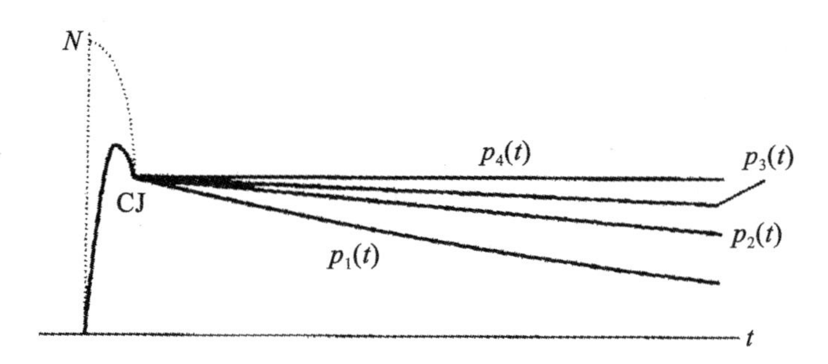

图 3-26　不同位置上记录的爆轰波形

图 3-27 示意表明在不同拉格朗日位置上压力历史记录，可以看到前沿冲击波强度的增长过程。X_4 截面上爆轰波的波后流动是单调衰减的；X_1、X_2 和 X_3 截面上冲击波后有一个压缩波，这种压缩波不断地追赶并加强前沿冲击波的过程就是不定常爆轰波逐渐向定常爆轰波的过渡过程。这种能追赶前沿冲击波的压缩波强度则取决于炸药在冲击波作用下的能量释放速率和反应热。

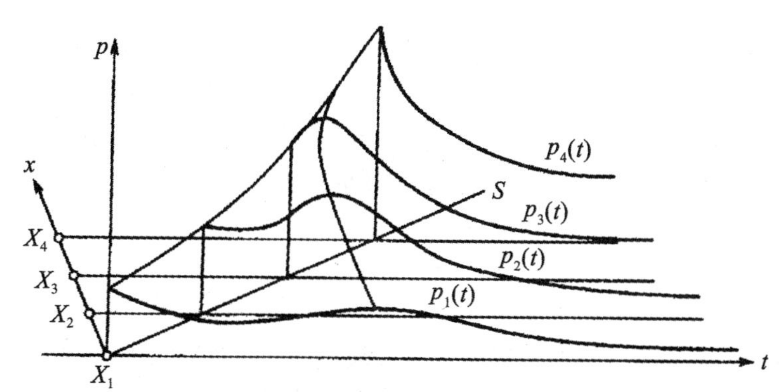

图 3-27　在不同拉格朗日位置上压力历史记录示意图

根据实测的记录波形分析，不定常爆轰波具有以下波形特征：

(1) 起爆面附近(如图 3-27 中 X_1)，不定常爆轰波的波形类似于炸药中初始入射冲击波。

(2) 距起爆面足够远处(如图 3-27 中 X_4)，不定常爆轰已趋近于定常爆轰，因此其波形类似于一般的定常爆轰波波形。

(3) 图中，压缩波内不包含强间断，所以其频宽必然远小于前沿冲击波的频宽。

2. 冲击波的信号特征

冲击波具有多种形式，在现实中应用较多的是空中爆炸自由场冲击波和水中爆炸自由场冲击波。空中无限大空间的爆炸所形成的冲击波具有以下特征：

(1) 冲击波的前沿或厚度。把冲击波及其波后扰动合在一起说成“冲击波”是一种俗称，其实在连续介质力学中，冲击波仅仅是一种状态参量发生突变的界面，其厚度相当 1 ～ 2 个分子自由程，时域宽度是 *ns* 级；描述冲击波波阵面前后各状态参量发生突变的公式称为冲击波关系式，这种关系式只能用于冲击波波阵面上，不能用于冲击波波后非定常流动区域。

(2) 冲击波的后沿。冲击波的后沿实际上是指冲击波波后流动区域。无限大空间的空中爆炸所形成的冲击波波后的压力扰动波形总是单调衰减的。图 3-28 示意地绘制了同一发试验中不同测点上记录的超压时间曲线，测点爆心距 $R_3 > R_2 > R_l$；图 3-28 中还表示测点离爆心越近，超压 Δp 越高，压力峰值衰减速率越快，超压时域脉宽越小，要求测压系统频宽越大；图 3-29 中示意绘制了在测点的超压水平 Δpx 相同的条件下，当爆心药量不同时所记录的超压时间曲线，爆心药量 $W_5 > W_4 > W_3 > W_2 > W_1$；图中还表示爆心药量越小，压力峰值衰减速率越快，压力的时域脉宽越小，要求测压系统频宽越大。

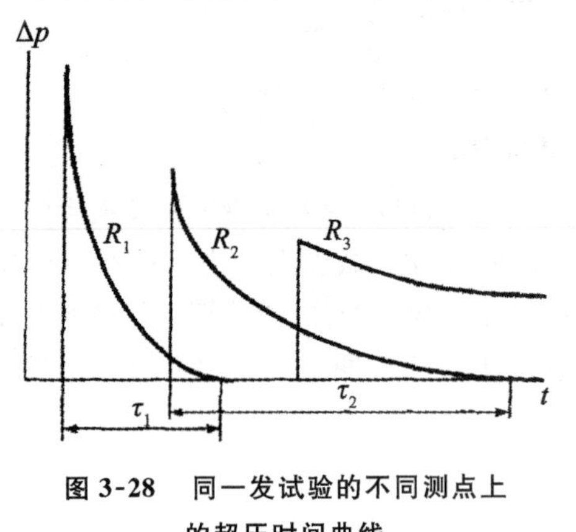

图 3-28　同一发试验的不同测点上的超压时间曲线

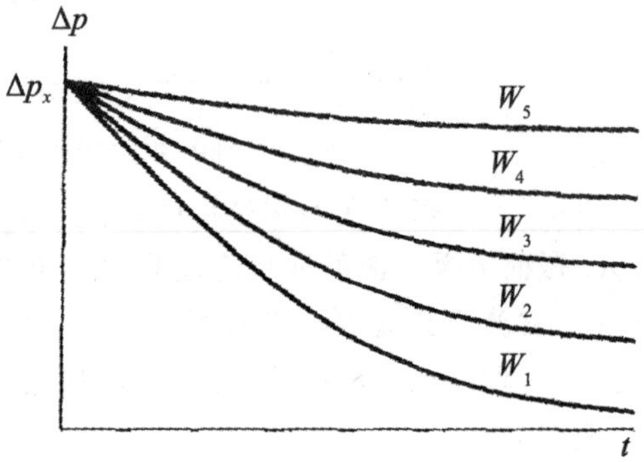

图 3-29　爆心药量不同的超压水平相同的超压时间曲线

水中爆炸冲击波压力场的特性与空中爆炸相比，有许多相似之处，同时也有许多特性是水中爆炸所特有的。图 3-28 和图 3-29 中描绘的超压时间曲线同样适用于水中爆炸。因此无限大空间的水中爆炸同空中爆炸一样具有以下相同之处：

(1) 水中冲击波的厚度只有 1 ～ 2 个分子自由程。

(2) 水中冲击波前沿的时域宽度是 *ns* 级。

(3) 无限大空间的水中爆炸所形成的冲击波波后的压力扰动波形总是单调衰减的，测点离爆心越近，超压 Δp 越高，压力峰值衰减速率越快，超压时域脉宽越小，要求测压系统频宽越大；在测点的超压水平 Δp，相同的条件下，爆心药量越小，压力峰值衰减速率越快，压力的时域脉宽越小，要求测压系统频宽越大。

3.4.2　爆炸与冲击测试系统的组成

1. 传感器

在爆炸与冲击测试系统当中，传感器是用来把感受信息转变为有用信号的器件。凡能够把非电量 $f(t)$（包括力学量）转变为电量 $y(t)$（或光学量）的一种线性变换器件（或装置）称为传感器，如电磁速度传感器、电磁冲量传感器、锰铜压阻传感器和压电压力传感器等。为适用于爆炸与冲击的使用条件，这类传感器的主要特点是响应快、量程宽。爆炸与冲击测试系统中的传感器主要按三种方式分类：

(1) 按传感器敏感元件的工作原理来分，有电磁式、压阻式、压电式和电容式等。

(2) 按被测参量来分，有压力、温度、位移、速度和加速度等。

(3) 按敏感元件的材料来分，有锰铜和半导体等。

所以许多传感器的命名包含了以上三方面的内容，如电磁速度传感器和压电压力传感器，又如锰铜压阻传感器和半导体压阻传感器等。

在爆炸与冲击量测中，传感器的性能主要包括以下方面：

(1) 量程，如 0.1MPa ～ 100GPa，10m/s ～ 10km/s。

(2) 灵敏度，如 500mV/(km/s)，0.025Gpa^{-1}，200pC/MPa。

(3) 响应时间，如 10ns ～ 10μs。

(4) 非线性误差，如 ＜ 5% ～ 10%。

(5) 寿命，如一次性使用或重复使用。

2. 放大器和适配器

在测量过程中，有一些传感器必须与变送器配合使用，例如，压电压力传感器与电荷放大器或高输入阻抗电压放大器相配，低阻值锰铜压阻传感器与高速同步脉冲恒流源相配等等。表 3-15 列举了一些传感器与适配器的配套使用情况。

表 3-15　常用传感器与适配器

序号	传感器、变送器或电探极名称	敏感元件	放大器与适配器
1	电磁速度传感器	速度元件	亥姆霍兹线圈供拉系统或电磁铁
2	电磁冲量传感器	冲量元件	亥姆霍兹线圈供控系统或电磁铁
3	低阻值锰铜压阻传感器	锰铜箔压阻元件	高速同步脉冲恒流源
4	高阻值锰铜压阻传感器	锰铜箔压阻元件	锰铜压阻应力仪
5	压电式自由场压力传感器	压电元件	电荷放大器，高输入阻抗电压放大器
6	压电式壁面压力传感器	压电元件	电荷放大器，高输入阻抗电压放大器
7	带放大器的压电式自由场压力传感器	压电元件	适配器或供电器
8	带放大器的压电式壁面压力传感器	压电元件	适配器或供电器
9	带放大器的压阻式壁面压力传感器	半导体压阻元件	适配器或供电器
10	测速电探极	高速开关元件	多路脉冲形成网络
11	光电测速探头	高速光电元件	多路高速光电收发系统

3. 记录仪器

在测量凝聚炸药爆炸时，传感器承受剧烈爆炸载荷作用，同时传出幅度较大的模拟信号，这个信号可以直接输入记录仪。记录仪除了放大器和显示器，通常还有以下几种：

(1) 数字存储示波器(DSO)，通道数为 2 ～ 8，单次采样速率 200kS/s ～ 2000MS/s，频宽 DC—20MHz ～ DC—2GHz，记录长度 2kpts ～ 2Mpts，有标准接口与计算机相连，记录可保存在磁盘或其他存储介质中，供记录的后处理使用。DSO 是爆炸与冲击过程测量中最常用的，主要用于高速碰撞过程、起爆过程、爆轰过程和爆炸驱动过程的研究。

(2) 数字存储记录器(DSR),通道数 1 ~ 64,单次采样速率 20kS/s ~ 200MS/s,频宽 DC—5kHz ~ DC—100MHz,记录长度 2kpts ~ 8Mpts,有标准接口与计算机相连,记录可保存在磁盘或其他存储介质中,供记录的后处理使用。DSR 是爆炸威力测量中最常用的,主要用于测量爆炸压力场中的冲击波超压、结构物的应变和地震效应等。

(3) 多路记时仪,通道数 8 ~ 32,时间分辨力 1μs ~ 0.1ns,有标准接口与计算机相连,记录可保存在磁盘或其他存储介质中,供记录的后处理使用;多路记时仪主要用于测量爆轰波速度、冲击波速度、飞片速度、自由表面速度和破片速度等。

(4) 磁带机,频宽 20kHz ~ 100kHz;可记录 30min 或更长。主要用于测量爆炸压力场中的冲击波超压、结构物的应变和地震效应等。

3.4.3 爆炸冲击测试方法

1. 电探极法

电探极本质上是探测高速运动的“行程开关”,当爆轰波、冲击波和飞片等达到或接近电探极敏感部分所在剖面时,电探极开关状态突然变化,并输出记时信号。电探极法主要用于测量爆轰波、冲击波和飞片等的速度。

电探极技术主要包括以下四部分内容:

(1) 电探极的结构和功能。

(2) 脉冲形成网络,将电探极的开关状态突变转变成若干具有某种时序的脉冲信号。

(3) 信号传输与记录,时序脉冲信号经长电缆传输,由记时仪或数字存储示波器记录。

(4) 记录后的处理,根据记时信号和电探极的位置分析速度和压力等信息。

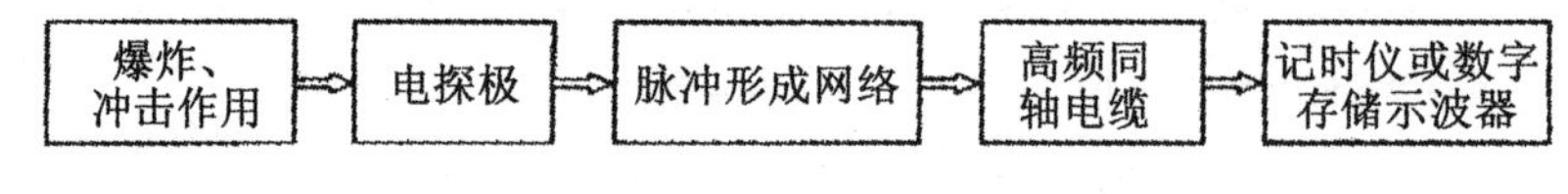

图 3-30 电探极测试系统配置

2. 电磁法

电磁法是一种利用电磁速度传感器或电磁冲量传感器来直接测量绝缘材料或半导体材料中的粒子速度和冲量等参数的方法,也是爆炸与冲击过程的动高压测量技术之一。20 世纪 60 年代 Zaitsev 和 Dremin 等人首先介绍了电磁速度传感器(EMVG)及其在材料性质和爆轰波研究中的应用。由于电磁速度传感器可以直接测量材料中的粒子速度、爆轰波波速、冲击波波速及声速等,而传感器灵敏度不必用已知的粒子速度来标定,所以研究和应用它的人较多,发展也很快。电磁法用于爆轰研究时,有两个主要问题:

(1) 传感器敏感元件的力学响应问题。

(2) 爆轰产物的导电性的影响问题。

箔式敏感元件的厚度越薄,力学响应越快,但产物导电性的影响也越严重;反之,导电性影响则越小。这种矛盾关系使爆轰波的电磁法测量具有一定的困难。

电磁法测量的系统方式配置有很多,但大体相同,图 3-31 就是一种典型配置,其中包括一对亥姆霍兹线圈,炸药试件,速度或冲量敏感元件,亥姆霍兹线圈供电系统,数字示波器,计算机等。

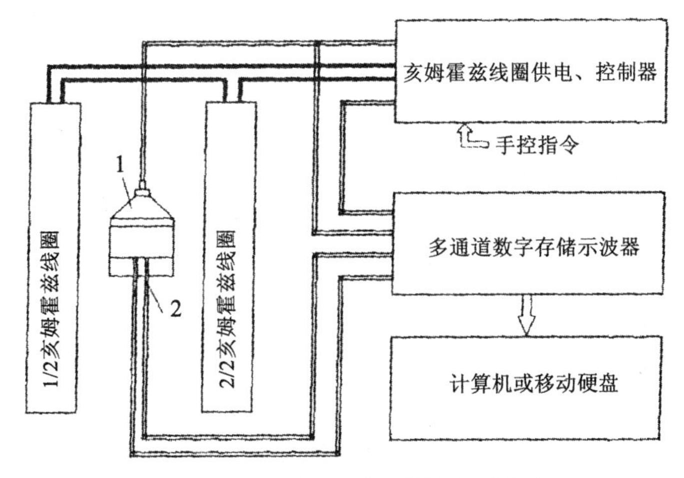

图3-31 电磁法测试系统的典型配置

3. 压阻法

1903年，Lisell采用具有“压阻”效应的锰铜作静压量测的传感器，但在相当长的时间内没有被人们重视，直到20世纪60年代Fuller、Brestein和Keough等人把锰铜丝嵌入C—7树脂圆盘中制成动高压传感器，从此锰铜压阻法迅速发展。

除锰铜之外，很多材料都具有压阻效应，如钙、碳、硅、锂、铟、锶和铌等，并且它们的灵敏度很高，如钙和锂在压力小于2.8GPa时与锰铜相比，压阻系数大约高出10倍，但温度系数几乎与压阻系数相当。还有些材料的压阻系数是非线性的，有些材料的化学性质太活泼，仅适合在实验室中应用。用锰铜材料制造压阻传感器，工艺简单，性能稳定，温度系数小，下限量程约为1MPa，上限量程不小于50GPa，所以在压阻法动态压力测量中锰铜压阻传感器的应用是最广泛的。

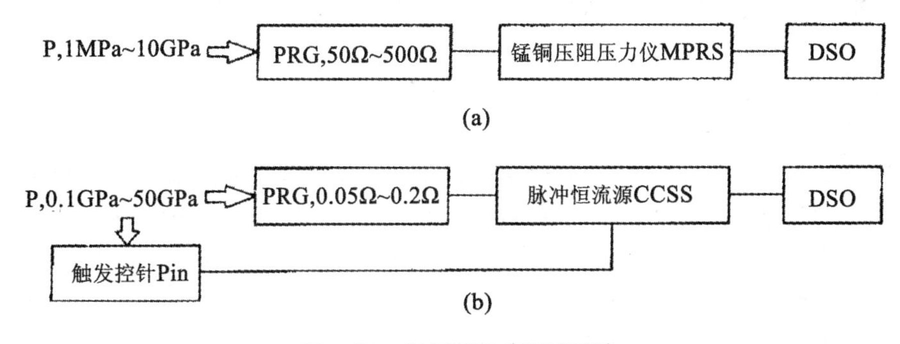

图3-32 锰铜压阻法测试系统

(a) 低压力量程锰铜压阻法测试系统；(b) 高压力量程锰铜压阻法测试系统

图3-32中绘制了两种锰铜压阻法测试系统框图。(a) 系统适用于测量压力为1MPa～10GPa的锰铜压阻法测试系统，该系统中包含高阻值压阻计、锰铜压阻应力仪MPRS和数字存储示波器DSO等。(b) 系统适用于测量压力为0.1GPa～50GPa的锰铜压阻法测试系统，该系统中包含低阻值压阻计、脉冲恒流源CCSS和数字存储示波器DSO等。两个系统的相同之处是都包含有高速数字化记录仪器，不同之处是锰铜计的阻值不同，系统(a)中采用高阻值压阻计，阻值为50Ω～500Ω，系统(b)中采用低阻值压阻计，阻值为0.05Ω～0.2Ω。此外，两系统中

采用的二次仪表及相应的触发方式也各自不同。

4. 压电法

广义的压电法不仅包括利用压电晶体传感器测量压力，也应包括利用非压电晶体的压电效应测量压力。凡是由绝缘体或半导体制成的压力敏感元件，在外界压力的作用下产生电荷效应，并使负载元件获得有用的电流或电压信号，这种效应统称为压电效应，利用这种效应制成的传感器就称为压电传感器。

在压电法中，压电电流法和固体的冲击极化效应法用于高压测量，如压力 $p \geqslant 1\mathrm{GPa}$；压杆式压电压力传感器、膜片式压电压力传感器和自由场压电压力传感器等用于中、低压力测量；利用 PVDF 压电薄膜制作的压力传感器既可测量低压，也可测量高压。

压杆式压电传感器和自由场压电传感器都可以用电压放大器或电荷放大器作为测压系统中的二次仪表，相应的测量系统被称为电压放大测压系统和电荷放大测压系统。

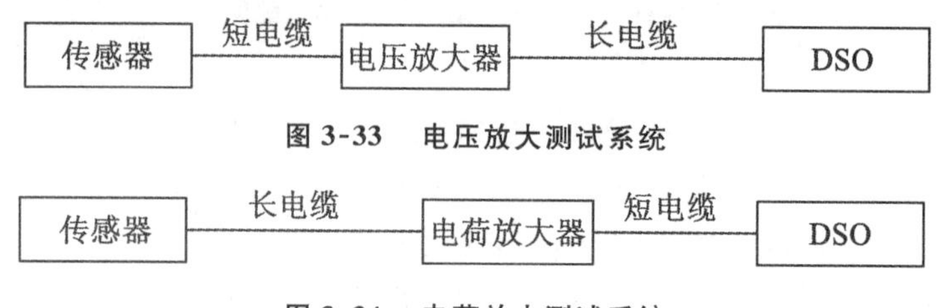

图 3-33　电压放大测试系统

图 3-34　电荷放大测试系统

对比图 3-33 和图 3-34，很容易发现，除了二次仪表不同之外，放大器前后的电缆长短不同。电压放大器应当靠近传感器，电荷放大器输入电缆的长度对放大器增益影响很小，输入电缆长度对电压放大器增益的影响比较敏感。但是电荷放大器中有强烈的电容反馈，使放大器的上限频率大大下降。电压放大系统没有这个问题，所以电压放大器测量系统的频宽可以做得较大，但全系统的频宽值受到输入电缆长度值和传感器的频宽值等参数的限制。

5. 电容法

电容法主要应用在需要测量自由表面运动的研究当中，当被测对象是金属时，运用电容传感器作为测量探头比较方便。电容器与电磁传感器一样，有一个突出的优点 —— 传感器灵敏度不必用已知的被测量来标定。在电磁法中需要预先测量磁感应强度，在电容法中则需要预先测量传感器的初始电容值。电磁传感器有两种基本形式：速度传感器和应力传感器；电容法中传感器有两种工作方式：测量自由表面位移的工作状态和测量自由表面速度的工作状态。电容传感器比电磁传感器具有更高的响应速率和足够长的有效工作时间。电容传感器的输出信号正比于自由表面的位移或速度，所以电容法的应用也比较广泛。

图 3-35 即为一种电容传感器的结构简图，适用于测量低速小位移，因而零件的加工精度相当高，确保黄铜电极与试样之间的间隙均匀。通常来讲，黄铜电极的有效工作端面直径为 20mm，它与试样之间的空隙不超过 1mm。黄铜电极与有机玻璃座之间用细牙螺纹连接，可以精细地调整间隙的大小。间隙的尺寸最小分度值为 0.001mm，所以电容传感器必须在恒温条件下工作才能保证测试的准确性。

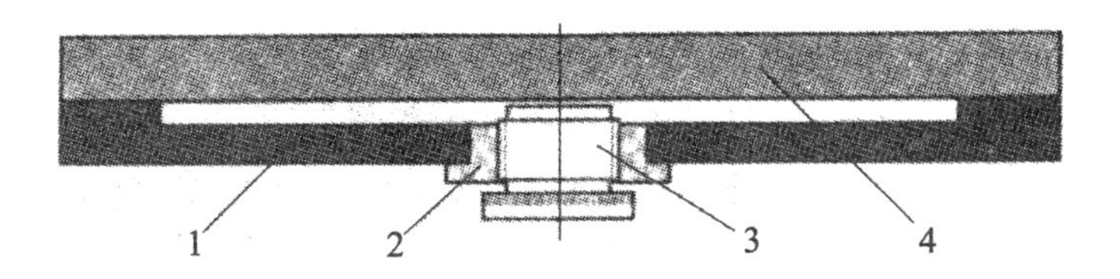

图 3-35　电容（位移）传感器结构简图

1— 硬橡胶板；2— 有机玻璃 3— 黄铜电极；4— 金属试样

3.5　高速摄影在爆炸中的应用

高速摄影是人眼视觉能力在时间分辨能力方面的延伸，它可以应用于一切我们想要探究的快速现象。在警用装备研究领域，穿刺、爆炸、燃烧、穿甲、弹道、飞行姿态等的研究都离不开高速摄影系统。该系统可为研究者提供高质量的影像数据，完美还原瞬间的试验过程、准确再现警械的运动轨迹、科学分析防爆器材的失效过程、精确反映爆炸物的致伤效应、可视化揭示防护装备的作用机理。

高速摄像测试是警用装备开发与研究的重要手段。该测试技术具有可靠性好、测试精度高、使用方便、低风险性等优点。将高速摄影测试技术应用至警用装备研究领域，可以减少方案论证的盲目性、降低试验测试的费用、缩短产品装备的研制周期，促进我国警用装备的研究与发展。

3.5.1　高速摄影系统组成

高速摄影是以极高的时间分辨率对快速过程进行照相记录的过程，其获取的信息记录在按时间发展为顺序的一幅幅图片上。通过慢速放映，再现被记录过程的运动或变形过程。即通过对时间尺度的放大来研究快速过程的特点。

高速摄像系统由 Phantom v310 型数字式高速彩色摄像机、Phantom Camera Control 软件、笔记本电脑等组成。该系统还拥有 AF24－85mm、AF80－200mm 镜头、摄像光源等多套辅助设备。由高速摄影系统、被测防爆器材、数据采集系统等构成的测试方案如图 3-36 所示。

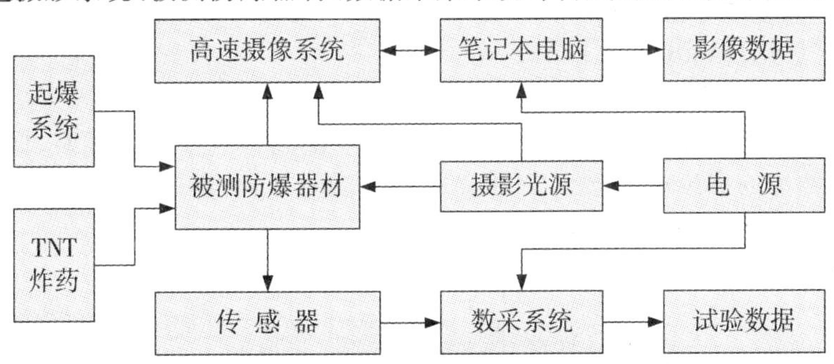

图 3-36　高速摄像测试系统示意图

Phantom v310 型高速摄像机，具有颜色逼真、拍摄速度高、分辨率高等特点。1280×800 分辨率下能够达到 3140 帧 / 秒的拍摄速度；在 20000fps 的拍摄速度下可达到 512 × 512 的分辨率。同时，在降低分辨率的情况下可以获得更高的拍摄速度。基于通用笔记本电脑的控制软件可以常方便的对摄像机进行控制，对影像参数进行设置。在拍摄记录过程中可以实时监视，或者外接监视器同步观看。所获影像可任意截取、快慢播放、倒序播放；能够通过以太网实现快速下载；支持 AVI、JPEG、TIFF、BMP 等多种存储影像格式。

3.5.2 高速摄影测试模型

测试过程中，可以根据装备的测试要求搭建相关实验模型，图 3-37 是两种常见的模型。

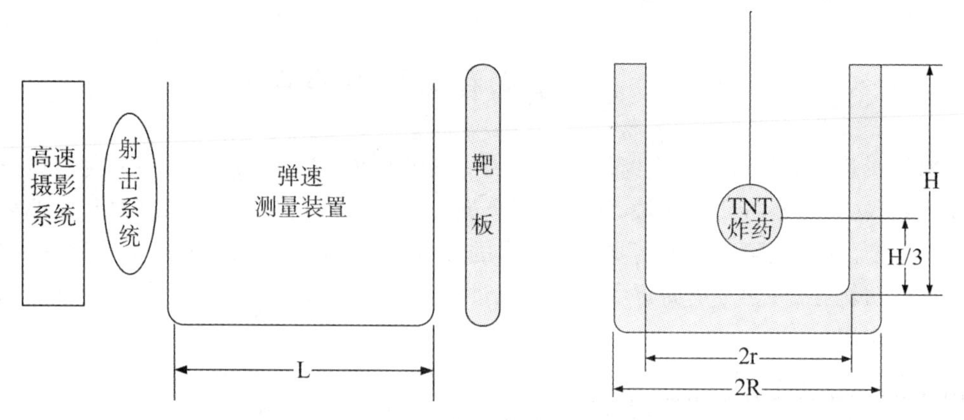

图 3-37 防弹靶板射击与防爆容器爆炸实验模型

图 3-37 中左图为防弹插板的防弹能力测试方案示意图，图中高速摄影系统位于试验系统后方，结合弹速测量装置可以得到防弹插板的 V50 值。右图为防爆容器爆炸试验示意图，图中标准制式 TNT 炸药置于防爆容器内高 1/3 处；高速摄影系统置于安全位置，以完成对容器抑爆、防爆过程的拍摄。

3.5.3 高速摄影的数学表示

从数学观点来看，高速摄影的过程就是对连续运动过程进行时间自变量的高分辨率离散化的过程，所得的影像即为时间序列的帧图。作为警用装备测试来说，一般的摄影对象多为破片、弹丸等，通过高速摄影测量所得信息即为以时间自变量的离散的象点二维坐标数据。所以，高速摄影的数学建模可以分为几下部分。

1. 几何成像的数学表示

理想情况下，光学成像的过程是线性变换的过程。当物体位于无限远时，像处于光学系统的焦平面上。设物体的点坐标为，光学系统焦距为 $S_0(x\ y\ z\ l)$；由透视原理 f，从物点到像点的光学变换矩阵为：

$$M = \begin{bmatrix} 1 & 0 & 0 & 0 \\ 0 & 1 & 0 & 0 \\ 0 & 0 & 1 & 0 \\ 0 & 0 & -f^{-1} & 1 \end{bmatrix};$$

则像点坐标为：$S_i = MT_0^T = (\frac{fx}{f-z}, \frac{fy}{f-z}, \frac{fz}{f-z}, 1)$。

2. 高速摄影的数学表示

对于弹丸、破片等测试对象而言，被测物可看做高速运功的点目标，其运动轨迹为时间的函数，所以其点坐标可以表示为：$S_0(t)=(x_0(t),y_0(t),z_0(t),1)$；

其像点坐标为：$S_i(t)=(\frac{fx_0(t)}{f-z_0(t)},\frac{fy_0(t)}{f-z_0(t)},\frac{fz_0(t)}{f-z_0(t)},1)$。

由于高速摄影系统只能记录以时间为坐标横轴的像点运动轨迹，摄影系统所获得的每帧图片即为被测物在某瞬间的空间坐标位置。所以，高速摄影的过程就是对连续的象运动轨迹进行离散化的过程。因此，高速摄影离散数学表示为：

$$\begin{cases}S_0(t)=(x_0(t),y_0(t),z_0(t),1)\\S_i(t)=(\frac{fx_0(t)}{f-z_0(t)},\frac{fy_0(t)}{f-z_0(t)},\frac{fz_0(t)}{f-z_0(t)},1)\\t=t_0+k\Delta t\end{cases}$$

上式中，Δt 的大小高速摄影的拍摄速度对应。如若高速摄影系统以 3000fps 进行拍摄，则 $\Delta t=1/3000$ 秒。

3.5.4　高速摄影系统的应用

1. 靶板实弹射击测试

图 3-38 为靶板实弹射击测试所获得的影像图片，由这一系列图片可以看出子弹的飞行轨迹、弹头穿透防弹插板的过程、靶板在受到子弹冲击后的响应、弹丸与靶板的撞击特征。

基于这些图片，结合弹速测量装置所测得的弹速值、弹丸质量、靶板的力学参数，可以定量分析防弹插板的防弹能力、比较不同插板的防弹差异性；为研发防弹效果的更好的插板提供帮助。

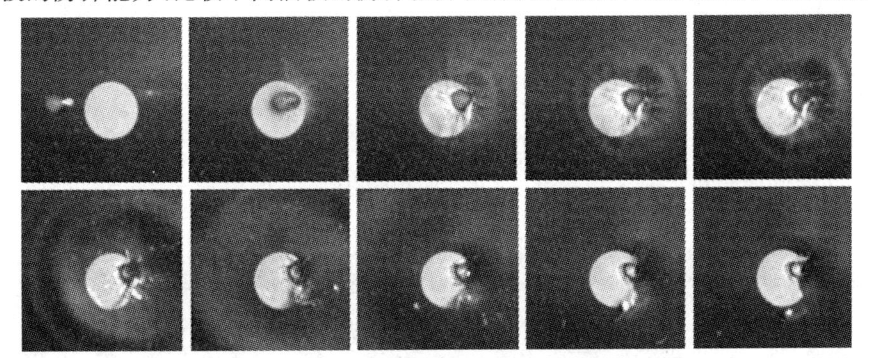

图 3-38　防弹靶板实弹射击测试影像

2. 防爆容器极限测试

图 3-39 为基于高速摄影系统，所获得的某防爆容器的防爆能力极限测试影像。这一系列图片显示了防爆容器在装载引爆极限 TNT 当量炸药的情况下，防爆容器的破坏失效过程。

从图中可以看出，当炸药被引爆之初，防爆容器首先发生变形；之后侧壁焊缝开裂，高温高压气体从开裂处喷出；随着浓烟从地面的升起，容器侧壁与底板脱离；最后防爆容器在该当量炸药下被炸至粉碎，破片飞出。

3. 防爆容器常规测试

(1) 防爆罐测试。

对于装载容许 TNT 当量炸药的某型防爆容器，基于高速摄影系统，所获得的影像如图 3-40 所示。

图 3-39　防爆容器防爆能力极限测试影像

图 3-40　防爆容器常规爆炸测试影像

该组图片说明，质量合格的防爆容器在经历爆炸冲击后，无开裂、脱离现象发生，外观无明显变化，爆炸过程中无破片飞出。

(2) 防爆桌柜测试。

使用 500gTNT 炸药对防爆桌柜的防爆能力进行测试的情况如图 3-41、图 3-42 所示。图 3-41 为 1－5/5000s 所得影像，图 3-42 为 10－50/5000s 所得影像；拍摄时设计的拍摄速率为 5000fps。

图 3-41　防爆桌柜防爆能力测试影像(1－5/5000s)

图 3-42　防爆桌柜防爆能力测试影像(10－50/5000s)

4. 防爆车防爆能力测试

对防爆车的防爆能力进行测试的情况如图 3-43、图 3-44 所示。图 3-43 为 1－5/6000s 所得影像，图 3-44 为 10－50/6000s 所得影像；拍摄时设计的拍摄速率为 6000fps。

图 3-43　防爆车防爆能力测试影像(1－5/6000s)

图 3-44　防爆车防爆能力测试影像(10－50/6000s)

5. 排爆服防护能力测试

对排爆服防护能力进行测试时,所采用的拍摄速率为2000fps,如图3-45所示。图中(a)－(e)表现了爆炸过程中冲击波及爆炸产物的传播情况;图中(f)－(j)表现了爆炸发生后,爆炸冲击把测试对象推倒的过程。

图 3-45　排爆服防护能力测试影像

3.5.5　高速摄影系统的不足

高速摄影测试系统具有重要的使用价值与良好的使用效果。多种情况下的使用表明,高速摄影系统的测试方案与测试方法是可行有效的,极大帮助了防弹装备、防爆器材、排爆服装的研究与开发。在自由场下、防爆容器内的使用表明,高速摄影系统所获得的爆炸影像与数采系统所测得数据具有良好的时间幅值吻合性。从工程应用角度来看,基于爆炸与防护理论,在一定数量的测试与拍摄的基础上,可以总结在适用于一定范围的经验公式,以指导警用装备的开发。

高速摄影测试系统同时存在着一定的不足。受高速摄影机数量的限制,拍摄角度单一,不能同时从多角度捕捉防爆产品的抑爆效果与防护装备的防护过程。另外,爆炸产生的火光与烟雾,对于全面观察防爆器材在受到到爆炸冲击过程中的变形有一定的影响。对于以上两点不足,可以通过相应的措施予以改善。增加高速摄影机的数量,可以解决单个摄像机拍摄角度单一的问题。与 X 光摄像机相结合，可以清晰观察防爆器材的失效过程与爆炸破片的飞行轨迹。

将高速摄影测试技术应用于警用装备的研究中，对于开展防爆器材、排爆产品、警用防护装备具有重要的实际应用价值；对于研究爆炸效应、致伤与防护机理及仿真技术等均具有重要意义。高速摄影测试技术在警备研究中的应用，可以辅助警用武器的开发、指导警用防护装备的设计、评估防护装备的防护有效性、提高我国的警用装备的水平。

3.6 爆炸冲击测试的应用

3.6.1 逃生门抗冲击测试

1. 传感器布设

爆炸实验前，将实验现场按图 3-46 所示方案进行布置。两只冲击波超压传感器距 TNT 炸药的距离均为 1 米，其中传感器一位于远离应急逃生门的一侧，传感器二置于靠近应急逃生门的一侧。

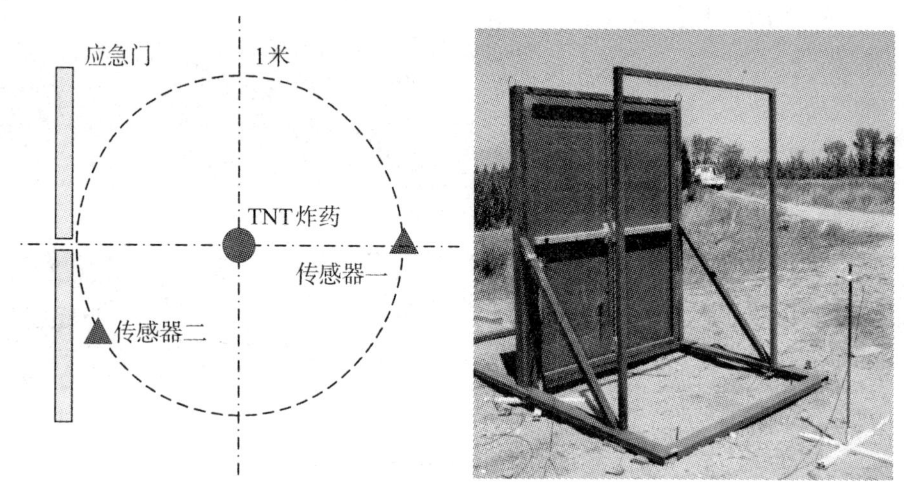

图 3-46 传感器布设图

2. 冲击波超压测试曲线

将 200g 标准 TNT 炸药引爆后，所得冲击波超压曲线如图 3-47 所示。

图 3-47 中，横坐标为时间轴，单位毫秒(ms)，纵坐标为压力轴，单位 Mpa。图中所示曲线为爆炸过程中场内冲击波超压随时间变化的情况。

从图中可以看出，传感器一在 0.21ms 测试到冲击波超压，0.27ms 测试到冲击波超压峰值(0.2391Mpa)，0.55ms 测试到应急逃生门的反射波，所测反射波压力值为 0.0679Mpa。

传感器二在 0.19ms 测试到冲击波超压，0.24ms 测试到冲击波超压峰值(0.2377Mpa)，0.50ms 测试到应急逃生门的反射波，所测反射波压力值为 0.3385Mpa。

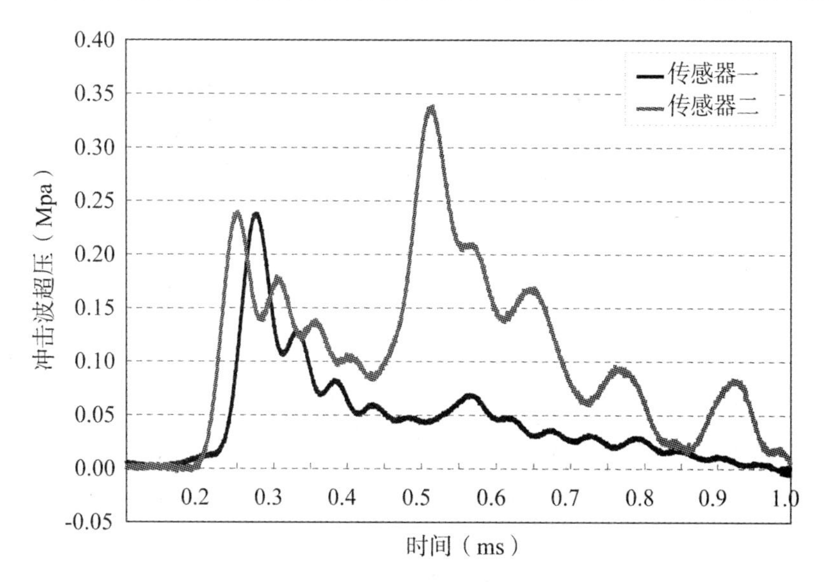

图3-47 冲击波超压随时间变化示意图

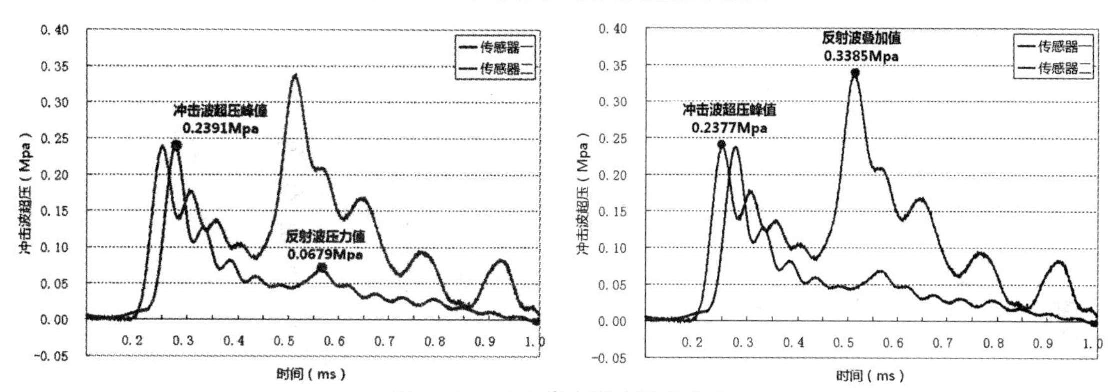

图3-48 不同传感器的测试结果

3. 爆炸场内压力分布情况

爆炸过程中,爆炸场内压力分布情况如表3-16所示。

表3-16 爆炸场内压力分布

传感器	爆炸冲击波		爆炸反射波	
	时间(ms)	峰值(Mpa)	时间(ms)	峰值(Mpa)
远离应急逃生门1m处传感器	0.27	0.2391	0.55	0.0679
靠近应急逃生门1m处传感器	0.24	0.2377	0.50	0.3385

爆炸冲击测试的应用种类十分广泛,这里我们以防爆车轮舱部位16kgTNT试验模型为例进行说明。

3.6.2 开口型防爆容器的测试

1. 玻璃钢容器抗爆性能测试

玻璃钢容器抗爆性能测试过程如图3-49所示。

图 3-49　玻璃钢容器抗爆性能测试

试验中，对该玻璃钢容器先后进行了 50g、100g、150gTNT 爆炸实验后罐体均未发生破裂，在完成 200gTNT 爆炸实验后罐体出现破损，且主要破坏位置为结构上的应力集中点。图 3-50 分别是各次爆炸实验后的情况。

图 3-50　玻璃钢容器抗爆性能结果

基于实爆实验可以看出，玻璃钢容器具有一定的力学强度和防爆能力。

2. 防爆罐周边冲击波测试

(1) 测试方案。

在防爆罐周围布置支架，支架上安装压力传感器。共设 5 个测试点(P1～P5)，其中距地面上方 3 米和 6 米处各 1 点，距爆心水平 1 米、2 米和 3 米，高度 1.7 米处各 1 点，如图 3-51 所示。将 2kg 当量 TNT 炸药放入防爆罐内，引爆炸药，数据采集系统触发，记录爆炸过程中的自由场冲击波压力试验数据。

图 3-51　测试方案示意图

(2) 测试结果。

各测试点自由场超压、持续时间数据汇总如表 3-17 所示。

表 3-17　各测点数据汇总

测点	P1	P2	P3	P4	P5
自由场超压(Mpa)	0.0719	0.5656	0.4625	0.1594	0.0781
持续时间(ms)	4.15	0.33(断线)	0.667	0.996	2.21

3.6.3　闭口型防爆容器的测试

1. 防爆箱测试

表 3-18 反映了对防爆箱进行测试的全过程。试验中，分别使用高速摄影、数据采集设备，记录了爆炸过程中的影像，采集了爆炸中的冲击波超压，用图表的形式表述了爆炸产物与爆炸冲击波的传播过程。

表 3-18 防爆箱过程测试表

时间	0ms	0.4ms
高速影像		
超压(Mpa)	0.00028 0.0028 －0.00076	0.0131 0.01678 －0.0021
试验曲线	0.25 0.2 0.15 0.1 0.05 0 -0.05 —开口1米处 —侧面1米处 —开口2米处 0.4 0.8 1.2 1.6 2.0 2.4 2.8 3.2 3.6 4.0 4.4 4.8 5.2	0.25 0.2 0.15 0.1 0.05 0 -0.05 —开口1米处 —侧面1米处 —开口2米处 0.4 0.8 1.2 1.6 2.0 2.4 2.8 3.2 3.6 4.0 4.4 4.8 5.2
时间	0.8ms	1.2ms
高速影像		
超压(Mpa)	0.0178 0.02984 0.00067	0.02589 0.03614 －0.00053
试验曲线	0.25 0.2 0.15 0.1 0.05 0 -0.05 —开口1米处 —侧面1米处 —开口2米处 0.4 0.8 1.2 1.6 2.0 2.4 2.8 3.2 3.6 4.0 4.4 4.8 5.2	0.25 0.2 0.15 0.1 0.05 0 -0.05 —开口1米处 —侧面1米处 —开口2米处 0.4 0.8 1.2 1.6 2.0 2.4 2.8 3.2 3.6 4.0 4.4 4.8 5.2
时间	1.6ms	2.0ms
高速影像		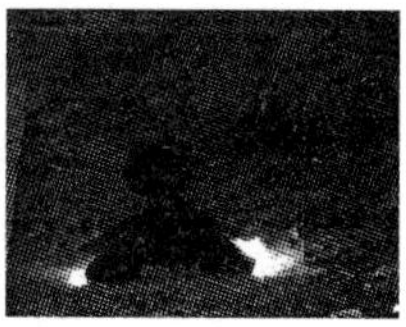
超压(Mpa)	0.04985 0.03916 －0.00201	0.06635 0.03713 0.00221
试验曲线	0.25 0.2 0.15 0.1 0.05 0 -0.05 —开口1米处 —侧面1米处 —开口2米处 0.4 0.8 1.2 1.6 2.0 2.4 2.8 3.2 3.6 4.0 4.4 4.8 5.2	0.25 0.2 0.15 0.1 0.05 0 -0.05 —开口1米处 —侧面1米处 —开口2米处 0.4 0.8 1.2 1.6 2.0 2.4 2.8 3.2 3.6 4.0 4.4 4.8 5.2

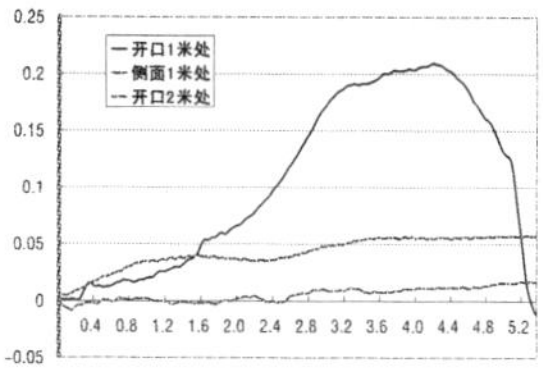

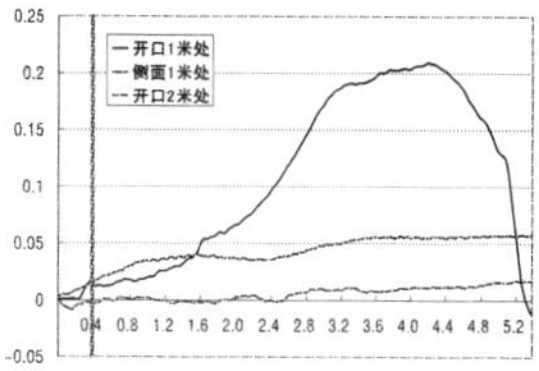

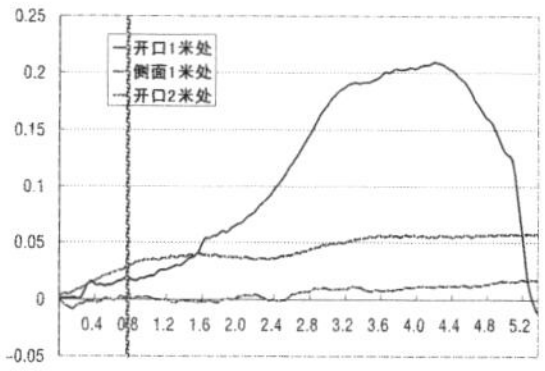

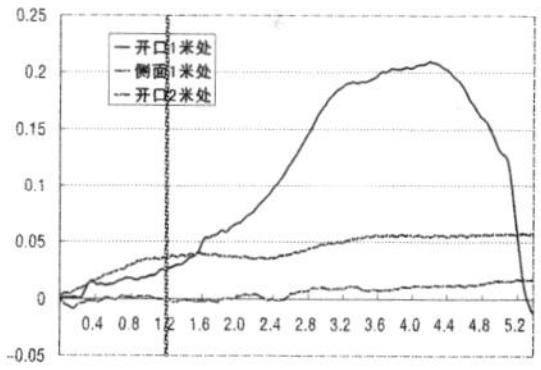

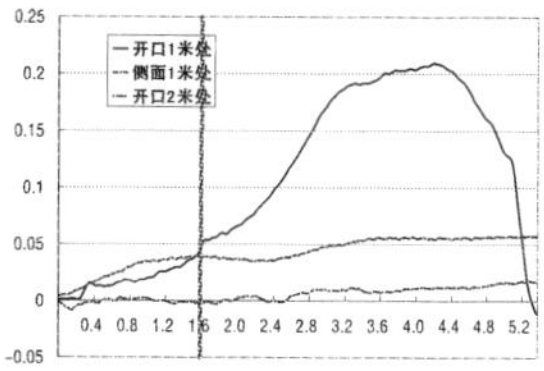

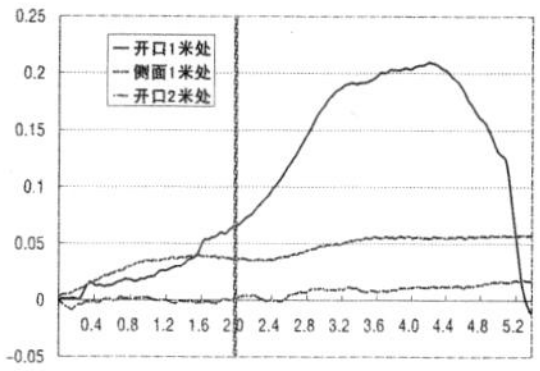

续表

时间	2.4ms	2.8ms
高速影像		
超压(Mpa)	0.09732　0.03575　—0.00025	0.14639　0.04414　0.00709
试验曲线	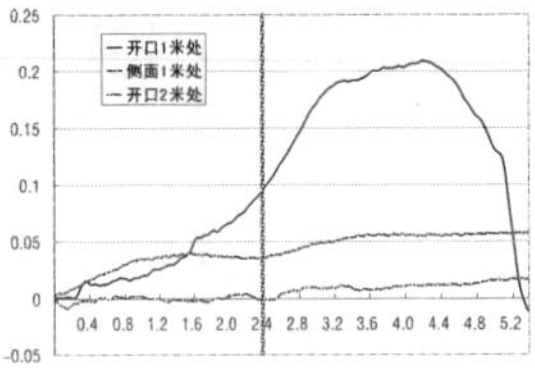	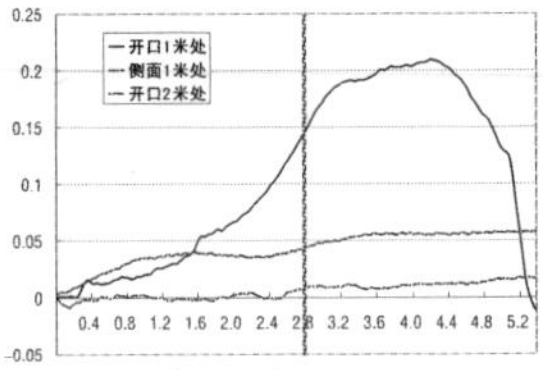
时间	3.2ms	3.6ms
高速影像		
超压(Mpa)	0.18854　0.05024　0.00895	0.19845　0.05552　0.0075
试验曲线	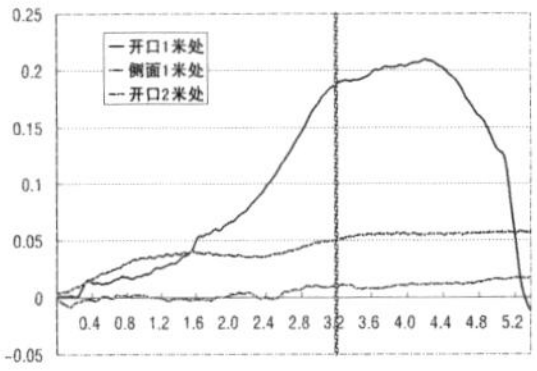	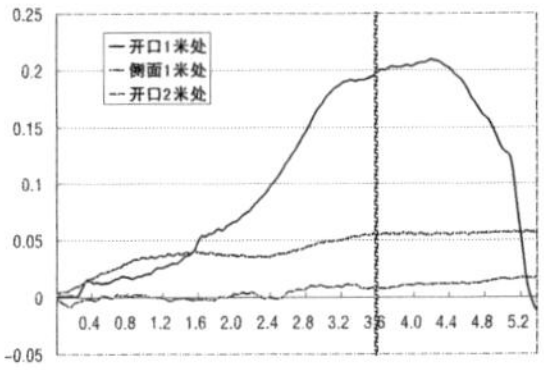
时间	4.0ms	4.4ms
高速影像		
超压(Mpa)	0.20438　0.05518　0.01094	0.20228　0.05452　0.01157
试验曲线	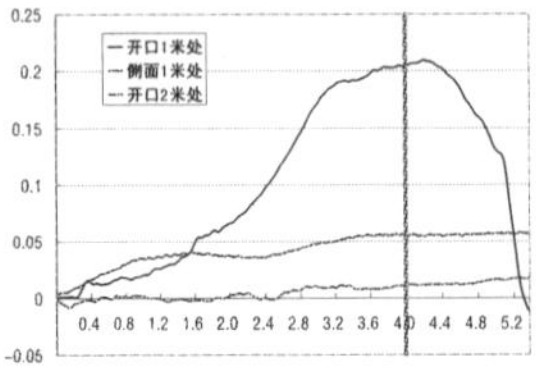	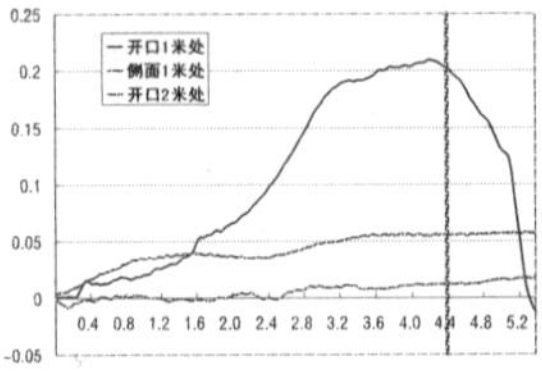

续表

时间	4.8ms	5.2ms
高速影像		
超压(Mpa)	0.15959　0.05655　0.01326	0.04836　0.0571　0.01718
试验曲线		

2. 防爆桌柜测试

(1) 冲击波超压测试方案。

为测试防爆桌柜对冲击波的衰减率，评价防爆桌柜的使用安全性，对爆炸现场的冲击波超压进行了测试。测试布置方案如图 3-52 所示。

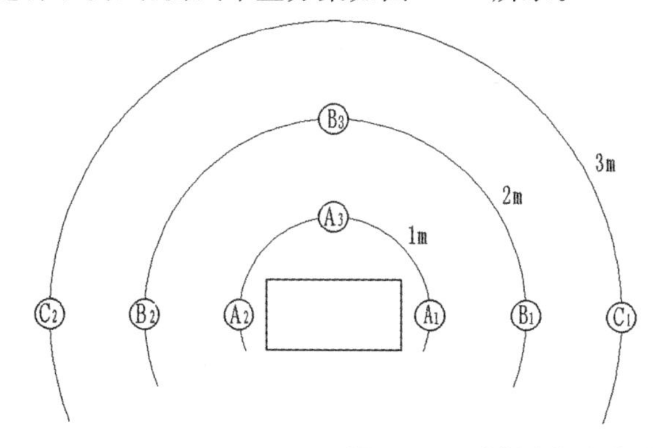

图 3-52　防爆桌柜安全性超压测试方案

测试中，在防爆桌柜的周边布置了 8 个超压测点，分别位于容器侧面 1 米、2 米处，外箱开口端 1 米、2 米、3 米处等位置；用于评价爆炸完成后防爆桌柜侧面与开口端所可能产生的伤害与损毁。

(2) 防爆桌柜使用安全评价。

按照上述实验布置，将八个传感器分别置于防爆桌柜周边；所得实验曲线如下所示，图 3-53 中纵坐标为超压(Mpa)，横坐标为时间(s)。

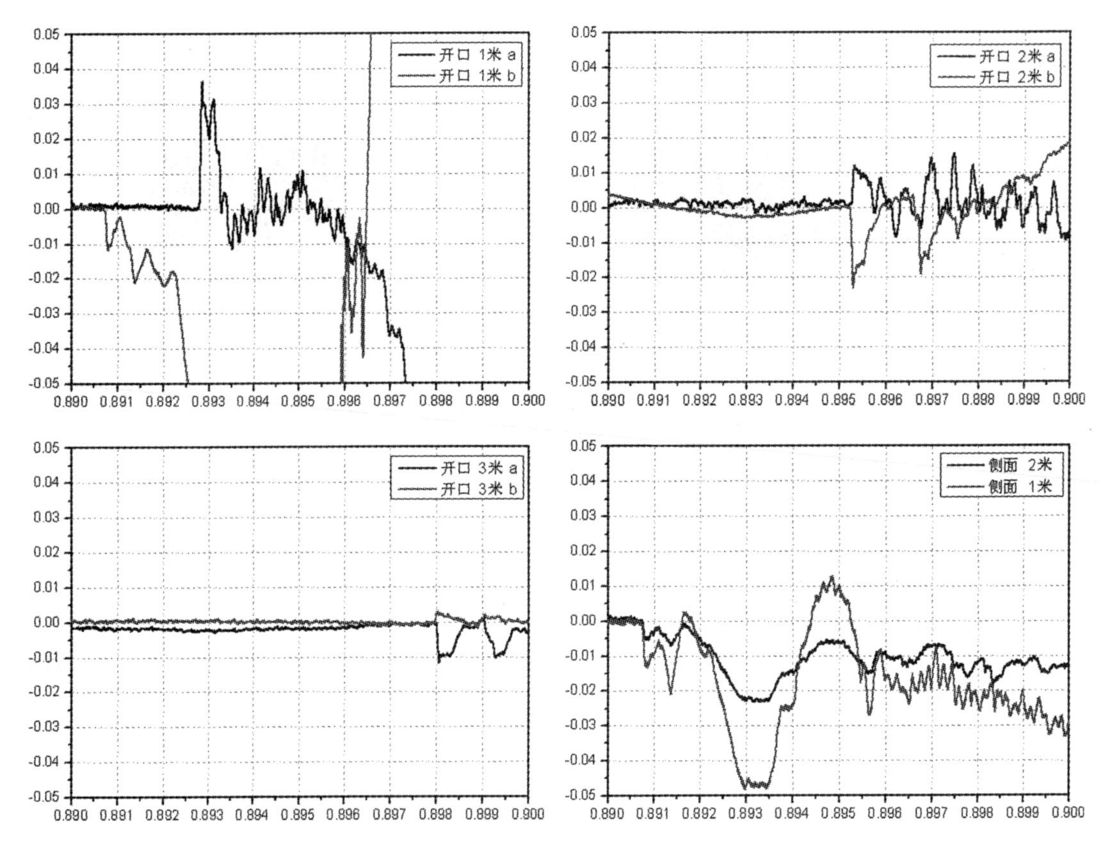

图 3-53　防爆桌柜安全性超压测试结果

上述四幅曲线图，分别为外箱开口端 1 米、2 米、3 米和侧面 1 米、2 米的超压时间曲线。对各测点冲击波超压曲线进行统计分析可得表 3-19。

表 3-19　各测点冲击波超压

传感器位置		理论计算超压	作用时间	实测峰值	衰减率
开口 1 米	a	0.4596	0.890－0.891	＜0.04	＞90%
	b		0.892－0.893	＜0.015	＞95%
开口 2 米	a	0.1080	0.895－0.896	＜0.015	＞85%
	b			＜0.025	＞75%
开口 3 米	a	0.0508	0.898－0.899	＜0.015	＞70%
	b			＜0.005	＞90%
侧面	1m	0.4596	0.890－0.891	＜0.015	＞85%
	2m	0.1080		＜0.005	＞99%

根据上表实测峰值，与人员、环境的损伤、损毁阈值相比较；可以看出(表 3-20)，防爆桌柜的使爆炸冲击波大幅衰减，防爆桌柜的使用可保证周边一米不会产生致命伤害，不会毁坏建筑物主体结构。

表 3-20　防爆桌柜使用效果对比

	不使用防爆桌柜			使用防爆桌柜		
	超压值	环境损坏	人体损伤	超压值	环境损坏	人体损伤
1 米	0.4596	钢混破坏、房屋倒塌、钢架结构破坏	死亡	＜0.04	墙体裂缝	听觉器官受损
2 米	0.1080	钢混破坏，房墙倒塌	绝大部分死亡	＜0.025	窗框损坏	耳部轻微伤
3 米	0.0508	墙体裂缝、房瓦掉落	内脏严重损伤或引起死亡	＜0.015	玻璃破碎	安全

3.6.4　防爆车测试

1. 实验设置

(1) 仪器设备设置。

将声传感器固定在乘员替代装置距耳部两侧 30cm 的位置；加速度传感器和超压传感器固定在乘员替代装置的对应人体胸部的位置；座垫式三轴加速度传感器固定在乘员替代装置的对应人体骶椎的位置；小型三轴加速度传感器固定在乘员替代装置的对应人体脚底部的位置；将角速率陀螺按照使用要求固定在乘员替代装置的头部，测量人体颈部在爆炸过程中的运动情况，固定好后将对信号传输线进行防护，并与数据采集系统连接。

(2) 防爆车设置。

试验样车要求配重至规定的战斗全重，驾驶员、副驾驶员和乘员位置均采用防爆座椅，采用正常配置轮胎。爆炸位置设置在驾驶员侧车轮下方，埋设深度为 100mm，装药的中心将向车体内侧偏移，偏移量用 d 表示，偏移量满足下式要求：

$$S/2 \leqslant d \leqslant 0.4(S+D)$$

式中：S— 轮胎宽度

d— 替代装药中心从车轮中心偏向车体内侧偏移的距离 D— 替代装药的直径

将试验样车按照正常使用状态停放在预先设置好的试验场地的指定位置上(图 3-54)，其测试部位的轮胎压实在替代装药敷设位置正上方，确保轮胎中轴线与替代装药上表面垂直。

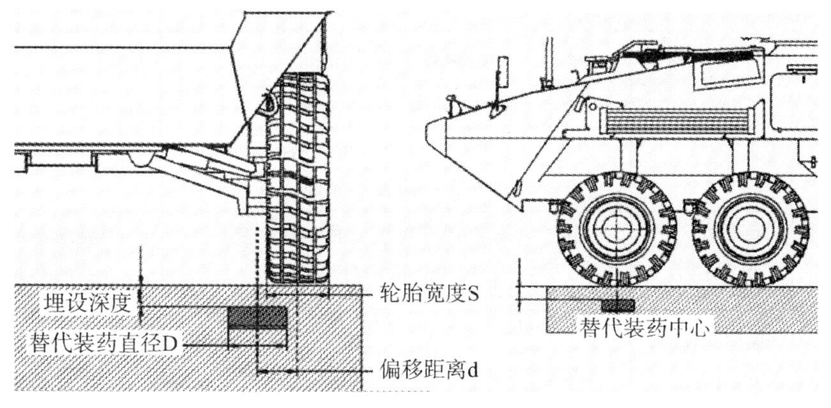

图 3-54　防爆车防护性能测试示意图

2.测试方法

主要采用乘员替代测试。

在驾驶员位置和副驾位置设置简易测试装置和 HybridⅢ 试验假人替代人体进行测试。

驾驶员位置:简易乘员小腿和大腿替代装置如图 3-55 所示。在脚下部位和臀部分别设置小型三轴加速度传感器和坐垫式三轴加速度传感器测量该部位受到的加速度冲击、人体上肢进行配重,配重材料选用沙子。固定方式:按照实际使用中乘员与座椅的约束方式固定。

副驾驶位置:采用 Hybrid Ⅲ 试验假人,设置如图 3-56 所示。除 Hybrid Ⅲ 试验假人本身传感器外,同样在试验假人的脚部、臀部设置传感器,在距离头部中心 30cm 的位置设置噪声传感器。

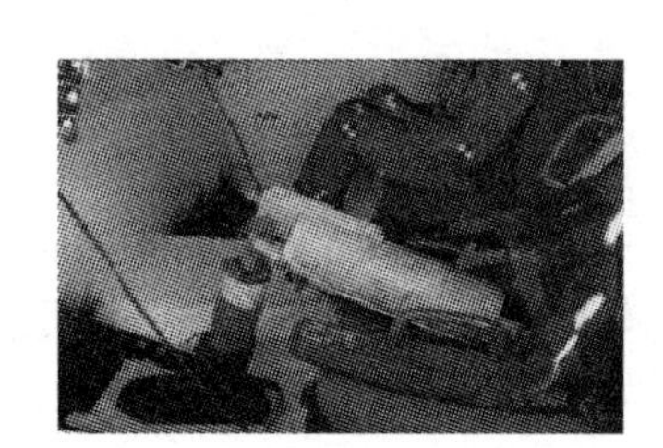

图 3-55　简易下肢替代测试装置示意图

图 3-56　驾驶室 Hybrid Ⅲ 试验假人设置

3.评价标准

试验结束后,将结果与对应的评估标准进行对比分析,给出测试评估结论。

在爆炸作用下车体没有出现贯穿性裂纹;测试的数据达到表 3-21 规定的伤害水平限值;车厢内物品固定牢靠、且没有在爆炸作用下移动对人体和设备造成伤害时评价为该车辆具有相应等级的防爆能力。

如果出现以下情况:在爆炸作用下车体出现贯穿性裂纹;测试数据超过表 3-21 规定的伤害水平限值或者车厢内物品固定不牢靠、且在爆炸作用下移动对人体和设备造成伤害的时,评价为该车辆不具有相应等级的防雷能力。

表 3-21　乘员伤害强制标准和限值

身体部位	评价参数	伤害参数水平	伤害风险
听觉器官	噪声	＜W－曲线(140dB) 没有伤害不需要防护	AIS 2＋10% 的伤害风险
		＞W－曲线但＜Z－曲线需要防护,＞Z－曲线不允许	AIS 2＋10% 的伤害风险
脚/踝关节	平均加速度和轴压力	平均加速度＜20g 或者最大速度变化＜3m/s;5.4KN	可能会造成 AIS 3 级的严重伤害
脊椎	平均加速度 DRI＊＊	平均加速度＜15g 或者最大速度变化＜4.5m/s	可能会造成 AIS 3 级的严重伤害
		DRI≤16(17.7)	

续表

身体部位	评价参数	伤害参数水平	伤害风险
颈部	轴向压力	4.0 kN @ 0 ms 1.1 kN @ 30 ms	可能造成 AIS 2＋级的严重伤害
非听觉器官	胸腔壁运动速度	3.6 m/s	不会受到伤害

4. 实验结果

(1) 头部力学响应。

1) 头部三方向加速度。

头部三方向加速度所得实验结果如表 3-22 所示。

表 3-22　头部三方向加速度

加速度	最大值(g@s)	最小值(g@s)
头部加速度 ax	4.05024@5.60452	－50.3031@5.70574
头部加速度 ay	3.09215@5.70806	－21.58878@5.70566
头部加速度 az	19.78974@5.60278	－7.21941@5.59156

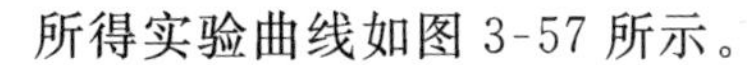

所得实验曲线如图 3-57 所示。

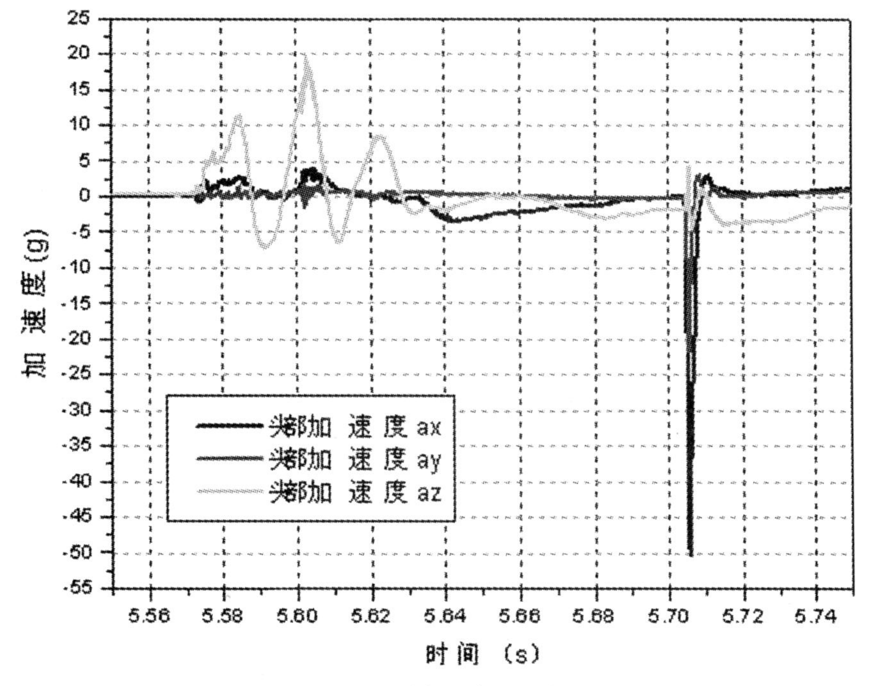

图 3-57　头部三方向加速度

2）头部合成加速度。

头部合成加速度计算结果如表3-23所示。

表3-23　头部合成加速度计算结果表

加速度	最大峰值(g@s)	次大峰值(g@s)
头部合成加速度	54.7513@5.70573	19.91939@5.60278

所得实验曲线如图3-58所示。

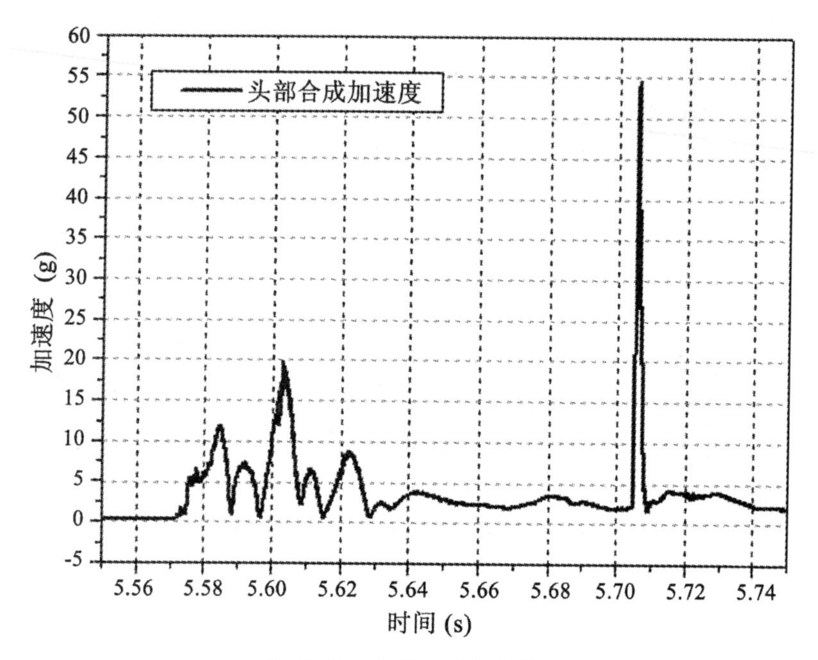

图3-58　头部合成加速度

3）头部HIC值。

根据下式

$$HIC=\left\{(t_2-t_1)\left[\frac{1}{t_2-t_1}\int_{t_1}^{t_2}a(t)dt\right]^{2.5}\right\}_{max}$$

将头部合成加速度导入汽车动力学软件，进行计算可得HIC36在加速度曲线滤波前后的值分别为8.88和5.46。对HICd进行计算，在加速度曲线滤波前后，所得HICd的值分别为173.05和170.52。

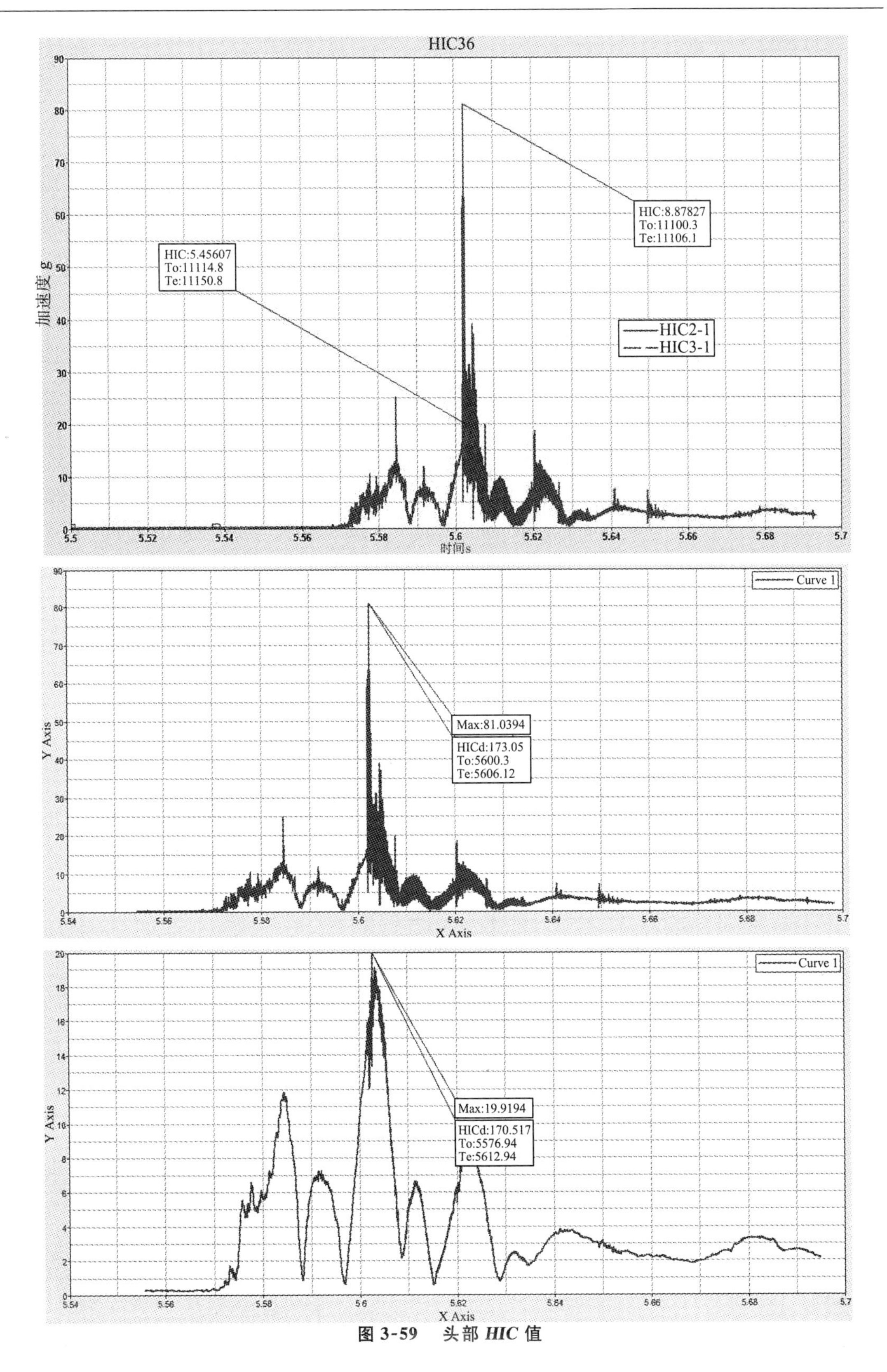
HIC36
HIC:8.87827
To:11100.3
Te:11106.1
HIC:5.45607
To:11114.8
Te:11150.8
HIC2-1
HIC3-1
加速度 g
时间s
Curve 1
Max:81.0394
HICd:173.05
To:5600.3
Te:5606.12
Y Axis
X Axis
Curve 1
Max:19.9194
HICd:170.517
To:5576.94
Te:5612.94
Y Axis
X Axis

图3-59　头部 ***HIC*** 值

(2) 颈部力学响应。

1) 颈部三方向力。

头部三方向力测试结果如表 3-24 所示。

表 3-24 头部三方向力测试数值

颈部三方向力	最大值(N@s)	最小值(N@s)
颈部力 Fx	139.35718@5.64118	−236.5732@5.70615
颈部力 Fy	36.95226@5.68403	−70.19125@5.70631
颈部力 Fz	−373.81845@5.59139	829.08472@5.603

所得实验曲线如图 3-60 所示。

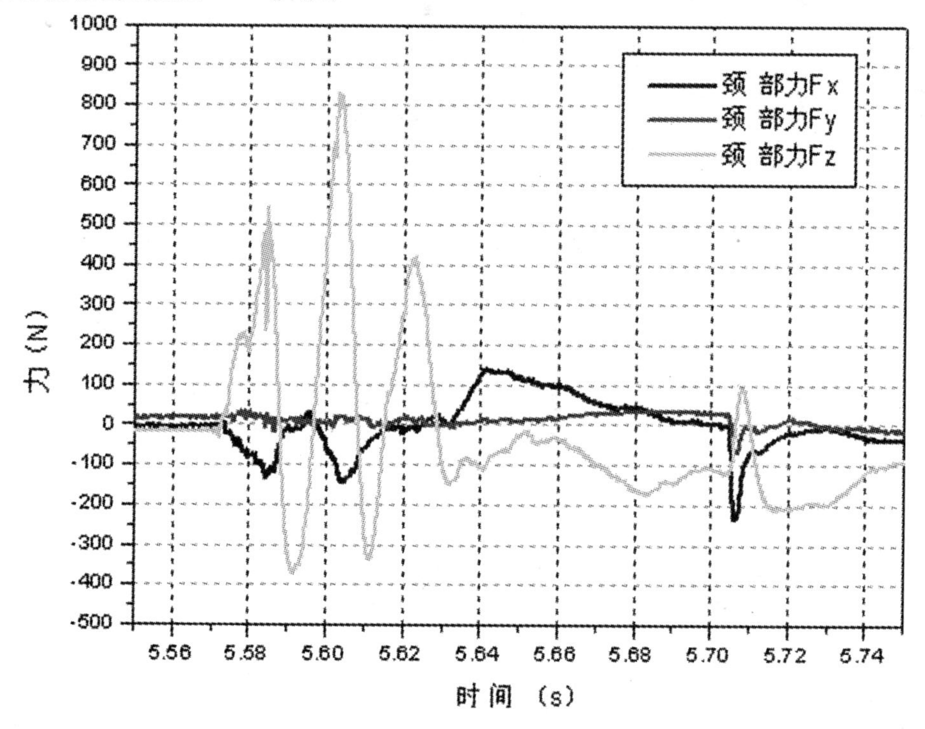

图 3-60 颈部三方向力

2) 颈部三方向力矩。

头部三方向力矩测试结果如表 3-25 所示。

表 3-25 头部三方向力矩测试结果表

颈部三方向力矩	最大值(Nm@s)	最小值(Nm@s)
颈部力 Mx	−3.82182@5.71035	5.11852@5.72089
颈部力 My	12.89617@5.65815	−9.26432@5.73062
颈部力 Mz	−1.329@5.64127	3.09647@5.70756

所得实验曲线如图 3-61 所示。

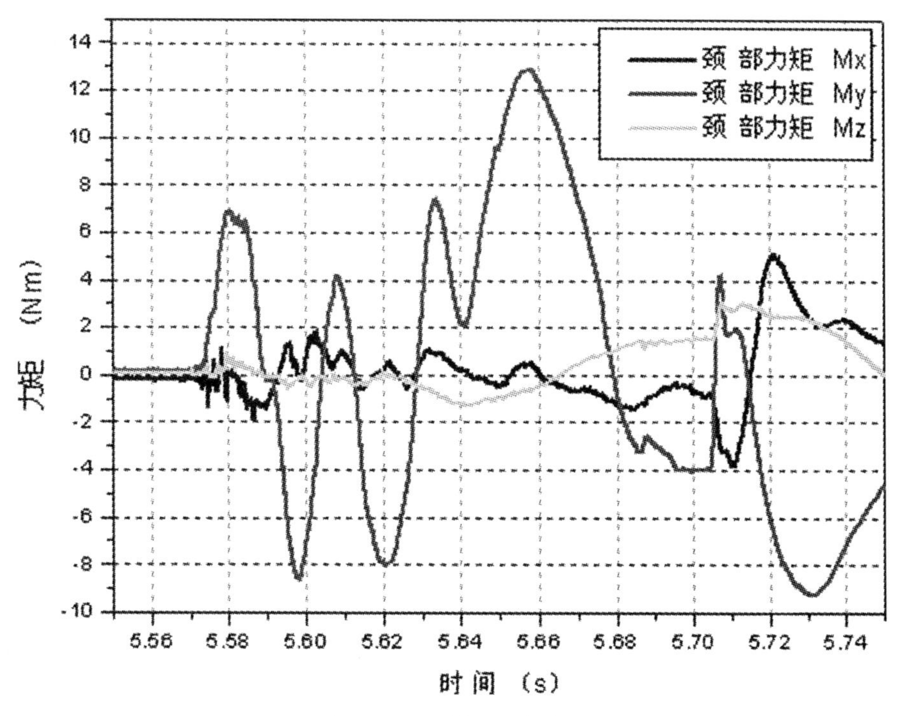

图 3-61　颈部三方向力矩

(3) 胸部力学响应。

1) 胸部三方向加速度。

胸部三方向加速度所得实验结果如表 3-26 所示。

表 3-26　胸部三方向加速度所得实验结果表

加速度	最大值(g@s)	最小值(g@s)
胸部加速度 atx	10.84836@5.61648	－40.85257@5.59236
胸部加速度 aty	2.66384@5.60401	－35.25457@5.61504
胸部加速度 atz	29.33156@5.59257	－4.99991@5.59107

所得实验曲线如图 3-62 所示。

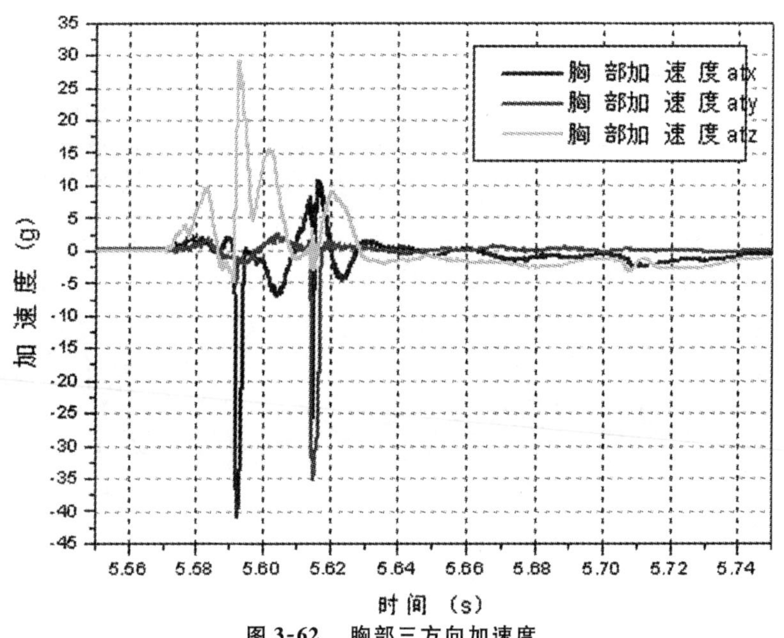

图 3-62　胸部三方向加速度

2）胸部合成加速度。

胸部合成加速度计算结果如表 3-27 所示。

表 3-27　胸部合成加速度计算结果表

加速度	最大峰值(g@s)	次大峰值(g@s)
胸部合成加速度	49.64116@5.59246	42.02536@5.61499

所得实验曲线如图 3-63 所示。

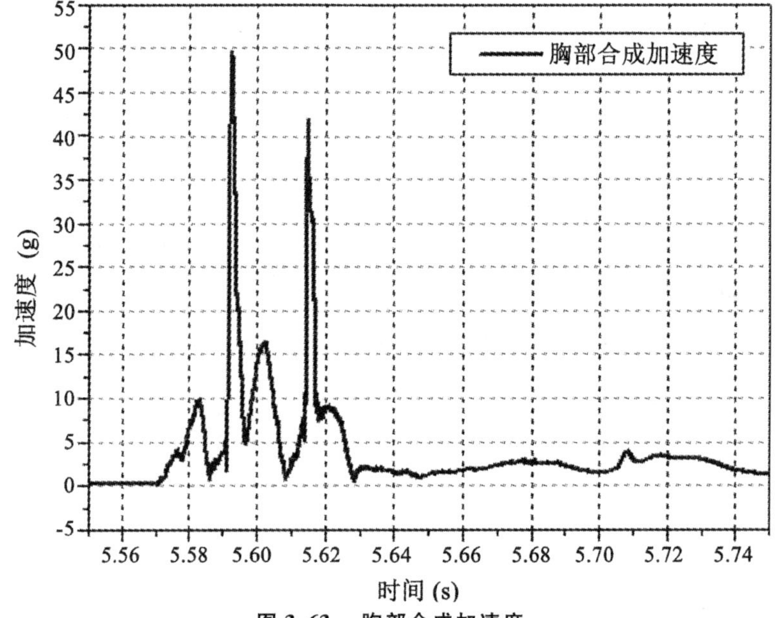

图 3-63　胸部合成加速度

3）胸腔压缩量。

胸腔压缩量实验结果如表 3-28 所示。

表 3-28　胸腔压缩量实验结果表

胸腔压缩量	第一峰值（mm@s）	最大峰值（mm@s）
胸部合成加速度	5.97115@5.58979	6.89012@5.6098

所得实验曲线如图 3-64 所示。

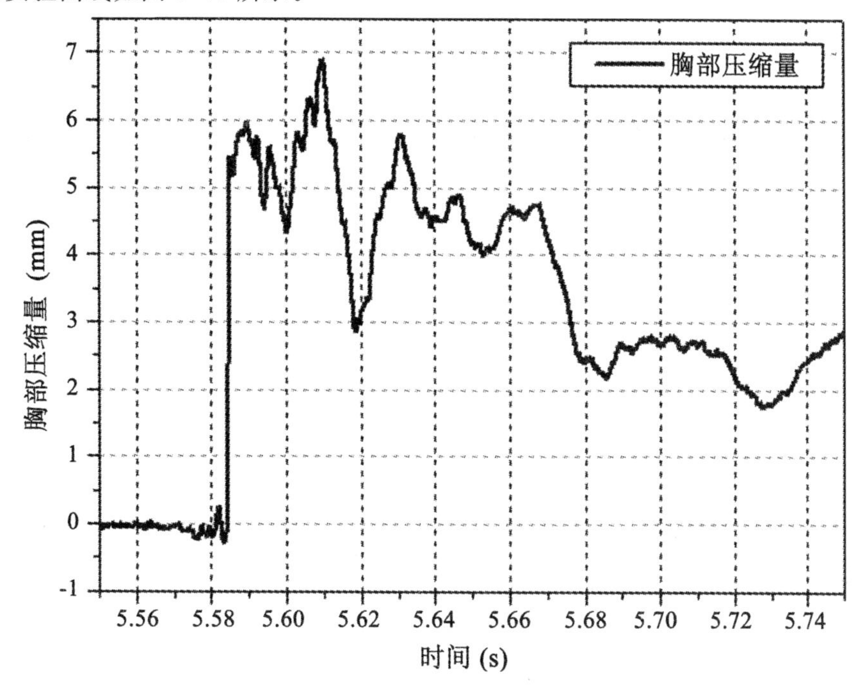

图 3-64　胸部压缩量

第4章　爆炸物检测与处置

4.1　爆炸装置的组成与识别

4.1.1　爆炸装置的组成

爆炸装置是犯罪分子实施爆炸犯罪的主要工具。凡是以行凶破坏为目的配制而成的带有起爆系统的爆破器材，均可称为爆炸装置。一般来讲，用于军事目的的制式弹药称为“炸弹”(BOMB)；犯罪分子自行攒制的称为“自制爆炸装置”(IED)。

在爆炸装置中，发火机构或起爆系统起着至关重要的作用。一个爆炸装置能否按预定的时间和方式发火或爆炸，取决于发火机构的原理和结构是否合理、可靠；另一方面，发现、探测、拆除爆炸装置的工作能否顺利进行，在很大程度上又取决于人们对爆炸装置原理和结构的了解与掌握程度。

爆炸装置通常由包装物、炸药、起爆系统三部分组成，其中炸药、起爆系统是一个爆炸装置要造成巨大破坏必不可少的组成部分，是爆炸装置的核心；而包装物可以对爆炸装置加以伪装，以假乱真，使人上当受骗，在爆炸装置中也起着相当重要的作用。如图4-1所示为一个典型的爆炸装置组成示意图，包内梯恩梯药块在爆炸中起主要破坏作用，而雷管、引线、电池、定时器又构成了一个完整的起爆系统，以预定的方式引爆炸药。

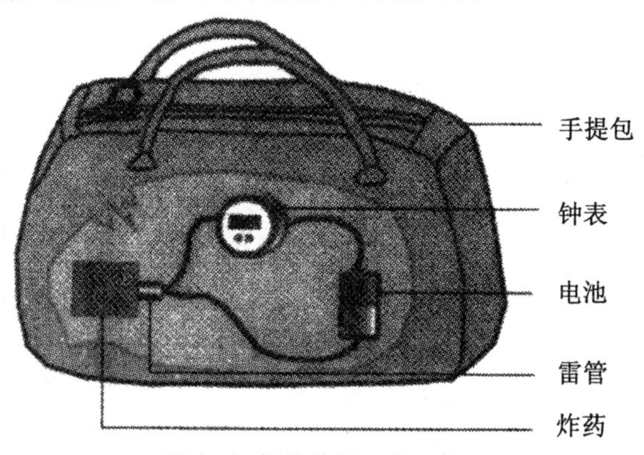

图4-1　爆炸装置组成示意图

4.1.2　爆炸装置的识别

1. 包装物的识别

(1)包装物的作用。

爆炸装置的包装物主要是用来包装爆炸装置的，它可分为内包装和外包装两类。其中，外包装在爆炸装置的最外层,充当爆炸装置的伪装物;而内包装在外包装物的内部,是用来包装炸药的。

包装物的作用主要有以下几个方面:

1)使爆炸装置便于携带和伪装;

2)使爆炸装置防水、防潮;

3)使松散的爆炸装置或炸药处于集结状态,便于走曝,并保证炸药全部爆炸,使炸药的能量得到充分发挥,增大破坏效果;

4)产生破片,增大对有生力量的杀伤效果。

(2)爆炸装置包装的分类。

包装物根据材质的不同,可分为软包装物和硬包装物两类。

1)软包装物。指布、塑料布、皮革、化纤编织物、纸张等软质材料。凡是用软包装物包装的爆炸装置,内部如不填加混杂铁钉、螺母螺帽、钢珠等硬质物品,其爆炸产生的冲击波会衰减很快,作用距离也相当有限。因此,恐怖分子总喜欢在爆炸装置的外部使用硬质包装材料。

2)硬包装物。指用金属、玻璃、硬质塑料、木材等坚硬材料制成的壳体。这种包装无与具有软包装物的爆炸装置相比,破坏作用距离大,杀伤范围广。常见的硬包装物有:铁桶、铁箱、铁管、高压气瓶、水暖管件、玻璃瓶等。这种具有硬包装物的爆炸装置在爆炸时,除产生冲击波以外,还会将壳体破碎成大量的高速碎片,杀伤威力大大增强。

2.炸药的识别

在爆炸装置中,炸药是主要作用物,爆炸装置发生爆炸后的破坏作用和杀伤作用的大小,都取决于炸药的种类、质量和数量。炸药的分类方法多种多样,从成分、物理状态、用途划分是常用的三种分类方法。炸药的实验室鉴别方法有很多,而在实际工作中常常遇到需要在现场对发现的疑似炸药的物质进行快速鉴别的实际情况,这就要求检验者运用简单的物理化学方法,凭借现场经验迅速准确判别。①

(1)点燃法。

使用点燃法鉴别炸药的条件是:炸药量不超过1克。

1)梯恩梯(TNT)的识别方法。易点燃,燃烧时像松香一样,先熔化,后缓慢燃烧,火焰微带红色,冒黑烟,并伴有黑线头状的烟尘徐徐降落。燃烧后,留有黑色油状残渣。

2)黑索金(RDX)的识别方法。易点燃,燃烧时火焰为白黄色,并带有“嘶嘶”的响声,无烟。燃烧后,留有少量微黄色残渣。

3)泰安(PETN)的识别方法。易点燃,在空气中平静燃烧,火焰明亮,无残渣。

4)硝化甘油(NG)的识别方法。易点燃,发出黄蓝色火焰,并伴随“嘶嘶”声。燃烧后,留有少量油状残渣。

5)特屈儿(CE)的识别方法。外观为浅黄色晶体,遇火迅速燃烧,燃烧炽烈,有耀眼黄红色火焰,冒浓烟,伴有“嘶嘶”响声,留有橘红色油状残渣。

6)氯酸盐类(KC103)的识别方法。氯酸盐类炸药外观为白色晶体。易点燃,发出紫色火焰,冒白烟。燃烧后,无残渣。

① 朱益军.安检与排爆.北京:群众出版社,2004

7)硝酸铵类炸药的识别方法。硝酸铵类炸药外观为白色或灰白色粉团状。不易点燃，只熔化，不燃烧，数量稍多时可以缓慢燃烧，但离开火源就熄灭。

8)发射药的识别方法。发射药形状和颜色多样。易点燃，发出黄色火焰，并伴有“嘶嘶”声。燃烧后无残渣。

9)黑火药的识别方法。黑火药极易点燃(受潮后则难以点燃)，点燃时将火药撒在一小块纸上，纸边点燃，让火顺着纸引燃火药。燃速极快，冒白烟，并有“轰”响。燃烧后无残渣。

(2)撞击法。

撞击鉴别方法适用于氯酸盐类炸药，要求炸药量不超过0.5克。具体鉴别方法是：取氯酸盐类炸药0.5克，用纸包好，然后放在光滑的石板上，用长把铁锤猛砸纸包，会发出清脆的爆炸声，并冒白烟。

(3)水解实验。

水解实验鉴别方法适用于硝铵类炸药，要求炸药量不超过5克。具体鉴别方法是：取凉水大半杯，将5克样品放入杯内搅拌，待2～3分钟后，NH_4N0_3 被溶解，木粉漂在水面上：

1)如在杯底出现黄色沉淀物(TNT鳞片晶体)，说明该样品是铵梯炸药；

2)如杯底没有沉淀物或只有沙石说明该样品是纯硝胺炸药；

3)如杯底没有沉淀物或只有沙石，而水面上又漂浮着较多的油，则该样品可能是铵油炸药。

3.起爆装置的识别

(1)起爆装置的组成。

起爆装置是指用各种器材或元件组成，并为起爆药提供一定能量的系列装置。通常情况下，起爆装置一般由控制系统、火工品及连接系统组成。

1)控制系统。

控制系统是保证爆炸装置能够按照使用者的意愿发生起火或爆炸的部件。爆炸装置的控制系统种类较多，无定型规格，从宏观上来分主要有四大类。

第一，互接点火式。它是指用明火直接点燃的方式起爆炸药，绝大多数是用明火将导火索点燃，引爆火雷管后，起爆炸药。这类爆炸装置爆炸的时间是靠导火索的长度来控制的。

第二，电引爆式。它是依靠电力点火的方式将火药或雷管引爆，进而引发主炸药。此类控制系统多与其他类控制系统配合作用，制成各种多组合类控制系统的爆炸装置。

第三，机械撞击式。它主要靠撞击、摩擦等机械作用，首先使火帽发火，再引爆火雷管起爆炸药；或火帽发火后直接引爆火药。这类控制系统有两大类，一是制式的，如地雷、反坦克雷等使用的引信；二是用弹簧、发条、钟表体等零部件组合或改装成的土引信。机械类控制系统由拉发、压发、松发三种发火方式，但又各有瞬发和延期之分。

第四，化学腐蚀式。它主要依靠化学液的腐蚀使控制部件失控而导致引信发火，或依靠化学液与炸药的化学反应，使炸药发生起火或爆炸。常用的化学液主要有丙酮或强酸等。化学类控制系统多用于延期的起爆系统。

2)火工品。

火工品是指受少量外界的能量刺激就能按预定方式、时间发生燃烧或爆炸的元件。起爆系统中常见的火工品主要有：火雷管、电雷管、导火索、火帽、拉火管等。它们的主要用途就是在控制系统发生作用后，点燃或起爆炸药，达到爆炸的目的。

3)连接系统。

连接系统主要是指连接电源的导线以及控制发火用的拉线、引线等。导线能将电流传给电雷管使其发生爆炸；拉线、引线等在外力的作用下，使发火原件产生作用引起爆炸。

(2)起爆装置的作用原理。

通常情况下，一般爆炸装置只是能源的转换问题。然而，由于爆炸装置的种类不同，其能源的转换和作用方式也不一样。如拉发起爆系统，是由机械能转变成热能将炸药起爆的；而电起爆系统，是由电能转变成热能将炸药起爆的。

例如：a代表能源，如机械能、电能、热能等。

b表火工品，如底火、火帽、雷管等。

c代表炸药

一般起爆系统所遵循的作用原理则为：a—b—c，即机械能、电能、热能通过能量转换引起火工品爆炸，火工品爆炸又起爆炸药。如机械定时爆炸装置，就是在电起爆系统的基础上增加了一个机械定时装置，除此之外，其起爆作用原理完全遵循—b—c的能量转换过程。即机械定时器运动时为机械能，到预定时间时接通电源，电能通过电阻丝转变为热能，热能起爆电雷管，雷管起爆炸药。

4.火工品的识别

火工品又称起爆器材，主要是指受外界很小的能量激发即可按预定时间、地点和形式发生燃烧或爆炸的元件装置。火工品在军事上的应用极为广泛，主要用来点火和起爆。

(1)火工品的分类。

由于火工品种类繁多，功能各不相同，主要可以按输出能量形式和输入激发能量形式来分。

1)按输出能量形式分类。

可分为引燃火工品和引爆火工品两类。

第一，引燃火工品又叫点火器材，能产生热冲量，点燃各种炸药，它主要包括火帽、底火、点火具和导火索等。

第二，引爆火工品又叫起爆器材，能产生爆炸冲量，引起各种炸药的爆轰，它主要包括各种雷管、导爆索、导爆管和继爆管等。

2)按输入激发能量形式分类。

按输入激发能量形式分类主要有机械能，如针刺、撞击、摩擦；热能，如火焰、加热、绝热压缩；电能，如灼热桥丝、火花、爆炸桥丝、导电起爆药；光能，如可见光、激光；化学能；爆轰能。

(2)常见火工品的特征。

常见火工品有：火帽、拉火管、导火索、导爆索、雷管等。

1)火帽(图4-2)。它是一种能产生火焰形式的热冲量并将它传给火药装药或火雷管的元件。在摩擦、撞击、针刺或其他外界激发能量的作用下，它都能发火。

2)拉火管(图4-3)。由拉火帽(内装发火药)、管壳(纸或塑料两种)、拉火丝、摩擦药、拉火杆组成。它主要用于点燃导火索和黑火药。

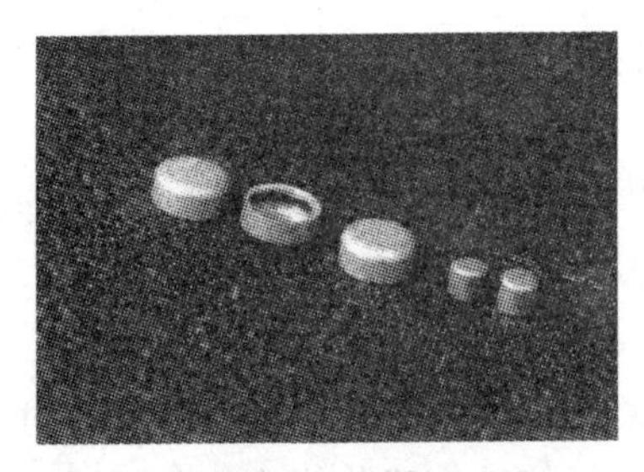

图 4-2　火帽

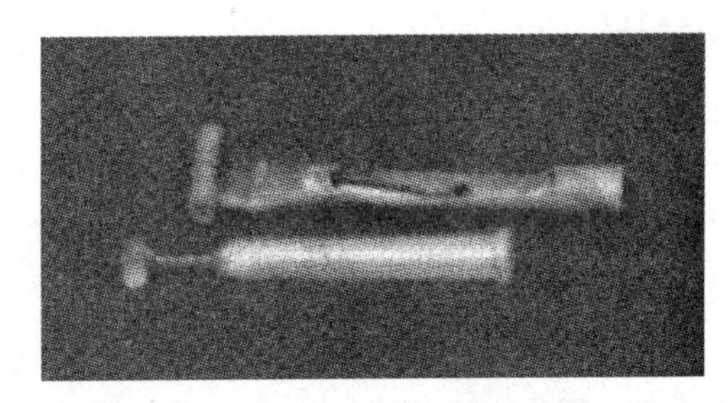

图 4-3　拉火管

3)导火索(图 4-4)。外层为白色包线,其内的外层纸为土黄色,药芯为黑火药,外径粗细为 5.2～5.8mm,每卷长度为 50m。通常用火柴、拉火管等明火点燃,作用是传导火焰、引爆火雷管或点燃黑火药药包。实际工作中,对于已经点燃的导火索,用水浇灭、用脚踩灭都是徒劳的,因此,只要有剪断的时间,就应剪断。

4)火雷管(图 4-5)。指用导火索的火焰直接引爆的雷管。其结构一般由雷管壳、加强帽、起爆药和猛炸药等组成。火雷管适用于小规模爆破工程,由于是用导火索燃烧时喷出的火焰引爆,且导火索燃烧时产生有毒气体,所以在有易燃气体或矿山的矿井中禁止使用。另外,火雷管没有抗水性,防潮能力也很差,不能用于有水的工作面或洞孔。

图 4-4　导火索

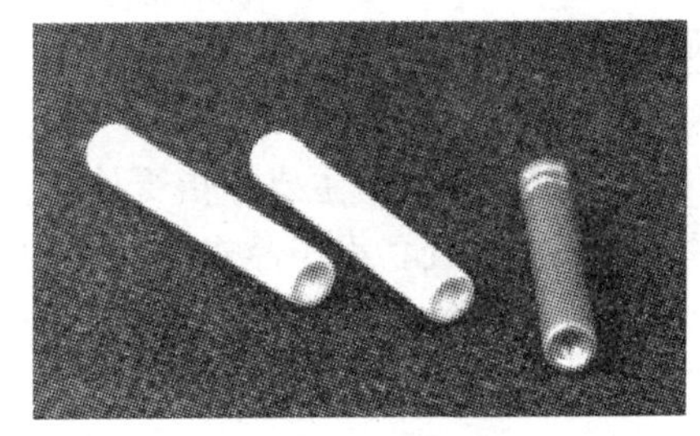

图 4-5　火雷管

5)电雷管(图 4-6)指用电流引爆的雷管,接通电流后把电能变成热能来引爆起爆药。其结构与火雷管基本相同,只是在雷管中加装一个电引火头代替导火索的功能。

6)导爆索(图 4-7)是一种传递爆轰波的索状起爆器材。它本身需要用其他起爆器材(如雷管)引爆,然后将爆轰能传递到另一端,引爆与其相联的炸药包或另一根导爆索。导爆索常用来引爆比较钝感的炸药。为了保证可靠起爆,其爆速必须达到 6500m/s 以上。导爆索的外观和结构与导火索相似,外观为红色,药芯为黑索金,以棉线及纸条为包缠物,并涂以沥青和涂料为防潮剂制成。导爆索受到摩擦、撞击、冲击和燃烧时,都易引起爆炸。

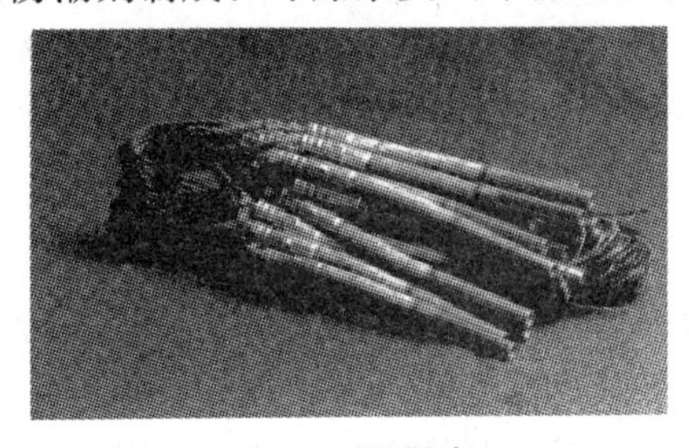

图 4-6　导爆索

图 4-7　导爆索

5.自制爆炸装置的识别

自制爆炸装置主要分为四大类,即直接点火式、机械撞击式、化学腐蚀式、电引爆式。

(1)直接点火式。

直接点火式是指直接用火点燃或用拉火管拉燃导火索，引爆雷管的方式。[①]

1)自制手榴弹。

组成部分：由导火索、铁罐、火雷管、炸药组成(图 4-8 所示)。

发火原理：点燃导火索，导火索燃烧至末端引爆火雷管，雷管引爆炸药。

拆除方法：导火索未点燃时可以拔掉导火索和雷管；导火索已被点燃时要迅速测定导火索燃烧到的位置，根据导火索的燃速估计爆炸时间，选择拔掉导火索和雷管或紧急避开爆炸物。

2)自制拉发炸药包。

组成部分：由拉链提包、拉火管、导火索、火雷管、炸药组成(图 4-9)。

发火机原理：拉动拉链，带动拉绳引燃拉火管，引燃导火索，导火索引爆火雷管，雷管引爆炸药。

拆除方法：剪断拉绳，取出拉火管导火索及雷管。

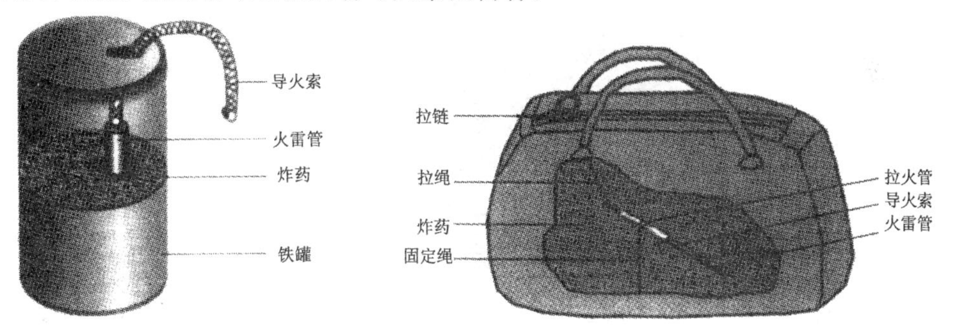

图 4-8　自制手榴弹示意图　　图 4-9　自制拉发炸药包结构示意图

(2)机械撞击式。

组成部分：一般由制式机械引信作起爆装置，下部连一个火雷管或直接放入敏感炸药(图 4-10)。

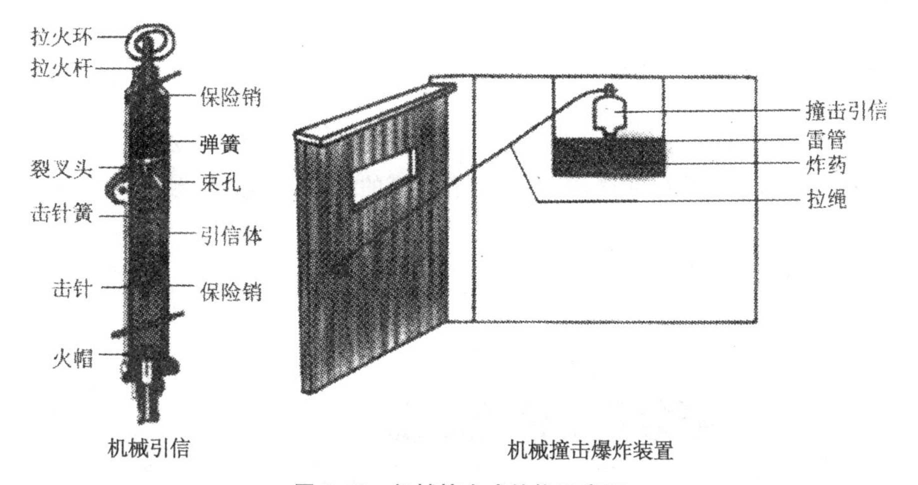

图 4-10　机械撞击式结构示意图

① 徐更光. 炸药性质与应用. 北京：北京理工大学出版社，1991

发火原理:保险针打开促使机械引信发火,继而引爆雷管,继而引爆炸药。

拆除方法:开门时将拉绳剪断不让保险针打开,把引信从炸药中取出。

(3)化学腐蚀式。

组成部分:由铁罐、避孕套、浓硫酸、氯酸钾和糖的混合物、炸药组成(图 4-11)。

发火原理:浓硫酸腐蚀避孕套的橡胶与氯酸钾和糖的混合物反应引起爆炸,继而引爆炸药。

拆除方法:将避孕套取出即可。

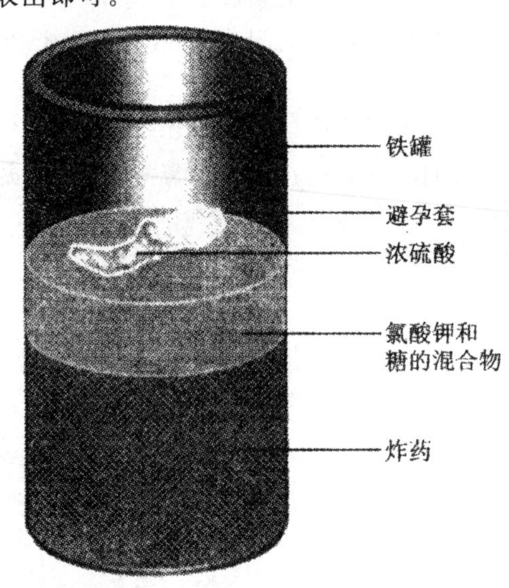

图 4-11 化学腐蚀式爆炸装置

(4)电引爆式。

1)压发。

组成部分:由木板、弹簧、金属导线、电池、电雷管、炸药组成。

发火原理:压下弹簧使两个触点接触,导通电路,引爆电雷管,继而引爆炸药。

拆除方法:将两极触板分离或切断电路。

2)拉发。

组成部分:由衣服夹子、拉绳、木楔、电雷管、炸药、电池组成(图 4-12)。

发火原理:拉动拉绳,拔出木楔,在衣服夹子弹簧的作用下两点接触,导通电路,引爆电雷管,继而引爆炸药。

拆除方法:剪断拉绳或导线。

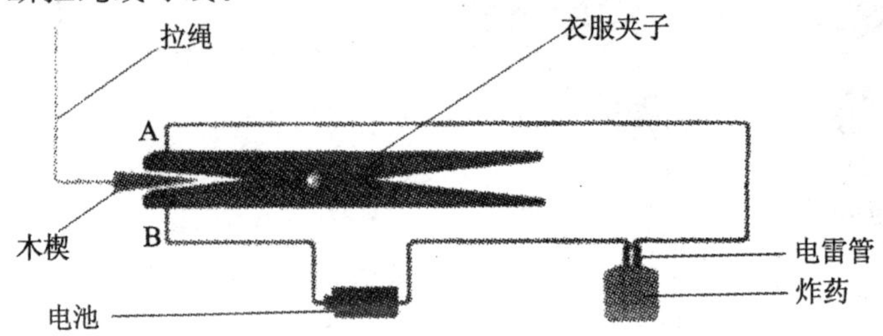

图 4-12 拉发式爆炸装置

3)松发。

组成部分:由重物、老鼠夹、电池、电雷管、炸药组成(图4-13)。

发火原理:搬开老鼠夹上的重物,鼠夹回弹,两触点接通,导通电路,引爆电雷管,继而引爆炸药。

拆除方法:剪断导线或将触点B拆除。

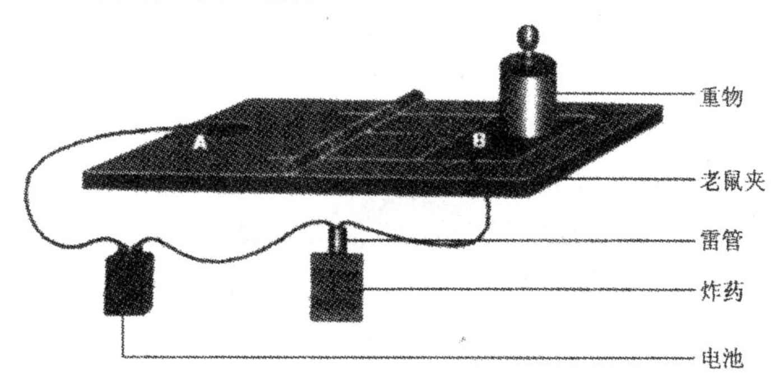

图4-13　松发式爆炸装置

4)延时。

第一,钟表延时。

组成部分:由木箱、钟表、雷管、炸药、电池组成。

发火原理:时针走到与触点接触时,接通电路,引爆电雷管,继而引爆炸药。

拆除方法:剪断导线或卸掉电池。

第二,金属粉延时。

组成部分:该爆炸装置的延时控制装置是由漏斗、盛装器、金属粉、电极共同组成的。将漏斗固定于盛装器上方,内装金属粉;在盛装器的上下部各安一个电极片,分别与电雷管和电池相连接,构成点火电路。(图4-14)

发火原理:将爆炸装置设置好后,使漏斗下部开始向下漏出金属粉末,一段时间后,当金属粉末同时埋住上、下两个电极片时,点火电路导通,电雷管爆炸,继而引爆炸药。

拆除方法:剪断导线,取出电雷管。

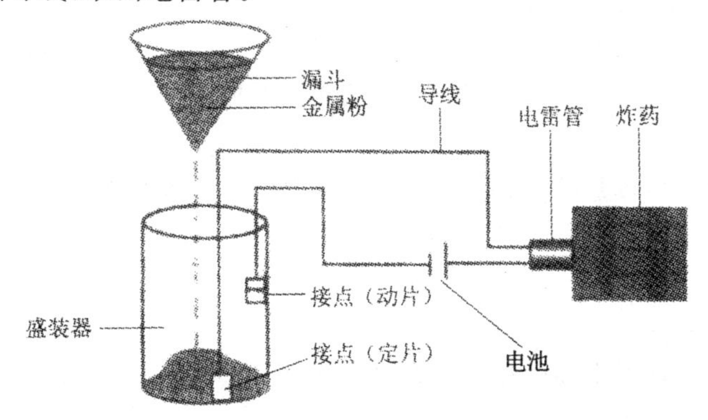

图4-14　金属粉延时爆炸装置

(5)防移动式。

组成部分:由木箱、弹簧、铁环、电池、电雷管、炸药等组成。

发火原理：晃动或移动木箱，弹簧与铁环接触，接通电路引爆电雷管，继而引爆炸药。

拆除方法：用爆炸物销毁器就地摧毁。

(6)防剪线式。

组成部分：该爆炸装置的起爆系统由定时起爆系统和继电器控制的防剪线起爆系统控制(图 4-15)。该系统中有两套电路和电源，一套是用来引爆雷管用的点火电路，包括连接定时器和继电器的触点的两条点火电路，通常设置得比较隐蔽；另一套是控制继电器工作的，设置得较明显，设置时，将电源接通，在电磁铁的作用下，两触点不相接触，点火电路未导通，不会发生爆炸。

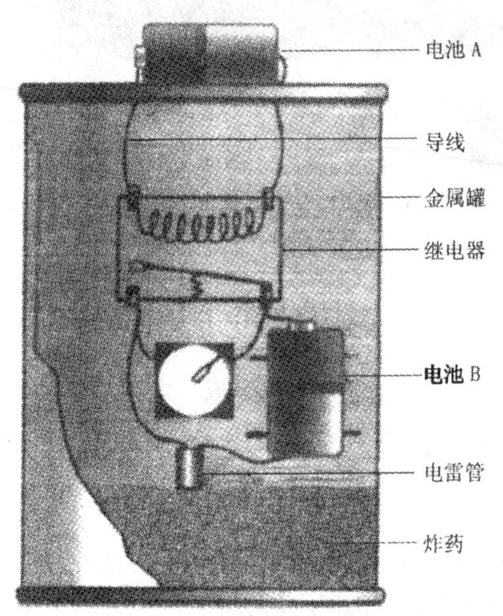

图 4-15　防剪线式爆炸装置

发火原理：爆炸装置设置后，打开定时装置，进入待爆工作状态，定时时间未到，该套电路不会接通，雷管不会被引爆；但在时间未到时，发现了该装置，特定人员或排爆人员误以为爆炸装置外侧的电池是电雷管的电源时，在断开其导线的瞬间，继电器线圈中电流被切断，电磁场消失，继电器的触点在弹簧的拉力作用下，两触点接触，点火电路导通，电雷管爆炸，引爆炸药。若在定时时间内没有人员切断继电器的电流，则在定时时间到达时，由定时装置接通电路，使爆炸装置发生爆炸。

拆除方法：对于该种爆炸装置，一般情况下不排除，可原地用爆炸物销毁器摧毁或转移后摧毁。

6. 制式爆炸装置的识别

(1)拉发手榴弹。

组成部分：拉发手榴弹主要由铸铁弹壳、梯恩梯药柱、雷管、导火索、拉火管、拉火绳、拉环、保护盖和木柄等组成(图 4-16)。

发火原理：打开保护盖，取出拉火环，当拉出拉火绳时，拉火管发火点燃导火索，导火索经 3～3.7 秒的燃烧，末端喷出的火焰将雷管引爆，雷管再使炸药发生爆炸。

排除方法：

1)已处在燃发状态的木柄手榴弹，如果属于刚刚点燃，可将其投掷于安全地带；如果是已经燃烧一段时间，只能紧急躲避，不能进行任何安全处置。

2)处于非燃发状态的木柄手榴弹，一般情况下，拧上保护盖既可处于安全状态；如果必须拆除，可用螺丝刀卸下木螺钉，使木柄、炸药、弹壳和雷管分离。

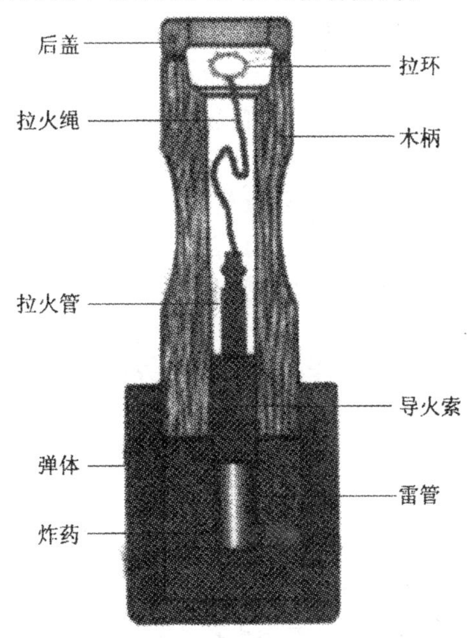

图 4-16　拉发手榴弹结构示意图

(2)松发手榴弹。

组成部分：由弹体、炸药和松发机械引信组成(图 4-17)。

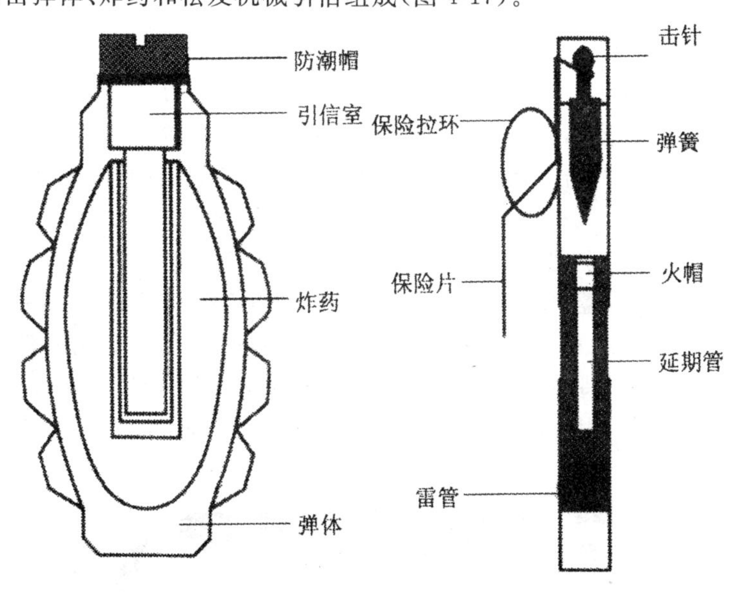

图 4-17　松发手榴弹结构示意图

发火原理：处在安全状态时，引信上的保险销挡住击针，并将保险片卡住，手榴弹呈安全状态。投掷时，一手握住弹体，并使保险片紧。贴弹体，另一手拔掉保险销后投出，保险片在击针簧作用下被弹出，使针击失去控制，向下运动击打火帽，火帽发火引燃延期药，延期药经过2.8～3.4秒燃烧将雷管起爆，从而引起炸药爆炸。

排除方法：

1）处在燃发状态时与木柄手榴弹排除柜同。

2）处于非燃发状态时，一手紧握弹体，并使保险片紧贴弹体，另一只手将保险销插入保险孔，既可处于安全状态；如必须分离引信时，可将引信从弹体上逆时针拧下，使引信与弹体分离。

需要注意的是，制式爆炸装置中的引信本身也是一个爆炸装置，切不可忽视其爆炸危险性。引信一般由保险销、外壳、击针、火帽、雷管组成，其所用炸药都是灵敏度很高的炸药，而且结构复杂、解剖难度大，一般情况下，不要盲目解剖引信。分离后的引信，在保管、运输过程中要格外小心，避免碰撞、跌落、冲击或与其他爆炸品放在一起。

4.2 爆炸物检测与处置器材

4.2.1 爆炸物检测器材

1. 金属探测器材

金属探测器材主要是用来探测被检人、物及场所内是否有金属（如雷管、刀、炮弹皮等）存在的器材。目前生产的金属探测器材，一般都由探头和报警系统组成。探头内装有一组电感线圈，工作时产生交变电磁场，又称发射场，发射场遇金属产生涡电流形成新的电磁场，使发射场产生畸变，传送到报警系统中。

目前经常使用的主要有手持金属探测器和金属探测门。

（1）手持式金属探测器。

手持金属探测器重量轻，体积小，便于携带，灵敏度较高，可以在5cm外探测到大头针。它主要器由手持金属探测器探头和报警器（蜂鸣器或指示灯）组成。一般用于探测人身上隐藏的金属物品或小面积场地检查。使用时将探头接近（但不接触）被测物表面平行移动，如遇金属就会报警。

1）MH6手持式金属探测器。

MH6手持式金属探测器（图4-18）为德国Vallon GmbH公司的产品，是一款轻量，高灵敏度探测器，警报可选可视，声响，或震动。探测头细长，重300克。控制装置与可是警报部件设计一直处于检测者视野范围内。声响警报的频率根据金属物件的大小和离探测器的远近而变化，声响警报的指示灯同时提示存在可疑物体，而探测器手柄中的震动警报能更一步地提示可疑金属物体。操作者可自行勾选单独警报。

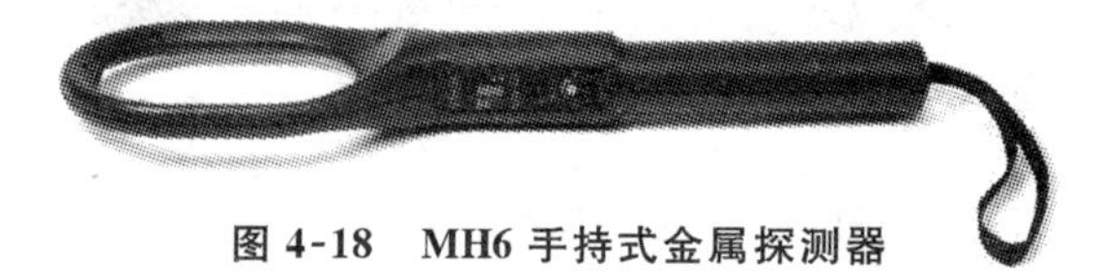

图4-18　MH6手持式金属探测器

探测器启动后，半导体图像以四元素的形式显示9伏电池剩余电量的信息。当需在嘈杂的环境中进行探测时，可使用耳机进行辅助，耳机可通过插孔连接探测器。

2）AD360手持式金属检测器。

AD360手持式金属检测器（图4-19）为英国 Adams Electronics Co. Ltd 公司产品。产品坚固、小巧、轻便，操作简便。检测部位包含整个探针，可使检测者在任何天气下都能快速高效地完成检测。可挂在勤务腰带上，适用于执法、监狱和其他防守。主要特点有：小巧轻便，可放在腰带上的手枪套中或者放入口袋；可检测各种金属；操作简单，只有一个开关键。打开按键，绿色晶体管会发光，表示设备已打开且有电；设备检测到金属之后会无声震动，以免使被检测者警觉，从而使得检测者更安全，处于主动地位；设备结构坚固，可在任何恶劣条件和环境下使用（IP67）；电池仓在检测器的背面，有一个螺丝帽，与普通的手电筒类似；只需一节9V电池。

3）AMR－11深层组织金属探测器。

AMR－11深层组织金属探测器（图4-20）为英国 Adams Electronics Co. Ltd 公司产品，是一个高灵敏度探测器，有11个可自调档位，操作者可以根据要检测金属的大小自行选择精确度，也可以将灵敏度预设到固定的档位。产品可以自行校准以弥补探测过程中可能遇到的静电金属，同时仍可以精准探测到皮肤和骨骼组织内部的小型金属。

主要特点有：聚碳酸酯/尼龙制注塑盒；警报——亮红灯同时发出警报声；该充电或换电池时亮黄灯；电池内置（无电线）；可检测出目标大小（需不断挥动设备）。检测到小型物体发短警报，检测到大型物体发长警报；红色摇臂式开关/白色触发式开关按钮；符合国际标准：CE mark IEC，NILEC，FCC，FAA；通过医学检测；对心脏起搏器佩戴者和孕妇没有危险，不会对任何磁带记录材料造成干扰。

图4-19 AD360手持式金属检测器

图4-20 AMR－11深层组织金属探测器

（2）门式金属探测器。

金属探测门也叫安全门，由于经常放置在机场，火车站等重要设施的人口处。金属探测门由门体、探测线圈、报警器组成，主要用于检查人身上隐藏的金属。它外观类似一个门，两个“门柱”和脚下踏板部设有若干个探头。当人员从此门经过时，探头组对通过人员的多个部位探测，如探出金属就报警。由于金属探测门安装方便，探测部位多，人员通过能力强，因此被广泛使用。

1）DEFENDER2000s通过式金属探测门。

DEFENDER2000s通过式金属探测门（图4-21）由德国公司 Vallon GmbH 研究，为屏蔽式数字多区域拱形金属检测门，可对门口区域进行均匀的检测。该产品采用专利扫描模式，可立即检测出一个或多个目标的精确位置和大小。在电脑或笔记本上运行的一套软件最多可支持八台检测门的运行。警报信息可按日期时间存储，也可根据需求存储个人的视频图片。产品可搭载摄像机。金属物品和个人信息可在同张照片中显示。

产品可安装在狭窄的地方,提供高敏度低错率的检测,可在汽车、空运线等其他需要安保的地方使用。

2)CEIA HI—PE 多区通过式安检门。

CEIA HI—PE 多区通过式安检门(图 4-22)是一款高性能的金属探测门。它通过发光二极管可准确显示出武器在人体上所藏匿的位置。该产品由意大利 CEIA SpA 公司研发。该产品有两个操作模式。即自由区段模式(标准模式):探测器有多组接收一发射线圈,其报警显示区位不是固定而是不断变化的以达到最佳探测效果。8 区段和 4 区段模式:每一区段的灵敏度都可独立调节。

该产品的面板可水洗,不因环境潮湿而变形,底部配绝缘和防震装置,可避免突然漏电或震动的危险。在操作方面,CEIA HI—PE 多区段金属安检门具有以下主要特点:可准确辨别小金属物品,如武器和个人常用金属物品;抗外界干扰能力强,即使遇到外部电磁干扰也可简便操作。灵敏度不受通过速度影响。

该产品符合国际安全标准,同时也能在任何其他安全标准下运行,如 NILECJ 和其他安全标准。只需操控三个按键即可调控,无需经过长时间的测试。

该产品可按需配备两个应急电池,在停电时自动使用。产品配有一个光电管中转台,可存储每个通过门的监测数据。产品内置控制区,需要通过一个机械锁和两个字母数字密码才可使用。产品由高端电子科技生产,符合 ISO9001 国际认证标准。

HI—PE 多区段金属安检门有标准型可供室内使用,也有防水型可供室外使用(防护等级:IP65)。HI—PE 多区段金属安检门可通过 MDNC—1 网络控制器与以太网相连,并可用 CEIA 公司的 NetID 软件操控

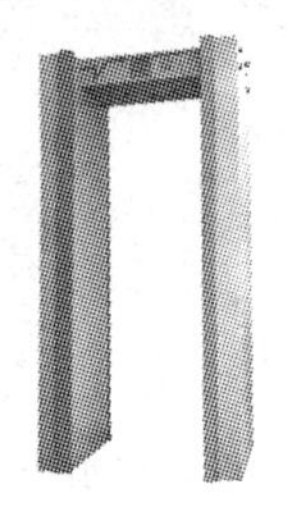

图 4-21 DEFENDER2000s 通过式金属探测门

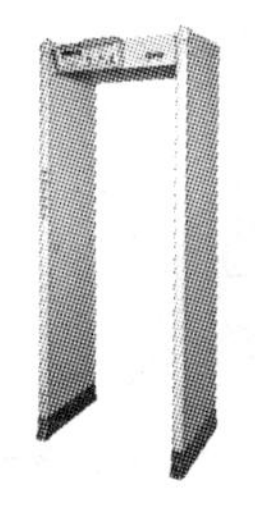

图 4-22 CEIA HI—PE 多区通过式安检门

3)PMD2 高性能多区金属探测门。

PMD2(可编程金属探测器)(图 4-23)高性能多区金属探测门是由意大利 CEIA SpA 公司所研发。PMD2 金属探测门可产生一个电磁扫描区域,监测通过监控通道的物体内的金属武器。可对藏于人体的武器进行精确定位,大大提高了安检速度。

产品通过发光二极管可准确显示出武器在人体上所藏匿的位置。探测器有多组接收一发射线圈,其报警显示区位为不断变化,以此达到最佳探测效果。产品采用电磁扫描技术,可以分辨出个人金属物品。它的精准度可通过一个芯片卡调节,避免了编程操作。

产品面板可冲洗,且不会因潮湿而变形。边缘有减震功能可防止摔碰而造成损坏。底部有特殊的防水保护层,可避免遇水可能造成的损坏。供电区位于面板的天线部位,根据需要可

安装两个应急电池，在停电时可自动投入使用。

产品可通过MDNC－1网络控制器与以太网相连，并可用CEIA公司的NetID软件操控.

4）便携通过式金属探测门。

便携通过式金属探测门（图4-24）是由英国Scanna MSC Ltd公司研发，它是一种常用的通过式金属探测器。它可以在几乎任意地点安装配置或运输到任意地点，一名操作人员仅在五分钟之内安装完成。它设有多重区域，并为特殊的环境需要设有一个特殊的检测区域。探测门可用于运动会、夜总会、会议、学校、重要人员保护，对金属探测器有高识别力，易操作和便于携带。未接受专业培训的人都可以轻松操作它。

探测门提供：从头到脚，专门检测区域；操作简单的数据安全存储控制板，拥有内置的自我诊断功能，当系统出现需要关注的问题时，它将提醒操作者；户内和户外使用均可；40小时的电池使用寿命，不依赖于电源；使用电池时不需随行电缆；整体重量少于50千克；倒塌时占地接近小拉杆箱；可以用小汽车运输，移动时不需要厢式货车或行李架；100种敏捷设置，为使用者提供效应的和多变的安全传感器选择上的空前阵容。

图4-23 PMD2高性能多区金属探测门

图4-24 便携通过式金属探测门

5）18区智能扫描仪。

18区智能扫描仪（图4-25）是由美国Ranger Security Detectors Inc公司研发而成。该设备是一个通过式金属/武器检测仪。该智能扫描仪内嵌计算机，用以分析来自每秒发射24000次射线的多重个体感应器的数据。多彩显示屏展示出拱门打开时，18个探测区域独立开启。每个探测区域均可独立监控，独立检测金属物质，警报可以完全排除诸如钥匙和钱币等少量危险金属带来的隐患。在拱道内，设备操作者可准确掌控大型金属物质（如大型武器）的准确位置。多重大型检测项目彼此独立，检测结果均显示于感应器的窗口显示屏上。被检测出物质的大小可调节。

18区智能扫描仪是完全自我诊断仪器，每项均有独立的技术模式，可根据噪音和金属负荷量来调节灵敏度。显示屏包含实时信号强度变量图，提高操作便捷性。

6）XT8000便携式金属探测仪。

XT8000便携式金属探测仪是由美国Xtreme Research Corp公司研发。它是一个数字化操作系统。它功能全面，而且可以在十分钟内操作完毕。它还可放入随身包，便于携带。该产品操作不需要事先专门的操作培训。它可以随时拆卸，为不同的设备提供安全防护。相对于永久性安装的装置，它的操作成本会低很多。产品利用四倍线圈侦查磁场和最新的数字微信息处理设备，对经过这个系统的所有的金属设备进行准确定位。单机操作功能模块使得产品错做简单，它大约在人眼睛高度的位置。一旦侦察到可疑物品，会发出警报声，也会给出可视的警报提示，其中不同级别的可视警报是不一样的。

XT8000 内部采用树脂密封技术，由聚乙烯和聚碳酸酯组成的密封板联合保护内部零件。外部采用弹道尼龙成分，因此可以折叠放入一个 1118×406×508 毫米（44×16×20 英寸）的随身包里面。

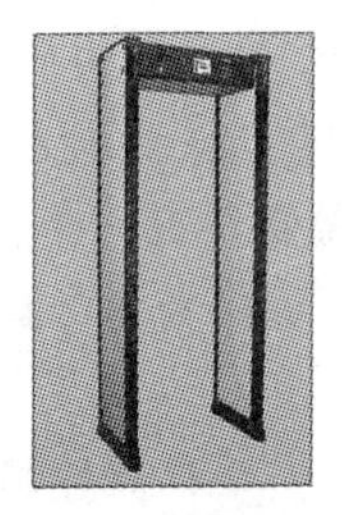

图 4-25　18 区智能扫描仪

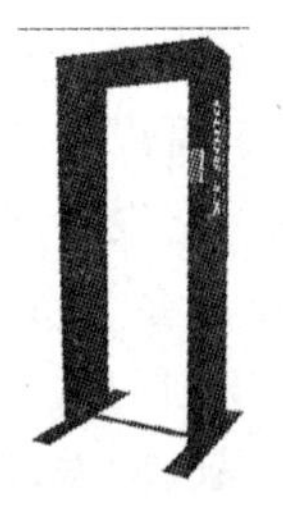

图 4-26　XT8000 便携式金属探测仪

2. 射线探测器材

目前使用的射线探测器材的工作射线波长范围各不相同，使用的射线种类包括 X 射线、p 射线、y 射线、高速离子流等，其中又以 X 射线检查设备最为普遍。X 射线检查系统是主要用来观察封闭物体内部结构的器材。X 射线是一种比可见光波长短得多，穿透力极强的电磁波。当它照射被检物品时，部分射线会透射穿过被检物，而另一部分将发生反射。不同密度的物质对 X 射线的透射一反射比例是不同的。对这些被透射和反射的 X 射线用技术方法处理后，在显示系统（荧屏和底片）上就可以将不同密度的物质区分显示出来。X 射线检查仪主要有五种，即通道式 X 线射线检仪、移动式 X 线射线检仪、集装式 X 线射线检仪、便携式 X 线射线检仪、人体 X 线射线检仪。

（1）固定式 X 光探测系统。

目前国内用得最多的是通道式 X 线射线检查系统（图 4-27）。该类检测器主要由 X 射线发射系统、成像显示系统和皮带传输系统组成。采用 X 射线透视原理。一般安装在机场、火车站、重要设施入口等处，对大中型行李物件进行安检。具有无 X 射线辐射伤害，穿透力强、辨别力高（钢板 12mm 以上、铜线直径 0.16mm）、被检物体体积大的特点（80cm×65cm）。

1）620DV 型 X 射线检查系统。

620DV 型 X 射线检查系统（图 4-28）是国外常用的检查仪，它是由英国 Rapiscan Security Products Ltd 公司研发的。620DV 是一款可检测自动引爆和危险液体的 X 射线检查系统，为检查点的安全环境的进化而设计的。Rapiscan 系统已经开发了具有选择性优化的 620DV 平台，例如为二级图像筛选的网络电脑站和负责传送带、工程操作工作站的 SmartLane 行李带，都旨在提升行李经过安全检查站的过程。

图 4-27　通道式 X 线射线检查仪

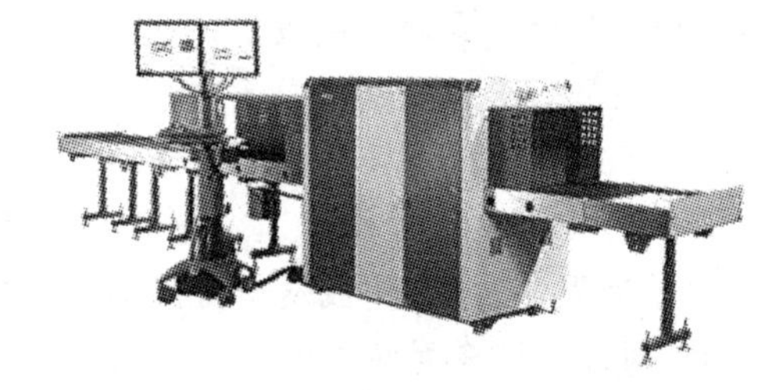

图 4-28　620DV 型 X 射线检查系统

尽管现有的单视图的 X 射线系统已经在检查刀、枪和一些爆炸物方面发挥了有效检测功能，但它们检测液体和临时爆炸威胁的能力还是有限的，尤其是在大量行李密集经过的时候。620DV系统使用双视图先进技术从不同角度获取信息来弥补之前系统的缺陷。620DV增加了一束垂直于第一束扫描射线的X射线扫描，这使操作者更容易从视觉上判断出危险物，如隐藏爆炸物。通过两个垂直的视图，620DV提供了扫描物品的更完整全面的角度，这样可以不管被检物品在检测系统中所处的方位而进行全面检测，避免了改变位置重新检测行李，从而提高了检测的效率。此系统还以具有有机危险品成像加亮的功能，有利于检测爆炸物和液体危险品的检查。

2)SDS X影像数字X射线成像系统。

SDS X影像数字X射线成像系统(图4-29)是由美国Security Defense Systems Corporation公司研发。它采用最新便携式X射线系统中的数字X射线成像技术，专为高水平的安全程序设计。可从脉冲的和持续运转的X射线单位中即刻获取高分辨率的影像。

实时X射线成像不需高分辨率的监控器闪烁，就会在一秒内数码化并成像，很大程度保证了操作者的安全，也延长了设备的使用寿命和可靠性。X影像有一附加功能，可以将实时影像与上一张影像作对比，这对排爆程序来说非常实用。

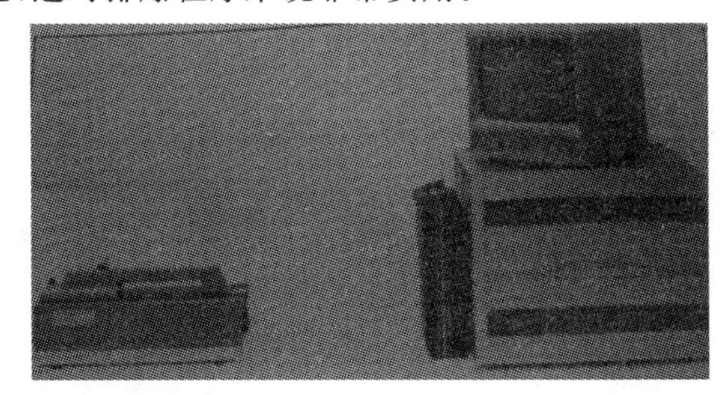

图4-29　SDS X影像数字X射线成像系统

(2)便携式X射线检查仪。

1)X－Spector便携式X光探测仪。

X－Spector便携式X光探测仪(图4-30)是由比利时Industrial Control Machines SA所研发。X－Spector便携式X光探测仪(下称X－Spector)是配备直流X射线源，与笔记本电脑可扩展影像捕捉单元的X射线数字系统。

X－Spector的影响捕捉单元群组以两种不同的科技为支持。两个较小的显示屏(规格分别为178mm(7in)和406mm(16in))均配有高分辨率荧光屏幕和有匹配光谱输出与响应特性的摄影机。高敏性的最大极薄显示屏(645mm(25in)，厚51mm(2in))分辨率极高(像素200μm以上)。两种显示屏均可通过有线或无线的局域网通信系统，将图像传输到笔记本电脑或固定计算机上，因由此而可与任何型号的笔记本电脑建立连接。该单元由大容量镍镉电池驱动，充电时间少于一小时。

X－Spector可与CP120与CP160两种型号的便携式X射线机匹配使用。在36伏直流电池所提供的恒电位输出下，其能产生一个稳定，敏锐，高对比度的X射线。由于它小焦点的优势，拍摄的图像可以5倍放大而不失真。由于恒电位串联组在毫安至千伏的电流量上的可调节性，X射线的质量和计量都可根据具体的可疑物体进行选择。

X－Spector可以在12秒内，撷取四种不同穿透等级图像，并同时显示于荧幕上作对比。

这就使得穿透深度研究能够进一步发展，同时不论轻质材料或者重材料都可成像。

图像采集单元通过 web 浏览器与电脑进行数据传输，所以当今任何一款流行的笔记本电脑都可以与之相配使用。

通过中央处理器中的图像处理软件，操作者完成以下操作：储存单色片，拟 3D 现实，伪彩色现实，变换大小，对比伸展，注解，以及多点捕捉。用户可通过建立自己的安全网络连接，实现实时远距离图像信息传输。

2)Norka 便携式 X 光设备。

Norka 便携式 X 光设备(图 4-31)是由荷兰 Novo Corporation 公司所研发。它可用来检测邮件、信件、包裹、随身行李、家具和家常用品内的爆炸物，还有装毒物质的容器和窃听设备。

该产品检测效率高，容量大，采用标准化设计。可选择配件包括微焦点和高电流发电器。产品主机包括 BU－2M 或者 BU－4 控制器。微型 BU－2M 控制器配备有 6.4in 显示器和可储存 150 张图片的数据库(最大存储量可达到 1024 张图片)，图片可以下载到电脑上。便携式 BU－4 个人电脑控制器配 12 寸的薄膜晶体管显示器和大型数据库(最多可存储 30000 张图像)，可配音频。该设备配有摄像装置，可以安装在四个可替换的变流器的其中之一。根据被测物品的尺寸和需要的分辨率可选择不同变流器。此设备可以安装 1 个、2 个或多个变流器。

图 4-30　X－Spector 便携式 X 光探测仪

图 4-31　Norka 便携式 X 光设备

3)ScanWedge 3325 型大范围便携式 X 光成像系统。

ScanWedge 3325 型大范围便携式 X 光成像系统(图 4-32)是由英国 Scanna MSC Ltd. 公司研发。该设备是廉价坚固且有平板显示器的 X 光成像系统。它是专门为执法和排爆活动而设计。它的平板显示器使它能在狭小空间里照常使用。

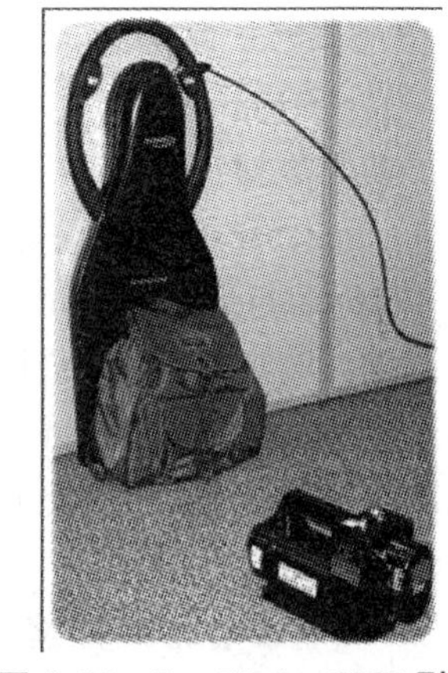

图 4-32　ScanWedge 3325 型大范围便携式 X 光成像系统

该设备可以从不同方位使用，都能呈现出高质量的 X 光影像。从安全角度考虑，为了操作者以及周边的安全，该设备采用的是经过成功测验的 golden X 光生成器，而不依赖于受压的或有毒的危险生成器。为了速度和安全考虑，影像将立刻传送到便携计算机上，这样操作者就无需再次接近有潜在危险的可疑物去检索影像或金属板。为了加强坚固性，它不具有可移动的部分或易碎零件，这使它在可接触领域环境内都理想适用。另外，它的平板成像区域有 25×33cm(10×13in)，此设备比与它同级别的传统便携式 X 光成像系统多 50%覆盖率，可以在崎岖的公路运输。ScanWedge 作为独立完整的系统或平板显示器的升级或者 Scantrak 的附件或者其他的便携式 X

光单位使用安全的X光生成器或即显胶片都是可利用的。

ScanWedge提供：简单的平板显示器可以带入狭小空间；比同级别的传统便携式成像器高出50%的覆盖率；当场搜查出可疑的行李；检查员不用再次靠近危险物品；五分钟内便捷安装和使用；影像分析，包括缩放，黑白反向，伪彩色，伪3D和测量，展示倾斜度，旋转，距离，对比增强以及其它；使用安全轻便的X光源，包括golden XR150，golden XR 200，golden XRS—3；影像打印和超过32,000个影像可邮件存档在电脑或CD；注释工具；足够的数据库管理工具。

3. 炸弹探测器材

当今，世界上炸药探测器主要是用蒸气压法、散射扫描法和核四极矩共振法等几种方法研制的。

(1)蒸气压法。

目前，应用较广泛的便携式炸药蒸气探测器主要依据电子俘获法和离子俘获法两种原理制成。由于电子俘获法对许多日用品，如化妆品、香烟等探测时也会发出报警，因此，用电子俘获法制成的炸药探测器误报率相当高，使用少。

离子俘获法探测器主要由真空收集系统，加热系统，离子俘获系统和处理系统组成，是通过加热对比检测发现炸药微粒的。使用时，设备用真空收集系统在被检物表面吸附，经加热系统加热后，炸药分子进入到离子俘获系统，此时各不相同的炸药离子被获系统分别俘获，在处理系统中被定性分析出来，由于各种物质(包括炸药)的离子各不相同，在处理系统中出错率小，所以这种探测器误报率很小。常见产品有BU RRIGE短剑2000便携式炸药探测器(图4-33)系列和ION TRACK台式机(图4-34)系列炸药探测器。

图4-33 BU RRIGE炸药探测器

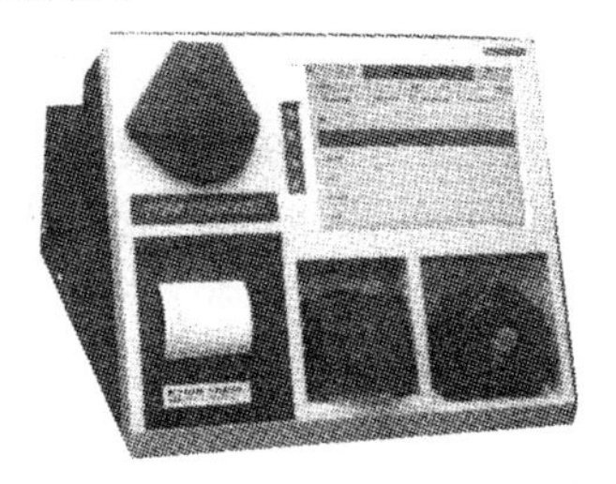

图4-34 ION TRACK台式机

(2)散射扫描法。

散射扫描法的炸药探测设备一般由包括X射线源的扫描头和包括微处理器的电子学测量单元两部分组成，利用康普顿散射效应实现炸药探测功能。使用时扫描头在被测物表面进行扫描，X射线与被测物分子相互作用产生康普顿散射效应，电子测量单元由此测出被测物中电子密度分布，进而得到被测物的物体密度、有效原子序数和百分比含量等三个物理指标，从而确定被测物是否是炸药。

(3)核四极矩共振法。

核四极矩共振法是利用原子核的四极矩与核周围的电场梯度的相互作用，引起核角动量进动，当它在与外在的变化的电磁场的相互作用下，电子的能级发生变化，从而发射出含有原子核特征信息的电磁波。

4.2.2 处置器材

处置器材是指排爆专业人员在现场处理或排除爆炸装置时使用的专用器材。主要有排爆专用工具组、液氮冷冻系统、切割器材、爆炸物摧毁器材、排爆机器人等。

1. 排爆专用工具组

排爆专用工具组主要用排爆现场手工排除。如用于远距离移动及开启可疑物的绳钩线、排爆杆;用于剪线裁包的刀、剪、钳;还有用于开锁撬箱的专用工具。典型排爆工具组如下:

(1)HAL 绳钩组。

加拿大 Allen－Vanguard Corporation 公司提供各型绳钩套装:GS1/GS2 通用套装(图 4-35),背负式套装,饵雷套装,重型乡用套装。所有配件都基于最大限度利用现场环境的要求而设计,各部分间可灵活配合。升级配件包括可在非平面使用的吸盘、达临床应用级别的钩具、可增加钩具准确度的固定器、自张式带锁滑轮、防翻倒的线缆轴座。背负式绳钩组携带方便,通常在爆炸后的侦察中使用。

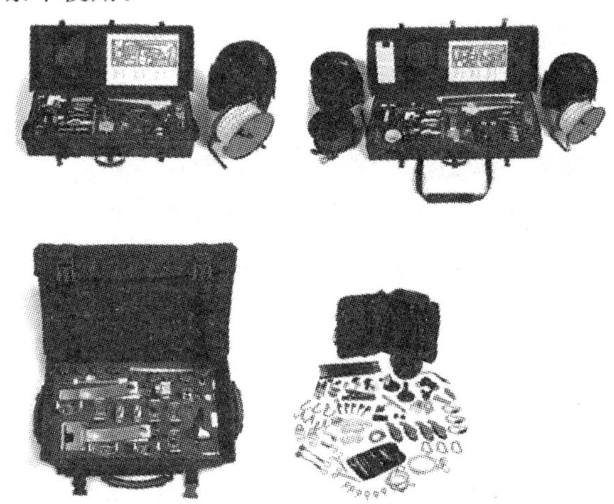

图 4-35 GS1/GS2 通用套装

(2)泥鲴(Mudcat)钩具。

泥鲴(Mudcat)钩具(图 4-36)是由加拿大 Proparms Ltd. 公司研发。它适用于拿起较软的可疑包裹,包裹顶部必须可刺穿。该装置能举起约 23kg 重的包裹,并采用自我启动的“捕鼠器”原理。操作员只需将钩具轻放至包裹上方,钩具的两个侧钩会自动释放,抓起包裹。

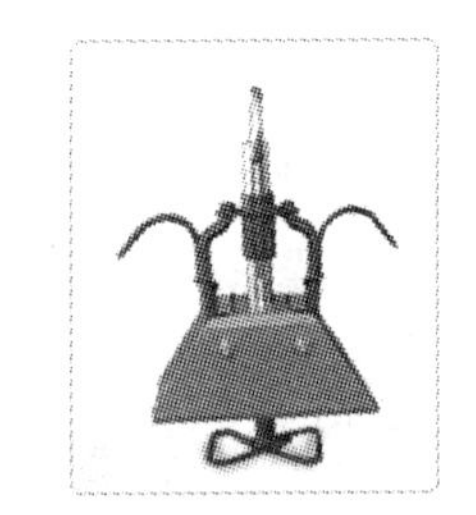

图 4-36 泥鲴(Mudcat)钩具

(3) 爆炸物处理(EOD)三脚架。

爆炸物处理(EOD)三脚架是由英国 SDMS Security Products UK Ltd. 公司研发,旨在使排爆人员可以远程从凹槽(如汽车后备箱、垃圾箱或排水孔)中取出可疑的简易爆炸装置。该三脚架可三段伸缩,可在平地或倾斜地面上调整适当高度。装配的起重滑车一端连接可疑物品,一端连接三脚架的安全钩,方便排爆人员将可疑爆炸物取出。三脚架的顶部配有一个三元组块或滑轮,可轻易提起 100 公斤的重物。北约贮藏号码:

1385－99－341－5051，可选重型(750kg)三脚架。

(4)特殊作业工具组。

图 4-37　特殊作业工具组

特殊作业工具组(图 4-37)是由英国 Allen Vanguard 公司研发。该款工具组质量轻、高度便携，可满足作战人员在大多数情况下的操作需要，即使在敌对的战术条件下也可满足操作需要。这套工具的设计得到了英国前排爆特种部队人员的帮助。该工具包配有根据人体工程学设计的专用背包，背包内部有一系列可移动的小袋和固定网兜用来放置工具。背包内部布局是基于工具类型和前排爆特种部队人员的经验而设计的。排爆人员的背包内部布局可能有不同。背包内还有额外的空间可让作战人员放置个人物品。为减轻总质量，该工具组所有工具都经过质量、耐用、多功能的三重挑选。工具组可提供搜索、破拆、检测和保护人员安全的功能。

(5)SDMS 伸缩机械臂。

SDMS 伸缩机械臂是由英国 SDMS Security Products UK Ltd. 研发，它的最大有效作用距离长，能举起大型可疑简易爆炸装置。专门为排爆人员而设计，使排爆人员能从一个相对安全的距离来处理爆炸装置和危险材料，可与防爆盾一起使用，来提供更大等级的防护。机械臂配有抓手来可疑物体，该装置为手持式，并且配有一个肩带，能帮助排爆人员抓举重达 3kg 的物品。

2. 液氮冷冻系统

液氮冷冻系统由冷冻系统、液氮、承载液氮的容器组成。液态氮的温度在－190℃～－180℃之间，在这个温度下干电池、电瓶等电源设备及钟表定时器等机械装置都会停走失效。通常情况下，液态氮使电池的失效时间大约是 90 秒，使机械走动装置停走的时间大约是 3 秒。液氮冷冻系统一般采取喷射法或浸泡法进行工作。依浸泡法配置的液态氮系统，由液氮罐和保温桶组成，使用时将爆炸可疑物放入保温桶中，倒入液态氮，将爆炸可疑物冷冻；依喷射法配置的液氮系统由液态氮、带喷嘴的液氮罐组成，使用时，直接将液态氮罐喷嘴对准可疑物喷射，直到可疑物冷冻为止。

3. 切割器材

切割器材主要用在排爆作业时，技术人员用来剪断导线、割开包装物、切削硬物等。主要有导线切割器、导爆索、水切割器三种。

(1)导线切割器。

导线切割器主要用来剪断装置内的导线。其主要由火药、刀片、外壳三部分组成，它的外观类似一只雷管，其头部有一缺口正好能搁卡在直径 5mm 以下的导线上，缺口上下两边也各有一个锋利的钢片，尾部用发射药装填，插入电发火装置并用 50m 以上的导线引出。使用时将缺口处搁卡在导线上，远距离用起爆器引爆发射药，缺口的两个钢片在发射药爆燃产生的气体的推动下将导线切断，达到远距离剪切导线的作用。

(2)导爆索。

导爆索可以切割爆炸装置的外包装物，使用时，可根据切割树木欲切割物体的位置和厚度，具体确定导爆索的缠结方法和导爆索的根数。

(3)水切割器。

水切割器是借助喷射高压水流将具有硬包装(如铸铁)爆炸物切割开来的专用器材,一般由高压水枪、储水罐(或就近水源)组成,使用时,可借助机器人或控制远距离将水枪对准爆炸物硬包装喷射。

4. 爆炸物摧毁器材

爆炸物摧毁器材主要有水枪和铸铁管炸弹摧毁器两种。其中,水枪有大、中、小三种,由枪身、枪架、电发火装置组成。使用时将枪管前端装上水(根据不同情况可以发射沙子、金属弹、塑料)用塑料盖密封,后端装上枪弹,然后架好水枪使之对准爆炸物,启动电发火装置远距离点火,当后端的弹药被点燃后,产生了高压,推动前端的水形成高压水流高速射向爆炸物,爆炸物的外包装及内部组件在高压水流下解体。铸铁管炸弹摧毁器也称定向切割器或引信切割器,它能切削制式弹药的引信。铸铁管炸弹摧毁器与水枪的外形、制作原理、使用方法基本一样,只是在枪管前端没有装水而是安装了一个锋利、坚硬的小钢铲,击发时钢铲在高压下剩向铸铁管炸弹,将铸铁管切开。

(1)AquaRam™战术破坏者。

AquaRam™战术破坏者是一种专门处理爆炸物的装置(图 4-38),它有由加拿大 MREL Group of Companies Limited 公司研发。它所发射的高压水射流可以穿透钢铁障碍物,但仍有足够能量与简易爆炸装置产生积极反应,并导致引爆器失效。该产品可破坏 85%简易爆炸装置(IED),可与该厂独有的 FIXOR™二元炸药配合确保处理效果。该产品储藏运输简单,属于三级易燃(和汽油同等级)物品,可以快速部署。

AquaRam™战术破坏者有 AquaRam™ Max、AquaRam™ Mini、AquaRam™ Micro 三种产品。Max 适用于处理临时组合的爆炸物(IEDD),包括车载简易爆炸装置(IED);Mini 适用于载客型面包车或类似车辆;Micro 可通过人工或机器人放置,适用于处理可疑包裹、载客车等。

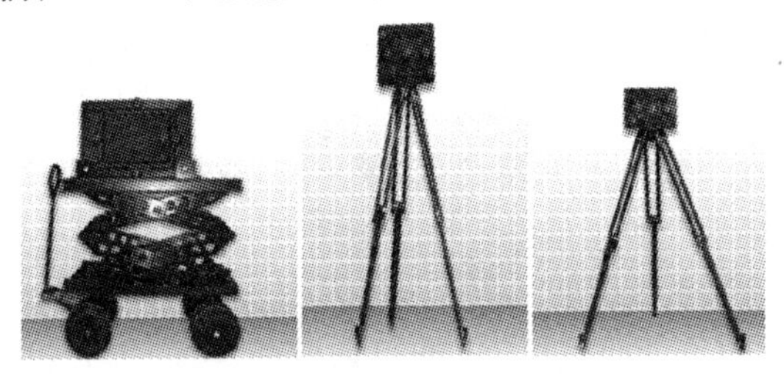

图 4-38 AquaRam™战术破坏者

(2)PCD-LV 大型车载简易爆炸装置(LVBIED)破坏者。

PCD-LV 大型车载简易爆炸装置(LVBIED)破坏者是由加拿大 MREL Specialty Explosive Products Ltd. 公司研发。它具有三大特点:采用 BSM™消焰材料,能有效减少对在场人员的间接伤害;可配合 FIXOR™二元炸药,以减少爆炸物运输和存储的危险;尺寸小巧,可快速部署,可以通过人工或机器人部署在小型厢式货车上,或使用多台 PCD-LV 应对大型卡车或拖车。该装置内有一个由消焰材料制成的绿色矩形容器,一个装二元炸药的红色矩形容器,中间还有一个用来装水的蓝色矩形容器,装置背面的凹槽可插入一般雷管。操作人员可将机器人部署在车侧 1～1.5 米距离的位置,调好高度后撤回机器人,PCD-LV 可按指示引爆。

(3)20mm 无后坐力射流爆炸物销毁器。

20mm 无后坐力射流爆炸物销毁器(图 4-40)是由加拿大 Proparms Ltd. 公司研发。该款爆炸物销毁器能将后坐力减少 98%,因此特别适合部署在机器人上。可以减少设备维修费用,延长机器人服役时间。适用于小型或中型目标,12.5mm,可安装在标准摄像机三脚架上。

图 4-39　PCD—LV 大型车载简易爆炸装置

图 4-40　20mm 无后坐力射流爆炸物销毁器

(4)Neutrex 29mm 射流爆炸物销毁器。

Neutrex 29mm 射流爆炸物销毁器(图 4-41)是由加拿大 Proparms Ltd. 公司研发。该款爆炸物销毁器能销毁重达 9kg 的简易爆炸装置(IED),并且带有减震和减小后坐力的功能。产生的后坐力和其本身重量在可安装在机器人上的极限之内。

(5)针型爆炸物销毁器。

针型爆炸物销毁器(图 4-42)是由英国 AB Precision(Poole)Ltd. 研发。它广泛应用于排除薄壁包装型简易爆炸装置(IED),能有效避免可疑物爆炸。产品为多发装置,即使多次发射也不会引起枪管变形,并且维护费用低。操作者通过线缆在远距离引爆销毁器,高速水流将冲破保险盖从而销毁爆炸物。该产品可安装在抗侧倾钳夹上使用,或者可选择质量轻的支架或排爆机器人。产品包装在帆布工具袋中,配有喷射管、水瓶、续填工具、清洁刷、螺丝刀、抗侧倾钳夹。

图 4-41　Neutrex 29mm 射流爆炸物销毁器

图 4-42　针型爆炸物销毁器

(6)12.5mm 迷你无后坐力爆炸物销毁器。

该款 12.5mm 迷你无后坐力爆炸物销毁器(图 4-43)是由加拿大 Proparms 公司研发。它是新一代产品,结构紧凑、简单,在提前装水的情况下,仅需一分钟就可投入使用,并且使用寿命长。因为是迷你型,所以质量更加轻便,销毁器本身仅重约 1.5kg;方便携带,可以和三脚架、钢丝轮等配件一起放入帆布包或旅行包内。可以通过小型机器人部署,销毁化学或生物弹药威胁;因采用组合式设计,特殊情况下也可用 410 散弹。可破坏最大 100×150×240mm 的包裹和 25mm 厚的钢管。

(7)CZ 狼蛛(TARANTULA)爆炸物销毁器。

CZ 狼蛛(TARANTULA)爆炸物销毁器(图 4-44)是由捷克共和国 Ceska Zbrojovka 公司

研发。它是18mm口径的单发武器。工作原理是用高压射流破坏爆炸物或可疑物体，喷出的射流速度可达350～3000m/s；当使用其他弹种时，可穿透多种障碍物。该款产品带单管电发火头，整个喷射装置安装在带有弹簧的固定支架上，可以减轻后坐力；采用球形支点安装在三脚架上，可调节高度、水平和俯仰角度，且三脚架带有防滑装置；瞄准器采用激光瞄准器，也可装光学瞄准器。该款产品特别为潜在的危险人物设计，可远程遥控。

图4-43 12.5mm迷你无后坐力爆炸物销毁器

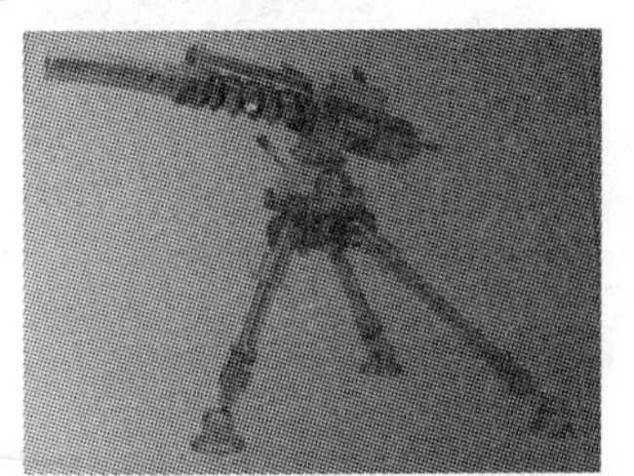

图4-44 CZ狼蛛爆炸物销毁器

5.排爆机器人

(1)迷你ANDROS 2危险任务机器人。

迷你ANDROS 2危险任务机器人(图4-45)是由美国Remotec Inc公司研发。它是迷你ANDROS的升级版。现在是该系列中最小的机器人，采用了更长更重的底盘，升级的电子元件和抓举器，最远触及距离达2m，配有标准轮式套装，可安装全套排爆工具，特警装备，危险材料/大规模杀伤武器的传感器。所有该系列的机器人都可以在任何环境和地面进行工作。

图4-45 迷你ANDROS 2危险任务机器人

(2)“背包”排爆机器人。

“背包”排爆机器人(图4-46)是由美国iRobot Corporation公司研发。该款机器人坚固耐用，质量轻，可用于辅助排爆活动、危险材料、搜索和监控、人质救援等其他排爆部队的重要执法任务，适合特警队，军事警察等使用。该产品能够应对一系列简易爆炸装置和传统排爆任务；采用轻质而耐用的Omni Reach机械系统，在任何方向上的最远触及都可达两米，可以摧毁可触及的简易爆炸装置、军械、地雷和其他爆炸装置；移动性好，可快速接近不同的简易爆炸装置。此外，该产品结构紧凑，使用专利移动平台，能顺利应对崎岖的地形。

图4-46 “背包”排爆机器人

(3)MK8 Plus II遥控排爆车。

MK8 Plus II遥控排爆车(图4-47)是由英国Remotec UK Ltd.公司研发。该款遥控排爆车采用两节12V零维护凝胶式电池，可连续工作三小时；有两档变速箱，最高时速5km/h。操作员可以调节车辆重心，车辆越障能力优越，最大爬坡45°，越障18英尺高；可无线遥控操纵，也可通过200m光纤电缆或150m轻质电缆控制，当无线与线缆共同使用时，系统优先选择无线控制。无线控制距离在开阔的空地为1km，在城市环境下为300m。采用伸缩式机械臂，水平最长至3.75m，垂直最长至4.35m，最大举重150kg(伸直时15kg)，允许通过增加模块化武器装备系统(MWMS)将机械臂增长 1.6m。具有 7 个独立发火单元,可添加爆炸物销毁器、带激光瞄准的霰弹枪等。配有日夜可视的摄像机,适合于地雷探测等远程遥控作业。带炮塔的铰接臂有 8°的自由度,可伸长 2m,能举重 100kg(伸直时 20kg)。排爆人员可遥控同时使用多种武器或工具。

图 4-47　MK8 Plus II 遥控排爆车

(4)MK9 遥控排爆车。

MK9 遥控排爆车(图 4-48)是由英国 Remotec UK Ltd. 公司研发。它是该系列无人地面车辆的升级版,适用于恶劣环境条件下远程操控和监视。其主要特征包括:高质量、更加安全的数字通讯方便使用的界面,新添操纵杆和触屏,本地控制可用无线手持遥控器,包括可预置位置信息的更强大功能。该产品同时为传感器专设了单独的数据通道;爬楼梯最大坡度为 45°;模块化伸缩臂有 7°的自由度,最远触及距离达 5m;最高时速 5km/h;能举重 150kg。

(5)Vanguard™遥控排爆车。

Vanguard™遥控排爆车(图 4-49)是由英国 Allen Vanguard 公司研发。该款遥控排爆车可在高危环境下作业,如化生放核(CBRN)、排爆、危险物品运输或监视等。可以和 Allen Vanguard 公司其他产品搭配使用,排爆车本身质量轻、携带方便,可做战术排爆机器人之用;并且地面速度快,续航时间长,坚固耐用,带有双独立发火单元、双声道数字音频、十倍缩放摄像机,集成 RS—232 端口,可安装更多的传感和检测装置。使用数字指挥系统,与较大的遥控排爆机器人 Defender 受同一指挥系统操控。该指挥系统扩展性好,使用简单,可添加一系列数字控制组件,如便携式 X 射线检测、化学品检测、电子干扰器等。

图 4-48　MK9 遥控排爆车

图 4-49　Vanguard™遥控排爆车

(6)Castor 排爆机器人。

Castor 排爆机器人是由法国 Cybernetix 公司研发。它是一种能在危险环境中执行检测和排爆任务的轻型远程遥控机器人。该款机器人携带方便,可以通过车辆或直升机运输;电池更换简单,十秒内就可完成,方便长时间工作;体积小、重量轻,可进入非常复杂的环境中工作,如:地铁,公共汽车,机场等场所,也可在核生化(NBC)等危险环境中工作。

Castor 装有带遥控手柄的机械手臂,同时还配有可自动对焦、12 倍变焦的彩色摄像机;可与其他武器搭配使用,如爆炸物处理器等。

(7)RM35 机器人。

RM35 机器人(图 4-51)是由法国 Cybernetix 公司研发。它是一款能执行检测和排爆任务的远程遥控机器人,可在核工业和化学工业等危险环境中工作,保障操作员安全。

该款机器人携带方便,可以通过车辆或直升机运输;电池可更换,且更换迅速,可 24 小时工作;体积巧,可进入非常复杂的环境中工作,如:地铁,公共汽车,机场等场所。RM35 还装有带遥控手柄的机械手臂,同时还配有可自动对焦、12 倍变焦的彩色摄像机;有一只 20W 和两只 5W 卤素灯;可与其他武器搭配使用,如爆炸物处理器等。

图 4-50 Castor 排爆机器人

图 4-51 RM35 机器人

(8)SON 小型侦察排爆车。

SON 小型侦察排爆车(图 4-52)是由德国 Kappa opto－eletronics GmnH 公司研发。该款排爆车可用于侦察和摧毁可疑爆炸物体,特别适用于大型侦察排爆车不宜进入的危险地区。它体积小巧,可在火车、飞机、轮船、办公室等地方使用,还可对车辆进行车底检查,破坏非传统爆炸品和引爆装置。同时配有高级传感系统和音视频无线传输功能来确保定位准确。该产品也可作侦察之用,可发射烟雾弹或闪光手雷。采用六轮驱动,左右两侧都配置了独立发动机,车辆顶部可安装摄像机或武器,最大可旋转 25°。标配中前后上三个方向都装备了带远红外 LED 灯的高感单色摄像机。

图 4-52

(9)PIAP“专家”移动机器人。

PIAP“专家”移动机器人(图 4-53)是由波兰 PIAP 公司研发。该款机器人外形小巧、动作灵活,可用于危险环境中担任破拆和协助工作。“专家”能够在一切交通工具中使用,如飞机,公共汽车,火车,轮船等;机械手可移动范围大,配备一个夹持器,伸直时可达 3 米,有六个可调节的自由度,配有过载离合器,可减小发射或破拆时后坐力;电动机通过内置电池或 230V 交流电供电,工作时间在 3～8小时(取决于具体操作),电池剩余电量可在操作员的显示屏内显示。该机器人越野性能良好,可遥控前轮倾斜角度确保稳定性,两侧有可折叠的平衡器,卸下平衡器后移动平台厚度可减少 8cm。

图 4-53 PIAP“专家”移动机器人

(10)“独眼人”(Cyclops)微型遥控车。

“独眼人”(Cyclops)微型遥控车(图 4-54)是由英国 AB Precision(Poole)Ltd. 研发。该产品基于英国国防部研制的“鹿眼”遥控机器人设计而成,可由遥控基站通过无线或光纤电缆控制,用于处理临时组合的爆炸物(IEDD)和传统爆炸物(CMD),或在其他高危险的环境中作业。

该产品为便携式遥控车,结构紧凑、质量轻。具体指标参数:轮距395mm,轮宽535mm,长870mm,高(收起时)400mm,重约30kg,机臂最大长度为2m,带全景摇摄云台,摇臂跟踪系统,至多有4条视频信道和4个武器发射单元,带聚光灯,支持比例操纵杆控制,行驶速度:履带式最快为5km/h,车轮式最快为8km/h。

(11)Scout轻型侦察机器人。

Scout轻型侦察机器人(图4-55)是由波兰PIAP公司研发。该款机器人采用模块化设计,可快速更换零部件;配有两只带独立照明的摄像机;结构小巧、质量轻,可以通过双肩包携带。适用于对可疑地区进行快速检查,不但可以进入狭窄难接触的地方,还可到车底、通风井道进行检查;也可担任洞穴、矿井的勘探工作。同时,越障能力出色;可载重2～5kg(机械臂折叠时);可通过光纤电缆遥控;机械臂上有1—2个链接关节,并配有夹持器。此外,该机器人还可根据特殊要求添加其他设备。

图4-54 "独眼人"(Cyclops)微型遥控车

图4-55 Scout轻型侦察机器人

4.3 爆炸物检测与处置方法

4.3.1 爆炸物检测方法

1.观察法

观察法是指安检人员不借助任何防爆安检专用器材设备,只凭个人生理感官和经验,借助眼看、手摸、耳听、鼻嗅、称量(手掂)等方式来搜寻检查目标。

2.仪器检查法

仪器检查法又称技术检查法,是指安检人员借助一定安检专用设备,既凭感官触觉,又凭专业器材(如X射线检查仪器、金属探测仪、炸药探测仪、电子听音仪、非线性节点探测仪、检查镜探测仪等),并运用掌握的爆炸物知识对检查目标进行搜索。

3.动物(生物)检查法

动物(生物)检查法是指驯养"嗅炸药"的动物来为安检服务。这是因为,有些动物对炸药有特殊的反应,经过专门搜爆训练的搜爆犬,可以嗅出密封在包裹里的炸药,其准确性在一般炸药探测器之上;同时,搜爆犬的机动性好,既能爬高又能嗅低,可以深入到人和仪器都难以进入或不宜进入的目标内去检查。当搜爆犬嗅出炸药后,不会乱叫乱抓,而是静静地坐下来等待主人来处理,从而避免了由于叫声和乱触乱动引爆犯罪分子设置的防移动或声控等诡计爆炸装置的可能。使用犬搜索炸药时应注意:搜索应以物品为主,严禁使用警犬对人进行搜查;搜索时应仔细观察分析犬在表情上的细微变化，不要放过任何值得怀疑的地方，掌握犬的疲劳状态，兴奋期以及体力消耗。

此外，除了狗之外，猪、鼠经过特殊训练也可以作为安检专用的“警猪”“警鼠”。野猪的嗅觉灵敏度比犬的灵敏度高得多，而且比警犬有顽强的毅力。沙土鼠对梯恩梯炸药蒸气的灵敏度远远高于电子捕获探测器，经驯化后可探测炸药。[①]

4.3.2 爆炸物处置方法

1.爆炸物的应急处置方法

爆炸物的应急处置方法是指一线民警对所发现的爆炸物的最初处置方法，是在专业排爆人员赶赴现场之前的紧急处置。

通常情况下，在现场发现可疑爆炸物时，为了防止反触动或拉发、松发等爆炸装置对不明情况群众造成不必要的伤害。原则上不要轻易触动，应请求排爆专业队前来处置。而先期赶到的一线民警和保卫人员应当依据爆炸对周围介质的四种伤害形式，对爆炸物或爆炸可疑物采取一些应急防护措施和处置手段，尽最大可能降低爆炸发生时造成的损害程度。同时，在实施应急处置过程中，应以确保人员安全为原则，掌握处置爆炸物的最佳时机，采取适宜的应急处置方法。

(1)防爆毯覆盖法。

原理：20世纪六七十年代起，英国警方首先使用麻质的厚毯子覆盖在公共场合发现的爆炸可疑物上，这样可以避免横飞的弹片对周围介质对周围人员和财物的伤害。其原理是发生爆炸发生时，大量的弹片将会被坚韧的纤维织物所吸附，减少爆炸对周围人、物的伤害。

组成部分：一套防爆毯一般包括两个部分：主毯和防爆围栏，后者一般也由防弹纤维制成，为正方形，作用是包围可疑物并为主毯形成一个支撑，使主毯覆盖(苫盖)在可疑物上，并与可疑物之间保留一定的空间，以降低爆炸发生时的冲击力，使主毯能够更为可靠地吸附弹片。

使用条件：通常情况下，使用防爆毯覆盖法时，要求爆炸物确实没有被移动过，又没有马上将其移走的必要时。如果可疑物曾经被移动过，则可以尽快将其转移到更为安全的处理点进行处置，而不应任由其停留在公共场合。

使用方法：在使用防爆毯覆盖时，先选择一个安全处理点，一般距离爆炸物50～80m之间或有坚固遮蔽物的地方。由一人接近爆炸物，用防爆围栏围住爆炸物，再由两人分别扯住防爆毯四角，苫盖在爆炸物上。如果现场没有围栏或爆炸可疑物较大，现成的围栏不足以围挡住爆炸可疑物时，可以利用现场地形地物作临时支撑物，再盖防爆毯。

注意事项：①切忌用防爆毯包裹爆炸物，因为防爆毯的主要作用是泄压，减弱爆炸冲击波，一旦包裹、捆扎就会失去泄爆空间，产生的威力会更大。②避免用力触碰引发意外爆炸。

(2)利用液氦冷冻法。

原理：利用液氦冷冻法主要用于在不触动爆炸可疑物的前提下，终止定时、遥控、感应等电子控制起爆装置的工作，防止在专业人员赶到进行处置前的等待过程中发生爆炸。由于液态氮气的温度极低，一般在－190℃～－180℃之间，用它冷冻物品，可以在3秒内使钟表机械系

---

① 蒋荣光.工业起爆器材.北京：兵器工业出版社，2003

统失效,90秒内使电力系统(如电池)失效。因此,用液氮喷射或浸泡可疑物电路、机械部分,可以冷冻大多数定时炸弹和电引爆炸弹。

使用条件:如果爆炸物已经被人拉动或提动过,且爆炸物内有钟表走动的异响声,或者从外部观察可以看到天线、控制电路,可以初步判断是电路控制引爆的爆炸装置,可以用液氮冷冻爆炸物。

使用方法:首先将爆炸物平稳放入一个能盛放爆炸物的容器内,如防爆球/罐等。然后将液氮缓慢倒入,直至浸没爆炸物。之后始终保持液氮浸没爆炸物的状态,直到排爆专业人员到来,将冷冻状态的爆炸物取出,小心迅速分解。

注意事项:①定时检查、补充液氮。液氮在常温下会逐渐蒸发,液面逐渐下降,当液面不能浸没可疑物时则难以保证理想的冷冻效果。②穿戴好防护用具。如穿戴棉手套等防冻伤护具,倾倒液氮时要小心操作,严防液氮外溅冻伤人。③注意脱离液氮浸泡后的时间。经液氮浸泡的电路、机械失效是一个暂时的过程,在脱离液氮浸泡后逐渐恢复到常温,会恢复原来功能。

(3)利用绳钩线移动法。

原理:由应急处置人员直接搬挪可疑物具有较大的危险性,且受场地或时间的限制,为尽可能地缩短应急处置人员靠近爆炸可疑物的时间,提供尽可能大的安全距离,而使用绳钩线配合远距离移动法。

组成:绳钩线配合远距离移动法使用的是主要由绳索和钩具组成的套装排爆处置工具,可以成套购买,也可以用一定强度的鱼钩、锚钩和麻绳自制。

使用条件:如果爆炸物没有被触动过,又有必要马上将其移走时,可以尝试用绳钩线配合远距离移动爆炸物并将其移动到空旷安全地带,等待专业排爆人员处置。

使用方法:在使用绳钩线移动爆炸可疑物时,应先选择一个安全处理点,如选择距离爆炸物50～80m之间或有坚固遮蔽物的地方,再由安全处理点顺序放绳至爆炸物处,再用钩子钩住爆炸物,然后处置人员退回到安全处理点,小心缓慢拉动绳钩,将爆炸物拉至安全地带。

注意事项:①因地制宜,切忌将爆炸物“越拉越近”。②正确判断,不要鲁莽行事。③先放绳后挂钩,切忌顺序颠倒。应由安全处理点顺序放绳至可疑物再挂钩,决不能先挂钩再边放绳边后退。

(4)减弱爆炸威力法

原理:对于无法采取前面所述应急处置方法时,则可以根据爆炸杀伤的弹片、超压、高热、撞击四种作用原理,采取一定的紧急措施减弱爆炸威力。

使用条件:削弱爆炸威力的办法是在无任何可用应急处置器材时采取的非常措施,在其他应急处置措施均不能实现时才使用该方法。

使用方法:首先应将爆炸物周围的钢铁硬物、玻璃片等较硬的东西移走,防止一旦发生爆炸,这些硬质物体破碎并随冲击波飞散,形成更多的弹片,对周围人、物造成伤害。

如果爆炸物周围有易燃物品、剧毒物等,应尽快将其移走,如有可能还要切断现场的电路、燃气管道等,防止一旦发生爆炸,形成大火或泄漏有毒气体等。如在室内发现了爆炸物,应将门窗打开,移走爆炸物周围的大衣柜、桌子、床等阻挡物,以利发生爆炸时爆炸冲击波的泄散。

注意事项:①不要触动爆炸物。这是因为使用减弱爆炸威力法往往需要在爆炸物周围进行,大件物品的搬移挪动过程中可能无意间触动爆炸物,导致爆炸发生。②要尽量减少人数③

要冷静谨慎，不要慌张乱动。

(5)投入防爆罐法

原理与组成部分：防爆罐形似上开口圆柱形垃圾桶，外层和内层都用厚钢板制成，用以抵抗爆炸发生时的强大压力；中层装填泡沫铝、聚氨酯、砂子、橡胶等缓冲吸能材料，用以吸收爆炸能量和减弱爆炸声响。防爆罐的内径一般为50～100cm，能盛装小件行李、包裹、箱包等常见物品。

使用条件：由于可疑物需要被提起投入防爆罐，这就要求可疑物必须曾经被移动过。对于未曾移动过的爆炸可疑物，应该使用绳钩组借助棍棒做成的临时支架或是周围建筑物上的悬挂点将其远距离提起后放入防爆罐。

使用方法：在穿戴好排爆服后，处置人员应谨慎地靠近爆炸可疑物，平稳地将爆炸物提起，轻放在防爆罐内，然后盖上盖儿，如有防爆毯再盖上效果更佳。在防爆罐上一般都配有拉环和绳索，可以在可疑物被投入罐内后使用绳索将罐拖行到适当的地点。

注意事项：①要注意防爆罐的设计抗爆能力。这是因为只有当估计爆炸物内的炸药量小于防爆罐的设计抗爆能力时，才能将其投入防爆罐内。②要平稳地搬拿爆炸物。搬拿可疑物时要注意保持动作平稳，不可随意磕碰翻滚可疑物。③防爆罐上端不得加压重物。这是因为防爆罐的上端开口，在爆炸时起到泄压放气的作用。

2.爆炸物的专业处理方法

爆炸物的专业处理方法要由专业受过一定特殊技能训练的排爆人员施行。具体的技术方法有：销毁、摧毁、手工排除三种。

(1)销毁法。

销毁法是指将爆炸物用爆破的方法彻底销毁。如爆炸物处于空旷场所或已经将爆炸物转移到空旷场所，即使发生剧烈的爆炸对周围人、物不会产生任何伤害，社会政治影响也不大，这种情况下可以选择销毁。

销毁法具体方法有以下四种：

A.用火烧毁。用火烧毁的方法适用于由黑火药等较易燃烧的炸药组成的爆炸装置。使用时，要确认爆炸装置是由黑火药等较易燃烧的炸药组成并处于空旷场所；选择有防弹屏障的场所作为发射位置；用火焰喷射器射向爆炸装置；待爆炸装置燃尽后，接近爆炸装置观察。

B.用枪射击引爆销毁。用枪射击引爆销毁的方法只适用于小型爆炸装置。使用时，要确认爆炸装置内的起爆装置位置；选择有可靠防弹屏障的射击位置；用霰弹枪瞄准起爆装置的位置；射击；等待十分钟后接近爆炸物观察。

C.用炸药炸毁。一般可采用制作销毁弹炸毁或直接使用猛炸药炸毁的方法。如使用使用销毁弹和使用猛炸药。其中，销毁弹是根据欲销毁的爆炸物的大小和质地将适量炸药，使用时将销毁弹紧挨着爆炸物放置，远距离引爆。猛炸药则用于情况较紧急，如来不及自制销毁弹。使用时将猛炸药直接放到爆炸装置的上、下、左、右等尽可能近的位置处，远距离引爆。

D.用炮火引爆销毁。该方法适用于用大炮、坦克火炮等重武器在远距离发射炮弹直接命中爆炸物，从而达到引爆销毁爆炸装置目的。

(2)摧毁法。

摧毁法主要是指用水枪、铸铁管炸弹摧毁器等专业摧毁器材，摧毁爆炸装置的外包装和起爆装置，使之失去爆炸的能力。

使用步骤:A.准备。摧毁前排爆人员应事先在警戒区以外,如距爆炸物50m以外。选择一个工作点,将水枪或铸铁管炸弹摧毁器安装调试好。B.接近或瞄准。由一名排爆手把水枪货铸铁管炸弹摧毁器迅速接近爆炸物,将水枪、铸铁炸弹摧毁器对准爆炸物的起爆装置检查引信接头是否牢固后,迅速撤回工作点。C.摧毁。确认后安全才可远距离击发水枪或铸铁炸弹摧毁器,击发时要提醒周围人员注意自身防护。D.等待。摧毁后,排爆人员应在工作点等待一些时间,必要时可用望远镜远距离观察被摧毁的爆炸物是否有冒烟、冒火的现象。确认不会第二次爆炸后,再接近爆炸物检查摧毁效果。

(3)手工排除法。

实施手工排除时必须全程穿戴排爆服。对爆炸物作预处理,开启爆炸物外包装时,无论爆炸物是何外包装,开启前应先用专业仪器检查,弄清内部结构后再施行以下开启包装物的方法。如带拉锁的提包、软皮箱的开启技术:先检查拉锁的拉头有无连接的绳线。如有绳线连接通向包内,而且是松弛,则剪断绳线,但切忌拉动,以防拉发诡计装置。然后慢慢拉开拉锁,边拉边观察。最后将内装物分层取出,注意取上层物品时,要按着下层,以防松发诡计,并注意上下层有无连接装置。又如带锁硬皮箱的开启技术:先将箱用绳捆紧。然后开锁,把箱子放在平地上,想办法固定后用绳子拴在箱盖上。接着在箱盖上压上砖头或重物,保持箱盖在捆绳解开以后不会弹起,防止触动松发诡计装置。最后解开捆绳,并由排爆人员在警戒区工作点上拉动绳子,将箱盖打开。打开后,应等待5分钟左右,再近前检查内装物木箱开启技术。

4.4 爆炸处置原则与处理程序

4.4.1 已爆现场的处置原则与处理程序

1.已爆现场的处置原则

已爆现场是指已经发生了爆炸的现场。其处置原则是“先搜爆、排爆,再勘查现场”。已爆现场的处置,最终要由现场技术人员进行勘查,确定炸药品种和当量,搜寻留在现场的证据。但在技术人员进入现场勘查之前,人们往往忽视了已爆现场中,还可能有犯罪分子设置的爆炸装置,待民警勘查现场时,触发爆炸,以危害我执行任务的民警或抢救伤员、财务的群众。有些犯罪分子在引爆一枚爆炸装置后,隐藏在现场附近,或混在围观的群众之中,待适当的时机再次引爆,以造成更大的杀伤结果。

2.已爆现场的处理程序

对于已爆的现场,在专业勘查人员未赶到现场勘验之前,先期赶到的民警应当尽可能做出应急处置,具体程序有以下几个方面。

(1)封锁现场。

1)要封锁中心现场,禁止领导和技术人员以外的人员进入。如爆炸发生在室外,中心现场应从爆炸中心点向外延伸至炸死炸伤的人及建筑物被炸坏的边缘以及挂有爆炸残骸的树木;如爆炸发生在室内未涉及外部,中心现场限于室内;如爆炸发生在交通运输工具上,中心现场应是被爆炸破坏的交通工具。

2)把住控制区,控制人员穿行出入。如在交通工具上发生爆炸时,控制区的范围是整个交通运输工具。在把住控制区时，要特别注意刚刚从现场跑出来的人，积极寻找证人。如果忽视了控制区的工作，可能要丧失最重要的线索和时机。

(2)采取紧急措施。

采取紧急措施是指救护、灭火、初步调查等紧急措施。现场如有伤员应及时抢救，抢救伤员时要分轻重缓急，不仅要对受到开放性爆炸伤的进行抢救，而且对血管被破片刺破、受到冲击波伤(外表完好，内脏受损)的人员也要抓紧救护，以免延误抢救时机，造成不必要的伤亡。抢救伤员时，要按指定路线出入，不能破坏现场，特别是中心现场，要绕开走。对确已死亡的尽量不要移离原位，以便检验和判定案情，因为自杀型爆炸案件的罪犯多数都在死者之中。如果必须移离原位时，要用照相、录像的方式固定，并做详细记录。尸体未经法医全面技术处理，不能交给亲属。对未受伤人员进行动员，并转移到指定的安全地点，逐一进行检查，确认属于与爆炸无关人员，要将姓名、性别、年龄、住址、工作单位、职业等登记清楚后才能放行，以便事后调查访问。

大型群众活动场所发生爆炸后，根据指挥部的命令疏散群众，而且要在出口处将群众引导到安全地点，开展调查访问。但要严防发生二次灾害事件，同时也要防止发生抢劫、流氓滋扰等治安事件。

(3)进行现场搜爆。

一旦发生爆炸，要考虑到犯罪分子有可能在现场放置了两个以上起爆时间不同的爆炸装置，蓄意袭击警方和救护人员。因此，不论大小爆炸现场，都要组织得力人员，先在现场及其周围开展技术搜索，寻找未爆或犯罪分子蓄意放置的爆炸物。搜爆作业时，排爆人员要穿戴排爆服，携带照明器材和探测器材。对一些较大较复杂的现场，还应调集排爆专业队的技术人员到现场搜爆。如在搜爆中发现了爆炸物及其可疑物，要立即由排爆人员予以甄别和排除。同时，要特别注意在现场停放的大小车辆，尤其对无人认领的车辆要进行认真彻底的检查，在不严重影响勘查结果的前提下，也可将其开至(或用拖车拖至)空旷安全处。总之，只有将危及领导和民警人身安全的不安定因素尽可能排除之后，技术人员才可进入现场开展调查。

(4)进行现场勘查。

经过搜爆检查，确认现场不会发生第二次爆炸，刑侦部门要组织专业技术人员进入现场，进行勘查取证。

4.4.2 未爆炸现场的处置原则与处理程序

1. 爆炸可疑物的处置原则与处理程序

(1)爆炸可疑物的处置原则。

未爆炸现场的处置原则是不轻易盲目触动，应尽找出爆炸可疑物，并加紧采取应急和专业处置措施。处置爆炸可疑物现场应该像处置真正的爆炸物现场一样，认真对待，科学操作。一般来说，当某场所发现一个爆炸物时，无论是先期发现的保安人员，还是后期赶到的排爆专业人员，原则上不轻易盲目触动，尽快采取应急和专业处置措施，否则可能酿成严重的爆炸事件。

(2)爆炸可疑物的处理程序。

未爆炸现场一般要求找出爆炸可疑物，因此，围绕对爆炸可疑物的鉴定工作，其处置程序大致可分为疏散、证实、拟订方案、检查鉴别、确认五个步骤。

①疏散

排爆小组到达现场后，应立刻与现场指挥官联系，视可疑物的大小划定警戒范围，警戒区内不准无关人员进入，警戒区的半径应根据以下原则划定：

设 W 为炸药重量，R 为警戒区半径

9 公斤＜W(汽车炸弹)＜20 公斤，　　R＞200m

3 公斤＜W(行李炸弹)＜10 公斤，　　R＞150m

W＜3 公斤，　　R＞100m

邮件炸弹，　　R＞20m

若一时难以确定可疑物的大小，一般空旷场所的半径应在 80m 以上。

有两种情况警戒区半径可适当缩小，即可疑物在室内；可疑物在室外，但附近有高楼等坚固遮挡物。

②证实

向目击者询问可疑物的发现时间、大小位置、外观，有无人动过等尽可能多的情况。观察可疑物外观。

现场固定：用照相、录像方法将周围环境，可疑物的特点等拍摄下来。

③拟订方案

由主排手根据现场情况拟订处置的方案。应主要包括以下要点：如何接近爆炸物，人接近还是机器人接近；使用何种器材，X 射线仪或绳钩或窥镜；确定主排手及其助手。

④检查鉴别

第一，放置干扰仪，屏蔽现场，防止遥控炸弹袭击排爆人员。要将干扰仪放置在距爆炸物 10m 的范围之内，实施时，可由排爆人员穿排爆服接近爆炸物放置，如时间不允许，也可不穿排爆服放置，放置完毕后，排爆人员要马上远离爆炸物。

第二，作预处理。如果可疑物已被采用了防爆毯覆盖、投入防爆罐、用液态氮浸泡等紧急处置方法，排爆小组都要采取适当的预处理方法(如绳钩线拉动等)，使可疑物能适合下一步的检查。

第三，用 X 射线检查仪等检查器材，透视可疑物内部结构。用 X 射线检查仪检查可疑物结构时，接近可疑物的排爆人员尽量为一人，并要穿排爆服。观察 X 射线图像时，应尽可能将显示器远离可疑物，以防检查时发生爆炸。

第四，利用手工开箱包技术，手工检查可疑物。经 X 射线检查仪检查不能确认是否为爆炸物的，要利用手工开箱开包技术，将可疑物拆开分解。应特别注意的是，作业时应尽量选择空旷场所，施行手工检查时，主排手必须穿戴防爆服。

⑤确认

经过检查鉴别要对可疑物作肯定性结论，并将结果向现场指挥官汇报。如是安全物品应解除警戒；如是安全性爆炸物，按安定性爆炸物现场程序处置；如是危险性爆炸物，按危险性爆炸物现场程序处置。

2. 安定性爆炸物现场的处置原则与处理程序

(1)安定性爆炸物现场的处置原则。

安定性爆炸物现场的处置原则：将安定性爆炸物保持安定状态，转移运输到储存爆炸物的专用地点，择时销毁。

(2)安定性爆炸物现场的处置程序。

排爆小组赶到现场后,经疏散、证实、拟订方案、检查鉴别等程序后,确认是安定性爆炸物的,要对安定性爆炸物再检查,在确保没有一触即发的危险后,要对安定性爆炸物的种类作定性结论。选择适当的运输工具和路线,采取一定的防护手段,将安定性爆炸物运输到储存爆炸物的专用地点,以便择时销毁。简而言之,其程序就是:定性结论——运输——储存——择时销毁。

需要特别注意的是:废旧军用制式爆炸装置在自然环境中经过长期的腐蚀和老化,其引信装置的稳定性和安定性已经大打折扣,因此,除非有非常之必要,不要试图拆卸引信。在对安定性爆炸物的运输时,应采取适当的防护措施,运输到爆炸物专用储存地点,运输路线要避开人口稠密、重要繁华、政治敏感性强的街区和建筑。

(3)危险性爆炸物现场的处置程序。

排爆小组赶到现场后,经疏散、证实、拟订方案、检查鉴别等程序后,确认是危险性爆炸物后,用技术方法使之失效,安全失效可以有以下三种方法:

1)销毁。

如危险性爆炸物处于空旷场所,剧烈爆炸不会对周围人、物产生任何损坏,不会造成不良的政治和社会影响,可以选择销毁方法。

实施方法:用炸药炸毁、用火烧毁或用枪、炮射击引爆销毁。

2)摧毁。

如主排手对手工排除危险性爆炸物没有确切把握,为确保排爆人员和周围人、物的安全,可以选择水枪摧毁的方法。

实施方法:可以用排爆机器人和手工两种方法架设水枪,对准危险性爆炸物实施摧毁。

3)手工排除。

如主排手有确切把握能够手工排除危险性爆炸装置,而且侦破案件又确需保存物证的,经现场指挥官批准,可以施行手工排除。

实施方法:主排手穿排爆服接近危险性爆炸物,用手工技术方法拆除。

对于重要场所发生的可以移动的危险性爆炸装置,为防止处置不当发生爆炸,造成严重的损失和政治影响,可以将危险性爆炸装置装入防爆球(罐)车内,选择适当的路线,转移到事先选好的安全处理点后,再行处置。

但实行这种“转移它处排除”法时必须明确三个要素:一是爆炸物是否可移动。只有可移动的爆炸装置才能使用转移它处排除法。二是爆炸物被发现的地点。只有在重要繁华场所才实行转移它处排除法,否则应尽量选择就地排除法。三是选择什么路线,将爆炸物转移到何处处置。要预先选好爆炸物处理点,只有这样,才能够保证无论在哪里发现爆炸物,都能迅速的转移到就近的爆炸物处理点;转移时,要用防爆球(罐)车施行,路线要尽量避开重要场所、繁华街区和政治敏感性较强的建筑。

3.匿名威胁爆炸现场的处置原则和程序

(1)匿名威胁爆炸现场的处置原则

匿名威胁爆炸现场的处置原则:“信、快、细、敢”四字方针同时也体现了处置程序。匿名威胁爆炸案的处置相当棘手。不重视甚至不予理睬,可能会丧失防范的最佳时机;处置动作过大、时间过长又可能导致不良的社会和政治影响,使作案者的目的得逞。

(2)匿名威胁爆炸现场的处置程序

1)信。

对付匿名威胁爆炸案总的态度就是要相信。不能因为处理了十几起、几十起匿名威胁案，而没有发现过炸弹或真的爆炸事件，就心存侥幸而不信，甚至不采取行动，这方面我们既有因“信”而“动”取得成功的经验，又有因“不信”而“不动”导致的血的教训。

2)快。

快速调集警力控制现场进行处置。接到匿名威胁爆炸信息后，要在指挥部的统一领导下，能够控制局势，迅速调集以下力量赶到现场。

一定数量的便衣警察。在被威胁目标内，监控注意发现可疑人和可疑物。

一定数量的着装防暴警。在被威胁目标附近的隐蔽处备勤，一旦发生爆炸时，可作为维持现场秩序的机动力量。

一定数量的着装交通民警。在被威胁目标附近疏导交通。

一个排爆小组。在现场备勤，对现场内可能发现的爆炸物及其可疑物进行排除、鉴定。

一定数量的安检专业力量。一般情况下可以由配有搜爆犬的专业搜爆队担任。在适当的时候调用其在被威胁目标内搜爆。

3)细。

对受威胁的目标进行细致检查。对受威胁的目标进行检查主要有三个步骤：

首先，要本着“以自查为主”的原则，积极组织受威胁目标内的工作人员迅速对自己所在岗位及物品进行检查。受威胁目标一般是公共场所(如商场、饭店、医院)，而这些场所的工作人员(如售货员、服务员、医护人员)对本岗位的物品的数量和位置是最清楚不过的，因此，组织受威胁目标的工作人员迅速对自己所在岗位的场所和物品进行细致自查，不仅能确保检查的质量，也能防止引起群众不必要的恐慌。

其次，要确立“重点场所重点检查”的原则，积极组织受威胁目标的保卫人员(如保安、内保人员)对重点部位进行检查。这些重点部位包括：匿名者提到的安放炸弹的部位、电梯间、垃圾箱、配电室、卫生间等可能安放炸弹的地方。

再次，要明确“适时开展专业检查”的原则，经自检和重点检查后，仍不能排除可疑的，根据现场情况，选择适当时机，由专业力量利用专业器材或携搜爆犬进行检查，以确保安全。

与此同时，排爆队员进行现场备勤，对检查中发现的爆炸物及可疑物，按照爆炸物及可疑物现场的处置规范进行作业。刑侦部门展开调查侦破工作。

4)敢。

根据检查结果敢于作出决定。在对受威胁目标细致检查确认没有炸弹以后，现场指挥就要根据检查结果作出决断，除在受威胁目标内留有少量保卫人员(如派出所民警、保安员等)对目标进行一段时间监控外，应将主要力量撤出。当然，这种“敢”要建立在已经对受威胁目标进行了彻底细致的检查，确保没有炸弹的基础上。同时，也要求现场指挥员的职位和资历都要达到一定层次，能够真正“拍板”负责。[①]

---

① 朱益军.安检与排爆.北京：群众出版社，2004

第5章 爆炸防护技术

5.1 爆炸抑制、阻隔与泄压

5.1.1 爆炸的抑制技术

1.爆炸抑制技术的特点

爆炸抑制是指一种在爆炸燃烧火焰发生显著加速的初期，通过喷洒抑爆剂的方法来抑制爆炸作用范围及猛烈程度，使设备内爆炸压力不超过其耐压强度，避免设备遭到损坏或人员伤亡的防爆技术措施。

爆炸抑制技术可用于装有在气相氧化剂中可能发生爆炸的气体、油雾或粉尘的任何密闭容器。与隔爆和泄爆技术措施相比，抑爆技术措施的特点主要有以下几个方面：

1) 可避免有毒或易燃易爆物料以及灼热气体、明火等窜出设备；

2) 对设备强度要求相对较低，一般只需0.1MPa以上即可；

3) 不仅适用于那些在泄爆过程易发生二次爆炸，或无法开设泄爆口的设备，而且对所处位置不利于泄爆的设备同样适用，对设备所处位置无依赖性。

2.爆炸抑制技术的局限性

抑爆技术措施存在自身的某些应用局限，总体归纳有以下几类：

1) 抑爆剂必须在分散条件下才能发挥抑爆功效；

2) 抑爆技术措施只适用于气相氧化剂中发生的爆燃系统；

3) 抑爆功效与设备中发生的化学反应、抑爆系统作用可靠性及灵敏度等因素有关。通常情况下，当粉尘 $K_{max} > 30MPa \cdot m/s$ 或气体 $K_{max} > 6.5MPa \cdot m/s$ 时，抑爆技术措施将丧失功效。

3.抑爆系统的组成及工作原理

抑爆系统主要由爆炸探测器、爆炸抑制器和控制器等三部分组成，其基本工作原理为：由高灵敏度传感器探测爆炸发生瞬间的危险信号，通过控制器启动爆炸抑制器，迅速把抑爆剂喷入被保护的设备或系统内，将爆炸火焰扑灭以有效抑制爆炸的进一步发展和扩大。①

(1) 爆炸探测器。

爆炸探测器的主要作用是在爆炸发生瞬间探测出爆炸危险信号。其原理是爆炸探测器可以对爆炸过程中，伴有热辐射、温度和压力升高及气体电离等现象进行探测。目前用于爆炸信号探测的传感器主要有热敏传感器、光敏传感器及压力传感器等几种类型。

(2) 爆炸抑制器。

爆炸抑制器是自动抑爆系统的执行机构；主要功能是把储罐内的抑爆剂迅速、均匀地喷撒到整个设备空间中去。抑爆剂储罐内压可以是存储压力，也可通过爆炸化学反应来获得。从抑

---

① 王海福，冯顺山.防爆学原理.北京：北京理工大学出版社，2004

爆器动作原理看，主要有爆囊式、高速喷射式和水雾喷射等几种类型。

(3) 爆炸控制器。

爆炸控制器主要是一种控制器，主要用来控制抑爆系统。

4. 抑爆剂的选择

常用抑爆剂主要有卤代烷、水、粉末及混合抑爆剂等几种类型，如表 5-1 所示，列出了 1011 卤代烷、水以及磷酸铵盐粉末(MAP) 对部分气体、粉尘的抑爆实验结果，其中爆炸容器容积为 6.2 m^3，抑爆系统为单出口 HRD 抑爆器，阀门直径 76 mm，容积 20L，动作压力 5kPa，喷射剂为 N_2。①

表 5-1 不同抑爆剂对部分气体及粉尘的抑爆效果

可燃物	抑爆剂	抑爆后压力 /MPa
丙烷	10 L,1011 卤代烷	0.016
	12kg 水	0.631
	16kg 磷酸铵盐抑爆剂	0.023
St1 玉米粉尘	10L 1011 卤代烷	0.061
	12kg 水	0.024
	16kg 磷酸铵盐抑爆剂	0.016
St2 玉米粉尘	10 L,1011 卤代烷	1.100
	12kg 水	0.236
	16kg 磷酸铵盐抑爆剂	0.039

(1) 卤代烷抑爆剂。

卤代烷抑爆剂对可燃气体或空气混合物具有较强的抑爆灭火能力，也可用于抑制可燃液体及粉尘(如粮食、饲料、纤维等) 等爆炸。常用卤代烷抑爆剂主要有二氟一氯一溴甲烷、三氟一溴甲烷、二氟二溴甲烷以及四氟二溴乙烷等。

使用卤代烷抑爆剂必须在点火源发生作用后，立即快速喷入被保护容器内，这就要求抑爆系统具有较低的启动压力($P_A < 0.01$ MPa)，但实际操作设备中往往会产生压力波动，这又有可能会导致抑爆系统发生误动作。表 5-2 为不同抑爆器条件下卤代烷对丙烷的抑爆效果。

表 5-2 不同抑爆器条件下卤代烷对丙烷的抑爆效果

抑爆系统	无抑爆系统		76mm 抑爆器		19mm 抑爆器	
启动压力 /MPa	爆炸压力	压力上升速率 /(MPa · s^{-1})	抑爆爆炸压力 /MPa	抑爆后爆炸压力上升速率 /(MPa · s^{-1})	抑爆爆炸压力 /MPa	抑爆后爆炸压力上升速率 /(MPa · s^{-1})
0.01	0.75	7.5	0.05	1.4	1.08	11.3
0.03	0.75	7.5	0.09	2.0	2.0	12.1

另外，特别值得注意的是：由于卤代烷对人和动物有一定毒性，而且对大气臭氧层有破坏

① 王海福，冯顺山. 防爆学原理. 北京：北京理工大学出版社，2004

作用，目前，卤代烷使用已逐渐被其他抑爆剂所取代。

(2) 水抑爆剂。

粉尘爆炸尤其是粮食和饲料粉尘爆炸也可以用水作抑爆剂，为提高水的喷射和灭火能力，水抑爆剂中往往含有多种添加剂，使之具有防冻、防腐、减阻和润湿等性能。在强点火源作用下，水对粉尘爆炸抑制效果，如表 5-3 所示，其中，实验容器容积为 $1m^3$，抑爆系统动作压力 $P_A=0.04MPa$，抑爆器口径为 $\varphi 76mm$。从表中可以看出，即使在 P_A 较高条件下，水抑爆剂仍可显著降低粉尘爆炸压力和压力上升速率。

表 5-3　水对粉尘爆炸抑制效果

无抑爆系统		有抑爆系统	
最大爆炸压力 /MPa	最大爆炸压力上升速率 /($MPa \cdot s^{-1}$)	最大爆炸压力 /MPa	最大爆炸压力上升速率 /($MPa \cdot s^{-1}$)
0.60	8.0	0.058	0.8
0.64	8.0	0.060	1.2
0.90	12.0	0.068	1.6
0.86	13.3	0.065	1.6
0.95	18.0	0.095	2.4

(3) 粉末抑爆剂。

粉末抑爆剂是一种干燥、易流动并具有良好灭火、防潮、防结块等性能的固体微细粉末，对粉尘爆炸有良好的抑爆效果。粉末抑爆剂主要分以下两大类：

1) 全硅化小苏打干粉抑爆剂。主要由碳酸氢钠(质量分数 92%)、活性白土(质量分数 4%)、云母粉、抗结块添加剂(质量分数 4%) 以及一定量的有机硅油等成分组成。

2) 磷酸铵盐粉末抑爆剂。主要由磷酸二氢铵、硫酸铵、催化剂以及防结块添加剂等组成。其中碳酸氢钠粉末主要用于抑制各种非水溶性及水溶性可燃液体、可燃粉尘及气体爆炸等；磷酸铵盐粉末除具有以上抑爆功能外，还可用于木材、纸张和纤维粉尘等爆炸抑制。在容器强度合适的条件下，磷酸铵盐粉末的动作压力选择范围较大，甚至在启动压力大于 0.01 MPa 情况下仍具有很好的抑爆效果，是抑爆效能最好的抑爆剂之一。

(4) 混合抑爆剂。

混合抑爆剂由卤代烷抑爆剂和粉末抑爆剂混合而成。主要性能特点是在对被保护容器设备进行成功抑爆后，卤代烷还能进一步起到一定的惰化效果。

5. 抑爆控制系统设计要求

在选择和设计抑爆系统时，除应考虑可燃物爆燃特性、被保护设备、检测技术、抑爆剂以及安装、操作和检验程序外，还必须确定生产工艺中存在的固有爆炸危险类型及程度，如可燃物种类、可燃物与氧化剂比例、被保护设备总体积、操作条件等。此外，抑爆系统启动还有可能会触发其他装置或系统，如快速隔离阀、快速气动传输系统刹车或泄爆口泄压等动作。

(1) 爆炸探测器。

1) 通过检测燃烧过程中压力上升或辐射能量来探测和发现初始爆炸；

2）压力上升速率检测器主要用于正常工作压力低于 87.5KPa 溉的情况；

3）在正常工作压力接近大气压力并相对固定时，应使用恒定压力上升值检测器；

4）对于与大气相通的系统应使用辐射检测器，以阻止初始阶段压力发展；

5）使用可防止遮蔽辐射能量的检测器；

6）对检测器回路应进行连续监控，当检测器回路发生故障时，监控系统能及时发出报警。

（2）电引爆器。

1）应使用电引爆器来释放抑爆剂；

2）电引爆器最大温度不得超过允许温度；

3）应不断监控电引爆器线路，当电引爆器线路发生中断时，监控系统应发出报警；

4）为使电引爆器引爆性能不偏离技术指标要求，电源使用必须可靠。

（3）电源设备。

1）各抑爆系统必须配备备用电池电源。电源设备必须具有足够的能量，以便触发所有电引爆器，启动视觉和音响报警装置；

2）电源设备必须符合国家防爆电器有关标准要求；

3）应设置监控线路，且监控线路与视觉故障信号装置联锁。

（4）抑爆剂及控制器。

1）抑爆剂必须与被保护空间中的可燃物相容；

2）抑爆剂必须在被保护空间可能出现极端温度下保持有效性；

3）控制器必须能适应工业环境温度及振动，同时还应具有较强的抗干扰能力；

4）控制器必须与强电及光电隔离。

（5）电气。

1）为防止产生感应电流，通向抑爆系统的所有线路以及系统各部位之间的所有线路都必须绝缘和屏蔽；

2）在环境条件许可的情况下，导线管应密封以防止湿潮和其他污物进入；

3）当使用导线管向多个抑爆系统布线时，各抑爆系统的导线应通过单独导线管，或使用屏蔽电缆使各系统共用一根导管。

（6）安装。

1）抑爆系统各部分必须按设计要求安装在指定位置；

2）检测器和抑爆剂喷嘴安装应尽可能避免环境和振动引起误动作；

3）抑爆剂喷嘴安装必须保证被保护空间中所有附件或设备不被损坏；

4）必须采取适当的措施以防止检测器和抑爆型释放装置因外来物积聚而不能正常工作；

5）接线柱和机械部分必须防潮和防止受到其他污染；

6）选择安装位置必须使该处温度不超过系统中部件的最大工作温度。

（7）检查与维护。

1）抑爆系统应每隔 3 个月由厂家专业人员进行彻底检查和测试；

2）净重损失超过 10% 的储存容器，必须重新进行填充或更换；

3）抑爆系统工作之后，必须对所有系统进行检查，必要时应更换零部件，并在全部工作状态恢复之前对系统进行测试。

5.1.2 爆炸的阻隔技术

爆炸阻隔(隔爆)是一种利用隔爆装置将设备内发生的燃烧或爆炸火焰实施阻隔,使之无法通过管道传播到其他设备中去的一种防爆技术措施。隔爆技术措施按作用机制不同,分为机械隔爆和化学隔爆两种类型,隔爆装置主要有工业阻火器、主动式隔爆装置和被动式隔爆装置等几种类型。工业阻火器又分为机械阻火器、液封阻火器等类型,主要用于阻隔燃烧或爆炸初期火焰蔓延;主动式隔爆装置通过传感器探测到的爆炸信号实施致动;被动式隔爆装置则依靠爆炸波本身来引发致动。[①]

1.机械阻火器的阻隔技术

(1) 机械阻火器原理。

机械阻火器,常由大量只允许气体但不允许火焰通过的细小通道或孔隙固体材料组成,当火焰进入这些细小通道后就会形成许多细小火焰流,由于通道或孔隙传热面积相对增大,火焰通过道壁时加速了热交换,使温度迅速下降到着火点以下而使火焰熄灭;另一方面,可燃气体在外界能源激发作用下,会因分子键受到破坏而产生活化分子,这些具有反应能力的活化分子发生化学反应时,首先分裂成自由基,这些自由基与反应分子碰撞几率随阻火器通道尺寸减小而下降,当通道尺寸减小到火焰最大熄灭直径时,这种器壁效应就为阻止火焰继续传播创造了条件。

(2) 机械阻火器运用场所。

机械阻火器主要应用于:输送易燃或可燃气体管道;储存石油及石油产品油罐;爆炸危险系统通风管口;加热炉中可燃气体网管;油气回收系统及内燃机排气系统等。

(3) 机械阻火的分类及基本特点。

1) 按用途分。机械阻火器按用途不同可分为隔爆型、耐烧型及阻爆轰型等几种。其中,隔爆型阻火器主要用于阻隔可燃物燃烧或爆炸火焰的传播,且能承受一定的爆炸压力作用;耐烧型阻火器主要用于阻止可燃物燃烧火焰的传播,且能承受一段时间的燃烧作用。阻爆轰型阻火器主要用于阻止可燃物从爆燃向爆轰转变火焰的传播,且能承受较大爆炸压力的作用。

2) 按结构分。机械阻火器按结构分不同又可分为金属网型阻火器、波纹型阻火器、泡沫金属型阻火器、平行板型阻火器、多孔板型阻火器、充填型阻火器、复合型阻火器、星型旋转阀阻火器。其中,金属网型阻火器阻火效果随金属网层增加而增强,但当金属网层数增加到一定值后,阻火效果增强不再显著;波纹型阻火器的阻火层由不锈钢或铜镍合金压制成波纹状分层组装而成,波纹作用是将其分隔成层并形成许多小孔隙;泡沫金属型阻火器阻爆性能好,体积小,重量轻,便于安装和置换等优点,不足是泡沫金属内部孔隙检查比较困难;平行板型阻火器易于制造和清扫,主要不足是体积较重,流阻较大,多用于煤矿和内燃机的排气系统;多孔板型阻火器较金属网型阻火器流阻更小,但不能承受猛烈的爆炸作用;充填型阻火器的阻火层介质多为金属或砾石颗粒,也可以是玻璃球或陶瓷圈,堆积充填在阻火器壳体内,利用充填颗粒之间的孔隙作为阻火通道,阻火层厚度及填充介质的粒径取决于可燃气体的火焰熄灭直径;复合型阻火器除要求具有一般阻火器性能外,还必须能承受爆轰压力的作用;星型旋转阀阻火器主要由阀壳、转子及对称旋转叶片等部分组成,由于任一时刻转子两侧均有相同

---

① 张守忠.爆炸基本原理.北京:国防工业出版社,1988

数目的旋转叶片与阀壳内表面构成熄火间隙，因此，星型旋转阀阻火器能有效起到阻止火焰传播的作用。

2.液封阻火器的阻隔技术

（1）液封阻火器基本特点。

液封阻火器以液体为阻火介质，目前广泛使用的安全水封阻火器以水为阻火介质，安装于气体管线与生产设备之间，以防止外部火焰窜入引起着火爆炸危险，或阻止火焰在设备和管 | 之间发生蔓延。

（2）液封阻火器分类。

安全水封阻火器分为敞开式和封闭式两种类型。

1）敞开式安全水封。敞开式安全水封主要由罐体、进气管、安全管、出气管及水位阀等几部分组成，因此，适用于压力较低的燃气系统。其基本工作原理为，在正常工作状态下，可燃气体从进气管进入罐内，从出气管逸出，罐内气体压力与安全管内水柱保持平衡。当火焰发生倒燃时，罐内压力将增高，由于安全管的长度短于进气管，插入水面的深度较浅，因此，安全售首先离开水面，从而使倒燃火焰被水阻隔而无法进入另一侧。

2）封闭式安全水封。封闭式安全水封主要由罐体、进气管、逆止阀、分气板、分水板、分水管、水位阀及防爆膜等几部分组成，因此适用于压力较高的燃气系统。其基本工作原理为，在正常工作状态下，可燃气体从进气管进入罐内，再经逆止阀、分气板、分水板和分水管从出气管逸出。当火焰发生倒燃时，罐内压力将增高，并压迫水面使逆止阀瞬时关闭，进气管暂停供气。与此同时，倒燃火焰气体冲破罐顶防爆膜后散发到大气中去，从而有效防止了倒燃火焰进入另一侧。需要指出的是，在火焰倒燃过程中，逆止阀只能起暂时切断可燃气源的作用，因此，当发生火焰倒燃时，必须关闭可燃气总阀，并在更换防爆膜后才能继续使用。

（3）液封阻火器的使用安全要求。

使用安全水封阻火器应随时注意水位，不得低于水位计标定位置，但也不应过高，否则，不仅可燃气难以通过，而且水还有可能随可燃气一起进入出气管。在发生火焰倒燃后，应随时检查水位并补足，而且应使安全水封保持垂直位置。

在冬季使用安全水封阻火器时，工作完毕后应把水全部排出、洗净，以免发生冻结。

在使用封闭式安全水封阻火器时，由于可燃气中可能带有黏性油质杂质，使用一段时甸后易糊在阀和阀座等处，应经常检查逆止阀的气密性。

3.主动式隔爆装置的阻隔技术

主动式隔爆装置适宜于含杂质气体输送管道中使用，其主要包括自动灭火剂阻火装置、快速关闭闸阀、快速关闭叠阀、料阻式速动火焰阻断器等几种类型。

（1）自动灭火剂阻火装置。

自动灭火剂阻火装置可在预先确定位置上切断粉尘爆炸火焰传播。自动灭火剂阻火装置的显著优点是无需关闭管道，使生产操作能继续进行，因此，主要适合在输送可燃粉尘管道尤其是狭窄管道中使用。爆炸发生时，通过火焰探测器探测到爆炸火焰信号，经放大后引爆灭火剂储罐出口活门雷管，喷出灭火剂以扑灭管道内火焰，使爆炸火焰得以阻隔。

（2）快速关闭闸阀。

快速关闭闸阀是以快速电磁阀为动力源的快速关闭闸阀已得到广泛应用。其基本工作原理为：当探头探测到爆炸信号后，通过雷管爆炸来开启储气罐活门，喷出高压气体，推动闸板迅速关闭管道，阀门关闭时间一般只需 50ms。

(3) 快速关闭叠阀。

快速关闭叠阀基本工作原理为：储气罐活门被放大后爆炸信号开启后喷出高压气体，通过推动闸板快速转动实现管道封闭，从而使火焰传播得到阻隔。因此，在储气罐压力相同条件下，快速关闭叠阀响应速度要比快速关闭闸阀更快，完全封闭管道所需时间一般为 30ms。

(4) 爆发制动塞式切断阀。

爆发制动塞式切断阀本体内腔呈圆锥形，腔内切断机构是一个截锥形寨，上部凸缘起密封作用。当关闭信号输入时，发火药包爆发，凸缘在爆发气体压力作用下被剪断，锥形塞堕人锥形阀座堵死通道，使进出口通道与发火药包隔断。锥形塞应采用塑性材料制作，使锥形塞能同时隔断进出管口和爆发腔。通常情况下，爆发制动塞式切断阀动作速度要快于垂锤式切断阀。

(5) 料阻式速动火焰阻断器。

料阻式速动火焰阻断器基本工作原理为，当有电脉冲输入时，发火药包受触发爆发，爆发气体迅速冲破膜片，将粒状物料往下压，支撑板受粒状物料压力作用向下弯曲，将阻断器进出口堵住，粒状物料随即将阻断器腔膛填实。因此，这种火焰阻断器在发生动作后虽不能把管路截然堵死，却能完全阻止火焰通过和蔓延。料阻式速动火焰阻断器主要用于阻隔蒸气、气体、空气混合物输送管道中产生的火焰。

4. 被动式隔爆装置的阻隔技术

被动式隔爆装置主要包括自动断路阀、芬特克斯活门、管道换向隔爆装置。

(1) 自动断路阀。

自动断路阀主要由阀体和切断机构组成。其阀体带有进、出口短节，切断机构由驱动和换向构件构成，换向构件由传动件和换向滑阀组成，换向滑阀借助弯管将驱动机构本体内腔与阀体内腔连通或与大气相通。

自动断路阀基本工作原理为：在正常情况下，阀芯与阀座相互脱离，活塞压住弹簧，本体内活塞上方空间经弯管及换向滑阀与阀体内腔连通，进入通道的工艺介质从阀杆一侧向活塞施加压力，使弹簧处于压缩状态，断路阀处于开路状态。而当工艺管线内压力下降到一定程度后，在弹簧弹力作用下将活塞顶起，将工艺介质从本体内腔中挤出，从而使切断机构处于闭路状态。当爆炸发生时，传动件带动换向滑阀动作，使活塞上方空间与大气连通，压力急速下降，断路阀随即关闭。排除事故后，利用套在螺杆上的螺母打开断路阔，使换向滑阀复位，待工艺管线压力恢复正常后，再将螺母拧至最低位置，断路阀重新处于动作前的状态。

(2) 芬特克斯活门。

芬特克斯活门是一种常用隔爆安全装置。其基本工作原理为：当管道中出现爆炸压力时，活门迅速自动闭合，以阻止爆炸从两个方向传播。芬特克斯活门必须水平安装，最小动作压力为 0.01MPa，活门闭合处弹簧爪钩与制动装置衔接，并封闭内部气门座。当阀门动作处于闭合状态时，可通过松开外部控制按钮使之重新回到中间位置，阀门闭合到位后可利用电气脉冲触点发出关闭信号。由于活门闭合动作机构需一定压力，如果爆炸压力小于安全机构最小动作压力，则不能对爆炸传播起阻止作用。为了使爆炸不向不抗压范围传播，活门安装位置应与容器内可能发生爆炸的地点相距几米。若采用泄压防护措施，为确保活门可靠动作，则泄压装置静止动作压力必须高于活门最小动作压力。当然，活门动作也可以采取外部控制方式，这样活门就可安装在爆炸区域任意部位。

(3) 管道换向隔爆装置。

管道换向隔爆装置主要由进口管、出口管和泄爆盖等几部分组成。装置基本工作原理为：气体在进口管和出口管之间流动方向发生 180℃ 或 900℃，当爆炸火焰从进口管进入时，在惯性向前传播效应作用下，泄爆盖被爆开，大部分火焰被泄掉，少部分火焰则从出口管流向保护容器。通常这部分火焰也会很快被熄灭，但此时必须注意“吸火”现象，即利用负压将可燃气体或粉尘由进口管吸入出口管时，即使爆炸火焰被大部分泄掉后仍有可能被吸入出口管并传入其他设备。因此，为保证隔爆安全，管道换向隔爆装置最好与自动灭火装置联合使用。

5.1.3　爆炸的泄压技术

1. 爆炸泄压的特点

爆炸泄压是指在可燃气体(粉尘)/ 空气混合物发生爆炸的初始及发展阶段，通过在包围体上人为开设泄压口的方法，将高温、高压燃烧产物和未燃物料朝安全方向泄放出去，使包围体本身及周围环境免遭破坏的一种爆炸防护技术措施。

爆炸泄压技术措施因成本低和易于实现等显著优点而得到广泛应用，但与其他防爆技术措施一样，也存在某些应用局限，如泄爆技术措施只适用于爆燃情况，对于爆轰或因外部火焰或暴露在其他火源中产生过大内压的包围体，以及有毒、腐蚀性物质和火炸药等爆炸情况则不适用。

2. 泄爆设计的相关参数

泄爆设计相关参数主要包括混合物爆炸指数 K_{max} 或粉尘爆炸等级、泄爆压力及压力上升速率、泄压口开启压力、泄爆最大火焰长度、泄爆口外爆炸压力以及泄爆反坐力等几个方面，其中前 3 个参数主要用于选择和利用诺谟图或回归公式计算泄爆面积和进行包围体强度设计，后 3 个参数则主要用于包围体支撑结构强度设计和确定泄爆安全距离。①

(1) 爆炸指数 K_{max} 及粉尘爆炸等级。

爆炸指数 K_{max} 是表征可燃气体或粉尘 / 空气混合物爆炸猛烈程度的重要参数，K_{max} 值越大，表明爆炸越猛烈，泄爆面积要求越大。此外，按粉尘爆炸指数 K_{max} 值大小，还可将粉尘划分为 $St1$，$St2$，$St3$ 等三个等级。同时，由于爆炸性混合物在不同测试条件下的爆炸特性参数测试数据有时差异较大，因此，在泄爆设计之前最好将试样送往专门机构进行测定。

(2) 泄爆压力及压力上升速率。

在泄爆过程中，包围体内爆炸压力因泄爆而下降，同时又因爆燃继续而升高，两方面综合作用效果导致包围体内泄爆压力及压力上升速率均下降。在爆炸物所有浓度范围内，泄爆压力及压力上升速率值中最大值称为最大泄爆压力 p_{red} 最大泄爆压力上升速率(dp/dt)。

(3) 泄压口开启压力。

泄压口开启压力 p_{stat} 越低，泄爆装置动作越早。因此，当泄压面积一定时，低开启压力下泄爆压力相对较小；当泄爆压力一定时，则低开启压力下所需泄压面积较小，但开启压力不能太

① 王海福，冯顺山. 防爆学原理. 北京：北京理工大学出版社，2004

小，否则易受外界因素干扰。此外，泄爆盖质量越大，惯性越大，开启时间也越长。

(4) 泄爆最大火焰长度。

对于 $St1$,$St2$ 级粉尘 / 空气均匀混合物，在 $p_{red} \leqslant 0.1$MPa，且包围体为立方体条件下，最大火焰长度与包围体容积之间存在如下经验关系：

$$L_{F,E} = 8V_S^{0.3} \tag{5-1}$$

式中：$L_{F,E}$—— 粉尘均匀分布下最大火焰长度，m；

V_S—— 立方形包围体容积，m^3。

对于 $St1$,$St2$ 级粉尘 / 空气非均匀混合物，最大火焰长度随立方形包围体容积($V_S \geqslant 10m^3$)

增大而减小，且存在如下经验关系：

$$L_{F,1} = 15V_S^{-0.25} \tag{5-2}$$

式中：$L_{F,1}$—— 粉尘非均匀分布下最大火焰长度，m。

(5) 泄爆口外爆炸压力

对于 $St1$ 级均匀粉尘云，当 $P_{red} \leqslant 0.1$MPa，且 $P_{stat} \leqslant 0.01$MPa 时，泄爆口外最大压力出现在距立方形设备或容器外 0.25 倍最大火焰长度处，经验估算公式如下：

$$P_{max,a} = 0.02P_{red} \cdot A_V^{0.1} \cdot A_S^{0.18} \tag{5-3}$$

式中：$P_{mas,a}$—— 泄爆口外爆炸压力，KPa

A_V—— 泄爆口(泄压) 面积，m^2；

V_s—— 包围体容积，m^3。

在泄爆口外其他位置处，爆炸压力可按下式经验公式来估算：

$$P_a = 0.0125P_{max,a} \cdot (L_{F,E}/r)^{1.5} \tag{5-4}$$

式中：P_a—— 为泄压口外某一距离处的爆炸压力，KPa；

r—— 距泄爆口的距离，m。

(6) 泄爆反坐力

最大泄爆反坐力及持续时间按以下经验公式估算：

$$F_{r,max} = 1190 \cdot A_V \cdot P_{red} \tag{5-5}$$

$$t_F = \frac{0.01K_{max} \cdot V_s^{1/3}}{p_{red} \cdot A_V} \tag{5-6}$$

按式(5 — 5) 求得泄爆反坐力后，应将其换算为当量静载荷，即：

$$F_{eq} = \alpha_d \cdot F_{r,max} \tag{5-7}$$

式中：$F_{r,max}$—— 最大后坐力，kN；

t_F—— 后坐力持续时间，s；

F_{eq}—— 当量静载荷，kN；

α_d—— 动载荷系数，一般可取 0.52 ～ 1.60，主要取决于 t_F/T，T 为包围体自振周期。

(1) 泄爆设计的技术措施及原则。

在进行泄爆设计时，应根据现场情况确定是否必须且可以采用泄爆技术措施，这也是一个从泄爆技术自身应用局限的角度对泄爆方法进行复审的过程。当确定了可以采用泄爆技术措施后，则按相关原则进行泄爆面积计算方法选择、包围体强度设计、泄爆位置及其布局确定及泄爆装置选择等。

(2) 泄压面积计算。

泄压面积计算是采用泄爆技术措施安全和经济与否的关键，也是泄爆设计的核心环节。如果泄压面积过小，则最大泄爆压力会超过包围体设计强度，导致包围体破坏。泄压面积过大，不仅不经济，而且泄爆口往往无处设置。一般来说，泄压面积计算方法选择应遵循以下原则：

1) 根据包围体强度要求，确定采用高强度或低强度包围体泄压面积计算方法。其中，高强度包围体要求能承受最大泄爆压力 $p_{red} > 0.01$MPa；否则，按低强度包围体泄压面积设计。

2) 可燃气体泄压面积计算，采用气体泄爆诺谟图或泄压面积经验回归公式。

3) 可燃粉尘或混杂物泄压面积计算，采用粉尘泄压诺谟图。若粉尘爆炸指数 K_{max} 已知，则泄压面积按 K_{max} 诺谟图确定；否则，按粉尘爆炸等级诺谟图来确定。

(3) 包围体强度设计。

包围体内发生爆炸作用于壁面的是一种动载荷，但在允许包围体有少量非弹性变形而不会引起破裂的情况下，可以将爆炸峰值超压作为静载荷来应用。一般来说，包围体强度设计安全水平可以分为以下两种情况：

1) 抗压安全水平设计，即不允许设备发生塑性变形的包围体强度设计；

2) 抗爆安全水平设计，即允许设备发生一定永久性变形的包围体强度设计。

包围体抗压设计与抗爆设计的主要区别在于，前者要求设备能长期承受最大爆炸压力作用而不产生永久变形，后者则要求最大允许应力不得超过包围体屈服强度极限。脆性材料抗压设计的最大允许应力不得超过极限抗拉强度的25%，其他情况下取值则不得超过极限抗拉强度的2/3。对于弱包围体泄爆设计，包围体抗压强度至少应超过最大泄爆压力2.4KPa。当包围体内初始压力不超出大气压0.02MPa时，可以按大气压来处理，否则，最大泄爆压力与初始压力成正比。另外，对于不允许开设足够大泄压面积的情况，则可以通过提高包围体强度的方法来减小对泄压面积的要求。

(4) 泄爆装置选择及设计。

1) 对于无保温、保湿要求的包围体，采用无覆盖物的敞口泄爆装置效率最高，其次是百叶窗；对于密闭性及开启压力要求严格、操作压力高、泄爆频率不大的包围体，则采用爆破片或泄爆门比较适宜；

2) 泄爆盖面密度一般不应超过10 kg/m^2，但在有风环境下使用时，为避免被外面风力吸开，爆盖面密度有时可达97 kg/m^2，在强风暴地区甚至可增大到146 kg/m^2；

3) 泄爆门应设计和安装成能自由转动，以不受其他障碍物的影响为宜；

4) 泄爆口应设置栏杆，以免行人掉入；

5) 避免积雪结冰改变泄爆门的开启压力。

(5) 泄爆位置及布局。

1) 爆口应尽可能接近可能产生点火源的地方；

2) 泄爆口应朝向安全区域，以免泄爆引起伤人和点燃其他可燃物；

3) 泄爆口应尽可能设置在包围体的顶部或上部，侧面泄压应避免使用玻璃；

4) 泄爆口布局应均匀，最好对称开设，以消除反坐力影响。

4. 泄爆装置的设计要求与分类

(1) 泄爆装置的设计要求。

泄爆装置选择应以生产要求密封程度、设备压力高低、泄爆频率大小、易腐蚀或老化程度以及使用年限、温度、安装位置等为依据；对于无保温、保湿等要求的建筑物，选用无覆盖物敞口泄压效率最佳，百叶窗次之；当密闭和开启压力要求很严、设备较易腐蚀、高压、泄爆频率不大时，选用泄爆膜为宜，否则，应选用泄爆门式装置。泄爆装置设计必须满足如下要求：开启压力准确可靠；起动惯性小；开启时间尽可能短；避免冰雪、杂物覆盖和腐蚀等因素引起实际开启压力增大；确保安全泄放，避免爆炸装置碎片和高压喷射火焰对人员和设备造成危害；防止泄爆后包围体内产生负压，使包围体受到破坏；防止大风流过泄压口时吸开泄爆盖等。

(2) 泄爆装置的分类。

泄爆装置分敞开式和密封式两大类，其中敞开式泄爆装置主要包括全敞开式(SCK)、百叶窗式(SBY) 及飞机库式门(SFM) 等三类；密封式泄爆装置则包括爆破膜式和爆破门式两类，其中爆破膜式又可分为泄爆膜(SBM) 和爆破式(SIP) 两类，爆破门式则包括重型爆破门(SZM) 和轻型爆破门(SQM) 两类。此外，按泄爆装置作用方式不同又可分为从动式与监控式两类，前者依靠爆炸波冲开泄爆装置，后者则依靠自动控制系统触发开启泄爆装置。

标准敞口泄爆孔。标准敞口泄爆孔是一种无阻碍无关闭物的泄爆孔口，适用于不要求全封闭的设备或房间。当可以不考虑恶劣气候、环境污染或物料损失等条件时，最好采用敞口泄压孔。

爆破膜式泄爆装置。爆破膜式泄爆装置主要特点是以膜或片状材料为泄爆关键部分，在相同泄压面积下，开启压力大小取决于膜或片的抗拉强度和厚度。泄爆膜是一种用框固定在包围体上的廉价泄爆装置。爆破片则是一种在泄爆膜上刻有沟纹的泄爆装置，爆炸时泄爆膜沿沟纹迅速破裂打开，具有开启压力误差小、开启时间短等特点。爆破膜式泄爆装置具有泄爆效率高，开启压力误差小等优点。不足在于爆破膜不能重复使用，爆炸后更新过程往往需要停机；不能自动关闭，爆炸后空气从泄爆口进入设备，导致粉尘继续燃烧；泄爆膜需要定期更换，否则会使开启压力降低。导致过早泄爆而影响生产。

泄爆门。泄爆门是一种可永久性反复使用，泄爆效率高，能自动关闭以及开启压力误差较小的泄爆装置。泄爆门一般分为轻型(包括泄爆板、泄爆门和管道泄爆门) 和重型(包括泄爆瓣阀和管道泄爆瓣阀) 两种类型。控制泄爆开启压力的关键部件是夹紧机构转动、松动或断裂，另外，与泄爆门的惯性也有一定关系。泄爆门开启压力的大小主要取决于夹紧机构的调整和变换。

5.2 爆炸防护材料的应用技术

5.2.1 金属材料及其应用

1. 金属材料的概述

金属是指“在常温压下，在游离状态下呈不透明的固体状态，具有光泽和延展性，可以对其进行机械加工的电和热的良导体”。金属一般较硬，但软的也很多。它可分为轻金属和重金属。

其中，轻金属的密度小，大概在4g/cm³以下，如铝、镁、铍等。重金属是指比重大于5的金属，包括金、银、铜、铁、铅等，重金属在人体中累积达到一定程度，会造成慢性中毒。

在元素周期表中有85种金属元素，除汞是液体之外，常温常压下的所有金属都是固体。金属由金属键构成，金属里具有自由电子，因而表现出良好的导电性、导热性，同时金属的熔点都比较高，通常具有一定的刚韧性。现实生活中，金属一般是以单质或合金两种形式加以应用。在空气中，性质稳定的金属（如铁、铜、铝等）通常被加工制造成各种形状的设备和零件，有时则被制成金属粉屑，如金粉（铜粉）、铝粉（银粉）等；而性质活泼的金属则要特殊保存，如K、Na一般保存在煤油中。

金属材料主要是指合金。所谓合金，就是包含两种以上的化学元素的具有金属特性的物质，其中至少有一种元素是金属。合金，随着其成分种类及量的变化，可以获得单一纯金属所不具备的优良特性。铁里加碳元素，就可以得到碳素钢，这个钢就是合金。

2.金属的燃烧形式

金属的燃烧形式主要可以分为蒸发燃烧和表面燃烧。

(1) 金属的蒸发燃烧。

低熔点活泼金属如钠、钾、镁、钙等，容易受热熔化变成液体，继而蒸发成气体扩散到空气中，遇到火源即发生有焰燃烧，这种燃烧现象称为金属的蒸发燃烧。发生蒸发燃烧的金属通常被称为挥发性金属。实验证明，挥发性金属沸点较其氧化物熔点要低（钾除外），如表5-4所示。所以在燃烧过程中，金属固体总是先于氧化物被蒸发成气体，扩散到空气中燃烧，而氧化物则覆盖在金属的表面上；只有当燃烧温度达到氧化物的熔点时，固体表面的氧化物才会变成蒸气扩散到气相燃烧区，在与空气的界面处因降温凝聚成固体微粒，从而形成白色烟雾。因此，生成大量氧化物白烟是金属蒸发燃烧的最明显特征。

表5-4 挥发性金属及其氧化物的性质(℃)

金属	熔点	沸点	燃点	氧化物	熔点	沸点
Li	179	1370	190	Li_2O	1610	2500
Na	98	883	114	Na_2O	920	1277
K	64	760	69	K_2O	527	1477
Mg	651	1107	623	MgO	2800	3600
Ca	851	1484	550	CaO	2585	3527

(2) 金属的表面燃烧。

像铝、铁、钛等高熔点金属通常被称为非挥发性金属。非挥发性金属的沸点比其氧化物的熔点要高，如表5-5所示。所以在燃烧过程中，金属氧化物总是先于金属固体熔化变成气体，使金属表面裸露与空气接触，发生非均相的无焰燃烧。由于金属氧化物的熔化消耗了一部分热量，减缓了金属的氧化燃烧速度，固体表面呈炽热发光现象，如氧焊、电焊、切割火花等。非挥发性金属的粉尘悬浮在空气中可能发生爆炸，且无烟生成。

表 5-5　非挥发性金属及其氧化物的性质(℃)

金属	熔点	沸点	燃点	氧化物	熔点	沸点
Al	660	2500	100	Al_2O_3	2050	3527
Si	1412	3390	—	SiO_2	1610	2727
Ti	1677	3277	300	TiO_2	1855	4227
Zr	1852	3447	500	ZrO_2	2687	4927

3. 金属燃烧的特点

国家权威机构曾对 85 种金属燃烧做过实验，实验表明 85 种金属元素几乎都会在空气中燃烧。金属的燃烧性能不尽相同，有些金属在空气或潮气中能迅速氧化，甚至自燃；有些金属只是缓慢氧化而不能自行着火；某些金属，特别是 Ⅰ A族的锂、钠、钾，Ⅱ A族的镁、钙，Ⅲ A族的铝，还有锌、铁、钛、锆、铀、钚在片状、粒状和熔化条件下容易着火，属于可燃金属，但大块状的这类金属点燃比较困难。

有些金属如铝和钢，通常不认为是可燃物，但在细粉状态时可以点燃和燃烧。金属镁、铝、锌及其合金的粉尘悬浮在空气中还可能发生爆炸。

还有些金属如钠、钚、钍，它们既可以燃烧，又具有放射性。在实际运用上，放射性既不影响金属火灾，也不受金属火灾性质的影响，使消防复杂化，而且造成污染问题。在防火中还需要重视某些金属的毒性，如汞。

金属的热值较大，所以燃烧温度比其他材料的要高(如 Mg 的热值为 25080kJ/kg，燃烧温度可高达 3000℃ 以上)。大多数金属燃烧时遇到水会产生氢气引发爆炸，还有些金属(如钠、镁、钙等) 性质极为活泼，甚至在氮气、二氧化碳中仍能继续燃烧，从而增大了金属火灾的扑救难度，需要特殊灭火剂如三氟化硼、7150 等进行施救。

4. 熔融金属水蒸气爆炸实验

(1) 爆炸原理。

高温熔融金属与水接触作用机理包括以下几个方面：

第一，水受热迅速汽化，体积骤增，引起容器内压力迅速增加而导致爆炸。

第二，高温熔融金属与水接触使水发生分解产生 H_2 和 O_2，扩散作用导致气体爆炸。例如：

$$2H_2O \xrightarrow{>1600℃} 2H_2 + O_2$$

第三，熔融金属与水蒸气发生化学反应放出氢气，而氢气在 400℃ 以上温度条件下则会发生爆炸，因此，熔融金属与水作用产生氢气、氢气自燃爆炸两过程同时进行。

由此，高温熔融金属遇水爆炸过程可描述为：熔融金属在水中易下沉分散迅速微粒化，促使大量水沸腾；水分解产物氢与氧发生爆炸；金属与水起化学反应产生氢气引起自燃爆炸。以上三方面综合作用使熔融金属与水接触发生强烈爆炸，其中又以熔融金属微粒化作用机理最重要。

(2) 熔融金属微粒化作用。

蒸气爆炸一般在 0.1ms 到数毫秒内完成，因此，如此迅速的蒸气爆炸必然要从高温向低温快速热转移。简单的两种液体之间的热转移速率可表述为

$$\dot{q}=hA\times\Delta T \tag{5-8}$$

式中：$\dot{q}$—— 两种流体之间的传热速率，J/s；

h—— 传热系数，$W/(m^2 \cdot K)$；

A—— 接触面积，m^2；

ΔT—— 两种液体的温度差，K。

上式表明，若要增大 $\dot{q}$ 值，必须增大 h 或 A 或 ΔT。不过，ΔT 过大会导致膜沸腾，即使在沸腾曲线中使 $\dot{q}$ 值达到极大，由于爆炸在数毫秒内完成，h 值也不大。也就是说，必须增大接触面积 A，才能使 g 值增大。因此，研究两种液体相互作用形成微粒化混合以增大接触比表面积尤为重要。熔融金属与水接触微粒化机理主要体现在以下几个方面。

第一，熔融铝水中爆炸试验表明，水浅时易发生爆炸，如果熔融铝温度很高，则即使在深水中也能发生爆炸，熔融铝水中能发生爆炸的熔融铝温度与水深关系如图 5-1 所示。如果在入水处安装金属网，当熔融铝从格网上注入时，因铝块变小，即使与水接触也不会爆炸；如果在盛水容器底部涂上油或涂料，也未发现爆炸现象。这是因为，一定块度熔融铝投入水中后，铝块与容器底部之间形成一层水膜，使水发生沸腾膨胀。进一步实验表明，如果将 1k 温度为 400 ～ 700 ℃ 铝放入水中，水量控制在 2 ～ 70mL 之间，则爆炸时铝温度与水量关系如图 5-2 所示。

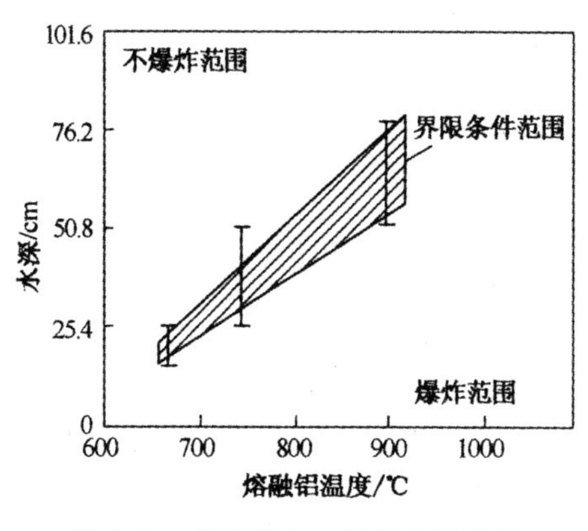

图 5-1 熔融铝水中爆炸实验结果

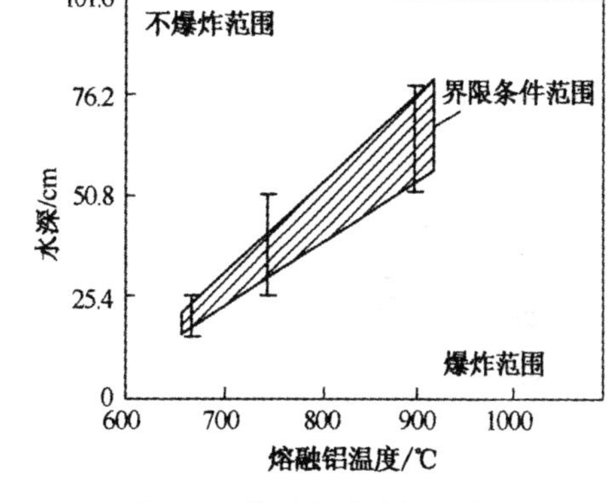

图 5-2 熔融铝水中爆炸条件

第二，在高温下，熔融金属与水接触以膜沸腾形式传递热量，随着温度降低，二者接触便进入迁移沸腾区而引起急剧沸腾。高速摄影试验表明，当熔融铅、锡、铋、锌、铜、铝、汞等投入水中时，表面极不稳定，而且有少量水包裹在金属内，被包裹的水因过热而急剧沸腾，这种熔融金属微粒化过程称之为伴同机制。

第三，高速摄影实验表明，熔融铅和铝投入水中不会引起迁移沸腾，并提出了壳层理论，即当熔融金属块与水接触后，在快速热传导作用下金属表面生成一层固化壳体，而金属内部则因冷却作用致使密度增大，收缩形成壳内空间，并通过疏松壳体吸入水。吸入内部的水因汽化作用形成高压，使壳层薄弱部分遭到破坏，熔融金属向外挤出，从而产生熔融金属微粒化效应。

综上所述，当熔融金属投入较大一部分后，通过骤冷粉碎后分散，扩大了比表面积，将热量传递到水中，在极短时间内使水温达到 100℃ 以上，由于过热急剧汽化成大量高温、高压水蒸气，使水向四周激烈飞散，在空气中形成冲击波，造成设备、建筑物破坏等事故发生。

5. 拉伸实验

通过进行金属材料的拉伸试验可以知道，拉伸试验机可以自动记录拉伸力和与应力相对应的伸长量。把这个被自动记录下来的曲线就叫做应力曲线。有时叫做载荷与伸长量曲线，正确地说不是载荷，应该是应力。

载荷除以试样平行部的初始横截面积所得就是应力。伸长量直接可以叫做变形量。当然，它们的单位是不同的。

如图 5-3 所示，在曲线中，曲线的右端即终点就是试样断裂处。右侧的长线说明到断裂为止其变形较充分。铸铁几乎没有伸长量，铜的伸长量就较大。而这个延伸到上方的曲线，说明必须加大拉伸力，试样才能伸长到侧边位置。也就是说，拉伸力小时几乎没有变形。下方的曲线向右延伸较长，说明在小拉伸力下其变形较充分。

对比可知，钢材的抗拉能力最强。图 5-4 为软钢材的应力曲线图。在图 5-4 的左端有一条大角度直线。这一段拉伸力和伸长量成正比，加 2 倍的力量就伸长 2 倍。所以，在应力曲线上体现为直线。把这个比例变化部分的上限点 P 就叫做比例极限。

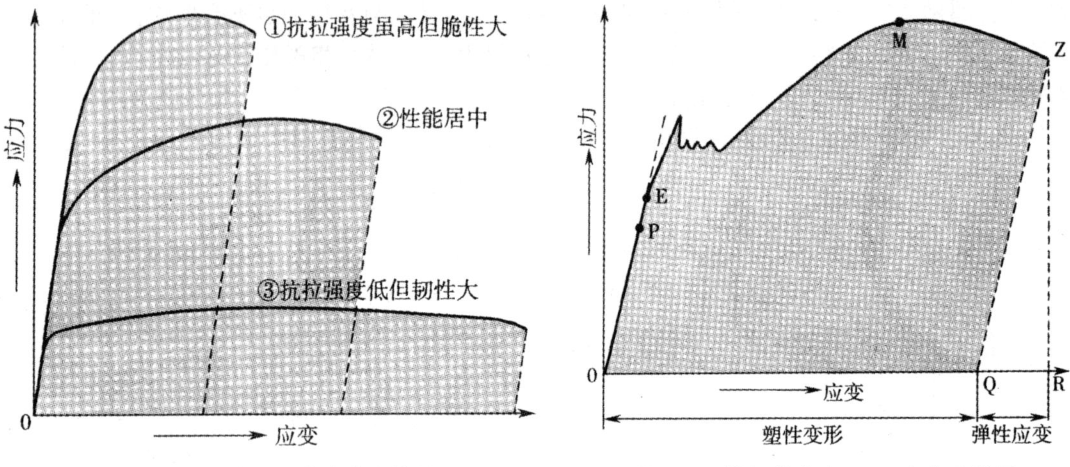

图 5-3　材料、应力和应变曲线的关系　　　图 5-4　软钢的应力——应变曲线图

比例极限的上部不远处就有弹性极限 E。这是卸去拉伸力试样就恢复原状的极限点。E 点为止，只要卸去拉伸力，试样的变形就能完全恢复到原样。一般情况下比例极限和弹性极限很接近，实际上可以认为是一样的。

过了弹性极限继续拉伸，试样继续伸长，但此时即使卸掉拉伸力变形也恢复不了。虽然只是一定量，但已成为永久变形了。再到一个极限时，应力突然下降，而且试样快速伸长。这个极限点就叫做屈服点。随着拉伸力的逐步加大，试样也相应伸长，但应力却不变大。试样的伸长量超过拉伸力相应的量后，应力就下降。

软钢的屈服点很明显，而非铁金属和硬钢的屈服点就不明显。因此，以超出弹性极限卸去拉伸力后永久伸长量达到 0.2% 点的应力代替屈服强度。用这种参数来衡量金属的使用性能，即应力超过屈服强度的金属不可用，伸长量达到 0.2% 的金属已不能满足使用要求。

拉伸超过屈服强度即规定残余伸长应力时试样还可以伸长，且拉伸力达到最大点(M)，就是抗拉强度。过了这个点之后试样就会断裂。这个抗拉强度点和断裂点随着金属的变化而变化。

典型的应力曲线的例子如图 5-5 所示。图中带颜色部分的面积，表示为这个金属拉伸到断裂为止所做的功。在很小的拉伸力下伸长量却很大的材料，说明它有延展性；而在很大的拉伸力下还不伸长的材料，说明它有脆性。居这中间，即耐力又有一定的伸长量的，就是有韧性的材料。

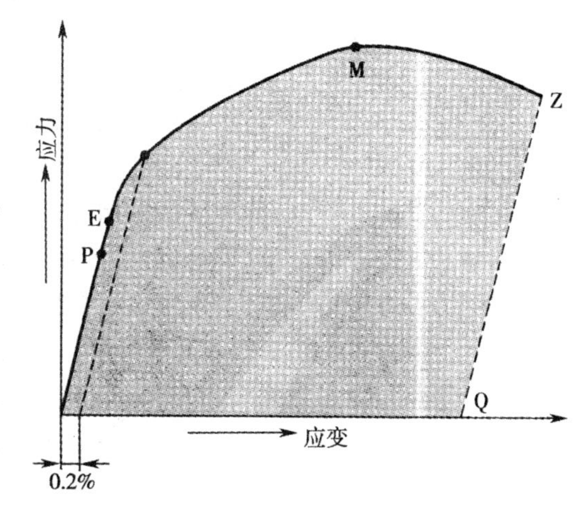

图5-5　中碳钢的应力—应变曲线图

6. 压力容器用钢的基本要求

压力容器用钢板较为严格，其要求较高的强度，良好的塑性，韧性，制造性能，以及与介质的相容性。

(1) 化学成分。

含 C 量 $\leqslant 0.25\%$，C 含量高，使强度增加，可焊性变差，加入 V，Ti，Nb 可提高强度和韧性 S.P 有害元素，S— 降低塑性和韧性，P— 增加脆性(低温脆性)。

压力容器用钢，S.P 含量 $< 0.02\%$，0.03% 因为硫能促进非金属夹杂物的形成，使塑性和韧性降低。磷能提高钢的强度，但会增加钢的脆性，特别是低温脆性。将硫和磷等有害元素含量控制在很低水平，即大大提高钢材的纯净度，可提高钢材的韧性、抗中子辐照脆化能力，改善抗应变时效性能、抗回火脆性性能和耐腐蚀性能。因此要严格控制 S.P 的含量。

(2) 力学性能。

力学性能主要指：强度、韧性和塑性变形能力，力学性能不仅与钢材的化学成分，组织结构有关且与所处的应力状态和环境有关。

强度判据：σs，σb，持久极限(强度)σD，蠕变极限 σn 和疲劳极限 $\sigma - 1$；

塑性判据：延伸率 $\delta 5$，断面收缩率 φ；

韧性判据：冲击吸收力 AKV，韧脆转变温度，断裂性设计时，力学性能判据可从相关规范标准中查到，实际使用时，除要查看质量证明书外，有时还要对材料进行试验。

(3) 制造工艺性能。

制造中冷加工，要求钢材有良好冷加工成型性能和塑性，延伸率 $\delta 5$ 应在 $15\% \sim 20\%$ 以上。

良好可焊性是一项重要指标。可焊性主要取决于化学成分，影响最大是含碳量，各种合金之素对可焊性度有不同程度的影响，常用碳当量 Ceg 表示，国际焊接学会推荐公式：

$$\mathrm{Ceg} = \frac{\mathrm{Mn}}{6} + \frac{\mathrm{Ni} + \mathrm{Cu}}{15} + \frac{\mathrm{Cr} + \mathrm{Mo} + \mathrm{V}}{5}$$

元素符号表示该元素在钢中的百分含量一般认为：Ceg＜0.4％可焊性优良，Ceg＞0.6％可焊性差，我国对此尚无规定。

（4）使用材料。

钢材形状可以使用：钢板、钢管、钢棒、钢丝、锻件、铸件等；压力容器使用的钢材主要是：板材，管材和锻件。按化学成分分，可分为碳素钢、合金钢。

1）碳素钢。碳素钢对化学成分没有限制，充其量控制磷（P）、硫（S）等有害杂质而已。有限制的只是它的力学性能，即强度。而它的主要性能就用抗拉强度表示。例如，在碳素钢里可以说是最主要的 SS41 就是指抗拉强度为 $41kgf/mm^2$ 以上的钢材。但在保证这个强度的基础上，还要抑制影响低温脆性的磷（P）、影响红热瞻性的硫（S）等使钢材变脆的杂质的含量，因此，它的 P 和 S 的含量有上限限制。

2）合金钢。合金钢一般比碳素钢硬度高，韧性大，只要切削就可以知道。若在工作传票上见到合金钢牌号的材料，一定要注意它的切削速度。只是加工后一般都进行淬火处理，所以进行粗加工就可以。还有因为它是结构用合金钢，所以它的锻件和铸件比较多。

7. 防爆容器用钢

防爆容器从最初的单层结构形式发展到多层结构形式，从单一金属材料发展到金属复合材料并用的形式。防爆容器用钢要求具有耐热性和耐蚀性。耐热性钢具有两个特点：一是即使到了高温，材料的强度也不变低；二是材料的表面很稳定，不随环境的变化而发生变化。因为随着温度的上升，普通材料容易和空气中的氧结合而造成尺寸发生变化，使表面粗糙度值变粗。

5.2.2 非金属材料及其应用

1. 非金属防护材料概述

非金属防护材料是以纤维为增强材料的树脂基复合材料，用它制成的防护装甲，质轻、防护性能好。早期用来制备防护装甲的纤维材料主要是尼龙纤维、玻璃纤维，后来又发展了碳纤维、石墨纤维、芳纶纤维和聚乙烯纤维。近年来应用最多的是防弹防爆性能较好的芳纶纤维和超高分子量聚乙烯（UHMWPE，简称 PE）纤维，如图 5-6、图 5-7 所示。

图 5-6 芳纶布

图 5-7 PE 布

芳纶纤维复合材料在国内的研究与应用已经历了近二十年，发展速度较快，距世界先进水平的差距正在进一步缩小。芳纶纤维是 70 年初商品化的，当时美国杜邦公司独家生产，现已系列化。80 年代末北爱尔兰、90 年代初日本也开始生产芳纶纤维。美国杜邦公司的产品主要有：kevlar－29、－49、－68、－100、－119、－129、－149 和 kevlar M/S。芳纶复合材料具有轻质、高强的特点，有着较高的比强度和比模量，耐疲劳性能和抗蠕变性能优异，断裂韧性良好，高拉伸性，良好的耐冲击性、抗切割性，良好的应力分布和耐高温性，特别是在受冲击情况下显示出的抗纵向撕裂性能，使芳纶纤维显示出优良的防弹性能。

1986年美国联合信号公司得到荷兰DSM公司专利许可后，开始以Spectra为商标生产一种比芳纶纤维强度更高的纤维——PE纤维，提高了材料的防弹能力，加速了防弹材料向轻量化、舒适化的方向发展，成为当今极富竞争力的防弹纤维，用这种纤维材料制成的防弹背心在保持与凯芙拉制品同样防护性能的条件下，重量可减轻1/3。

2. 非金属防护材料性能比较

(1) 物理性能比较。

表5-6是几种非金属防护纤维的物理性能比较。

表5-6 非金属防护纤维物理性能比较

性能指标	密度 (g/m³)	断裂强力 (g/D)	拉伸模量 (g/D)	断裂伸长率 (%)	比强度	比模量	分解温度/熔融温度(℃)
UHMWPE纤维	0.97	36.0	1250	3.5	4.14	146	130(85℃热变形)
芳纶纤维	1.44	26.0	800	5	1.33	60	500
碳纤维	1.81	22.0	1500	1.2	0.97	73	3700
S玻璃纤维	2.5	20.0	360	2.6	0.74	14	825

如表5-6所示，UHMWPE纤维在非金属防护纤维中强度最高，模量仅次于碳纤维，断裂伸长率高，由于密度小，比强度、比模量在所用纤维中是无可比拟的。UHMWPE纤维的主要缺点是耐热性差，其分解温度为130℃，但在85℃左右就会发生热变形，这种性能影响了UHMWPE纤维在高温环境下的使用；此外，UHMWPE纤维结构具有化学惰性，表面极性低，在复合材料制造中难与树脂浸润，粘结性能差。

芳纶纤维在四种非金属防护纤维中密度较小，强度、模量较大，因此，其比强度、比模量相对适中。芳纶纤维的分解温度约500℃，其耐高温性能较好。碳纤维的分解温度最高，但其断裂伸长率较小。S玻璃纤维(高强玻璃纤维)有较高的熔融温度，其断裂伸长率是四种纤维中最高的，但较大的密度、较小的强度和模量导致其比强度和比模量较小。

(2) 材料特性比较。

表5-7为几种非金属防护纤维的特性比较

表5-7 非金属防护纤维特性比较

相关指标	耐冲击性能	脆性	耐腐蚀性能	加工难易程度	价格	其它特性
UHMWPE纤维	较好	小	较好	较易	较高	耐切割、抗紫外线辐射、耐摩擦
芳纶纤维	好	小	一般	较易	较高	易吸湿、不耐潮湿和紫外线辐射
碳纤维	差	大	好	难	较高	易损、质轻高强
S玻璃纤维	较差	大	一般	较易	低	无机纤维、不燃、吸水性低、自重大、施工性差

从表中可以看到,PE 纤维和芳纶纤维脆性较小并具有良好的耐冲击性能,虽然两者的售价较高,但其良好的纤维特性非常适合用于防爆、防弹等产品。

3.爆炸对材料的破坏作用

(1) 材料的破坏形式。

爆炸是一种能量释放的过程,在此过程中,系统的内在势能转变为机械功及光和热的辐射等,常以空气冲击波和破片等形式对周围的物体产生破坏作用。爆炸对材料的破坏形式至少表现为以下三种:(1) 材料的变形:包括材料受到破片和冲击波的变形和入射点临近区域的拉伸变形;(2) 织物的破坏:包括纤维的原纤化、纤维的断裂、纱线结构的解体以及织物结构的解体;(3) 材料受热融化或燃烧:爆炸反应过程产生的瞬间高温导致的材料受热等。

(2) 材料的破坏机理。

由爆炸过程产生的高速破片对材料的破坏机理大致为:非金属防护纤维织物吸收、扩散高速破片的能量,并起到缓冲作用,从而大大降低破片的速度。由于爆炸时产生的破片形状不规则,边缘锋利,质量轻,体积小,在击中软质非金属防护材料后破片不会变形。一般说来,爆炸产生破片量大而密集,非金属防护材料对这类破片能量吸收的关键在于:破片切割、拉伸织物的纤维并使其断裂,且使织物内部纤维之间和织物不同层面之间的相互作用,造成织物整体形变。在上述过程中破片对外做功,从而消耗自身的能量。此外,在爆炸过程中,也有一小部分的能量通过摩擦(纤维 / 纤维、纤维 / 破片) 转化为热能,通过撞击转化为声能。因此,在材料选择方面,为了最大程度地吸收高速破片动能的要求,必须选用具有强度高、韧性好、吸能能力强等性能的材料。

爆炸破片对层压复合材料的破坏分为以下几个阶段:① 拉伸破坏阶段:破片作用于纤维时,纤维受到拉伸变形,破片的部分动能转化为纤维的断裂能;② 剪切破坏阶段:复合材料受到破片的侵彻作用,沿厚度方向被剪成细小颗粒,吸收了破片的大部分动能;③ 分层破坏阶段:复合材料受到破片冲击,在接触点产生应力波,在界面上容易撕裂,导致复合材料分层从而吸收破片的部分能量;④ 熔融破坏阶段:芳纶的碳化点较高(碳化温度 $>$ 500℃),在纤维受到冲击破坏时,不出现熔融破坏现象。而 PE 纤维的熔点较低(约为 147℃),当 PE 纤维复合材料受到破片侵彻时,由于摩擦作用产生热量,温度一超过 PE 的熔点,纤维即被熔融,导致纤维断裂。上述 4 种破坏方式大大降低破片的动能,从而起到防护作用。

在持续短暂时间的强载荷即高速冲击作用下,材料会发生变形和破坏,相应的组织结构和性能也会发生永久性的变化。冲击载荷下材料的变形行为,表现为变形同应力、应变率、温度、内能等变量之间的复杂关系,包括屈服应力和流动应力的应变率效应、温度效应及应变率的历史效应等等。描述这种关系可用高压固体状态方程和各种本构方程。在冲击载荷的作用下,材料有多种动态破坏形式,主要表现在以下几个方面:① 局部大变形;② 温度效应引起的绝热剪切破坏;③ 应力波相互作用造成的崩落破坏;④ 应变率效应引起的动态脆性。这几方面的力学性能都以各种时效、热与机械功的耦合以及有限的体积变形和塑性畸变为特征,这些特征有时是同时存在的,有时则某一点更为突出。冲击载荷在材料中引起的微观组织的特殊变化(如动态相变等),有些是不可逆的,在载荷去掉之后,对材料的力学性能仍然有明显的遗留效应。

(3) 影响爆炸的敏感技术参数。

非金属防护纤维以高强和高模为重要特征。一些非金属防护纤维如碳纤维或硼纤维等,虽具有很高的强度，但由于柔韧性不佳，断裂功小，难以纺织加工，以及价格高等原因，基本上不适用于防弹或防爆领域。对非金属防护织物而言，其防破片作用主要取决于以下方面：纤维的拉伸强力、纤维的断裂伸长和断裂功、纤维的模量、纤维的取向度和应力波传递速度、纤维的细度、纤维的集合方式，单位面积的纤维重量，纱线的结构和表面特征，织物的组织结构，纤维网层的厚度，网层或织物层的层数等。用于抗冲击的纤维材料，其性能取决于纤维的断裂能及应力波传递的速度。应力波要求尽快扩散，而纤维在高速冲击下的断裂能应尽可能提高。材料的拉伸断裂功是材料抵抗外力破坏所具有的能量，它是一个与拉伸强力和伸长变形相关的函数。因此，从理论上说，拉伸强力越高，伸长变形能力也较强的材料，其吸收能量的潜力也越大。在实际应用中，用于防爆的材料不允许有过大变形，所以所采用的纤维材料必然同时具有较高的抵抗变形的能力，即高模量。纱线的结构对防弹能力的影响是源于不同的纱线织物会造成单纤强力利用率和纱线整体伸长变形能力的差异。纱线的断裂过程首先取决于纤维的断裂过程，但由于它是一个集合体，因此在断裂机理上又有很大的差别。纤维的细度细，则在纱中的相互抱合较为紧贴，同时受力也较为均匀，因而提高了成纱的强度。除此之外，纱线中纤维排列的伸直平行度、内外层转移次数、纱线捻度等都对纱线的机械性能尤其是拉伸强力、断裂伸长等有重要影响。

除了采用的纤维类型和编织方式外，影响爆炸的敏感技术参数还应包括织物的成型工艺和所采用的树脂体系。此外，从宏观上来说，非金属防护纤维织物产品的重量、体积、密度，织物的抗冲性能、抗拉性能、耐高温性能、阻燃性能等物理性能都是影响爆炸作用的非常重要技术参数。

4. 非金属防爆材料的选择

通过上述爆炸对材料破坏形式和机理的分析，可以得出：防爆箱的主体材料应具有较高强度和冲击韧性，较低的缺口敏感性，良好的加工工艺性能和环境适应性，应能承受冲击波超压和破片产生的毁伤。材料的选择应考虑以下几个方面：① 纤维类型：有较高强度与模量的非金属防护纤维；② 基本性能参数符合防爆箱产品对材料的性能要求，如材料的面密度与防爆箱产品的重量密切相关，材料片层的拉伸强度、断裂伸长率等直接关系到产品的防爆能力；③ 由于爆炸瞬间炸药附近会产生高温和火焰，材料应选择可耐瞬时高温的，并具有一定的阻燃性能；④ 材料与树脂基的结合能力；⑤ 抵御实爆测试的综合性能。

根据上述选择材料应考虑的条件，我们对 PE、芳纶材料进行比较与优选。第一，PE 与芳纶均是具有较高强度与模量的非金属防护材料；第二，PE 和芳纶材料的拉伸强度和断裂伸长率在所有非金属防护材料中均为最优，其中 PE 的拉伸强度最大，芳纶的断裂伸长率最高；第三，芳纶分解温度 500℃，耐高温性能好；PE 的耐热性差，热分解温度较低。我们对 PE 布进行了抗爆热性能试验：将多层 PE 布叠加作为防爆箱的内箱材料进行爆炸试验，试验结果如图 5-8 所示。PE 布的中心被爆炸高温烧穿，我们分析认为，由于 PE 材料本身熔点较低，而防爆箱的箱体在实际使用时离爆炸源距离非常近，爆炸产生的瞬时高温极易使 PE 布分解，从而降低 PE 布的防护性能，因此 PE 布不适合作为防爆箱的内层材料。第四，由于 PE 材料的化学惰性导致其难与树脂浸润，因此用 PE 材料作为防爆箱主体的成型工艺难以保证；而芳纶有较好的树脂浸润性，用于制作树脂复合材料产品较容易实现。

通过上述综合比较，我们认为：芳纶材料物理性能优越，耐高温性能好，与树脂等胶黏剂的复合作用强，可选择作为防爆箱的主体材料进行试验。实爆实验后的芳纶织物如图 5-9 所示。

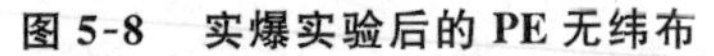

图 5-8　实爆实验后的 PE 无纬布

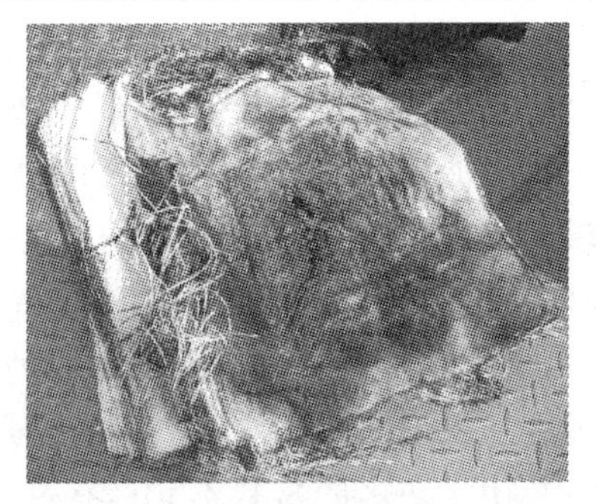

图 5-9　实爆实验后的芳纶织物

芳纶有多种型号与类型，考虑到芳纶的特性以及购买途径，选取芳纶 802 和芳纶 K30 两种芳纶织物做为研究对象。其中芳纶 802，纤维较粗、纺织稀疏、面密度 196g/m^2，未经防水处理；芳纶 K30，纤维较细、纺织密实、面密度 298g/m^2，已经过防水处理。

5. 防爆容器胶黏剂的选择

(1) 胶黏剂定义与组成。

1) 胶黏剂概述。

胶黏剂是指能将两种或两种以上同质或异质的制件(或材料) 连接在一起，固化后具有足够强度的有机或无机的、天然或合成的一类物质，统称为胶黏剂或粘接剂、粘合剂、习惯上简称为胶。特别适用于不同材质、不同厚度、超薄规格和复杂构件的连接。

而其中的胶接(粘合、粘接、胶结、胶粘) 指的是同质或异质物体表面用胶黏剂连接在一起的技术，具有应力分布连续，重量轻，或密封，多数工艺温度低等特点。

2) 胶黏剂的组成。

胶黏剂主要由基料、固化剂、助剂和一些填料组成。

基料是胶黏剂的主体材料，是起粘接作用的主要成分。主体材料一般是高分子材料，是决定胶黏剂性能的主要物质，胶黏剂一般由 1 ～ 3 种主体材料组成。

固化剂在粘接过程中视其所起的作用又是胶黏剂中的主要成分之一。

胶黏剂的助剂根据使用条件和使用要求的不同，所选取的成分也并不相同，其中常见的胶黏剂助剂有稀释剂、硫化剂、引发剂、促进剂、增塑剂、增韧剂、软化剂、增粘剂、发泡剂、交联剂、修补剂、加速剂、抗氧剂、防霉剂、增强剂、催化剂、填充剂、接着剂、干燥剂、清洁剂、防锈剂、乳化剂、阻聚剂、偶联剂、防老剂、消泡剂、增稠剂、氧化剂、阻燃剂、光敏剂、防腐剂、润滑剂、乳液、单体、助剂、溶剂、合成橡胶与弹性体、天然聚合物、合成树脂等，其目的都是为了改善或提高胶黏剂的总体性能。

填料是为改善胶黏剂性能或降低成本而加入的一种非黏固体物质。填料在胶黏剂组分中不与主体材料发生化学反应。

(2) 粘接强度的影响因素。

高聚物分子的化学结构，以及聚集态都强烈地影响胶接强度，研究胶黏剂基料的分子结构，对设计、合成和选用胶黏剂都十分重要。

在选择胶黏剂的时候需要注意以下几点，这些都是一些常见的对胶黏剂影响较大的因素。

1）选择恰当的胶黏剂。

世界上没有万能胶，不同的被粘物，最好选用专用胶黏剂；对被粘物本身的强度低，那么不必选用高强度的产品，否则，将大材小用，增加成本；不能只重视初始强度高，更应考虑耐久性好；高温固化的胶黏剂性能远远高于室温固化，如要求强度高、耐久性好的，要选用高温固化胶黏剂；对a氰基丙烯酸酯胶（502强力胶）除了应急或小面积修补和连续化生产外，对要求粘接强度高的材料，不宜采用；白乳胶和脲醛胶不能用于粘金属；要求透明性的胶黏剂，可选用聚氨酯胶、光学环氧胶，饱和聚酯胶，聚乙烯醇缩醛胶；胶黏剂不应对被粘物有腐蚀性。如：聚苯乙烯泡沫板，不能用溶剂型氯丁胶黏剂；脆性较高的胶黏剂不宜粘软质材料。

2）兼顾胶黏剂强度高和耐久性好的两个方面。

3）不要使用超过贮存期和适用期的胶黏剂。

每种产品均有储存期，根据国际标准及国内标准，储存期指在常温（24℃）情况下。丙烯酸酯胶类为20℃；对丙烯酸酯类产品，如温度越高储存期越短；对水基类产品如温度在零下1℃以下，直接影响产品质量。

4）单组份胶如果分层、沉淀、使用前应搅拌均匀。

5）多组份胶应按规定比例调配混合均匀。

6）不要采用简单的对接。

7）尽量采用搭接、斜接、套接、混合连接。

8）搭接长度不要太长。

9）胶粘层压材料勿用搭接，而且斜接

10）加螺加铆，卷边包角、防止剥离。

（3）粘接工艺与选择原则。

粘结工艺概括起来可分为：① 胶黏剂的配制；② 被粘物的表面处理；③ 涂胶；④ 晾置，使溶剂等低分子物挥发凝胶；⑤ 叠合加压；⑥ 清除残留在制品表面的胶黏剂。

正确选择胶黏剂是保证良好粘接的重要因素之一，在选择胶黏剂时应考虑以下几个方面：被粘接材料的性质；被粘接材料的应用场合及受力情况（形状结构和工艺条件）；粘接过程有关的特殊要求；粘接效率及胶黏剂的成本。

（4）适用于防爆容器的胶黏剂。

1）聚氨酯胶黏剂。

聚氨酯胶黏剂具备优异的抗剪切强度和抗冲击特性，适用于各种结构性粘合领域，并具备优异的柔韧特性。

聚氨酯胶黏剂具备优异的橡胶特性，能适应不同热膨胀系数基材的粘合，它在基材之间形成具有软－硬过渡层，不仅粘接力强，同时还具有优异的缓冲、减震功能。聚氨酯胶粘粘剂的低温和超低温性能超过所有其他类型的胶黏剂。

水性聚氨酯胶黏剂具有低VOC含量、低或无环境污染、不燃等特点。

此外，聚氨酯胶黏剂还具有韧性可调节、粘合工艺简便、极佳的耐低温性能以及优良的稳定性等特性。

适用于非金属防爆容器的水性聚氨酯胶黏剂应具有以下特点：

耐水、耐介质性好；粘接强度高，初粘力大；良好的贮存稳定性；耐冻融，耐较高温度；干燥速度较快,低环境温度下成膜性良好;施工工艺佳。

2) 环氧胶黏剂。

环氧胶黏剂是以聚氨酯预聚物改性环氧树脂(A组分)与自制的固化剂(B组分)按10∶1～1∶1(重量比)的比例配制成耐高温、韧性好、反应活性大的固化体系。其中聚氨酯预聚物为端羟基聚硅氧烷和二异氰酸酯按一定比例在一定条件下反应制成异氰酸酯基团封端的聚硅氧烷聚氨酯预聚物,再采用此聚氨酯预聚物对环氧树脂进行改性处理。而自制的固化剂由二元胺、咪唑类化合物、硅烷偶联剂,无机填料以及催化剂组成。

改性环氧树脂胶黏剂可室温固化,具有优异的耐油、耐水、耐酸、碱、耐有机溶剂的性能,可粘接潮湿面,油面及金属、塑料、陶瓷、硬质橡皮、木材等。

改性环氧树脂柔韧性的大小顺序为:环氧－聚硫＞环氧－聚酰胺＞环氧－胺固化剂。

环氧胶黏剂的优点:

a. 环氧树脂含有多种极性基团和活性很大的环氧基,因而与金属、玻璃、水泥、木材、塑料等多种极性材料,尤其是表面活性高的材料具有很强的粘接力,同时环氧固化物的内聚强度也很大,所以其胶接强度很高。

b. 环氧树脂固化时基本上无低分子挥发物产生。胶层的体积收缩率小,约1%－2%,是热固性树脂中固化收缩率最小的品种之一。加入填料后可降到0.2%以下。环氧固化物的线胀系数也很小。因此内应力小,对胶接强度影响小。加之环氧固化物的蠕变小,所以胶层的尺寸稳定性好。

c. 环氧树脂、固化剂及改性剂的品种很多,可通过合理而巧妙的配方设计,使胶黏剂具有所需要的工艺性(如快速固化、室温固化、低温固化、水中固化、低粘度、高粘度等),并具有所要求的使用性能(如耐高温、耐低温、高强度、高柔性、耐老化、导电、导磁、导热等)。

d. 与多种有机物(单体、树脂、橡胶)和无机物(如填料等)具有很好的相容性和反应性,易于进行共聚、交联、共混、填充等改性,以提高胶层的性能。

e. 耐腐蚀性及介电性能好。能耐酸、碱、盐、溶剂等多种介质的腐蚀。体积电阻率1013—1016Ω·cm,介电强度16—35kV/mm。

f. 通用型环氧树脂、固化剂及添加剂的产地多、产量大,配制简易,可接触压成型,能大规模应用。

环氧胶黏剂主要缺点:

a. 不增韧时,固化物一般偏脆,抗剥离、抗开裂、抗冲击性能差。

b. 对极性小的材料(如聚乙烯、聚丙烯、氟塑料等)粘接力小。必须先进行表面活化处理。

c. 有些原材料如活性稀释剂、固化剂等有不同程度的毒性和刺激性。设计配方时应尽量避免选用,施工操作时应加强通风和防护。

3) 水性胶黏剂。

水性胶黏剂是通过表面吸收水份来完成干固或粘结的。粘合剂中的生固体淀粉,在糊线上胶化吸收水份。粘结时间为几秒钟至一分钟左右。水份逐渐地被周围的空气和纸纤维吸收。这种传统方式的粘合剂一般用于瓦楞纸板生产线,能立即产生坚固的粘结效果。

为达到满意的粘结效果,在淀粉和水乳液中须加入一种稍有粘性的悬乳液,内含预先胶化的淀粉。这种悬乳液能使生淀粉悬浮于水中并防止其沉淀;增加浓度便于被上胶辊带上并在辊上形成适当厚度的糊膜;调节粘度以便使纸纤维适当湿润并 初步粘附;保证生淀粉分子周围有大量水份，以便加热时淀粉能最大限度地膨胀并完全胶化；须加入苛性钠以调整和控制淀粉的胶化温度，直至最低。

为达到满意的粘结效果，还须加入硼砂，使生淀粉在加热时吸收所有可供吸收的水份；使淀粉胶化时产生适当的粘性和韧性；起到缓冲剂的作用，防止苛性钠在最低胶化温度之下使一部分生淀粉膨胀。

水性胶黏剂具有很高的粘合强度，优良的耐水、耐候性能等特点；可用于集成材拼板，实木餐桌、餐椅、实木门、木制乐器、木制工艺品、竹材制品等，适用于杵木、水曲柳、榉木等硬木的拼接。

(5) 防爆容器用胶黏剂的选择。

用于防爆容器的胶黏剂应满足下述要求：① 适用于粘接芳纶布；② 能够室温固化；③ 粘度较小，有利于涂抹；④ 成型后形状稳定性好；⑤ 有一定的粘结强度，对箱体的防爆性能影响不大；⑥ 燃烧后毒性较小；⑦ 固化工艺简单迅速；⑧ 有一定吸能效果；⑨ 成型后有一定强度和硬度。

上节所述三种胶黏剂与防爆容器的适用性如表5-8所示。从表5-8中可以看出，聚氨酯胶黏剂具有成形稳定性差、燃烧毒性大的缺点；因此水性胶黏剂和环氧胶黏剂两种2种体系可以用于制作非金属防爆容器。

表5-8 三种胶黏剂与防爆箱的适用性

胶黏剂	芳纶适用性	室温固化	易涂胶	成形稳定性	粘结强度适当	燃烧毒性较小	工艺简单	有吸能作用	强度和硬度
聚氨酯	●	●	●	○	●	○	●	●	●
环氧胶	●	●	●	●	●	●	●	●	●
水性胶	●	●	●	○	●	●	○	○	●

6. 静态拉伸试验

基于所选芳纶802和芳纶K30，所选水性胶与树脂胶，两两组合，可以得到以下四种组合方式，即："芳纶802＋树脂胶"、"芳纶802＋水性胶"、"芳纶K30＋树脂胶"、"芳纶K30＋水性胶"。为考核四种组合复合材料的力学性能，进行了静态拉伸试验。

(1) 试验样本描述。

试验采用美国INSTRON 5969型万能材料试验机，对制备好的单层拉伸样条进行静态拉伸测试，测试的样本种类如表5-9所示。

表5-9 静态拉伸测试样本

样品描述	样品含胶量/%	样品尺寸	样品层数	样品个数
芳纶802		10mm×400mm 25mm×400mm	1 5	10
芳纶802＋树脂胶	19			
芳纶802＋水性胶	8.0			
芳纶K30				
芳纶K30＋树脂胶	12.9			
芳纶K30＋水性胶	8.2			

(2) 样本加工示意图。

样本加工采用了如图 5-10 所示的加工工艺。加工过程中，将两种芳纶无纺布分别使用水胶和树脂胶 2 种胶黏剂粘结成板材后发现以下问题：

A. 芳纶 802 对胶黏剂的浸润性明显好于芳纶 K30，由芳纶 802 制备的板材颜色比芳纶 K30 的板材更深，硬度、重量更大，且粘结强度更强；

B. 两种芳纶板材浸胶后韧性变差，很容易被撕裂或裁剪开，但芳纶 K30 板材的性能优于芳纶 802 板材；

C. 水胶的黏度大于树脂胶，加工过程中成膏状，不易流动；

D. 从固化时间上来看，树脂胶固化速度更快，含胶量更容易控制；

E. 水胶对芳纶无纺布强度和韧性的影响小于树脂胶。

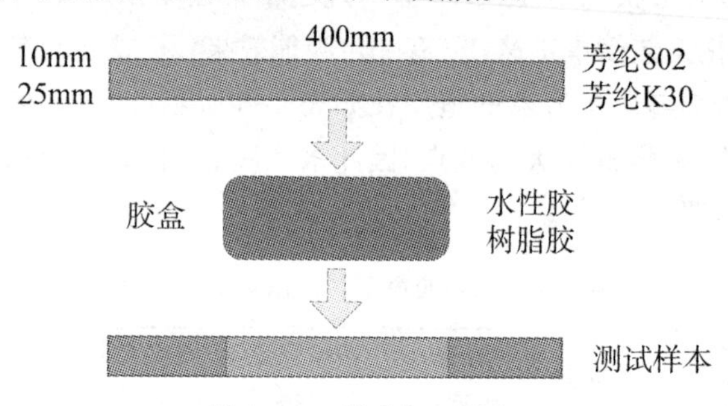

图 5-10 样本加工图示

(3) 计算公式。

断裂强度：

$$\sigma = \frac{P}{A} = \frac{P}{h * d} \tag{5-8}$$

式 1 中，σ 为拉伸强度；P 为拉伸断裂强力；A 为截面积；h 为样条厚度；d 为样条宽度。

断裂伸长率：

$$\varepsilon = \frac{\Delta l}{l_0} * 100\% = \frac{l_1 - l_0}{l_0} * 100\% \tag{5-9}$$

式 2 中，ε 为断裂伸长率；Δl 为伸长量；l_0 为初始长度；l_1 为断裂长度。

将 2 种芳纶布(K30 和 802) 结合 2 种胶黏剂分别制作成符合尺寸要求的防爆箱样品，进行实爆试验(TNT 当量 200g)，比较其防护差异性，找出最优组合。

(4) 试验结果。

静态拉伸试验测试结果如图 5-11 与表 5-10 所示。

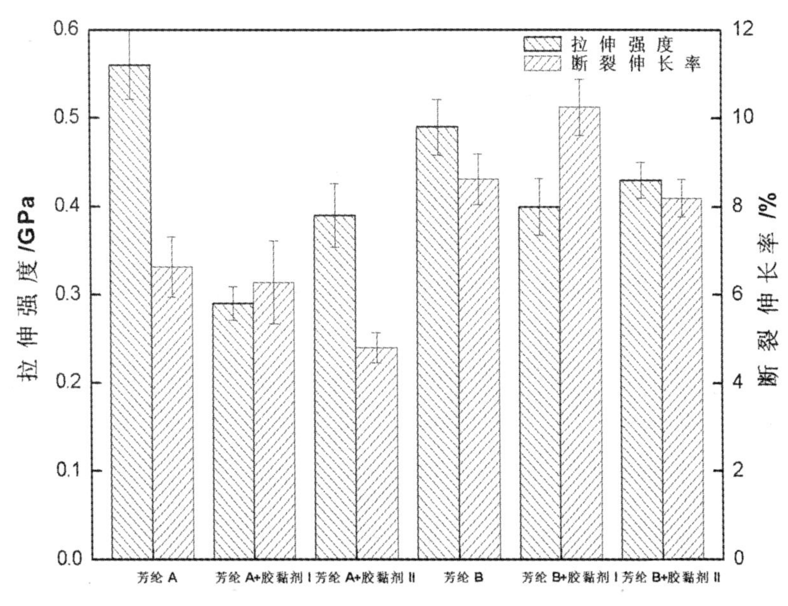

图 5-11 静态拉伸测试结果

表 5－10 静态拉伸测试结果

样品类别	平均拉伸强度 /GPa	平均断裂伸长率 /%	断面描述
芳纶 802	0.56	6.63	部分纤维发生断裂，整体变化不大
芳纶 802＋树脂胶	0.29	6.28	样条断裂，断面整齐
芳纶 802＋水胶	0.39	4.80	未全部断裂，纬向纤维出现滑移
芳纶 K30	0.49	8.63	部分纤维发生断裂，整体变化不大
芳纶 K30＋树脂胶	0.40	10.25	样条断裂，断面伸出纤维长短不齐
芳纶 K30＋水胶	0.43	8.20	未全部断裂，纬向纤维出现滑移

从表 5-10 中的数据中可以看出，芳纶 802 的拉伸强度大于芳纶 K30，但断裂伸长率小于芳纶 K30。

芳纶 802 涂胶后，拉伸强度和断裂伸长率都出现下降，树脂胶的样本拉伸强度降低 49.4%，断裂伸长率降低 5.4%；涂水胶的样本拉伸强度降低 30.9%，断裂伸长率降低 27.6%。对比后可以发现涂树脂胶的样本的拉伸强度比涂水胶的样本低，但断裂伸长率大于后者。

芳纶 K30 涂胶后，树脂胶的样本拉伸强度降低 18.3%，断裂伸长率提高 18.8%；涂水胶的样本拉伸强度降低 13.5%，断裂伸长率降低 5%。对比两者的拉伸强度和断裂伸长率，可以得到涂树脂胶的样本的拉伸强度比涂水胶的样本低，但断裂伸长率大于后者和未涂胶的芳纶 K30。

静态拉伸试验是为了选择合适的胶黏剂体系，用于防爆容器中，而防爆箱在防爆过程中需要充分的利用芳纶树脂的拉伸强度和断裂伸长率，因此需要综合的考虑芳纶＋胶黏剂体系的拉伸强度和断裂伸长率，来选择更合适的组合。

从以上结果来看，芳纶 802 本身的拉伸强度大于 K30，而断裂伸长率较小，但在涂胶后两种性能都会发生明显的降低，因此，若要在防爆箱中使用，建议用于防爆箱的内层，利用其高强度，低断裂伸长率来充分吸收能量。

芳纶 K30 虽然强度上略低于 802，但较高的断裂伸长率使其更适合用于防爆箱的外层，以保证能够通过形变，充分吸收爆炸能量，有效地阻止破片飞出。同时由于芳纶 K30 涂胶后的性能远优于芳纶 802，因此在需涂胶的部分建议使用芳纶 K30。

在确定使用芳纶 K30 做基材后，再来对比树脂胶和水胶。使用水胶可以有效地保持住芳纶的拉伸强度，但断裂伸长率降低较多；而树脂胶则可以保持较高的断裂伸长率，甚至高于纯芳纶 K30。

综合比较后，可以将涂树脂胶的芳纶 K30 用于防爆箱外层，水胶用于内层，这样可以充分利用其各自的优势。

7. 动态拉伸试验

(1) 动态测试设备。

动态测试基于霍普金森拉杆装置进行。霍普金森拉杆装置结构相对其他拉伸试验装备结构简洁、试验方便，技术成熟，所以我们采用 Hopkinson 压杆的反射动态拉伸装置（简称 SHPB）对芳纶涂胶复合材料分别进行测试。SHPB 装置主要由两根 Hopkinson 加载杆、试样夹具、子弹杆、发射枪、测速系统及应变信号测试处理系统等组成，试验装置原理图和实物图如图 5-12、图 5-13 所示。

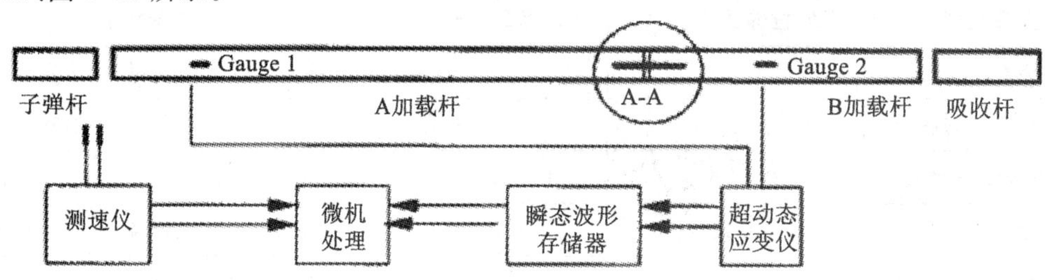

图 5-12　试验装置原理图

(2) 试验原理。

SHPB 动态拉伸试验的基本原理是基于均匀化和平面假定下的一维应力理论。复合材料动态拉伸试验结果的处理类似于一维 Hopkinson 压杆动态压缩试验数据处理方法。根据记录获得的有效应变信号为 ε_i、ε_t、ε_r，复合材料试样的动态拉应力 $\sigma_s(t)$，动态拉应变 $\varepsilon_S(t)$ 和应变率 $\dot{\varepsilon}_S(t)$ 由下列公式得到：

$$\sigma_s(t) = \frac{EA_0}{A_S}\varepsilon_S(t) \quad (5-10)$$

$$\varepsilon_S(t) = \frac{2C_0}{L_0}\int_0^t[\varepsilon_i(\tau) - \varepsilon_t(\tau)]d\tau \quad (5-11)$$

图 5-13　试验装置实物图

$$\dot{\varepsilon}_S(t) = \frac{2C_0}{L_0}\varepsilon_i(\tau) - \varepsilon_t(\tau) \quad (5-12)$$

式中 E、A_0 和 C_0 为加载杆的弹性模量、截面积和弹性波速，L_0、A_S 为拉伸试样的标距和截面积。

(3) 材料样本制作。

试验原材料为芳纶802和芳纶K30无纺布，胶黏剂选用水胶和树脂胶。通过将这两种芳纶和两种胶形成四种不同的组合，分别制备成多种拉伸样条。

试验板材采用5层单层芳纶织物粘接来代表复合材料的结构，厚度大约在2～4mm左右。组合方式如表5-11所示。

表5-11　动态拉伸测试样本

样品描述	样品尺寸	样品层数	样品个数
芳纶802＋树脂胶	10mm×100mm	5	5
芳纶802＋水胶			
芳纶K30＋树脂胶			
芳纶K30＋水胶			

由于芳纶涂胶复合材料的加工性差，切割难度大，以及水胶易溶于水等特点，经过尝试多种方法后，决定采用先切割单层芳纶织物，然后涂胶(树脂含量为10%～20%)，经过1h左右预成型，然后常温压制成型。

单层芳纶织物切割成尺寸为10mm×100mm长方形，每次取少量胶涂到织物表面，用刮刀铺展均匀，使树脂在表面形成一层很薄的液层，双面涂胶，将5层叠加压制成型固化，试验试件的结构和加工工艺与防爆箱产品的制作过程基本相同。单层样条和试验样本如图5-14、图5-15所示。

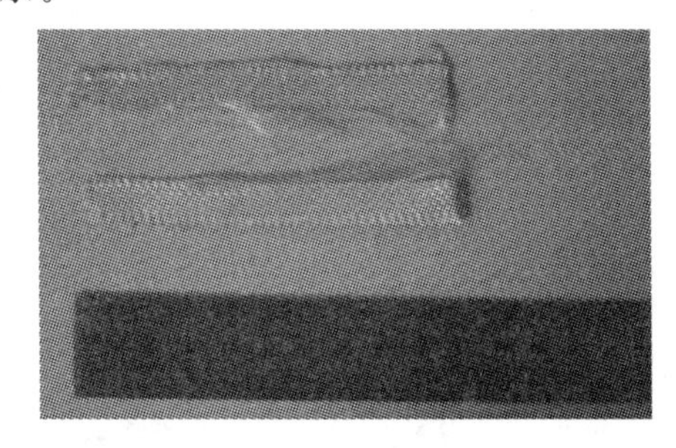

图5-14　单层样条

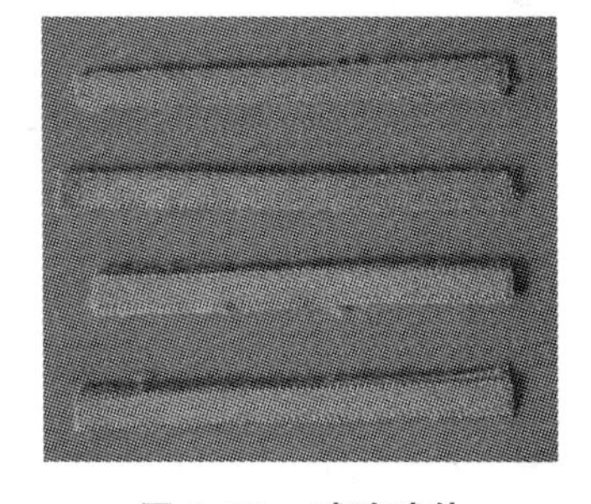

图5-15　试验试件

(4) 试验夹具设计。

在SHPB上复合材料动态拉伸试验的成功与否，拉伸试样和夹具的设计是关键因素之一，夹具的设计必须要考虑以下四方面的问题：夹具与试样间的应力集中必须减到最小；在夹具和试样间尽量避免波阻抗的失配，以减少应力波的反射导致的有效脉冲载荷的削弱，从而有利于波形分析；拉伸载荷由夹具最好只通过一个剪切加载区就传到试样上，尽量避免多重途径传递载荷，导致拉伸失败，或者产生太多的干扰杂波影响波形采集和分析。传递剪切载荷的面积应足够大，否则很可能发生剪切破坏。

根据以上四点要求和反复试验改进后，设计的夹具如图5-16所示，(a)为初期方形结构，(b)为改进后的设计，夹具材料采用高强度低合金钢。

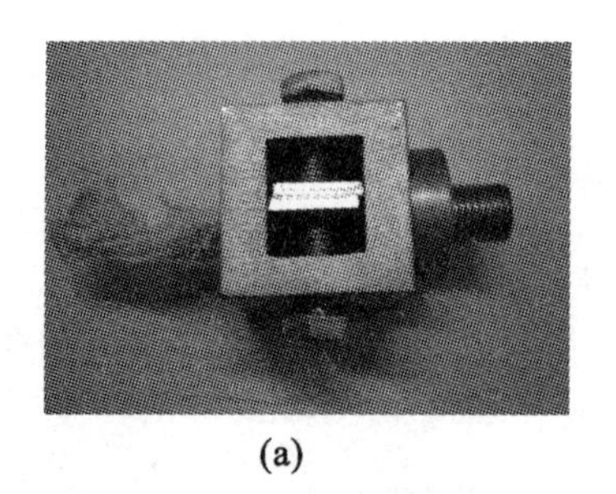

(a)

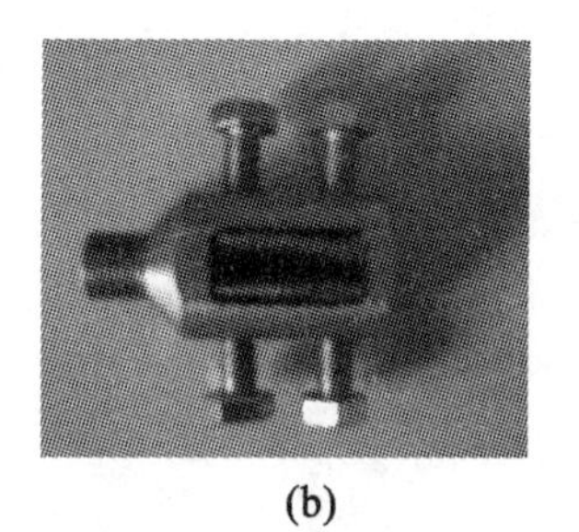

(b)

图 5-16　夹具

(5) 动态拉伸试验结果。

如图 5-17 所示，图中的(a)、(b)、(c)、(d) 分别是芳纶 802＋树脂胶、芳纶 802＋水胶、芳纶 K30＋树脂胶、芳纶 K30＋水胶样本的应力－时间曲线。

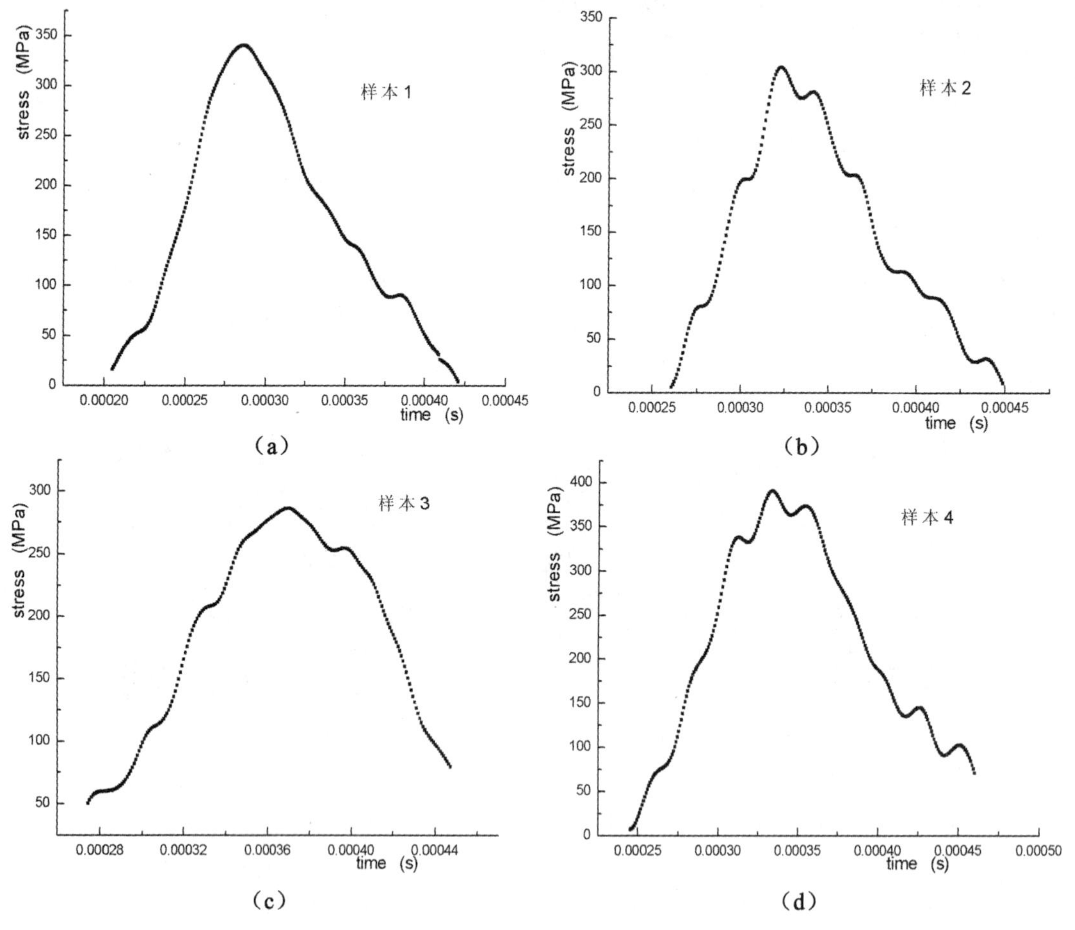

(a)　(b)　(c)　(d)

图 5-17　样本的应力－时间曲线

材料的拉伸应力值反映了材料抵抗冲击的能力。从图 5-17 中可以看出，4 种材料的应力均随时间的延长迅速增加，达到最大值断裂后迅速下降。对应的四个组合样本的应力峰值分别为 340.5MPa、281.3MPa、286.3MPa、390.7MPa。相比较而言，芳纶 K30＋水胶组合的拉伸强度最大，芳纶 802＋树脂胶组合次之。

图 5-18 中的(a)、(b)、(c)、(d) 分别是芳纶 802＋树脂胶、芳纶 802＋水胶、芳纶 K30＋树脂胶、芳纶 K30＋水胶样本的应变－时间曲线。爆炸过程中，防爆箱主要是通过材料拉伸变形来吸收能量，所以高断裂伸长率的材料使其更适合用于防爆箱主体。从图中可以看出芳纶 802＋水胶组合在 0.00044s 时的应变达到最大值，为 14%。其余三种样本应变在 10% 左右，基本相同。

芳纶复合材料拉伸时，破坏先从胶黏剂开裂起，然后才是芳纶纤维断裂。胶黏剂开裂时，在复合材料的应力－应变曲线上出现拐点。此时并不意味材料的最终破坏，只有芳纶纤维全面断裂时，复合材料才同时断裂。

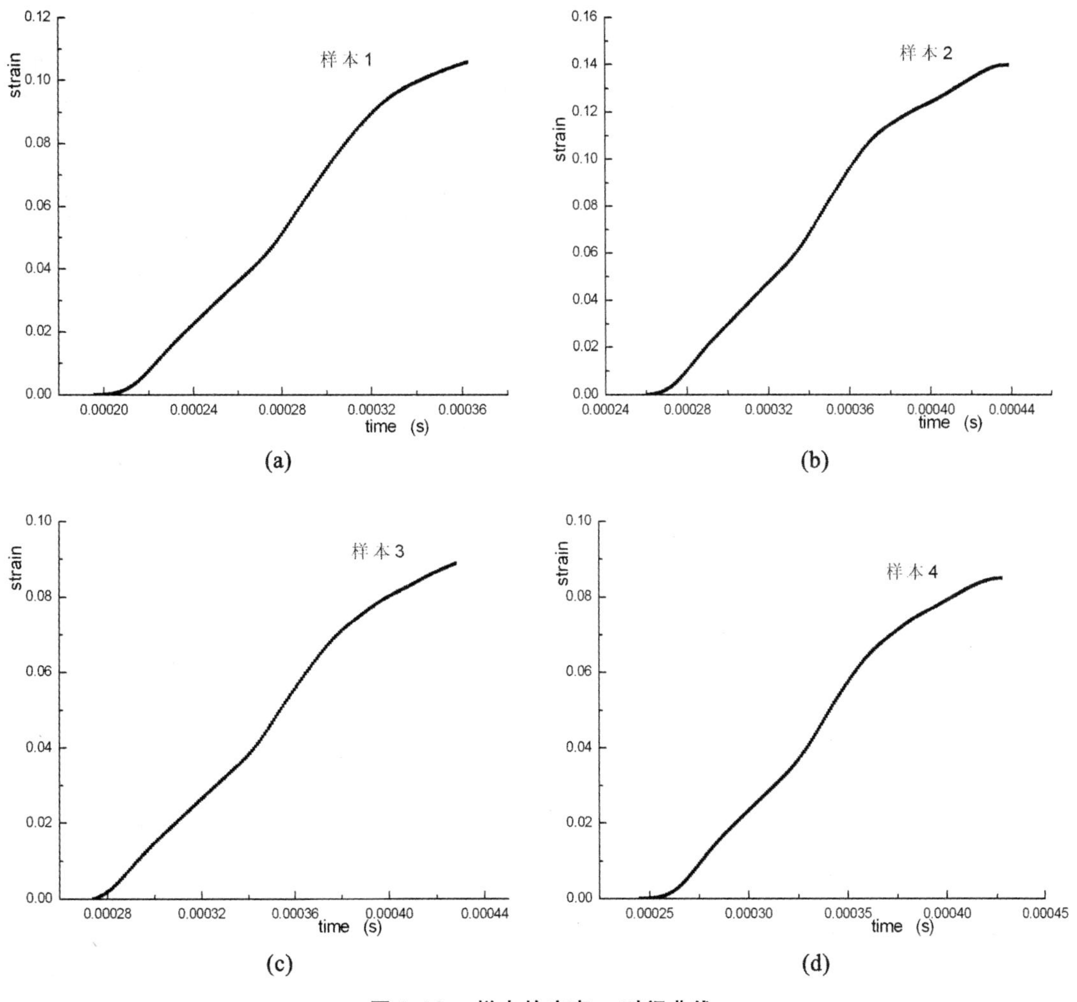

图 5-18　样本的应变－时间曲线

图 5-18 中的(a)、(b)、(c)、(d) 分别是芳纶 802＋树脂胶、芳纶 802＋水胶、芳纶 K30＋树脂胶、芳纶 K30＋水胶样本的应变－应力曲线。图 5-19 表明芳纶 802＋树脂胶组合当应变达到 5% 左右时达到屈服点，曲线斜率较大，证明该材料韧性较差。芳纶 802＋水胶组合在应变达到 5% 时，有明显的屈服点(有明显的应力峰值)，曲线斜率最大，证明该材料韧性最差。芳纶 K30＋树脂胶组合屈服点不明显，有屈服区，应变达到 6% 时，然后应力急剧下降；该样品曲线斜率

小，韧性较好。芳纶 K30＋水胶组合有屈服点，并有一段屈服平台，斜率较小，韧性一般。

防爆箱在防爆过程中主要利用芳纶复合材料的材料拉伸变形来约束和吸收能量，利用拉伸强度来抵抗冲击。通过以上对试验结果的分析，芳纶 802＋树脂胶拉伸强度为 340.5MPa，应变为 11%，下降趋势明显；芳纶 802＋水胶拉伸强度为 281.3MPa，应变最大为 14%，下降趋势明显；芳纶 K30＋树脂胶的拉伸强度 286.3MPa，应变为 9%，存在一段屈服区；芳纶 K30＋水胶的拉伸强度 390.7MPa 最大，应变为 9%，并存在一段屈服平台。所以从材料拉伸特性的角度看，芳纶 K30＋水胶拉伸强度大，韧性较好，比较适合做防爆箱产品的主体材料。

本试验是在高应变率下对几种芳纶涂胶复合材料的拉伸性能测试，通过模拟爆炸冲击拉伸，有利于为产品结构设计提供可靠的依据。但由于本试验采用 SHPB 来测试材料在高应变率下的拉伸特性，而 SHPB 能达到的应变率低于爆炸的应变率，故试验只能近似模拟爆炸。虽然 SHPB 设备和操作流程都比较成熟，但在测试设备、信号辨析、夹具设计和样本制作等方面还需要进一步改进。

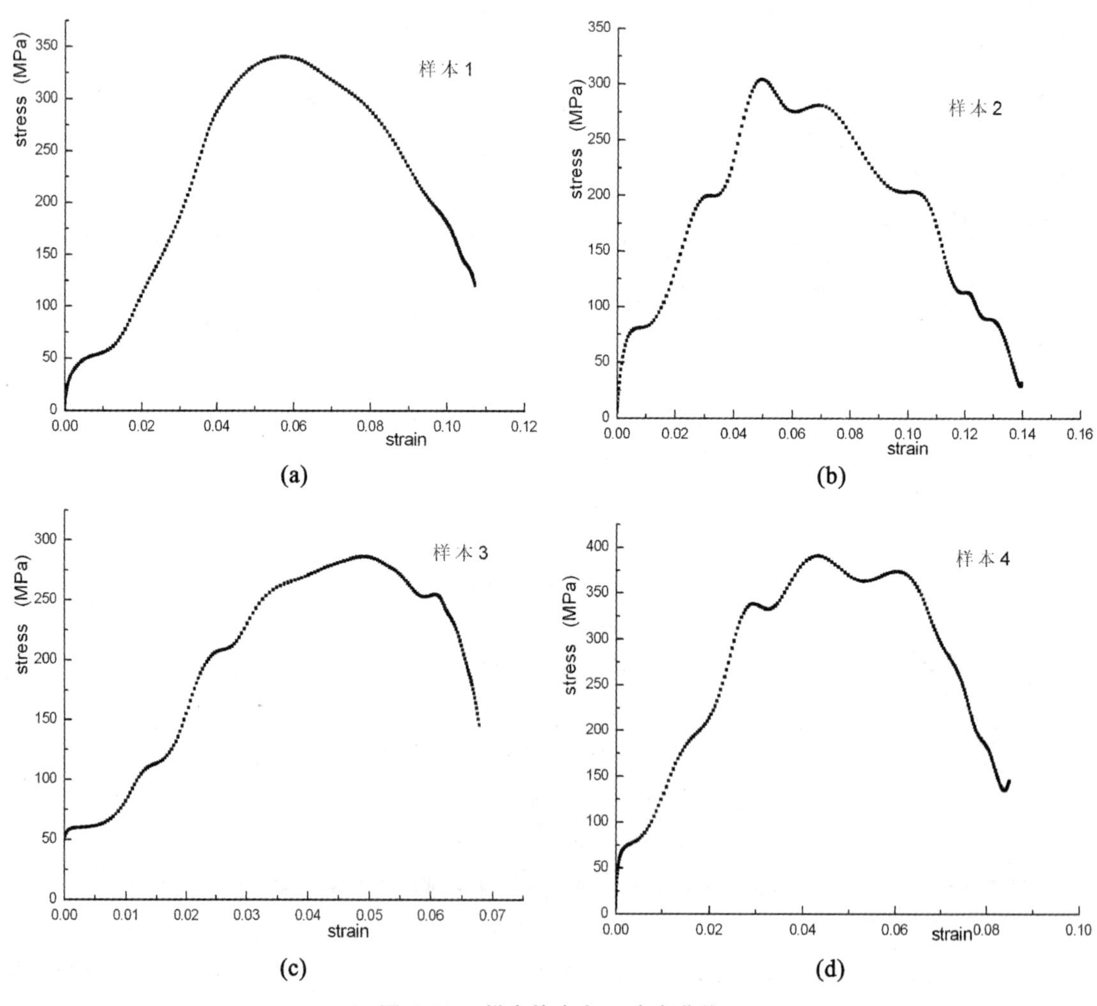

图 5-19　样本的应力—应变曲线

8.实爆试验

(1)单一组合试验。

为了验证上述4种芳纶＋胶黏剂组合的防爆能力,我们将各组合制作成防爆箱来进行实爆试验,观察试验结果。

爆炸后,箱体在爆炸中的形变和破损情况如图5-20、5－21、5－22和5－23所示。其中,芳纶K30＋水胶的组合未防住爆炸,整体破坏严重,各组件分层明显;芳纶K30＋树脂胶的组合成功防住爆炸,爆炸后内箱破碎,外箱有较大的不可逆形变,但能够基本保持整体形状;芳纶802＋水胶组合也成功防住爆炸,但爆炸后破损比较严重,形状无法保持;芳纶802＋树脂胶的组合不能防住爆炸,爆炸后箱体破坏严重,有碎片飞出。具体描述见表5-12。

图5-20　芳纶K30＋水胶的组合爆炸后

图5-21　芳纶K30＋树脂胶的组合爆炸后

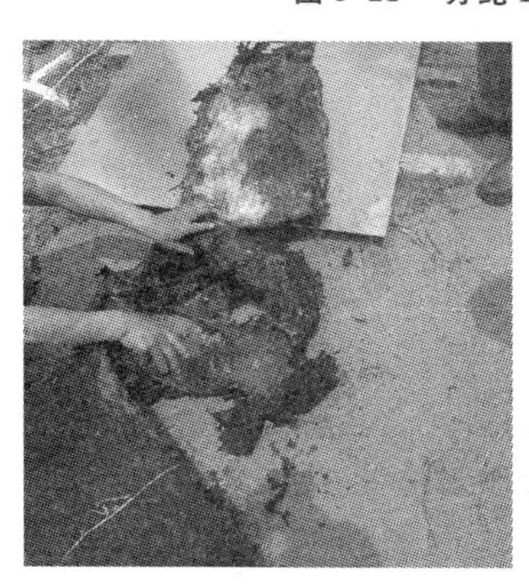

图5-22　芳纶802＋水胶的组合爆炸后

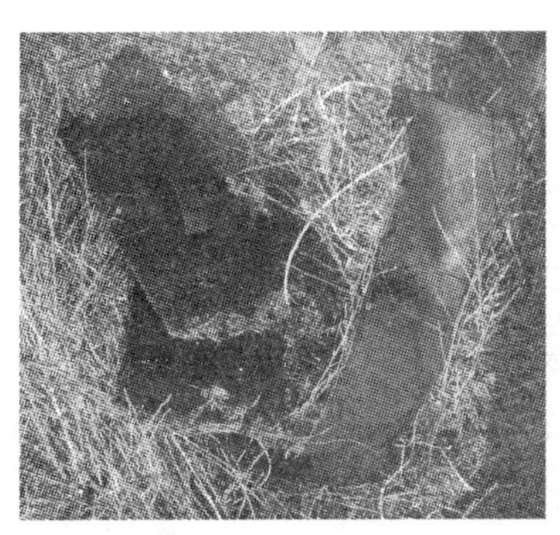

图 5-23　芳纶 802＋树脂胶的组合爆炸后

表 5-12　单一组合试验结果

编号	箱体材料构成	炸药当量 /g	爆破结果
1	芳纶 K30＋水胶	200	未防住爆炸，整体破坏严重，各组件分层明显
2	芳纶 K30＋树脂胶		成功防住爆炸，内箱破坏，箱体有较大形变
3	芳纶 802＋水胶		成功防住爆炸，内箱破碎，箱体变软、变形
4	芳纶 802＋树脂胶		未防住爆炸，破片飞出多且远，外套上部破漏

从本次实爆试验结果看来，芳纶 K30＋树脂胶和芳纶 802＋水胶组合可以顺利防住爆炸，这与静态拉伸试验和动态拉伸试验的结果有一定差别，这说明材料的拉伸强度高或者韧性好并不是决定防爆箱防护性能高的唯一因素，需要综合考虑强度和韧性这两方面作为选择防爆箱复合材料的依据。

(2) 交叉组合试验。

本次试验将芳纶 K30＋树脂胶和芳纶 802＋水胶的组合进行交叉，验证交叉组合后的防爆能力，如图 5-24 所示。

图 5-24　交叉组合试验中的两个防爆箱

试验结果如表 5-13 所列，样箱 1 和样箱 2 均能有效防住 200g TNT 当量炸药：爆炸后包裹袋无破损，无破片飞出，与单一组合试验具有一定的重复性；从防爆箱结构来说，验证了静态和动态拉伸测试结果中的推断，即样箱 1(外箱使用树脂胶，内箱使用水胶) 的防爆效果优于样箱 2(外箱使用水胶，内箱使用树脂胶)，为最终选型提供了有力依据。

表 5-13 交叉组合试验结果

<table>
<tr><th>编号</th><th>箱体材料构成</th><th>炸药当量 /g</th><th>爆破结果</th></tr>
<tr><td>1</td><td>内箱:芳纶 802＋水胶
外箱:芳纶 K30＋树脂胶</td><td rowspan="2">200</td><td>成功防住爆炸,内箱底掉落但未破坏,外箱底掉落整体变形明显,包裹袋上表面中心突起明显</td></tr>
<tr><td>2</td><td>内箱:芳纶 K30＋树脂胶
外箱:芳纶 802＋水胶</td><td>成功防住爆炸,内箱底掉落但未破坏,外箱底掉落整体变形明显箱体顶部被炸穿,包裹袋上表面中心突起明显</td></tr>
</table>

(3) 小结。

通过静态拉伸试验、动态拉伸试验以及实爆试验,我们可以得到以下两点结论:

1) 芳纶 K30＋树脂胶和芳纶 802＋水胶的组合均能防住 200gTNT 炸药,具有较好的防爆能力;

2) 在综合考虑芳纶复合材料的强度和韧性后,静态拉伸和动态拉伸试验的结果可以作为选择防爆箱防爆材料＋胶黏剂的参考依据,但材料组合的防爆性能应以实爆试验的结果作为最终检验依据。

在上述试验过程中,我们发现:使用水胶作为胶黏剂,在成型过程中涂胶量比较难控制,完全风干需较长时间,且成品遇水后会软化,不易于存放,影响产品性能;而树脂胶的涂胶量则容易控制,易于加工和存放;在考虑产品原料的价格(芳纶 K30 比 802 便宜)、成型工艺(树脂胶比水胶固化速度快得多)、可贮存性(树脂胶的产品耐水性更好) 和成型产品的保持性(树脂胶比水胶更能保持产品的形状) 后,可将防爆容器的主体防护材料与胶黏剂选型为芳纶 K30＋树脂胶的组合。此外,芳纶 K30＋树脂胶组合中,树脂胶含量属于要重点控制的关键步骤,若控制不当会导致箱体变脆,防护性能变差。

5.2.3 泡沫材料及其应用

近年来,爆炸突发事件呈上升趋势,为防止恐怖分子携带的可疑物品危及社会安全,公安、交通等部门在车站、机场、体育场馆等人口稠密的公共场所配备了大量防爆罐,以完成对爆炸物及疑似爆炸物的临时存放、运输及处置。防爆罐是一种潜在危险限域装置,其作用是限制爆炸的作用范围,抑制爆炸所产生的冲击波、破片对周围环境造成的横向杀伤效应。

防爆罐防爆功能的实现主要依赖于对爆炸场的约束和对爆炸能量的吸收与泄出。防爆罐所受到的冲击负荷是瞬态的。爆炸过程中,炸药爆炸所产生冲击波由爆心向四周传播,当到达防爆罐的内防护层时,冲击波受阻。爆炸所产生的能量,一部分被反射、衍射后经由泄爆孔排出,一部分能量通过内壁的破裂、吸能材料的压溃、主防护层的变形等方式被吸收和耗散。因此,除合理的泄爆结构外,吸能材料的力学特性是确保防爆罐防护性能得以充分实现的关键。当前市场上,防爆罐所采用的吸能材料多种多样,如沙土、锯末、波纹管、聚氨酯、泡沫铝等等,这些材料的吸能效果参差不齐。只有准确客观的评价这些材料的吸能特性,研究制备、测试应用性能优良的吸能材料,防爆罐的品质才能有保证。

1. 泡沫材料特性

(1) 吸能机理。

泡沫吸能材料根据基体性质不同可分为三种:弹性体泡沫材料、弹塑性泡沫材料、脆性泡沫材料。多孔填料型聚合物复合材料属于弹塑性泡沫材料，它的压缩应力应变曲线可以分为三个阶段，即弹性段(elastic region)、屈服段(collapse region)和致密段(densification region)，如图5-25所示。弹性段反映了泡沫材料泡孔结构的强度特性，屈服区反映了泡沫材料泡孔结构被压垮、屈服的过程，致密区反映了泡沫材料基体被压实的过程。

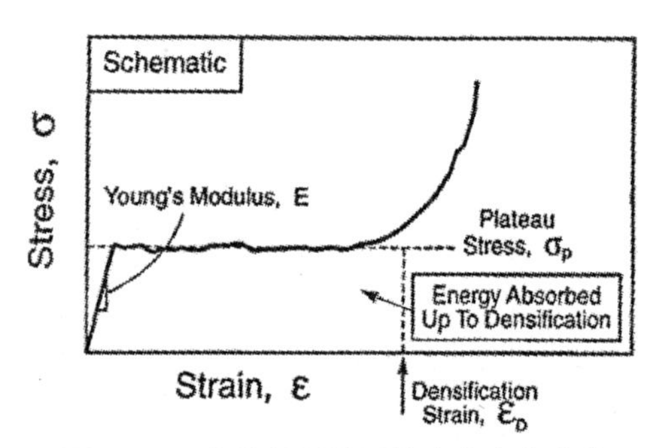

图5-25 泡沫材料的压缩应力应变曲线

图5-25中，当应变较小时，泡沫材料处于线性弹性形变范围，孔壁经受弹性形变；然后是一个平台区，这时应变增大而应力几乎不变，孔壁屈服、破碎、崩塌；最后是致密化区，孔壁被压碎挤压在一起，材料被压实，应力又迅速增大。泡沫材料压缩应力应变曲线中的平台区显示它有着良好的吸能特性，因而被广泛应用在缓冲吸能的场合承受冲击载荷。泡沫材料的压缩形变过程如图5-26所示。

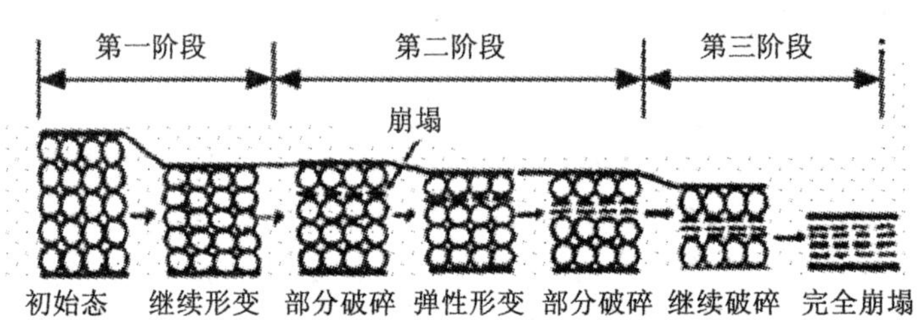

图5-26 泡沫材料压缩形变过程

泡沫材料的力学性能主要受三种因素影响：(1) 基体材料的性能，(2) 相对密度，(3) 泡孔的形态和分布。一般认为，相对密度是最为重要的一个参数。

(2) 材料特性。

作为防爆容器的软质层，缓冲吸能材料起到吸收动能、缓和冲击、减弱振荡、减低应力幅值的作用。目前，市场上的缓冲吸能材料主要有泡沫铝、聚氨酯发泡材料等。两种材料的吸能特性可以通过吸能效率曲线和理想吸能效率曲线进行评估。参考《泡沫铝缓冲吸能评估及其特性》、《硬质聚氨酯泡沫塑料的缓冲吸能特性评估》等文献，可以看出两种材料的力学性能，如图5-27所示。图5-27所示分别为两种材料在在准静态与高应变率下的应力应变曲线、吸能效率曲线、理想吸能效率曲线。

2. 泡沫铝特点及用途

(1) 泡沫铝特点。

泡沫是由气泡和铝隔膜组成的集合体，气泡的不规则性及立体性使得它具备许多优良的特性。

1) 质轻。泡沫铝的密度仅大约是纯铝的1/5～1/10，是铁的1/20，是木材和塑料的1/4。

2) 吸音性能优良。泡沫铝的吸音特点是：声音进入泡沫铝后发生漫反射，相互干扰，使声能转化为热能，从而使噪声减弱。泡沫铝与其他吸音材料相比，低频吸收性能优良，泡沫铝加上一定尺寸的空腔，吸音效果更好，并可在较宽的频率领域内应用。例如：室内吸音处理前墙面为很硬的水泥，室内贴10mm厚的泡沫铝进行吸音减噪处理后，泡沫铝吸音可减噪17db。

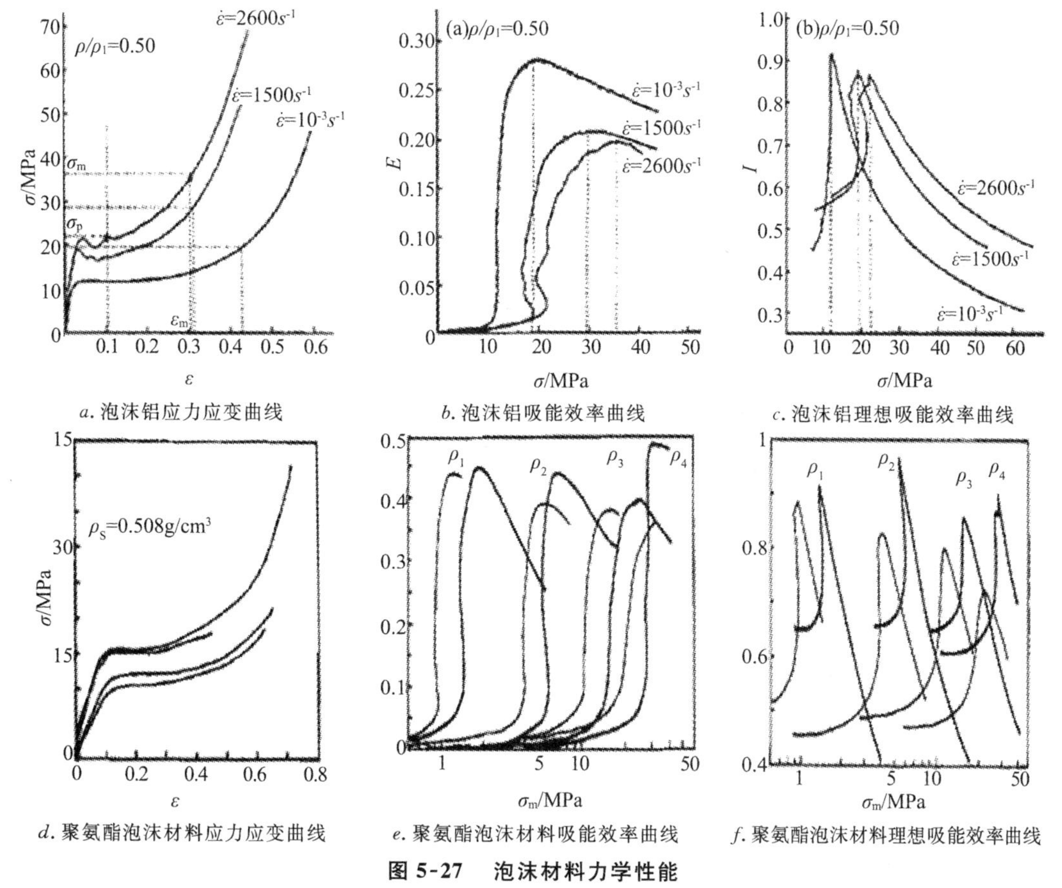

a. 泡沫铝应力应变曲线　*b*. 泡沫铝吸能效率曲线　*c*. 泡沫铝理想吸能效率曲线

d. 聚氨酯泡沫材料应力应变曲线　*e*. 聚氨酯泡沫材料吸能效率曲线　*f*. 聚氨酯泡沫材料理想吸能效率曲线

图5-27　泡沫材料力学性能

3）泡沫铝的声性能。泡沫铝可以与其他的隔音材料加以复合，由于泡沫铝的吸音作用，可使隔音效果进一步提高。

4）泡沫铝的耐火性能。泡沫铝具有良好的耐火性能，铝熔点为660℃，泡沫铝达800℃才开始软化(因承受不了自重)，但还没有熔化。泡沫铝在无外力作用下，即使暴露在780℃的高温下也不会变形，这说明泡沫铝可以比一般的吸音材料承受更高的温度。此外，泡沫铝是一种不燃材料，不会像塑料等材料那样，产生有害气体。

5）泡沫铝的电磁屏蔽性能。泡沫铝具有优良的电磁屏蔽性能，同时兼有吸音特性。因此，泡沫铝板最适合应用于制作电气设备房的天花板和墙壁，作为电磁屏蔽材料使用。

6）缓冲效果好。泡沫铝受压达到其屈服点时，气泡隔膜发生形变，一层一层地连续变形，气泡破坏，产生极大的压缩变形，从而将冲击能量吸收，表现出良好的缓冲效果。

7）施工方便。由于泡沫铝质轻，人工便可安装，特别适合于天花板、墙壁、屋顶等高处作业。由于加工方便，又可进行粘接和铆接，极易与其他结构物连接。因此，便于现场施工和安装组合。

8）表面装饰效果好。采用特殊的工艺，完全可以用涂料对泡沫铝表面进行涂装。涂装几乎不损害泡沫铝的吸音效果。

9）可制成夹心使用。泡沫铝两面粘接铝、铜、钛等薄板，制成夹层板，是一种轻质而具有较高强度的板材，可作为性能优异的结构材料使用。

10）泡沫铝低的热导率。泡沫铝的热导率很低，仅为纯铝的1/60～1/500，而线膨胀系数与纯铝相当。

(2) 泡沫铝用途。

泡沫铝质轻，吸音 、隔音、减振性能优良，电磁屏蔽性能好，阻尼、吸能性能优异，耐候性好，耐腐蚀、抗老化，不燃、隔热、耐热性能良好，无毒、无害、可回收利用且易于加工安装，为理想的绿色环保材料。由于泡沫铝具有上述一系列特性，因此用途十分广泛，主要应用在以下几个方面：

① 吸音材料，适用于工厂、矿山、公路、隧道、音响等作为吸音材料；② 建筑材料，适用于天花板、墙壁等作为超轻质的建筑装修材料；③ 结构材料，与金属板等复合成夹层板，可作为飞机、汽车、火车及建筑物的地板材料、墙体材料、屋顶材料，也可作为家具板材和减震板材；④ 电磁屏蔽材料，适用于如计算机机房的墙壁、天花板，电子设备的壳体材料，电子指挥室内装修，电视台发射中心室内装修等；⑤ 吸能材料，适用于力学冲击、爆炸冲击场所的缓冲材料。

3. 泡沫铝泡沫材料的应用

(1) 泡沫铝力学性能。

图 5-28、图 5-29 所示分别为不同密度泡沫铝的拉伸性能曲线和冷弯性能曲线。图 5-30 所示为不同密度泡沫铝的压缩性能曲线。

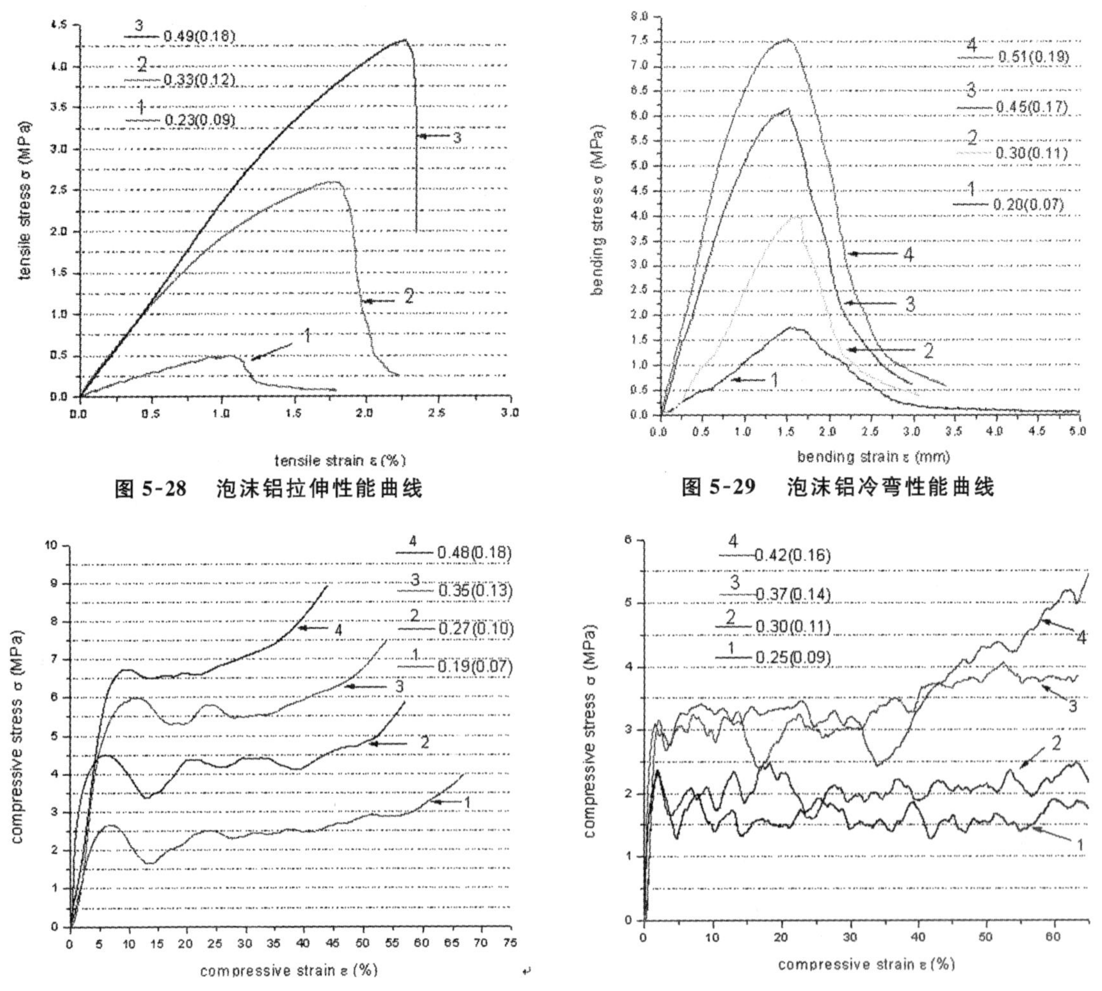

图 5-28　泡沫铝拉伸性能曲线

图 5-29　泡沫铝冷弯性能曲线

图 5-30　泡沫铝的压缩性能曲线

从以上几幅图中可以看出，一定密度的泡沫铝可以获得优异的拉伸性能和冷弯性能；不同密度的泡沫铝均具有良好的压缩性能。因此，泡沫铝可以加工成一定的形状，起到缓冲力学冲击和爆炸冲击的作用，可以用于防爆容器中。

(2) 泡沫铝防爆应用。

图5-31、图5-32分别为泡沫铝应用于防爆容器内部和外部的情况。从图5-31中可以看出，用芳纶包裹的泡沫铝在爆炸冲击的作用下压溃、破碎。从图5-32中可以看出，用于与爆炸近场的泡沫铝在爆炸冲击的作用下压边、击穿。由此看出，泡沫铝应用于防爆容器内部和外部近场均起到了相应的缓冲吸能作用。

(a) (b)

图5-31 泡沫铝应用于防爆容器内部

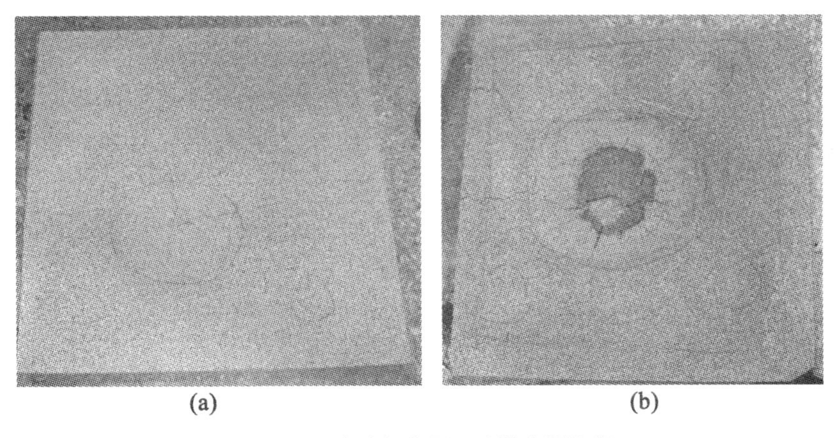

(a) (b)

图5-32 泡沫铝应用于防爆容器外部

4.聚氨酯泡沫材料制备

聚氨酯泡沫材料是一种重要的工程防护材料。它是将多孔骨料填入到聚合物基体中，经过一定的发泡、成型工艺后，而制得的吸能效果优良的复合材料。该种材料密度小、强度高，具有普通多孔材料所难以比肩的优点；在航空、航天、航海、军工等领域有着广泛的应用。

(1) 多孔骨料。

常见的多孔填料有膨胀珍珠岩、膨胀蛭石、硅藻土、空心微粒、球形人造材料等，其中尤以珍珠岩与蛭石应用较为广泛。膨胀珍珠岩是白色多孔粒状物料，由珍珠岩经过破碎、预热、烘烧、膨胀而成，具有轻质、绝热、吸音、无毒、无味、不燃烧、不发霉且能吸收放射性等特点。

蛭石是一种复杂的铁、镁含水硅铝酸盐类矿物，呈薄片状结构，由两层层状的硅氧骨架，通过氢氧镁石层或氢氧铝石层结合而形成的双层硅氧四面体。蛀石在温度高于 150℃，特别是在 80 — 100℃ 时，硅酸盐层间基距减小，水蒸气排出受限，层间水蒸气压力增高，导致蛀石剧烈膨胀，形成膨胀蛭石。膨胀蛭石具有一系列良好的性能，如堆积密度小、热导率低、熔点比较高等。它在化学性上讲是惰性的，经久耐用，并且具有安全可靠的生态学特性。

以珍珠岩、蛭石等为代表的多孔填料具有一系列明显的优点：① 无需泡沫稳定化处理、试剂选配等先期准备工序，产品制备过程相对简单；② 制品烧制无需长时间保温和控制，填加物可充分燃烧，不会产生伴生有害物；③ 由于结合料强度比较高，填料上的部分机械荷载重新分布，所得制品强度高。

(2) 聚氨酯聚合物。

可与多孔骨料复合制成多孔材料的聚合物有多种，常用的聚合物材料有：环氧树脂、酚醛树脂、热塑性聚氨酯、聚对苯二甲酸乙二醇酯、聚酰胺、聚丙烯、聚芳双硫醚、聚乙烯醇、聚丙烯等。

以聚氨酯、环氧树脂等聚合物为代表的基体材料具有比重小、价格低、成型容易等特点。与其他泡沫材料相比，具有无臭、透气，气泡均匀，耐温，耐老化，抗有机溶剂侵蚀等特点，而且还可方便地通过改变工艺配方、添加多孔骨料等方式来获得不同硬度、不同密度和性能的多孔材料。所获多孔材料，能够缓和冲击、减弱振荡、减低应力幅值；使冲击能量通过材料内部应力、摩擦、断裂、塑性变形等来消散。

(3) 材料配比及密度。

在制作吸能材料的过程中对聚合物最基本的要求是其用量能把多孔骨料牢固的粘合在一起。试验表明，当多孔骨料与聚合物体积比较小时，聚合物用量过小而无法有效的粘结多孔骨料；当多孔骨料与聚合物体积比加大时，聚合物用量过多，吸能材料密度过大、成本较高。经过摸索试验，将多孔骨料与聚合物的配比确定在 1.2 ～ 2.0 之间，可以获得较为理想的多孔填料型聚合物复合材料。调整多孔骨料与聚合物的配比，可以获得 5 种规格的样块，样块的配比及物理参数如表 5-14 所示。

表 5-14　多孔骨料与聚合物配比表

组别	配比	平均质量(g)	密度(g/cm^3)
I	1.2	6.625	0.344
II	1.5	7.25	0.377
III	1.67	8.125	0.422
IV	1.8	9.75	0.507
V	2.0	10.3125	0.536

由上表可以看出，随着多孔骨料与聚合物体积比的减少，样块的质量降低、密度减小。相反，多孔骨料与聚合物体积比越大，样块的质量越大、密度越高。

(4) 试件的制备与加工。

选取多孔骨料、聚合物、固化剂、防水剂、发泡剂、增稠剂，在电磁搅拌器上搅拌 0.5 小时，使各组分混合均匀，注入 φ700mm * 900mm 的模具中，注模成型，胀定固化。固化完成后，对样块进行脱模加工，可将样块制成 $\varphi 35mm*20mm$ 的样本，如图 5-33 所示。

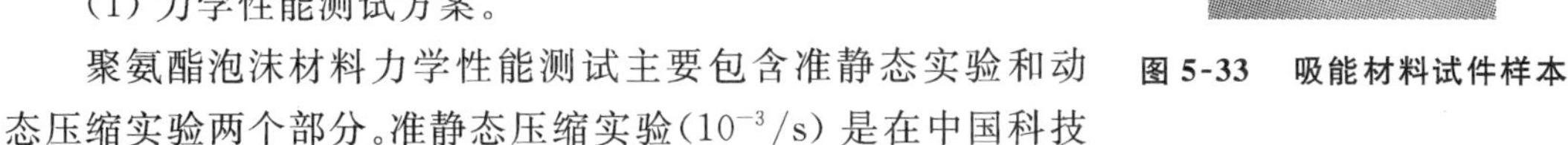

图 5-33　吸能材料试件样本

5. 聚氨酯泡沫材料测试

(1) 力学性能测试方案。

聚氨酯泡沫材料力学性能测试主要包含准静态实验和动态压缩实验两个部分。准静态压缩实验($10^{-3}/s$) 是在中国科技大学 MTS－809 材料试验机上进行的；高应变率($10^2/s-10^3/s$) 下材料的压缩试验是在分离式霍普金森压杆(SHPB) 装置上进行的，SHPB 的实验装置如图 5-34 所示。[6]

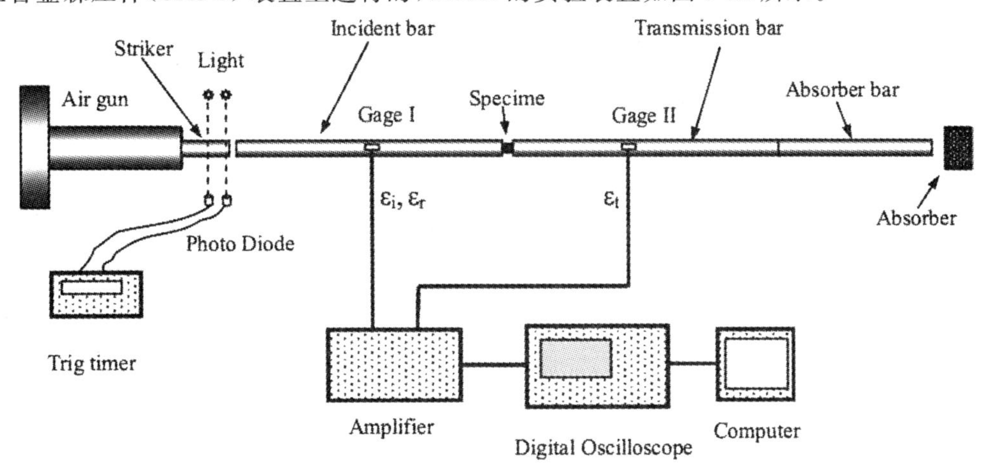

图 5-34　分离式 Hopkinson 压杆简图

图 5-34 中，分离式 Hopkinson 压杆主要由加载驱动装置、压杆系统、信号测试、记录系统组成，其中试件被夹在二根压杆之间。动态加载是通过以下过程实现的：气枪驱动子弹(撞击杆) 撞击入射杆的一端，在其中产生并传播一个应力脉冲(入射波)；该应力脉冲作用到试件上并造成试件的高速变形；与此同时，形成返回入射杆中的反射波以及在透射杆中传播的投射波。根据实测到的入射波，反射波和透射波波形，即可得到试件材料的工程应力应变曲线。

SHPB 技术是建立在两个基本假定基础上的，即一维假定和均匀假定。根据这两个假定，可以利用一维应力波理论确定试件材料的应变率、应变和应力，即：

$$\dot{\varepsilon}(t)=\frac{C}{l_0}(\varepsilon_i-\varepsilon_r-\varepsilon_t)$$

$$\varepsilon(t)=\int_0^t(\varepsilon_i-\varepsilon_r-\varepsilon_t)dt$$

$$\sigma(t)=\frac{A}{2A_0}E(\varepsilon_i+\varepsilon_r+\varepsilon_t)$$

(2) 准静态力学性能测试。

基于中国科学技术大学 MTS－809 电液伺服式材料试验机，选择了 5 组试件中的第一个样本进行了准静态力学性能测试，所选试件参数如表 5-15 所示。

表 5-15　静态测试样件参数表

实验序号	试件编号	尺寸(mm)		应变率(1/s)	测后状态
		直径	厚度		
01	1.2－01	34.36	20.42	0.001	压垮
02	1.5－01	34.69	19.74	0.001	压垮
03	1.67－01	35.13	20.04	0.001	压垮
04	1.8－01	35.10	20.05	0.001	压垮
05	2.0－01	35.19	19.90	0.001	压垮

采用0.001/s的应变率进行压缩实验，获得了5组静态工程应力—应变曲线，如图5-35所示。

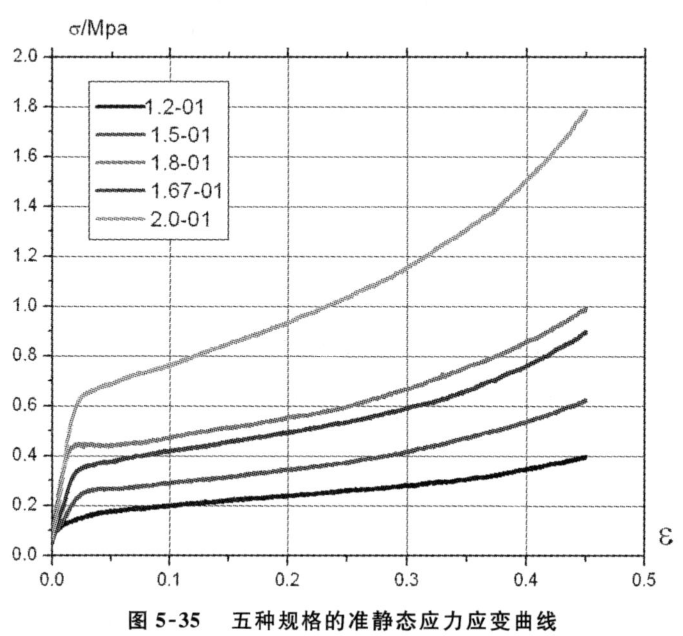

图 5-35　五种规格的准静态应力应变曲线

图5-35中，由5组准静态应力应变曲线看出，曲线中均有一个较长的平台。这说明，当该种多孔材料承受一定的冲击载荷时，材料会通过自身泡孔的屈曲、屈服、坍塌等形式消耗外力做功，在近乎恒定的载荷下吸收大量能量，具有成为理想的缓冲吸能和爆炸防护材料特性。

(3) 动态力学性能测试。

图5-36所示为聚氨酯泡沫材料的动态力学性能测试图。动态测试中，由于聚氨酯泡沫材料的阻抗特性较低，透射信号比较微弱，使用普通电阻应变片(灵敏度系数仅为2左右)很难测到有效信号。因而，本次动态实验采用了半导体应变片(其灵敏度系数为电阻应变片的50倍)。同时，为了得到比较完整的吸能材料变形三阶段(弹性段、屈服段和压实段)，动态实验选择了较高的应变率，即1600/s。所获得的5种规格的吸能材料的动态压缩工程应力—应变曲线如图5-36(a)(b)(c)(d)所示。

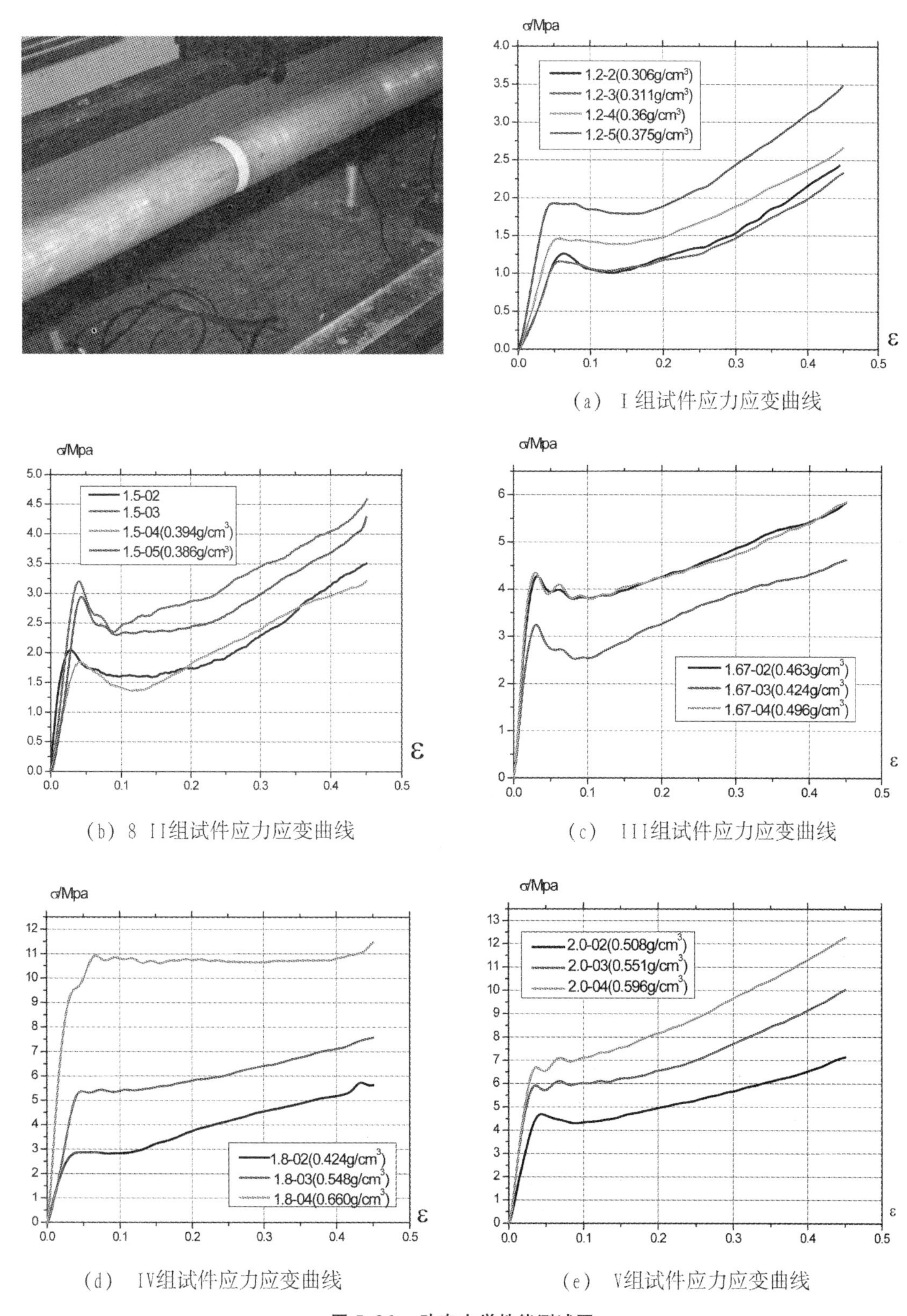

(a)　I 组试件应力应变曲线

(b) 8 II组试件应力应变曲线

(c)　III组试件应力应变曲线

(d)　IV组试件应力应变曲线

(e)　V组试件应力应变曲线

图 5-36　动态力学性能测试图

图 5-36(a)(b)(c)(d) 表现了 17 组不同规格的样本的动态压缩工程应力—应变曲线，这些曲线表明材料在动态加载条件下的屈服应力和流动应力远大于在准静态加载条件下的屈服应力和流动应力，材料有非常明显的应变率效应。

(4) 力学性能测试结果分析。

由于制备工艺、紧实度、空洞分布等因素的影响，5 种规格的试件在密度上出现了一定的差异，不同规格之间的试件，其密度有交叉。为了更好的比对密度对试件强度的影响，将试件的动态压缩曲线予以重新绘制，可得如图 5-37 所示的，依密度为参照的试件动态压缩曲线。

由图 5-37 可以看出，材料的屈服应力和流动应力与材料的密度有直接的关系，密度越大，屈服应力和流动应力越大。

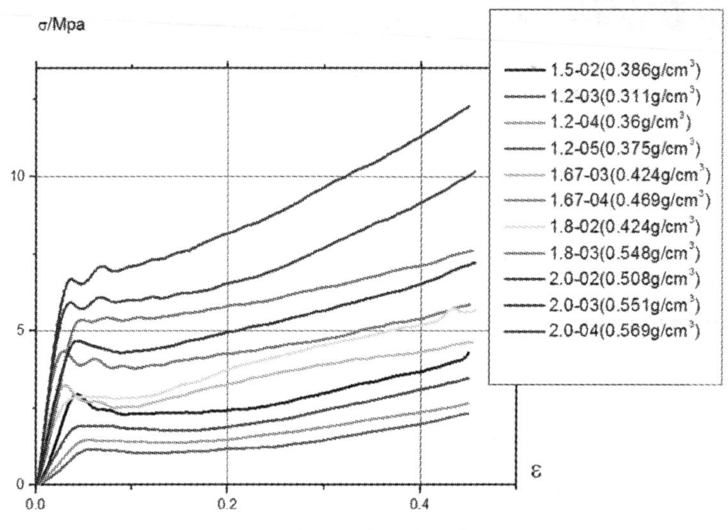

图 5-37　依密度为参照的动态压缩曲线

测试同时表明，冲击在聚氨酯泡沫材料中的传播衰减效应，很大程度上取决于致密过程各阶段所吸收或耗散的能量，是初始密度对聚氨酯泡沫材料冲击压缩过程各阶段能量耗散效应的综合体现。由此可见，密度所表征的不仅是聚氨酯泡沫材料的宏观物理特性，而且能够反映冲击压缩过程能量吸收或耗散的多少，即密度大小与冲击波传播衰减效应强弱之间存在对应关系。根据本文实验研究结果，当试件密度在 0.55 左右时，聚氨酯泡沫材料对冲击具有较强的传播衰减效应。

6. 聚氨酯泡沫材料防爆应用

(1) 聚氨酯泡沫材料填充示意。

力学性能测试表明，所制备的聚氨酯泡沫材料具有良好的防爆吸能特性。将该种材料填充至某型防爆罐中，可实现如图 5-38 所示的“三明治”结构。图 5-38 所示结构，主要包括内防护层、吸能材料、主防护层三个部分。基于该结构所生产制造的防爆罐样机如图 5-39 所示。图 5-39 所示防爆罐，其防爆当量为 2kg 标准 TNT 炸药，所填充的吸能材料侧壁厚度为 30mm，底厚度为 50mm。

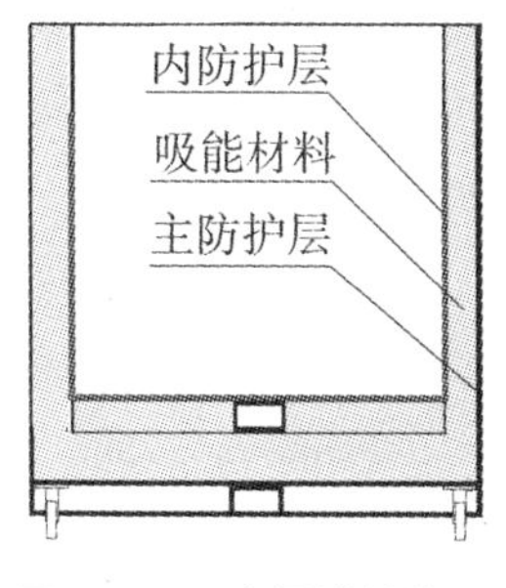

图 5-38 防爆罐结构图

图 5-39 防爆罐样机

(2) 聚氨酯泡沫材料防爆应用。

填充于防爆罐中的吸能材料对爆炸冲击的衰减机理如图 5-40 所示。当聚氨酯泡沫材料在爆炸过程中受到冲击时,材料首先被致密,以消除内部存在大量孔隙。致密历程中,首先孔壁发生弹性变形,部分冲击能量转变为弹性能,同时气隙被绝热压缩并吸收部分能量;继而孔壁发生塑性塌缩或脆性破碎,将部分冲击能量转变为塑性能,气隙绝热压缩过程基本结束;随后被逐渐压实直至接近密实材料。一旦聚氨酯泡沫材料被完全致密,冲击波在其中的传播行为与相应密实材料基本相同。

基于上述聚氨酯泡沫材料的对爆炸冲击的衰减特性分析和炸药的爆炸力学特性,可以得到防爆罐的形变示意图,如图 5-40 所示。图 5-41 中,防爆罐中下部及底部受到的爆炸冲击最大,聚氨酯泡沫材料受到的压缩变形也最为严重。因此,在生产过程中,防爆罐底部、中下部的吸能材料填充应更为紧实,以获得密度更高的吸能材料,提高防爆罐的防爆能力。

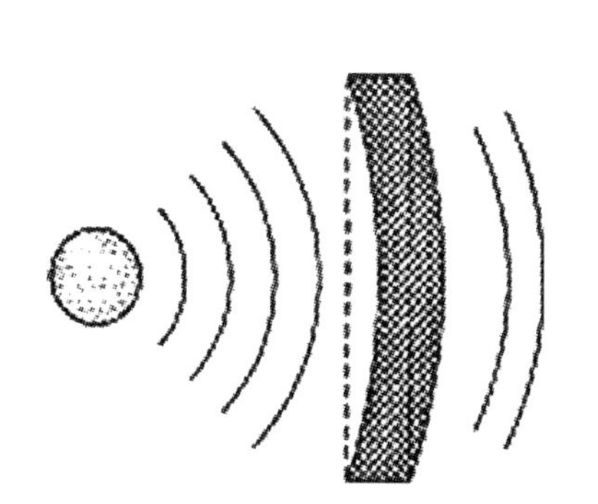

图 5-40 吸能材料防爆机理

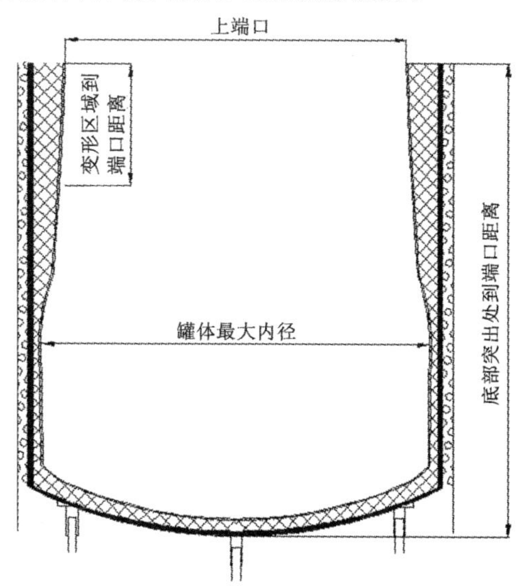

图 5-41 防爆罐形变示意图

(3) 应用于防爆罐的实爆实验。

选取组别Ⅰ和组别Ⅳ,即 1.2/1.8 配比规格的聚氨酯泡沫材料,分别填充到两个相同结构的防爆罐中,放入 2kgTNT 标准炸药,进行实爆试验。所得到的实爆结果如图 5-42 所示。图 5-42(a) 填充为 1.2 配比规格聚氨酯泡沫材料的防爆罐,图 5-42(b) 为填充为 1.6 配比规格聚氨酯泡沫材料的防爆罐。

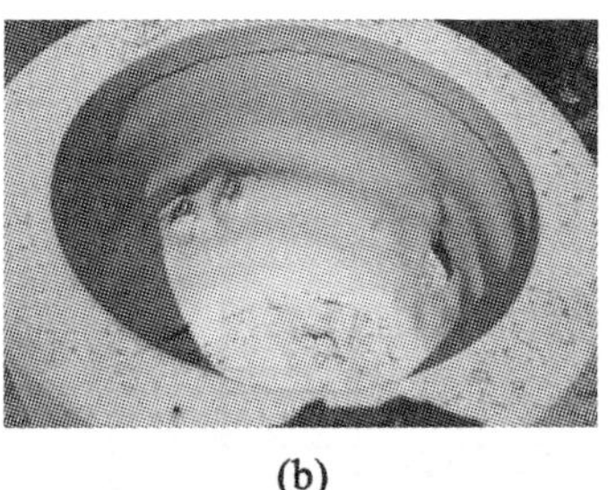

(a) (b)

图 5-42 两种防爆罐实爆结果

由图 5-42 可以看出，经历爆炸试验后，(a) 所示防爆罐内防护钢板破坏面积较大，出现了大而深的裂缝，吸能材料破碎而出；而图(b) 所示防爆罐内防护钢板变形均匀，仅出现了几个小而浅的裂缝，吸能材料被均衡压缩。也即，填充密度较小聚氨酯泡沫材料的防爆罐破损严重，而填充密度较大聚氨酯泡沫材料的防爆破损较轻。由此证明，在一定范围内，密度大、力学特性好的材料，其防爆吸能效果也好；相反，同等条件下，填充密度较小、力学性能较差吸能材料的防爆罐，其防爆能力必然较差。

(4) 小结。

聚氨酯泡沫材料的配比工艺及试件样本的加工表明，采用珍珠岩、蛭石为代表的多孔骨料和以聚氨酯、环氧树脂为代表的聚合物进行爆炸吸能材料的制备，具有加工简单、成型简易、成本低廉等优点。其不足之处在于：材料的密度控制及时效控制存在着一定的难度，材料的固化时间受温度影响。

聚氨酯泡沫材料的准静态和动态力学性能测试表明，所制备的复合材料具有良好的吸能特性，可对冲击予以有效衰减，能够应用于防爆罐等爆炸防护产品中；但是，材料的力学特性受材料的密度影响较大。

聚氨酯泡沫材料在防爆罐等防爆容器中的应用及实爆实验表明，聚氨酯泡沫材料对爆炸冲击波有良好的抵御消耗作用，对爆炸损害有较好的降低效果，在警用装备及爆炸防护领域有较高的使用价值。

5.3 爆炸防护的仿真技术

5.3.1 防爆罐仿真研究

1. 材料模型及失效模式

防爆罐大多为三明治“U”型罐，其数值仿真涉及四种材料：空气、钢板、炸药、吸能材料(用沙土替代)。

(1) 钢板。

A. 本构方程

Johnson Cook 塑性模型，包括了应力硬化、应变率的影响以及热效应，屈服应力为

$$\sigma_y = (A + B\varepsilon^{pn})(1 + C\ln\dot{\varepsilon}^*)(1 - T^{*m})$$

其中 ε^p 是有效塑性应变，$\dot{\varepsilon}^* = \dot{\varepsilon}^p/\dot{\varepsilon}_0$ 是无量纲的塑性应力率，$T^* = (T - T_{room})/(T_{melt} -$

T_{room}）是无量纲温度，T_{room} 和 T_{melt} 分别是室温和材料的融化温度。A,B,n,C,m 是材料常数。对于钢板，分别取值如下：

$\rho = 7.8 \times 10^{-3}\text{g/mm}^3, E = 210 \times 10^3\text{Mpa}, \upsilon = 0.3, A = 792\text{Mpa}$

$B = 510\text{Mpa}, n = 0.26, C = 0.014, m = 1.03, T_{room} = 318\text{K}, T_{melt} = 1793\text{K}, C_{比热容} = 477\text{J/KG }K$

B. 状态方程

Grunesien 状态方程，是由热力学与统计力学方法得到的，可以很好的描述绝大多数金属固体在冲击载荷作用下的热力学行为，它描述了压强、密度和内能之间的关系，考虑了压缩效应和非可逆的热力学过程。

$$p = (C\mu + D\mu^2 + S\mu^3)(1 - \frac{\gamma\mu}{2}) + \gamma\rho E$$

其中，$\mu = \rho/\rho^0 - 1$，反映压缩程度，$\gamma = \gamma_0\rho_0/\rho$ 是 Gruneisen 系数，E 是初始构型单位体积的内能，C,D,S 是材料常数，$C = \rho_0 c_0^2, D = C(2\lambda - 1), S = C(\lambda - 1)(3\lambda - 1)$。$c_0 = 3.57\text{mm}/\mu\text{s}$ $S = 1.92$ $\gamma_0 = 1.8$。

C. 失效模式

在此采用最大等效塑性应变失效模式，当等效塑性应变 $\varepsilon^p > \varepsilon^p_{max}$ 时，质点失效，对于失效的质点按照流体类材料处理，即不具有抗剪特性。

(2) 沙土。

本构方程为 Drucker－Prager 模型，该模型可用通过两个应力分量来描述：即等效剪应力 τ 和球应力 σ_m，等效剪应力用来描述材料的剪切失效。如果考虑拉伸失效，则 Drucker－Prager 模型的屈服面在主应力空间内为一截锥面，见下图 5-43 所示。相应的，σ_m 和 τ 平面上的屈服面包络线如图 5-44 所示。

在图 5-44 中，从点 A 到点 B 的包络线反映了材料的剪切失效，屈服函数为

$$f^s = \tau + q_\phi\sigma_m - k_\phi$$

式中，q_ϕ 和 k_ϕ 为材料常数。从点 B 到点 C 的包络线反映了材料的拉伸失效，屈服函数为

$$f^t = \sigma_m - \sigma^t$$

其中，σ^t 为材料的抗拉强度。

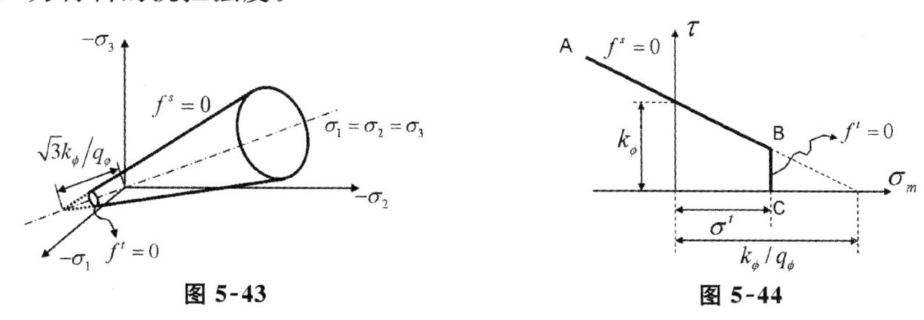

图 5-43　　图 5-44

对于钢板，分别取值如下：$\rho = 1.6 \times 10^{-3}\text{g/mm}^3, E = 70\text{Mpa}, \upsilon = 0.3, q_\phi = 0.16, k_\phi = 0.0, \sigma^t = 0.0$。

(3) 空气。

A. 本构方程

采用 LS－DYNA 里面常用的空材料模型处理；$\rho = 1.29 \times 10^{-6}\text{g/mm}^3$。

B. 状态方程

理想气体状态方程：

$$p = (\gamma - 1)\rho e$$

其中，γ 为绝热指数，也称为等熵指数为材料常数。$\gamma = 1.4 \quad e_0 = 0.2625\mathrm{mJ}$。

(4)TNT 炸药

A. 本构方程

按空材料处理。$\rho = 1.63 \times 10^{-3}\mathrm{g/mm^3}$，$D = 6930\mathrm{mm/ms}$(爆速)。

B. 状态方程

Jones－Wilkins－Lee(JWL) 状态方程用于描述爆轰产物的压力、内能和体积之间的关系：

$$p = A\left(1 - \frac{\omega}{R_1 V}\right)e^{-R_1 V} + B\left(1 - \frac{\omega}{R_2 V}\right)e^{-R_2 V} + \frac{\omega E}{V}$$

其中，$E = \rho_0 e$ 为单位初始体积的内能，ω, A, B, R_1, R_2 为材料常数。$A = 3.712\mathrm{Mbar}$，$B = 0.0323\mathrm{Mbar}$，$R_1 = 4.5$，$R_2 = 0.95$，$\omega = 0.30$，$e_0 = 6993\mathrm{mJ}$(初始单位体积化学能)。

2. 防爆罐仿真模型

(1) 几何模型。

根据防爆罐的结构及约束特点，为节省计算时间和提高计算精度，利用罐体结构的对称性，只对防爆罐的 1/4 结构进行建模，见图 5-45。

(2) 有限元模型。

采用任意的拉格朗日欧拉算法。起爆方式设置成端面中心起爆。接触为自行面面接触方法。钢板和粘土均为拉格朗日网格，整个计算域为欧拉网格。网格划分后的计算域如图 5-46。

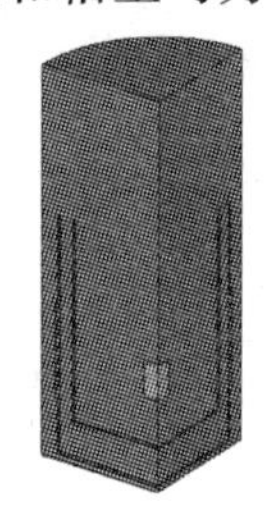
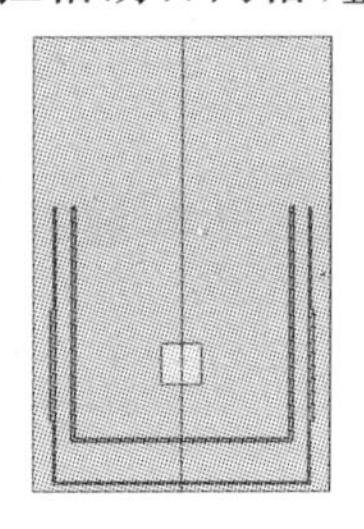

图 5-45　1kg 当量防爆罐几何模型

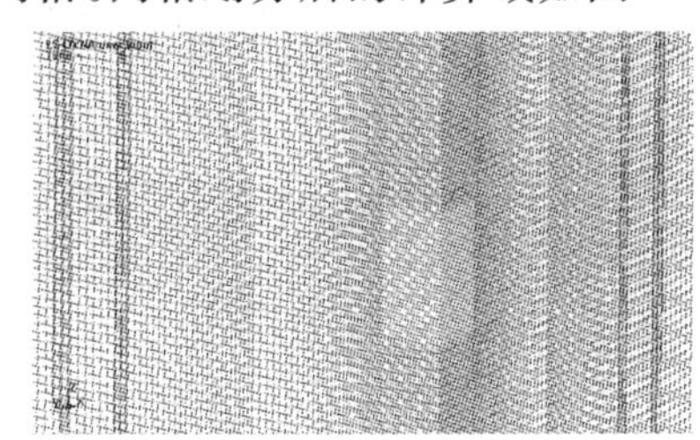

图 5-46　网格划分后的计算域

3. 罐体变形与破损仿真

(1) 罐体变形仿真。

在防护当量内进行仿真，从图 5-47、图 5-48 计算结果可以看出，防爆罐内层罐出现较大的

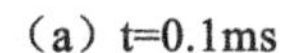

(a) t=0.1ms

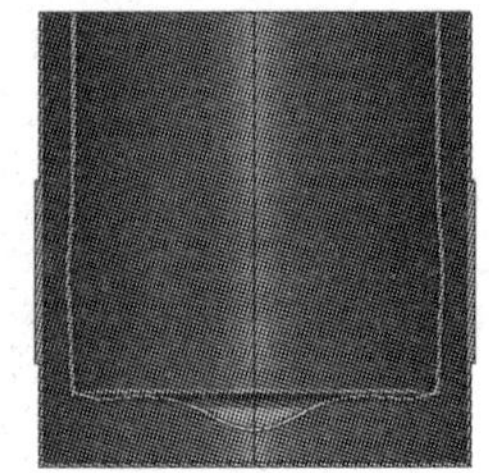

(b) t=0.2ms

(c) t=0.3ms

图 5-47　爆炸过程罐体内层变形

变形，防爆罐的吸能材料被爆炸冲击压实，起到了一定的消减冲击波能的作用；外层只有底部较少的变形。这些现象与实爆试验结果一致。

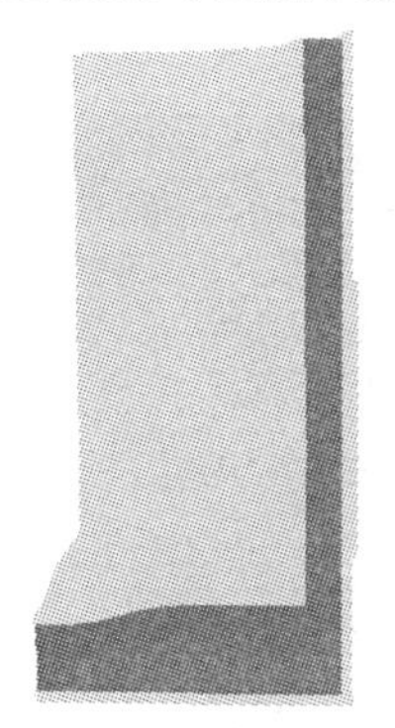

图 5-48　爆炸过程罐体外层变形（t = 0.3ms）

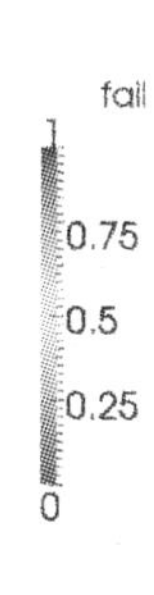

图 5-49　防爆罐内壁破裂

（2）罐体破损仿真。

在超当量仿真时，由图 5-49 计算结果可以看出，防爆罐内壁底部和侧壁出现破损现象，即爆炸过程中，防爆罐内壁底部和侧壁受到的爆炸最大，最先破坏，这与实爆结果相一致。

4. 爆炸过程压力仿真

（1）爆炸过程压力剖视图。

爆炸过程中的压力剖视图，如图 5-50 所示。

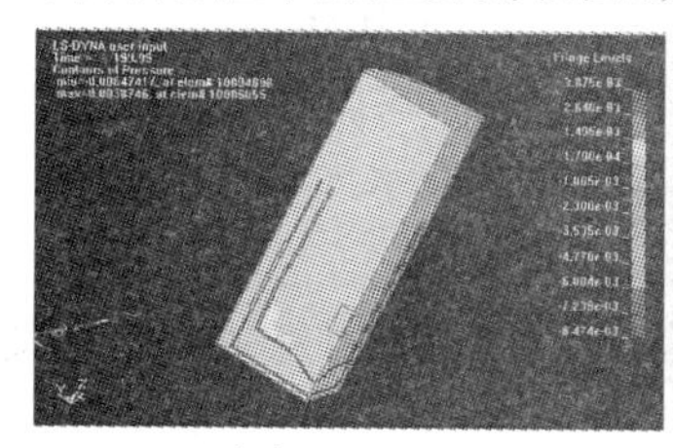

（a）t=0.1ms

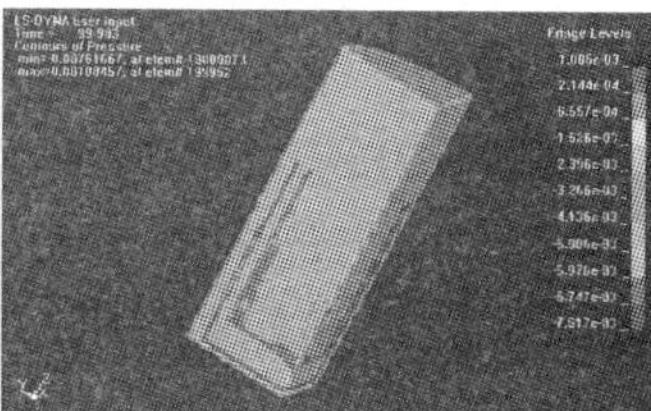

（b）t=0.2ms

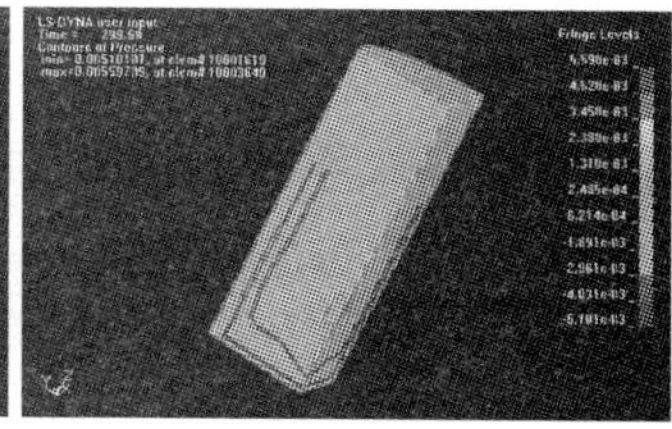

（c）t=0.3ms

图 5-50　爆炸过程压力剖视图

（2）防爆罐内层压力曲线。

从计算得出，与炸药正对的罐底、罐侧壁压力最高，随时间衰减最快，夹层的吸能材料处压力比较小，随时间变化比较缓（图 5-51）。图中 A(H225259) B(H200260) C(H2301) D(H223668) E(H1051) 点位置如下所示。

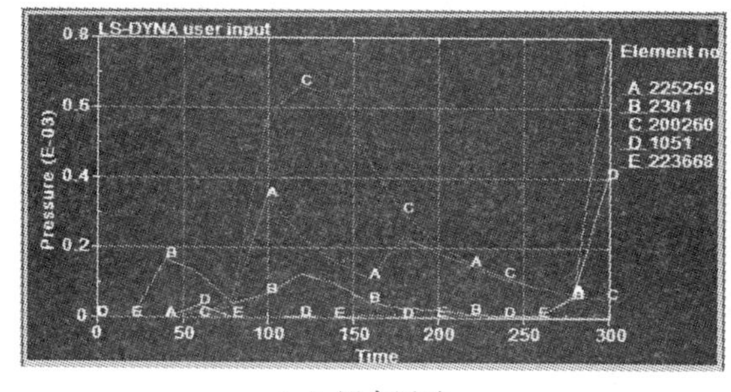

（a）压力历时

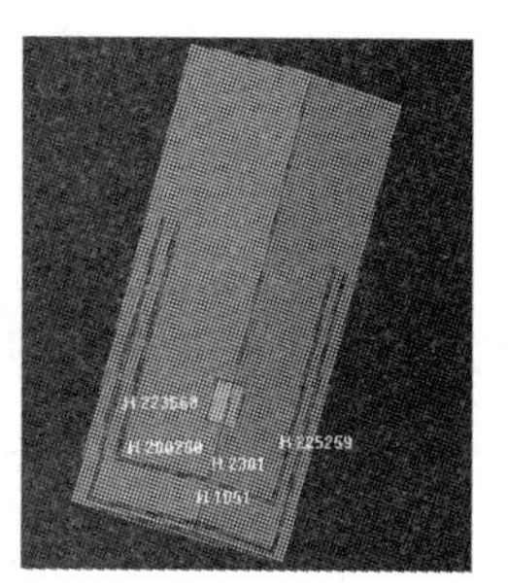

（b）取点位置

图 5-51　防爆罐内部压力曲线

(3) 防爆罐开口处压力曲线。

图 5-52 中计算得出的开口处压力有两个峰值，与试验中在开口上方 3m 测出两个峰值相吻合。图中 A(H122414)B(H347482)C(H11651) 点位置如下所示。

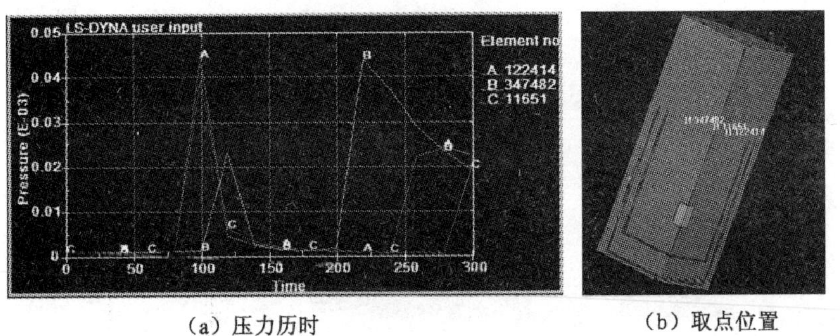

(a) 压力历时　　(b) 取点位置

图 5-52　防爆罐开口处压力曲线

5.3.2　防爆箱仿真研究

1. 材料模型与破坏准则

(1) 材料本构关系。

防爆箱主体材料为芳纶涂胶复合材料，其本构关系是建立在以下两个基础条件之上：①芳纶涂胶复合材料被视为均质正交各向异性连续体，其正交性在爆炸冲击过程中保持不变；②材料的应力应变关系为线弹性，所有非线性行为完全由内部的损伤及其演化所引起。

以芳纶涂胶复合材料为研究对象，建立材料坐标系，如图 5-53 所示。设 x_1、x_2 表示面内两正交的纤维方向，x_3 为厚度方向，则有广义 Hooke 定律，材料本构关系表示为

$$\varepsilon = H_0 \sigma$$

材料加载受损后，其各向异性的损伤行为可通过损伤张量 ω 表示。受损材料的应力应变关系为

$$\varepsilon = H(\omega) \sigma$$

其中

$$H(\omega) = \begin{pmatrix} \dfrac{1}{(1-\omega_1)E_1} & -\dfrac{v_{21}}{E_2} & -\dfrac{v_{31}}{E_3} & 0 & 0 & 0 \\ -\dfrac{v_{12}}{E_1} & \dfrac{1}{(1-\omega_2)E_2} & -\dfrac{v_{31}}{E_3} & 0 & 0 & 0 \\ -\dfrac{v_{13}}{E_1} & -\dfrac{v_{23}}{E_2} & \dfrac{1}{(1-\omega_3)E_3} & 0 & 0 & 0 \\ 0 & 0 & 0 & \dfrac{1}{(1-\omega_4)G_{12}} & 0 & 0 \\ 0 & 0 & 0 & 0 & \dfrac{1}{(1-\omega_5)G_{23}} & 0 \\ 0 & 0 & 0 & 0 & 0 & \dfrac{1}{(1-\omega_6)G_{31}} \end{pmatrix}$$

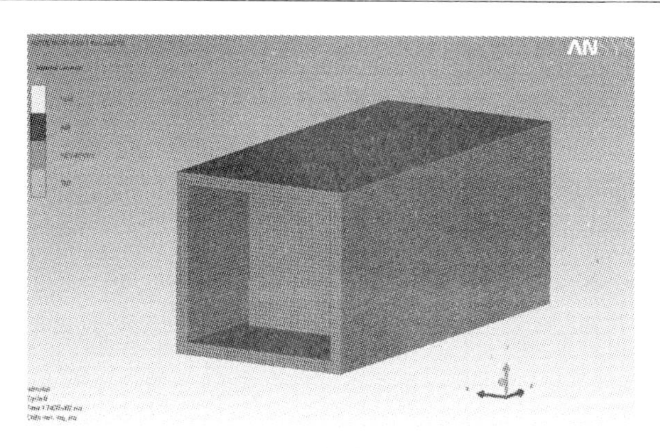

图5-53 材料坐标系

(2) 失效准则与材料模型。

由上文所述的基本假设(2)可知，如果材料内部的损伤不发展，材料力学行为始终保持线弹性，其非线性力学行为完全由损伤的演化引起。芳纶涂胶复合材料产生的失效模式原则上分为纤维失效和基体失效两种。失效准则可写为：

$$\text{纤维的拉伸破坏}(\sigma_1>0)\quad \left(\frac{\sigma_1}{S_u}\right)^2+\frac{\sigma_{12}^2+\sigma_{13}^2}{S_{12}^2}\geqslant 1$$

$$\text{纤维的拉伸破坏}(\sigma_1<0)\quad \sigma_1\geqslant S_{1c}$$

$$\text{基体的拉伸破坏}(\sigma_2+\sigma_3>0)\quad \left(\frac{\sigma_2+\sigma_3}{S_u}\right)^2+\frac{\sigma_{23}^2-\sigma_2\sigma_3}{S_{23}^2}+\frac{\sigma_{12}^2-\sigma_{13}^2}{S_{12}^2}\geqslant 1$$

$$\text{基体的压缩破坏}(\sigma_2+\sigma_3<0)$$

$$\left[\left(\frac{S_{2c}}{2S_{23}}\right)^2-1\right]\frac{(\sigma_2+\sigma_3)}{S_{2c}}+\frac{(\sigma_2+\sigma_3)^2}{4S_{23}^2}+\frac{\sigma_{23}^2-\sigma_2\sigma_3}{S_{23}^2}+\frac{\sigma_{12}^2+\sigma_{13}^2}{S_{12}^2}\geqslant 1$$

其中 S_{1t}、S_{1c} 沿纤维方向的拉伸、压缩强度；S_{2t}、S_{2c} 垂直于纤维方向的拉伸、压缩强度，S_{12}、S_{23} 为剪切强度。

综上，防爆箱仿真计算过程中共涉及芳纶涂胶复合材料、空气和TNT炸药，这三种材料的模型和参数如表5-16所示。

表5-16 材料模型参数

材料	材料模型及参数(单位：cm，g，KPa)				
空气 AIR	EOS：Ideal Gas				
	密度		γ		
	1.225e−3		1.4		
炸药 TNT	EOS：JWL				
	密度	W	C−J Detonation velocity	C−J E Energy	C−J Pressure
	1.63	0.35	6.93e3	6.9e6	2.1e7

续表

材料	材料模型及参数(单位:cm,g,KPa)									
	EOS:Ortho									
	密度	E_1	E_2	E_3	v_1	v_2	v_3	G_{12}	G_{23}	G_{31}
	1.44	21e6	21e6	4.6e6	0.31	0.14	0.14	1.3e6	1.3e6	1.3e6
芳纶涂胶复合材料KEV-EPOXY	Strength:Elastic									
	G									
	1e6									
	Failure:Hashin									
	S_{1t}	S_{1c}	S_{2t}	S_{2c}	S_{12}	S_{23}				
	8e5	2e5	8e5	2e5	1.83e5	1.83e5				

2.防爆箱仿真模型

(1)防爆箱几何模型。

防爆箱几何模型如图5-54所示,是对防爆箱的抽象与简化。防爆箱两侧设计有泄爆口,并由较长的包裹袋裹住。根据对称原理,仅取防爆箱1/8模型,如图5-55所示。

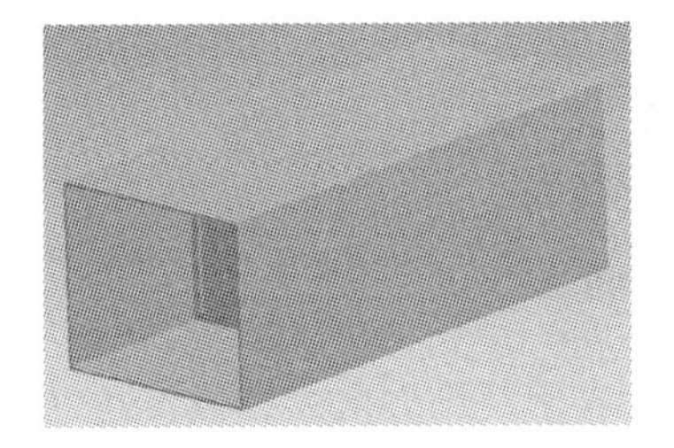

图5-54　防爆箱几何模型

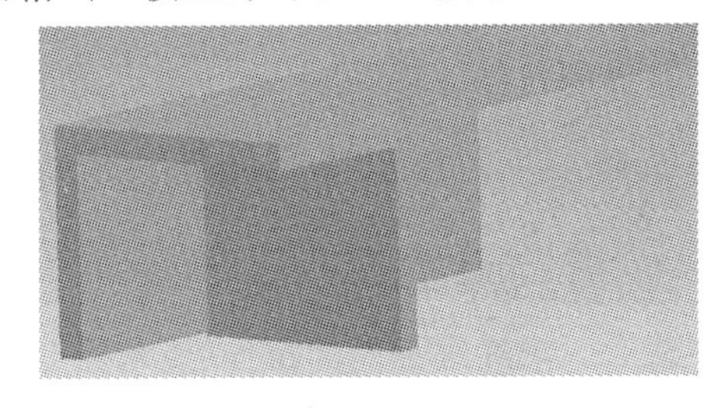

图5-55　防爆箱1/8模型

(2)防爆箱有限元模型。

防爆箱网格划分模型如图5-56、图5-57所示。网格单元选择规则的六面体形状,可保证计算精度。图5-56为整体网格划分模型,防爆箱采用单一尺寸网格,空气采用渐变网格,距离爆心越远,网格尺寸越大,既不影响计算精度,又可节约计算时间;图5-57为隐藏空气材料,并将防爆箱进行X、Y、Z面对称的网格模型。

图5-56　整体网格划分模型

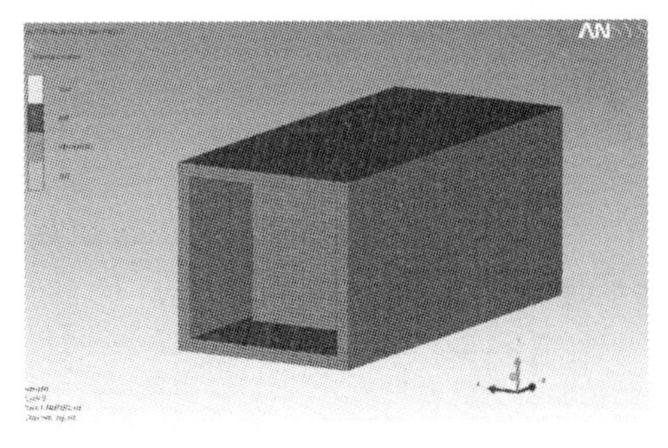

图5-57　防爆箱网格模型

(3) 防爆箱三维映射。

三维映射方法是仿真软件计算的显著特点之一。该方法利用一维楔形模块计算炸药在自由场的爆炸情况，再将计算结果映射到三维模型中。本仿真计算过程分两步，如图 5-58 所示。首先计算一维的炸药爆炸情况，然后将爆炸结果映射到三维的防爆箱中。三维映射方法既可保证计算精度，又可缩短计算时间。

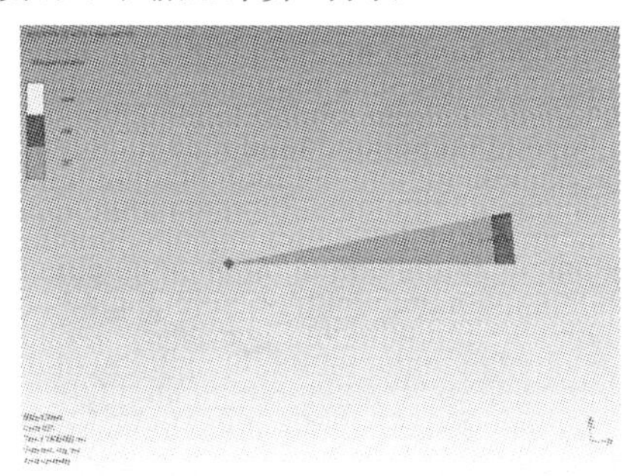
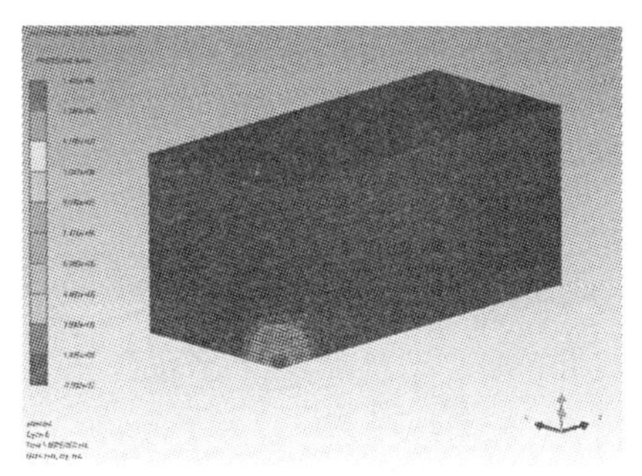

图 5-58　三维映射过程

3. 防爆箱结构仿真

(1) 方箱结构仿真。

图 5-59 为完全封闭的箱体，在同等装药量下的压力云图。图中，高温高压气体完全封闭在防爆箱内，冲击波超压经过多次复杂的反射，防爆箱最终破损，高温高压气体通过破口泄出。计算证明，没有泄压口结构的防爆箱无法释放爆炸能量，其防护能力明显低于有泄压口的防爆箱。

图 5-59　封闭箱体爆炸压力云图

(2) 抽屉结构仿真。

图 5-60 为抽屉结构箱体，在同等装药量下的压力云图。图中，高温高压气体经过泄爆口，在

没有外包裹袋的阻挡下，直接向四周扩散，引起周围超压值升高。由此证明外包裹袋对冲击波和高温高压气体具有汇聚作用，使通过泄爆口泄漏的能量沿着一定方向衰减到安全作用距离。

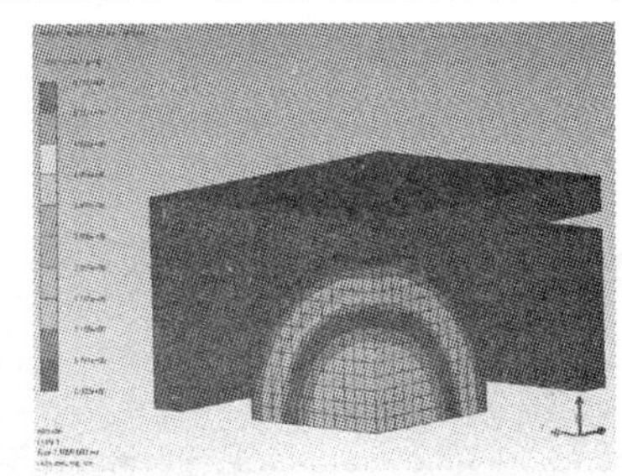

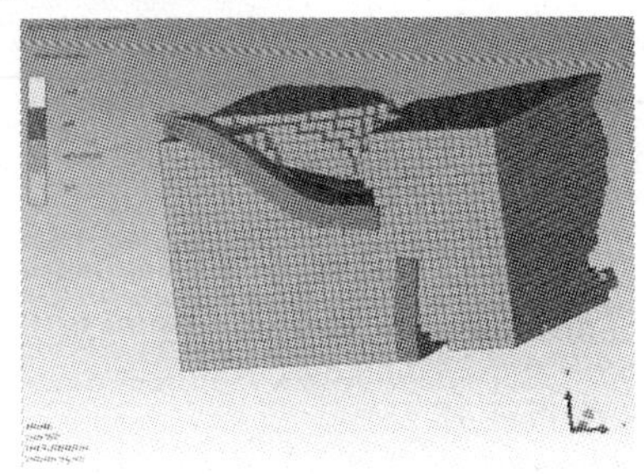

图 5-60　抽屉结构箱体压力云图及物质图

(3) 包裹袋结构仿真。

图 5-61、图 5-62 所示为包裹袋结构箱体压力云图及物质图。从压力角度观察，经过 0.018*ms*，冲击波到达防爆箱箱体壁面，并与箱体发生相互作用。此后冲击波沿箱体壁面传播。在 0.028*ms* 时，冲击波传播到箱体的顶角处，产生强烈的汇聚作用。经过 0.032*ms*，冲击波一部分被箱体壁约束在箱体内部，一部分通过泄压口向外部传播，但仍被包裹袋约束住，沿包裹袋方向向外部传播。

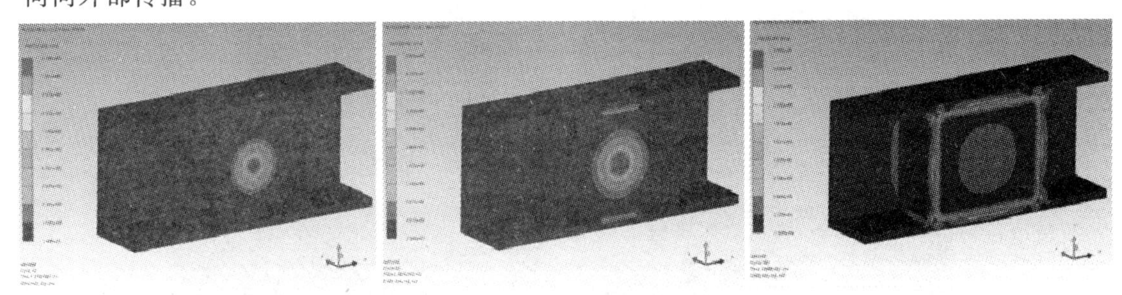

图 5-61　包裹袋结构箱体压力云图

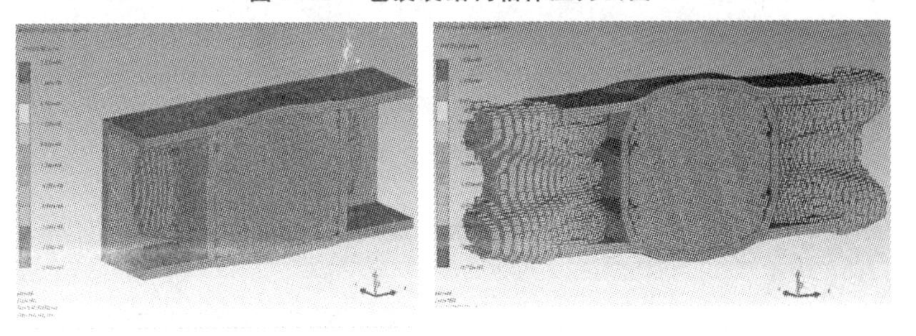

图 5-62　包裹袋结构箱体物质图

4. 爆炸仿真度对比

(1) 压力传播过程对比。

图 5-63 为冲击波超压值沿箱体壁面的传播的仿真过程和高速摄像过程对比。从对比图中可以看出,仿真过程与实爆试验过程具有良好的一致性。

(2) 箱体变形损毁对比。

图 5-64 所示为箱体变形仿真图和实物拍摄图对比。图 5-65 所示为箱体破坏仿真图和实物拍摄图对比。从对比图中可以看出,仿真结果与实爆试验结果具有良好的一致性。

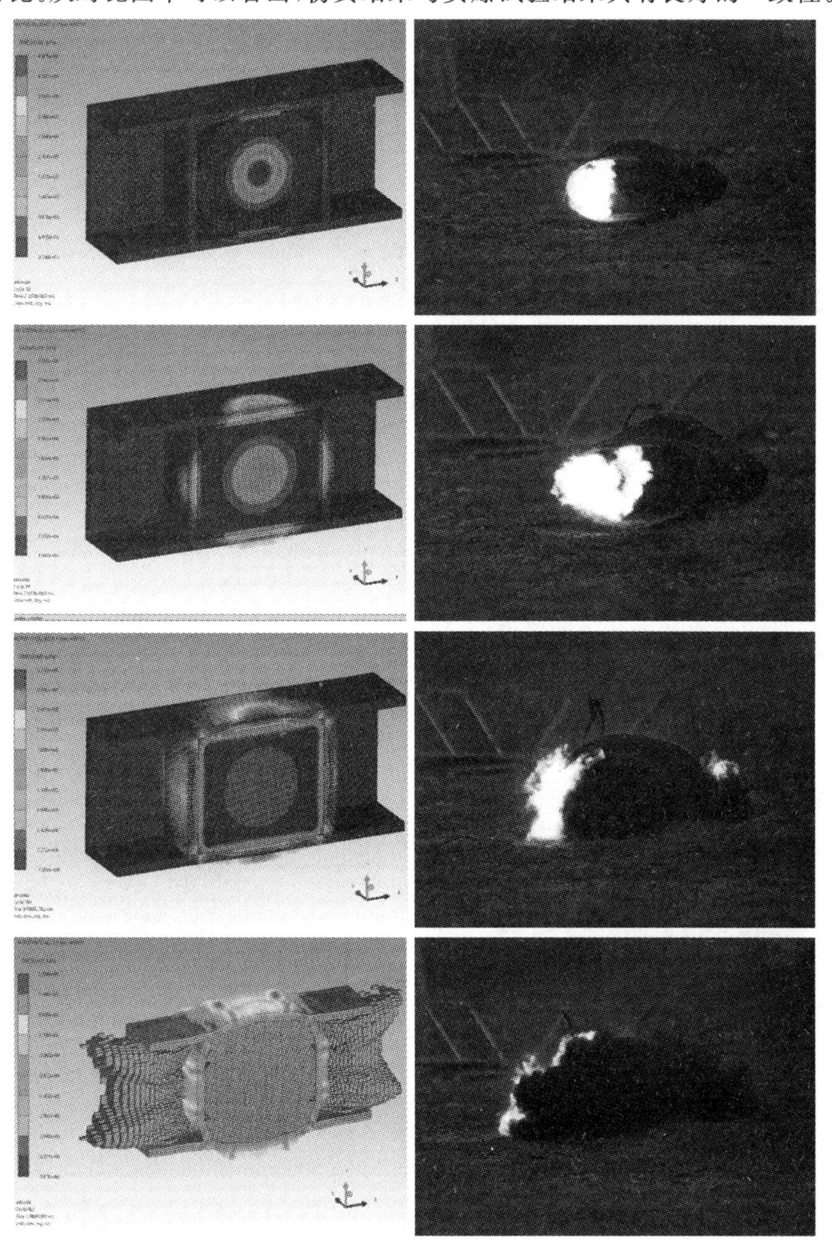

图 5-63 压力传播过程对比图

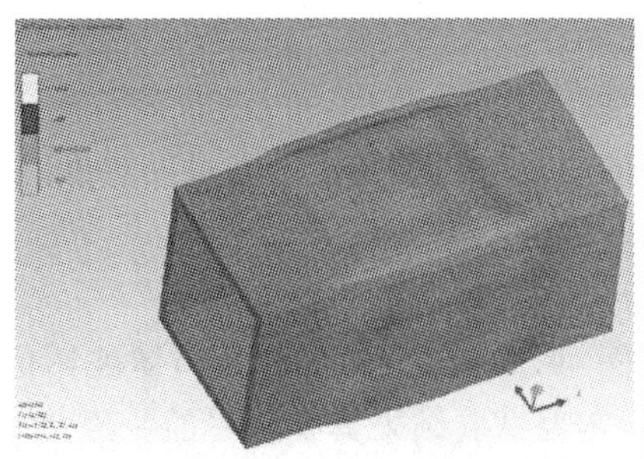

图 5-64　箱体变形比对

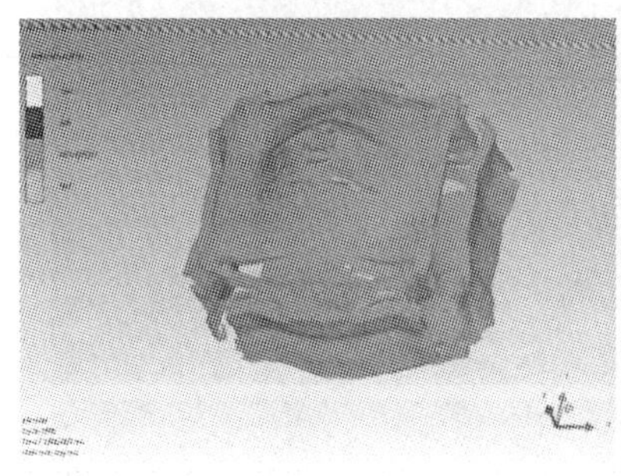

图 5-65　箱体破坏比对

5. 使用安全性仿真

(1) 防爆箱自身安全性。

如图 5-66 所示，在仿真计算过程中，单元格主要受到拉身变形、破坏。如图 5-67 所示，防爆箱的中心面材料、顶角处材料均已失效。中心面材料失效主要由于靠近炸药，顶角处材料失效主要由于箱体表面对冲击波的汇聚作用，增加了对箱体两面的破坏能力。又由于有泄压口结构，减小了冲击波对箱体的另外两面作用，另外两面箱体材料未失效。由此看出防爆箱具有良好的防护能力；爆炸失效不会产生金属破片，无二次杀伤风险，具有良好的自身安全性。

图 5-66　单元变形

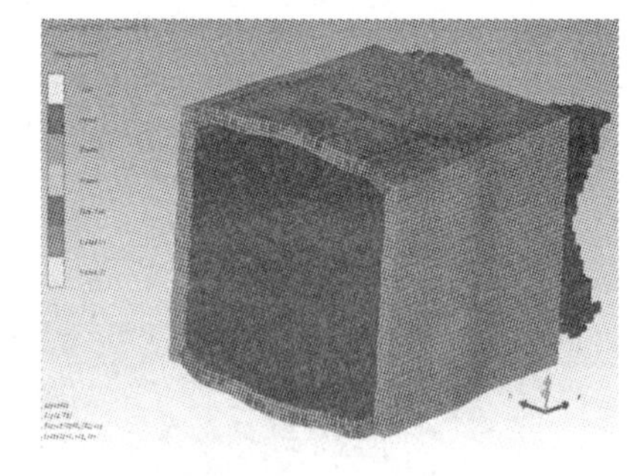

图 5-67　材料失效

(2) 防爆箱环境安全性。

如图 5-68 所示，从物质流场角度观察，固态 TNT 爆炸后，转化为高温高压气体。经过 0.02ms 高温高压气体到达防爆箱箱体壁面。受到箱体壁面的约束，高温高压气体逐步充满整个箱体。当 0.038ms 时，高温高压气体到达箱体泄爆口，气体从泄爆口流出，此时箱体内部高压气体能量减小。随着气体不断从泄爆口流出，高压气体能量不断减小。由此看出，爆炸过程所产生的压力及爆炸产物不会对环境带来危害。

(3) 防爆箱内外压力曲线。

如图 5-69 所示,在计算过程中,取图 5-69 所示 3 个测试点 G1、G2、G3。G1 点位于箱体内部,如图 5-70 所示,超压峰值远大于 G2 和 G3。G2 点位于箱体泄爆口外侧,此处峰值较大。G3 点同样位于箱体泄爆口外侧,但距离泄爆口较远,经过衰减,冲击波超压峰值已经很小。

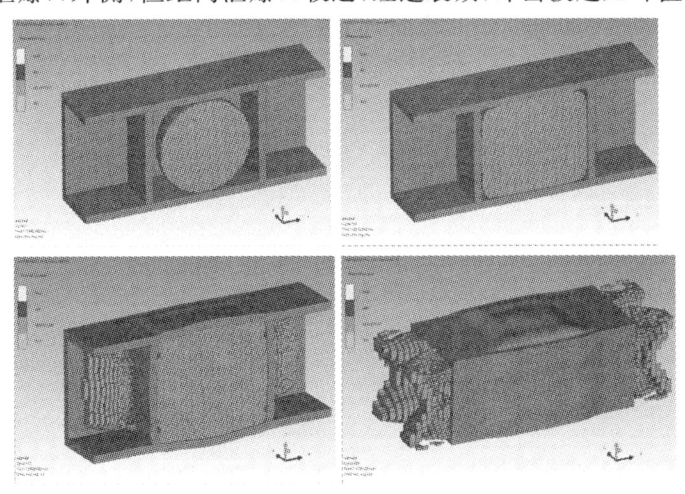

图 5-68 爆炸过程物质流场

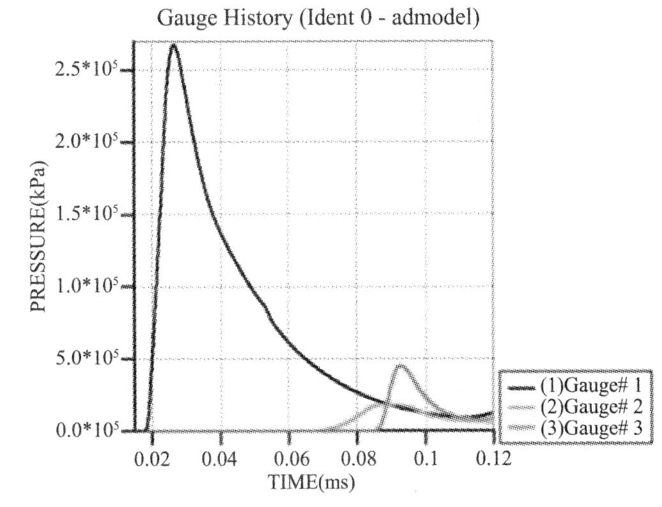

图 5-69 测点位置

图 5-70 测点超压峰值

6. 小结

通过数值仿真分析与实爆试验相结合的研究,我们认为防爆箱防爆作用机理主要应包括三个方面,即爆炸能量的吸收、能量的泄放以及能量的定向衰减。在此基础上,我们采用了以轻质芳纶涂胶材料为主体材料,辅以泄爆口和包裹袋的结构设计理念,有效地提高了防爆箱的实测抗爆能力,主要体现在:

1) 能量吸收主要通过防爆箱主体芳纶涂胶复合材料的拉伸、断裂来完成;

2) 能量泄放主要通过箱体泄压口结构来实现。通过封闭防爆箱和带有泄压口的防爆箱数值仿真对比，可以观察到冲击波和高温高压气体通过泄压口泄出，从而减小箱体内部能量，提高了有泄爆口的防爆箱防护能力；

3）能量定向衰减主要通过外包裹袋来实现。通过有无外包裹袋的数值仿真对比，可以看出外包裹袋对高温高压气体和冲击波的汇聚作用，能对周围起到防护作用；即经过一定长度的包裹袋，冲击波超压峰值迅速衰减，保证了防爆箱周边的安全。

第6章 爆炸周围环境防护

6.1 建筑物防爆技术

6.1.1 建筑主体结构防护措施

在建筑结构上要采取相应的防火防爆炸安全措施，应从以下几个方面进行考虑。

1.减少起火爆炸的可能性

减少起火爆炸的可能性要求所建筑的房屋要有良好的通风条件，以排除易燃气体、易燃液体的蒸气和可燃粉尘与空气混合形成爆炸性混合物的可能性。其主要防护措施有：设置特殊的门窗，并避免门窗小五金碰击、摩擦发生火花；在有风砂的地区，门窗应有密闭设施，以免风砂吹入其中增加其摩擦感度；在火炸药工房采用不发火地面；一些有特殊危险的工序应在抗爆小室内进行作业；一切有可能产生火花的设备用室（如通风机室、配电室等）均应与危险性生产间隔离，并设置单独的出入口，以免互相影响室内墙面和顶板要刷与物料颜色有区别的油漆，墙角要抹成圆弧形，天棚要做成没有梁等外凸物的平面，以避免集聚粉尘和便于冲洗；向阳的门窗玻璃要涂白漆或采用毛玻璃，以避免阳光直射或由于玻璃内小气泡使太阳光聚焦而点燃易燃易爆物质等等。

2.提高建筑主体结构强度

爆炸事故会造成严重的破坏，且冲击波对建筑物具有猛烈的冲击作用，所以为了在发生事故后能够很快恢复生产，防爆建筑物的主体结构要有足够高的结构强度和足够大的泄压轻型面，不致于形成整座建筑物的坍塌。这些防爆技术措施要从建筑物的平面与空间布置、建筑构造和建筑设施上加以实施。

对于火炸药及其制品生产工房的主体结构还有以下一些具体要求。[①]

(1)钢筋混凝土柱、梁或钢筋混凝土框架结构承重的工房，其维护砖墙和圈梁宜与钢筋混凝土柱相拉接，内、外砖墙之间宜加强连接，屋面的挑出檐口板应与梁、柱连成整体。

(2)火炸药等危险品生产工房一般应采用钢筋混凝土柱、梁承重结构，或钢筋混凝土柱、梁承重的框架结构。当采用防火保护层满足相应防火等级的燃烧极限时，也可采用钢结构承重的结构体系。

(3)支承于钢筋混凝土抗爆小室的屋面梁和板，梁支承长度不少于250mm，板的支承长度不少于100mm。支承处尚需伸出拉接钢筋，与梁、板相拉接。门窗洞口宜采用钢筋混凝土过梁，过梁的支承长度不少于250mm。

(4)对于有火炸药粉尘散发的工房应采用外形平整不易积尘的结构构件和构造，不应采用

---

① 张国顺.燃烧爆炸危险与安全技术.北京：中国电力出版社，2003

空斗墙、悬墙、乱毛石墙等结构。

(5)装配式钢筋混凝土屋盖，预制板与支承处宜加强连接，四周与预制板相接之处宜用二次浇灌。当为砖墙承重时，宜在预制板底沿外墙、内纵、横墙设置钢筋混凝土闭合圈梁，圈梁宜与梁和构造柱相连接。

3.减小爆炸破坏作用范围

减小爆炸破坏作用的影响范围要求有火灾危险的工房要根据生产的危险性类别和耐火等级的要求采取相应的防火措施。生产爆炸危险品的A、B、C、D级工房应不低于火灾危险甲类生产、耐火等级二级的各项要求。

6.1.2 降低爆炸损毁的泄压技术

对于建筑物的防爆，除了主体结构应能耐受一定的爆炸压力外，还要设立各种能减轻爆炸事故危害的泄压设施，当发生爆炸时，作为泄压面积的建筑构件、配件首先遭到破坏，将爆炸气体及时泄出，使室内形成的爆炸压力骤然下降，从而保全建筑物的主体结构。其中以轻量轻质屋盖的泄压效果较好。对泄压面积的选择，应以结合该工房内处理的危险品数量、爆炸威力等因素，通过计算来决定。

针对有可燃气体、易燃液体蒸气或燃爆性粉尘、纤维尘的工房，其泄压面积应根据爆炸压力确定。通常情况下，主要通过模拟试验寻求出泄压系数(泄压面积与工房容积的比值)K与爆炸时墙壁所受的压力P的关系，画出曲线，供设计时选用。

如图6-1所示，图a① 和b② 就是空气中含乙炔7.7%和13%时得到的关系曲线。图中三条曲线分别是#1、#2、#3三个探头测到的结果。③

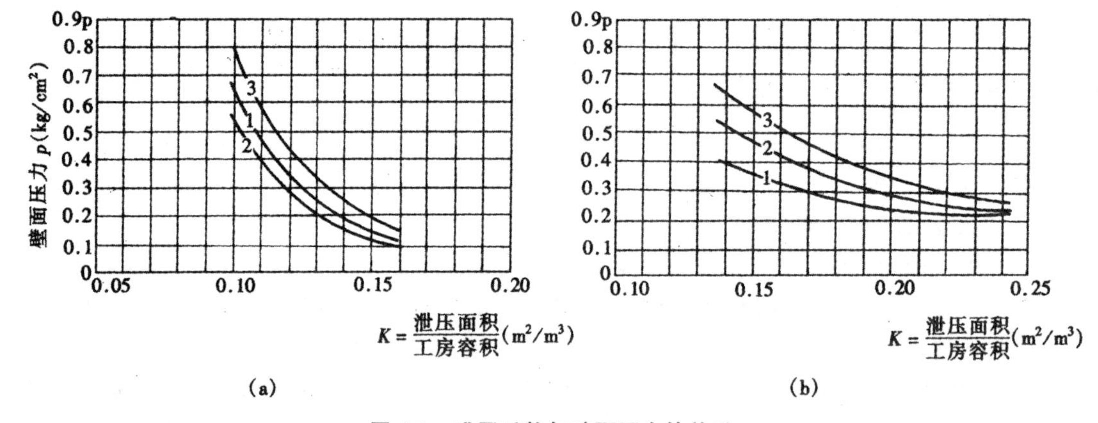

图6-1 泄压系数与壁面压力的关系

不同国家采用不同的泄压系数。如表6-1、6-2所示，和分别列出了美国和日本的泄压系数值。

---

① 空气中乙炔含量7.7%。

② 空气中乙炔含量13%。

③ 张国顺.燃烧爆炸危险与安全技术.北京:中国电力出版社,2003

表 6-1 泄压面积与工房容积的比值(美国)

类别	名称	$\frac{泄压面积}{工房容积}=K(m^2/m^3)$
弱级爆炸危险	谷物、纸、皮革、铝、铬、铜等粉末,醋酸蒸气等	$\frac{1}{30}$(0.033)
中级爆炸危险	木屑、煤炭、奶粉、锑、锡等粉尘,乙烯树脂、尿素、合成树脂粉尘	$\frac{1}{15}$(0.066)
强级爆炸危险	充满煤气的淀粉,油漆干燥室或热处理室,醋酸纤维、苯酚树脂和其他树脂粉尘,铝、镁、锆等粉尘	$\frac{1}{5}$(0.200)
特级爆炸危险	丙酮、汽油、甲醇、乙炔、氢气等	大于$\frac{1}{5}$(>0.200)

表 6-2 泄压面积与工房容积的比值(日本)

类别	名称	$\frac{泄压面积}{工房容积}=K(m^2/m^3)$
弱级爆炸危险	颗粒粉尘	0.0332
中级爆炸危险	煤粉、合成树脂、锌粉等	0.0650
强级爆炸危险	在干燥室内漆料溶剂的蒸气,铝粉、镁粉等	0.220
特级爆炸危险	丙酮、汽油、甲醇、乙炔、氢等	尽可能大的比值

目前我国对这类危险工房的泄压系数,即泄压面积与厂房体积的比值(m^2/m^3),采用0.05~0.10m^2/m^3。对于燃爆下限低、爆炸压力较强的物质,且工房容积较小时,则采用较大的系数,如可采用0.20。对有丙酮、汽油、甲醇、乙炔和氢气等爆炸介质的厂房,泄压比更应超过0.20。对于厂房体积超过1000 m^3、开辟泄压面积又有困难时,其泄压比可适当降低,但不应小于0.03。对于燃爆下限较高、爆炸压力不太大的物质,或者厂房容积大(超过1000m^3),较难形成燃爆性混合物时,则采用较小的系数,但也不应小于0.03 m^2/m^3。泄压面积一般包括向外开启的门、窗和轻质泄压屋盖、轻型墙等。多层建筑楼板上开设泄压孔时,当泄压孔上部的屋盖是轻质泄压屋盖时,开孔也可算作泄压面积的一部分。

充当泄压面积的建筑构件要轻质、其自重应小于100kg/m^2;寒冷地区可为120kg/m^2。它们在爆炸时应容易被冲开或碎裂。泄压用的建筑材料有石棉瓦,加气混凝土、石膏板和3mm厚的普通玻璃等,最好选用既能很好泄压,又能防寒、隔热和便于在建筑物上固定的材料。

此外,防爆建筑物都应是一、二级耐火建筑物。多层防爆建筑物应采用整体式或装配式钢筋混凝土结构或钢结构;单层防爆建筑可采用铰接装配式钢筋混凝土结构或钢结构。由于热工要求,墙身较厚或建筑面积在100m^2以下的小型防爆建筑,也可采用砖墙承重的混合结构。

6.2 危险环境防爆技术

在我们现在生活的环境中,电气火灾和爆炸事故在工业事故灾害中占有相当大的比例,不仅会造成人身伤亡和设备损坏,还有可能引起大规模或长时间供电中断,对国家财产造成巨大损失。因此,在爆炸危险环境性场所,应尽可能的不设置或少设置电气设备,以减少因电气设备或电气线路发生故障而成为点火源引起火灾和爆炸事故,必须设置电气设备时,则应选用适当的防爆型电气设备。

6.2.1 爆炸危险物质分类

根据国际电工组织(IEC)及GB50058—92《爆炸危险环境用电气设备制造规范》规定,爆炸性危险物质分为以下三大类:

第Ⅰ类:矿井甲烷气体;

第Ⅱ类:爆炸性气体混合物、蒸气、薄雾;

第Ⅲ类:爆炸性粉尘、纤维。

1.爆炸性气体分级与分组

爆炸性气体按最大试验安全间隙(MKSG)和最小点燃电流比(MICR)大小分级,其中,矿井甲烷不分级,也不分组;爆炸性气体混合物则分为Ⅱ—A,Ⅱ—B和Ⅱ—C等三个级别,每个级别按引燃温度不同又分为六个组别。爆炸性气体详细分级与分组情况列于表6-3。[①]

表6-3 爆炸性气体分级与分组

类和级	最大实试验安全间隙/mm	最小点燃电流比	引燃为温度/℃及组别					
			T1	T2	T3	T4	T5	T6
			＞450	300～450	200～300	135～200	100～135	85～100
Ⅰ	1.14	1.00	甲烷					
Ⅱ—A	0.90～1.14	0.80～1.00	烷、丙烷、丙酮、氯苯、苯乙烯、氯乙烯、甲苯、苯胺、甲醇、一氧化碳、乙酸乙酯、乙酸、丙烯腈	丁烷、乙醇、丙烯、丁醇、乙酸、丁醋、乙酸戊酯、乙酸酐	戊烷、己烷、庚烷、癸烷、辛烷、汽油、硫化氢、环己烷	乙醚、乙醛		亚硝酸乙醋
Ⅱ—B	0.50～0.90	0.45～0.80	二甲醚、民用煤气、环丙烷	环氧乙烷、环氧丙烷、丁二烯、乙烯	异戊二烯			
Ⅱ—C	≤0.50	≤0.45	水煤气、氢、焦炉煤气	乙炔			二硫化碳	硝酸乙醋

2.爆炸性粉尘分级与分组

爆炸性粉尘按导电性及爆炸性不同分为Ⅲ—A和Ⅲ—B两个级别,每个级别按引燃温度不同又分为三个组别。爆炸性粉尘详细分级与分组情况列于表6-4所示。

① 黄正平.爆炸与冲击电测技术.北京:国防工业出版社,2006

表 6-4 爆炸性粉尘详细分级与分组

分级与分组		引燃温度/℃及组别		
		T11	T12	T13
		＞270	200～270	140～200
Ⅲ—A	非导电性可燃纤维	木棉纤维、烟草纤维、纸纤维、亚硫酸盐纤维、人造毛短纤维、亚麻	木质纤维	
	非导电性可燃粉尘	小麦、玉米、砂糖、橡胶、染料、苯酚树脂、聚乙烯	可可、米糖	
Ⅲ—B	导电性可燃粉尘	镁、铝、铝青铜、锌、钛、焦炭、炭黑	铝(含油)、镁、煤	
	火炸药粉尘		黑火药、TNT	硝化棉、吸收药、黑索今、特屈儿、太安

6.2.2 爆炸危险环境区域划分

为正确选择爆炸危险环境用电气设备及设置配电线路，即按不同危险区域选用防护等级不同的电气设备及线路。根据国际电工组织(IEC)和GB50058—92《爆炸和火灾危险环境电力设计规范》，爆炸危险环境分为气体爆炸危险环境和粉尘爆炸危险环境两大类。

1. 爆炸性气体危险环境分区

按爆炸性气体混合物出现频繁程度、持续时间以及危险程度不同，爆炸性气体危险环境分为0区、1区和2区等三个危险区域。

(1)0级危险区域。

正常运行时连续出现或长期出现爆炸性气体混合物的区域。

(2)1级危险区域。

正常运行时可能出现爆炸性气体混合物的区域。

(3)2级危险区域。

正常运行时不可能出现，或即使出现也只是短时存在爆炸性气体混合物的区域。

正常运行是指正常开车、运转、停车，易燃物料装卸、密闭容器盖开闭，安全阀、排放阀以及所有工厂设备均处于设计参数范围内的这种工作状态。

2. 其它危险区域

非气体爆炸危险区域凡符合下列条件之一者，均属非气体爆炸危险区域：

1)无释放源并不可能有易燃物质侵人的区域；

2)易燃物质可能出现的最高浓度不超过爆炸下限10%；

3)生产中使用明火或炽热部件的表面温度超过区域内易燃物质引燃温度的设备附近；

4)在生产装置区外，露天或开敞安装的输送易燃物质架空管道地带。

3. 爆炸性气体环境危险区域范围

(1)按释放源级别和位置、易燃物性质、障碍物及通风和生产条件等综合确定。

(2)在建筑物内部，适宜于以厂房为单位划定爆炸危险区域范围，当厂房内空间大且释放源释放易燃物质量少时，也可按厂房内部分空间来划分爆炸危险区域范围。

(3)当易燃物质可能大量释放并扩散到15m以外时，爆炸危险区域范围划分应附加2区。

4.爆炸性粉尘危险环境分区

按爆炸性粉尘云出现频繁程度及持续时间分区，即根据爆炸性粉尘云是连续出现或长期出现，或偶然出现等情况，将爆炸性粉尘环境分为以下三个危险区域：

(1)10级危险区域。

连续出现或长期出现爆炸性粉尘云的区域。

(2)11级危险区域。

有时会将沉积粉尘扬起而出现爆炸性粉尘云的区域。

(3)非粉尘爆炸危险区域。

凡符合下列条件之一者，均属非粉尘爆炸危险区域：

1)装有良好除尘效果的除尘装置，且当除尘装置停车时，工艺机组能联锁停车；

2)送风机室与粉尘爆炸环境之间设有隔墙，通向爆炸性粉尘环境的风道设有能防止爆炸性粉尘混合物侵人的安全装置，如单向流通风道及阻火安全装置等；

3)区域内使用爆炸性粉尘量不大，且生产操作在排风柜内或风罩下进行；

4)根据爆炸性粉尘量、释放率、浓度、物理特性及同类企业相似厂房的实践经验等确定；

5)在建筑物内部，适宜以厂房为单位确定范围。

6.2.3 危险环境电器防爆技术

1.防爆电气设备的级别

防爆电气设备按使用环境场所不同分为以下两类：

(1)Ⅰ类：矿井用防爆电气设备。

(2)Ⅱ类：工厂用防爆电气设备。

在正常情况下，如果矿井中除甲烷外，还有其他可燃性气体或蒸气时，则防爆电气设备必须按Ⅰ类和Ⅱ类技术要求来设计、制造和检验。按最大试验安全间隙(MESG)或最小点燃电流比(MICR)不同，Ⅱ类防爆电气设备又分为A，B，C三个级别，针对每个级别防爆电气设备，按最高允许表面温度不同，又分为T1～T6等六个组别，关于电气设备分级、分组情况列于表6-5和表6-6。

表6-5 Ⅱ类防爆电器设备级别

级别	最大试验安全间隙/mm	最小点燃电流比
Ⅱ—A	MESG≥0.90	MICR>0.80
Ⅱ—B	0.90>MESG>0.50	0.80≥MICR≥0.45
Ⅱ—C	MESG≤0.50	MICR <0.45

表6-6 Ⅱ类防爆电器设备级别

温度组别	自燃温度/℃	设备允许最高表面温度/℃
Tl	T≥450	450
T2	450>T≥300	300
T3	300>T≥200	200
T4	200>T≥135	135
T5	135>T≥100	100
T6	100>T≥85	85

2.防爆类型及标志

(1)防爆类型。

防爆类型不同,防爆电气设备分隔爆型、增安型、本安型、正压型、充油型、充砂型、无火花型、浇封型、气密型、特殊型及粉尘防爆型等11种类型,各类型标志列于表6-7中。

表6-7 防爆电气设备防爆类型标志

防爆类型	隔爆型	增安型	本安型	正压型	充油型	充砂型
标志	"D"	"e"	"I"	"p"	"o"	"q"
防爆类型	无火花型	浇封型	气密型	特殊型	粉尘防爆	
标志	"n"	"m"	"h"	"s"	"DIP"	
防爆类型	隔爆型	增安型	本安型	正压型	充油型	充砂型
标志	"D"	"e"	"I"	"p"	"o"	"q"
防爆类型	无火花型	浇封型	气密型	特殊型	粉尘防爆	
标志	"n"	"m"	"h"	"s"	"DIP"	
防爆类型	隔爆型	增安型	本安型	正压型	充油型	充砂型
标志	"D"	"e"	"I"	"p"	"o"	"q"
防爆类型	无火花型	浇封型	气密型	特殊型	粉尘防爆	
标志	"n"	"m"	"h"	"s"	"DIP"	

防爆电气设备外壳明显处,必须设置清晰永久性凸纹标志"Ex"字样,对于小型电气设备及仪器仪表,也可采用标志牌或焊在外壳上或采用凹纹标志。防爆电气设备外壳明显处,必须设置铭牌,并固定牢固,铭牌、警告牌必须用青铜、黄铜或不锈钢材料制成,厚度不小于1mm,但仪器、仪表铭牌以及警告牌厚度可以不小于0.5mm。铭牌上必须含如下主要内容:铭牌右上方有明显标志"酞";顺次标明防爆类型、类别、级别及温度组别等防爆标志;防爆合格证编号;防爆类型专用标准规定附加标志;产品出厂日期或产品编号。

(2)防爆标志。

对于Ⅰ类隔爆型电气设备,标志为dI;Ⅱ类隔爆型B级,T3组电气设备,标志为DⅡBT3;

Ⅱ类本安型 ia 等级 T5 组电气设备，标志为 iaⅡAT5。

如果电气设备采用一种以上复合类型，则先标出主体防爆类型，后标出其他防爆类型。如Ⅱ类主体增安型并有正压型部件 T4 组：标志为 epⅡT4。

对于只允许用于一种可燃性气体或蒸气环境中的电气设备，标志可用该气体或蒸气的化学分子式或名称表示，不必注明级别与温度组别。如Ⅱ类用于氨气环境的隔爆型：标志为 dⅡ(NH3)或 dⅡ氨。

对于Ⅱ类电气设备，标志既可标出温度组别，也可标出最高表面温度，或二者都标出。如最高表面温度为 125℃工厂用增安型：标志为 eⅡT4；eⅡ(125℃)或 cⅡT4(125℃)。

对于复合型电气设备，则必须在不同防爆类型外壳上分别标出相应的防爆标志。如Ⅱ类本安型 ib 等级关联电气设备 C 级 T5 组，标志为(ib)ⅡCT5。

3.防爆电器设备的通用技术要求

爆炸危险性环境场所用的防爆电气设备，必须按标准规定技术要求进行设计和制造，以确保防爆电气设备具有规定的防爆性能。各种类型的防爆电气设备，因防爆类型不同，规定也各不相同，但必须遵循 GB3836.1《爆炸性环境用防爆电气设备通用要求》。防爆电气设备只有在符合通用要求和各防爆类型专用要求(GB3836.2——GB3836.10)条件下，防爆性能才能得到保证。对于电压不超过 1.2 V、电流不超过 0.1A，能量不超过 20μJ 或功率不超过 25 mW 的电气设备，经规定检验单位认可后，可直接用于爆炸性气体环境。

(1)适用环境。

防爆电气设备适用于温度在－20～＋60℃范围，气压在 $0.8\times10^5\sim1.1\times10^5$ Pa 范围的工厂爆炸性气体(粉尘)环境及煤矿井下环境。

(2)电气设备的温度要求。

1)电气设备的允许温度范围。

电气设备最高允许表面温度是指电气设备在允许温度范围内的最不利条件下运行时，暴露于爆炸性混合物中的任何表面的任何部分，不可能引起电气设备周围爆炸性混合物爆炸的最高温度。例如，对隔爆型电气设备是指外壳表面温度，对其他各防爆类型的电气设备是指可能与爆炸性混合物相接触的表面。

第一，Ⅰ类电气设备。在煤矿井下，电气设备运行环境恶劣，且表面易堆积粉尘，因此，规定最高允许表面温度不得超过 150 ℃。若能采取某些技术措施，且能有效防止粉尘堆积，则最高允许表面温度不得超过 450 ℃。

第二，Ⅱ类电气设备。主要应用于工厂环境，由于这类爆炸危险性场所往往存在各种不同性质的爆炸性混合物，而且引燃温度各不相同。因此，这类电气设备的最高允许表面温度不得超过表 6-7 中的温度组别规定。

2)电气设备运行环境温度。

电气设备运行环境温度是指电气设备在正常运行情况下的环境温度，一般是在－20～＋40℃范围，当环境温度不同时，必须在铭牌上标明，并以最高环境温度为基准算出电气设备的最高允许表面温度。

3)电气设备局部的最高表面温度。

电气设备局部的最高表面温度是指总表面积最高不超过 10 mm^2 的部件，如本质安全型电路中使用的晶体管及电阻等，当其最高表面温度相对于实测引燃温度具有下列安全裕度时，这类部件的最高表面温度允许超过电气设备上标志的温度组别：

第一，对于T1，T2，T3组设备，安全裕度为50℃；

第二，对于T4，T5，T6组设备：安全裕度为25℃。

(3)耐潮和耐轻微腐蚀。

1)Ⅰ类电气设备。绝大多数煤矿井下环境温度在20—30℃范围，最高可达32.8℃，相对湿度在92%—98%范围，最高可达凝露点。按湿热带定义，Ⅰ类矿用电气设备所使用的场所一般属湿热环境，因此，为保证防爆电气设备能在井下环境中长期使用，必须具有耐湿热性能。

2)Ⅱ类电气设备。在化工、石油等企业的生产环境中，包括从原料到半成品、成品及成品储运等环境，除存在有爆炸性气体和蒸气外，还不同程度地存在着腐蚀性气体，如酸、碱、盐、氨气、氯气以及其他腐蚀性气体等。这些物质的存在，会对电气设备的金属零部件和绝缘材料的性能产生很大影响。因此，Ⅱ类电气设备，一般应具有耐轻微腐蚀能力。

(4)具有快动式门或盖结构的电气设备外壳。

对于内装电容器，且具有快动式门或盖结构的电气设备外壳，从断电至开盖之间的时间间隔应大于电容器放电至剩余能量过程所需时间。具体来说，对于Ⅰ和ⅡA设备，剩余能量为200μJ；对于ⅡB类设备，剩余能量为60μJ；对于ⅡC设备，剩余能量为20μJ。

对于内装电热器，且具有快动式门或盖结构的电气设备外壳，从断电至开盖之间的时间间隔应大于电热器温度降至低于电气设备允许最高表面温度所需时间。

(5)塑料外壳与铝合金外壳。

当电气设备采用塑料外壳时，塑料外壳必须能承受各种性能试验，包括按规定进行冲击试验和热稳定性试验。为保证塑料外壳正常工作时不积聚危险静电，还应对塑料外壳进行绝缘电阻测定，塑料表面绝缘电阻测定值必须小于$1\times10^9\Omega$。当然，也可以采用其他措施，如外壳尺寸、形状、布置等合理设计、外壳接地等，塑料外壳必须由不燃性材料制成。

铝合金外壳。Ⅰ类携带式或支架式电钻、携带式仪器仪表、灯具等外壳和Ⅱ类电气设备的外壳，可采用抗拉强度不小于120 MPa及含镁量不大于5%的铝合金制成，或在外壳表面覆盖一定厚度耐久性强的合成树脂薄膜，或将外壳装入皮套内等方法进行保护，以免产生危险机械火花，铝合金外壳还必须能承受规定的冲击试验。

(6)紧固件和联锁装置。

紧固用螺栓和螺母必须附有防松动结构。对于有特殊要求的结构，还必须采用护圈式或沉孔式等特殊紧固措施，使螺栓和螺母既不能随便松动，也不能随便拆开，只能由专业维修人员使用特制工具才能拆开，以确保安全和防爆可靠性。

为保证经常产生火花、电弧和危险温度的电气设备正常运行安全可靠性，必须设置联锁装置。联锁装置的主要技术要求是，电源接通时壳盖绝对不能打开，壳盖打开时电源则必须超前切断。另外，在联锁装置处还必须设有警告牌，并标注有“注意！断电后开盖！”字样。

(7)绝缘套管和胶粘剂。

绝缘套管是指固定在外壳隔板上使单根或多根导体穿过隔板，且不会改变电气设备防爆类型的绝缘件。绝缘套管与连接线连接过程中应能承受力矩作用，绝缘套管必须由吸湿性小的材料制成，电压高于127V的电气设备，不得使用酚醛塑料制品。

胶粘剂应具有足够的抵抗机械、热、化学溶剂等作用的能力，同时还应能持久承受电气设备正常运行产生高、低温度作用而保持热稳定性，极限热稳定温度应比最高工作温度高20℃以上。

(8)连接件、接线盒及引入装置。

电气设备必须有能引入电缆或导线连接用的连接件。当Ⅰ类携带式电气设备和Ⅱ类电气设备制成永久性引入电缆类型时，可不设连接件，但电缆外端必须置入接线盒内或引入安全场所连接，也可采用防爆插销连接。接线盒可以制成各种防爆类型，如隔爆型、增安型等。

接线盒设计必须便于接线，并留有适合于导线弯曲半径的空间，同时还应考虑到在连接电缆之后，电气间隙和爬电距离符合各种防爆要求规定。允许使用铝芯电缆的电气设备，必须采用钢铝接头，接线盒应保证正确连接铝芯电缆，电气间隙及爬电距离应符合防爆要求。进线口、密封圈等结构尺寸应方便铝芯电缆引入。接线盒内壁和可能发生火花部分金属外壳内表面，必须均匀地涂以耐弧漆，耐弧漆可选用1320，1321，1322，1323气干或烘干环氧瓷漆等。

引入装置是指将电缆引入电气设备而不改变设备防爆类型的防爆装置。引入装置形式主要有密封圈式、浇铸固化填料密封式、金属密封环式等几种。

(9)接线。

连接件及接地端子必须具有足够的机械强度，且要保证连接可靠，在受到温度变化、振动以及导体与绝缘件热胀冷缩等因素影响时，不得发生接触不良现象。接线柱要防止移动，以防根部导线被拧断。应采用弓形或碗形垫圈来压紧多股胶线，或用专用接线头连接导线。当使用铝电缆时，则必须采用过渡接头，以免发生电解腐蚀现象。

(10)接地。

为保证电气设备安全可靠运行，所有电气设备都必须接地。金属外壳和铠装电缆接线盒必须设有外接地用螺栓，并标以接地符号“⊥”。携带式和移动式电气设备，可不设外接地用螺栓，但必须采用接地芯线电缆。电气设备接线盒内部必须设有专用内接地用螺栓，并标以接地符号“⊥”。Ⅱ类本安型电气设备，可以只设专用外接地螺栓。接地螺栓应采用不锈钢材料制成，或进行电镀等处理。

对内接地用螺栓直径的要求：当导电芯线截面不大于35mm^{2}时，内接地螺栓直径应不小于接线螺栓直径；当导电芯线截面大于35mm^{2}时，螺栓直径应不小于连接导电芯线截面之半的螺栓直径，但至少应等于连接35mm^{2}芯线的螺栓直径。

对外接地用螺栓直径的要求：功率大于10 kW的电气设备，外接地螺栓直径不得小于M12；功率在5～10kW的电气设备，外接地螺栓直径不得小于MIO；功率在250W～5kW的电气设备，外接地螺栓直径不得于M8；功率不大于250W且电流不大于5A的电气设备，外接地螺栓直径不得小于M6；本安型电气设备及仪器仪表，外接地螺栓直径只要能压紧接地芯线即可。

6.3 防爆容器方案设计

6.3.1 防爆容器概述

防爆容器主要用于临时存放和运输爆炸物及其他可疑物品，是一种能够抑制爆炸物爆炸所产生的冲击波和破片对周围环境造成的杀伤效应的专用装具。它主要用于机场、码头、车站、体育场馆、展览场馆、广场、会议中心等实施爆炸物安检的场所及邮局、银行、政府机关驻地、繁华商业区、宾馆、飞机、轮船、列车上等可能发生爆炸恐怖活动的场所。防爆容器是公安、武警执行安检排爆任务的必配装备之一。

防爆容器主要有筒型、球形、箱型等结构样式。根据产品的功能、性能、主要用途和适用环境的不同,防爆容器有多种分类方式。按抗爆当量,标称抗爆当量有 100g 到 12.5kg 等多种规格。按机动性,防爆容器可分为固定式、移动式和机动式。按密闭性,防爆容器可分为上端开口的筒形罐、密闭的球形或柱形罐等。按适用场合,防爆容器可分为室内放置和室外放置两种。按制作材料,防爆容器还可分为金属材料和非金属材料两种。

1. 防爆围栏/毯

(1)防爆围栏/毯功能。

防爆围栏/毯一般由盖毯和围栏组成,如图 6-2 所示,两者均由软质材料加工而成,能有效减少爆炸物爆炸时所产生的冲击波和破片对周围的人和物造成伤害,可有效的阻挡 82－2 式手榴弹爆炸时所产生的破坏效应,相当于 70gTNT 炸药的爆炸威力,对爆炸碎片和冲击效应可以形成三层阻挡作用,从而最大限度的保护爆炸中心附近的人和物免受损伤,是现场临时处置爆炸物品的重要装置。在性能测试时,以爆炸源为中心,围成半径 3000mm、高度 1700mm 的模拟靶标(由 5mm 厚的瓦楞纸板贴地围成一个圆形靶标),当爆炸源(82－2 制式手榴弹)引爆时,在模拟靶标上不应有穿透孔来验证防爆性能。

图 6-2 防爆围栏/毯

(2)典型防爆围栏/毯。

1)Allen Vanguard 防爆毯。

Allen Vanguard 防爆毯(图 6-3)是由英国 Allen Vanguard 研发。该公司提供两款适合在公共场合使用的防爆毯,可以减少爆炸碎片对人员和财产带来的损失。该款防爆毯可与防爆围栏一起使用,用防爆围栏围住爆炸物,在围栏上方盖上防爆毯。围栏可引导爆炸的冲击力集中向上,因而可阻挡大多数碎片外溅。在应对更大的爆炸装置时可以使用两个或更多的围栏和防爆毯。

图 6-3 Allen Vanguard 防爆毯

2)BPS－V50－500 防爆毯。

BPS－V50－500 防爆毯是由英国 Ballistic Protection Systems(欧洲)公司研发(图 6-4)。该款防爆毯和防护栏最大限度能减轻 0.5kg 爆炸物所带来的破坏。防爆毯只能减轻爆炸物的威力,不能完全阻止爆炸物对建筑物和人员的伤害。该款产品使用防暴面料氨纶阻止湿气进入,外罩使用结实耐用的防弹尼龙。配有超长手提带,以避免排爆人员离爆炸物过近。使用时,将防爆毯盖在可疑物品正上方,以确保防爆毯发挥最大防护功效；高达 30cm 的外围栏，可围住标准公文包，也可最大限度减轻爆炸威力。该产品不使用时，可放在防水袋中保存。

图 6-4 BPS－V50－500 防爆毯

3)GBK 地面炸弹杀手。

GBK 地面炸弹杀手(图 6-5)是由英国 GLS Ltd 公司研发。该产品能是一种有效的反弹装置，能减小简易爆炸装置(IED)的杀伤力，确保使用者的安全。外部有一条防爆带可放在简易爆炸装置上，以此保护周围环境安全，直到专业排爆人员来处理。用北约标准协议 2920 测试，GBK 地面炸弹杀手的 V50 防护等级在 666－890m/s 之间。

图 6-5 GBK 地面炸弹杀手

4)SDMS 防爆毯和防爆围栏。

SDMS 防爆毯和防爆围栏是由英国 SDMS Security Products UK Ltd 公司研发。该款防爆毯和防爆围栏为排爆人员和非技术人员提供了一种有效的排爆手段。该产品重量轻，防护性能好且易于携带，能抵挡绝大多数的低速爆炸碎片。为排爆人员消除了与爆炸物直接接触的危险，并为排爆提供了一个安全的环境。其中防爆毯有 4 个重型的尼龙织带的手提带，可安全放置可疑物品。

2. 防爆罐/球

(1)防爆罐/球功能。

防爆罐是一种能够抑制爆炸物所产生的冲击波和破片对周围环境造成的杀伤效应，用于临时存放或运输爆炸物及其他可疑爆炸物的罐状、筒状等专用防护装置，如图 6-6 所示。防爆罐一般包括可分为固定式防爆罐和拖车式防爆罐。防爆罐一般采用圆柱型多孔筒状结构，罐体主要有开口型和密闭型防爆罐两种型式，一般按设计方向进行定向泄爆和吸能，有效抑制爆炸物碎片和冲击效应。利用吸能材料填入到罐体夹层中，从而增强罐体结构延缓爆炸冲击波对罐体结构的持续作用时间，起到一定的抗爆效果。对于多层防护结构的开口的筒形及密封的罐形结构防爆容器，一般采用经验设计、有限元数值仿真计算、爆轰试验验证等方法。

防爆球如图 6-7 所示。防爆球按使用方式一般采用固定式、车载式以及拖车牵引式。通常为上、下泄爆的半球型结构。防爆球由于是近似封闭结构，对爆炸能量能够较好的进行全向抑制，但要预估超当量爆炸物潜在的二次伤害。

研制罐体、球体过程比较复杂，需要利用数值仿真计算技术，罐体动态力学应变响应测试技术为罐体结构设计提供相应的理论指导，从而提出合理的结构设计，依据爆破试验和冲击波测试技术来验证防爆罐、防爆球结构的抗爆效果，通过冲击波超压测试可以更好地验证防爆罐、防爆球的有效安全距离，抗爆当量一般在 1 kgTNT 以上，防爆球重量一般在几百千克到几千千克之间。

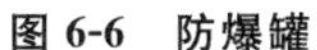

图 6-6　防爆罐

图 6-7　防爆球

(2)典型防爆罐/球。

1)TCV 防爆罐。

TCV 防爆罐(图 6-8)由新加坡 Singapore Technologies Kinetics Ltd. 公司研发。该产品可抑制 5kg TNT 炸药的爆炸威力,可避免或减轻对周围人员的伤害,以及对周围环境的破坏。该款防爆罐是为机场量身打造的,罐体放置于特制的拖车上,以减小爆炸威力,来满足航空运营要求;可以由机场常见车辆进行牵引,如行李车或铲车;容积大,可装 850×1400×800mm 的物体;安全性高,打开和保险机关都采用电动液压,单人在 25m 外的安全距离就可操纵;维护成本低。

2)IU1000 系列防爆罐。

IU1000 系列防爆罐(图 6-9)是由英国 Aigis 防爆公司研发。Aigis 防爆公司使用专利 TABRE™减爆材料生产了一系列防爆产品,可用于爆炸物的存贮和运输,也可用于可以爆炸物的转移。

图 6-8　TCV 防爆罐

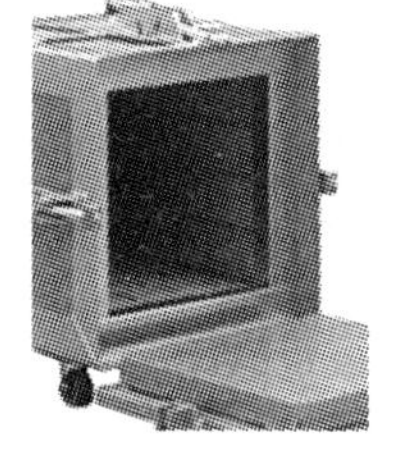

图 6-9　IU1000 系列防爆罐

如 IU1000 可用于安全转移邮政包裹型简易爆炸装置(IED);IU1010 可用于在搜爆现场迅速转移扣押的可疑物品。IU2000 适用于在实验室或车辆上贮藏小型爆炸样品,特别保护相关人员的人身安全。其中,IU1000 系列有更大的存储空间,IU2000 和 IU1200 适于更大型爆炸物的隔离和转移。

3)Allen Vanguard 防爆罐。

Allen Vanguard 防爆罐(图 6-10)是由英国 Allen Vanguard 公司研发。该款产品是由复合编织材料制成移动防爆罐,最大能可抑制 227g PE4 炸药所产生的冲击波及碎片。内置可卸内胆包可将可疑物品竖直举起,使用 X 射线检查。内胆包配有提手,方便排爆人员将包裹取出,待运输至安全地方再进行进一步检查。罐外有基准点,可在特定位置对内部进行射线检查;外部还有橡胶

图 6-10　Allen Vanguard 防爆罐

圈,防爆罐可在敏感区滚动前行;底部可拆卸的底盘,可保护罐体竖直时地面不受爆炸威力袭击;罐体为醒目的日光橙色,可引起所有人员注意,特别适合于邮政收发室。

4)Mistral 防爆罐。

Mistral 防爆罐(图 6-11)是由美国 Mistral Security Inc 公司研发。防爆罐为爆炸物、危险材料或大型可疑包裹的存储和运输提供了便捷、划算的解决方案。该产品已发展完善,经过测验和证明可以完全抵御内部爆炸的威力和所产生的碎片。其中,Golan 系列最大可抵御 15kgTNT 炸药的爆炸威力,所有防爆罐都配有移动底座,可遥控操作;适用于机场,可以安全放置检查站和手持包裹安检站查出的可疑物体。

图 6-11　Mistral 防爆罐

5)气密型自动关闭防爆罐。

42－GT－SCS 气密型自动关闭防爆罐(图 6-12)是由美国 NABCO Inc 公司研发。该产品为气密型完全防爆罐,采用自动液压系统,罐门关闭更快速,更安全。该产品采用与地面垂直的门式入口,方便排爆部队机械化工作;带应急系统液压系统;且维护费用低,可重复使用。

6)爆炸物隔离箱。

Mailsafe 100 爆炸物隔离箱(图 6-13)是由英国 Scanna MSC Ltd 公司研发。该产品可抵御与 235g TNT 炸药相等的爆炸威力,适用于在机场隔离可疑物品、手提行李检查;或在办公室或邮件收发室做包裹的分类和检疫。该隔离箱顶盖可打开,可以通过 X 射线检查。不像其他爆炸物隔离箱是把爆炸威力向上引导,这款隔离箱可以完全抵抗住爆炸物的威力。因此可以安全放置在日常工作环境中,不用时也可放在办公桌下面。

图 6-12　42－GT－SCS 气密型自动关闭防爆罐

图 6-13　Mailsafe 100 爆炸物隔离箱

3. 防爆箱

(1)防爆箱功能。

在国外防爆箱有车载式集装箱体结构,主要利用金属防护材料进行设计加工而成,体积大,不适应相对狭小空间。为了克服常规金属防爆容器的体积重量偏大的特点,需要研制一种重量小、体积轻、便于移动的箱体以便适用于银行、飞机机舱、动车车厢等空间相对狭小的场合。目前国内在轻便防爆箱体的研制方面刚刚展开研究,我们利用经验设计、数值模拟、试验验证相结合的方法开展了轻便防爆箱的研制,如图 6-14 所示。箱体采用内箱、外箱、包裹袋三个组件。其中内箱为抽屉状结构,外箱为抽屉柜状结构,包裹袋为柔性圆筒状结构。防爆箱处于贮运状态时，疑似爆炸物收入内箱，内箱放入外箱，外箱置于包裹袋中以获得全方位的防护性能。防爆箱的主体材料具有较高强度与韧性、良好的温度耐受性、可行的加工工艺性能和环境适应性，能承受冲击波超压和破片产生的毁伤，防爆当量可达到200 g标准TNT炸药，重量小于30 kg。

图6-14 防爆箱

(2)典型防爆箱。

1)GLS爆炸物转移装置。

GLS爆炸物转移装置(图6-15)是由英国GLS Ltd公司研发。该装置适用于警察和军队安全转移爆炸物、引爆装置和可疑物品。转移装置内部有独立格子可放置爆炸物，格子内有减爆材料衬垫，以防止在转移过程中任何一个可疑物爆炸引起的连锁爆炸。

图6-15 GLS爆炸物转移装置

2)“喷泉”防爆箱。

“喷泉”防爆箱(图6-16)由俄罗斯联邦Special Materials Ltd公司研发。该设备能够有效抑制爆炸物所产生的冲击波和碎片对周围环境造成的杀伤效应。可通过遥控汽车或人工进行部署。在防爆罐内仍然可疑对可疑物品进行X光检查。其中，喷泉一1M抗爆性能为400gTNT炸药，喷泉一2M抗爆性能为800gTNT炸药，喷泉一3M抗爆性能为1000gTNT炸药。

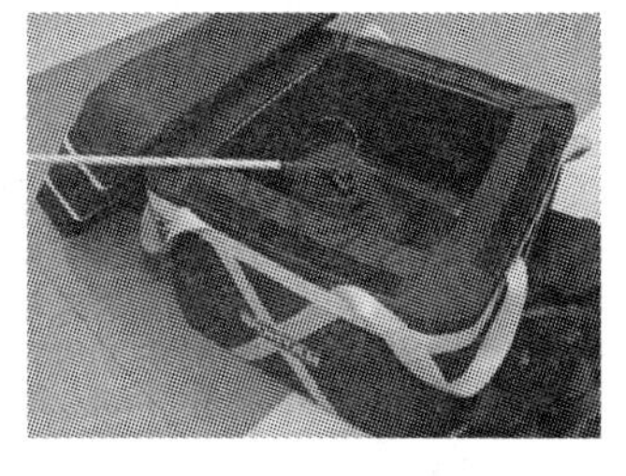

图6-16 “喷泉”防爆箱

3)Frag Bag防爆箱。

Frag Bag防爆箱由北美QinetiQ公司与洛斯阿拉莫斯国家实验室与新墨西哥州警察所联合开发的，如图6-17所示。该产品重约25磅(约11.34kg)，防护当量为2盎司(约56.7g)C4炸药，可用于公共安全、个人防护、邮政服务等领域。该产品无金属配件、安全通过X光安检；可以方便放入到车辆后备箱；能够捕获爆炸破片，提高危险物品的运输安全性；可与爆炸物处置机器人配合使用，保证爆炸物处置操作者的安全。

图 6-17　Frag Bag 防爆箱

4. 防爆容器性能对比

防爆罐、防爆球、防爆围栏和防爆毯、防爆箱等防爆容器各有其优缺点。防爆罐多为开口型，采用上方泄爆，对罐体上方空间要求大，易损毁建筑物顶部，具有较高噪声和较大冲击等缺点，但它同时具有成本低、使用方便、加工简单等优点。防爆球通常由厚重金属焊接或锻压而成，结构复杂、成本高、体积大、而且相对笨重；但其具有无冲击波、无爆炸声等突出优点。防爆围栏加防爆毯的防护模式，具有质量较轻、外形尺寸较小、采用非金属材料等优点，但其缺点是仅防护四周、对上下两个方向缺乏有效防护。防爆围栏＋防爆毯的应用区间较窄，主要针对破片较多的低当量爆炸物。常规防爆容器的防爆特点如下表 6-8 所示。

表 6-8　常规防爆容器的防爆特点

	防爆罐	防爆球	防爆围栏＋防爆毯	防爆箱
防护当量	较大	大	小	较小
重量	较重	重	较轻	轻
外形尺寸	大	大	小	小
材质	金属	金属	非金属	非金属
泄爆方式	上方泄爆	微孔泄爆	上方泄爆	端口较弱泄爆
泄爆空间要求	大	小	大	小
适用场合	上方空间＞6 米	体积/重量容许处	上方空间较大、底部坚实	机舱、车厢
使用可能性	低	低	高	高
冲 击 波	强	无	较弱	弱
爆 炸 声	大	无	较小	小
爆炸飞出物	有	无	有	无
二次杀伤危害性＊	严重	严重	较小	微小
＊注：当疑似爆炸物的爆炸威力超过防爆容器的防爆限值时，防爆容器破裂所产生的危害。				

6.3.2　防爆容器方案设计

1. 金属防爆容器方案设计

金属防爆容器有多种，在本书中，以防爆罐为例讲述金属防爆容器方案设计相关技术。

(1)总体方案设计。

防爆罐可有效抑制炸药爆炸对周围环境造成的杀伤效应。防爆罐由灭火衬、内防护筒、缓冲吸能层、主防护筒、外壳、顶盖组成。灭火衬可有效抑制爆炸产生的高温和火焰，并吸收爆炸能量。内防护筒通过筒体变形破碎吸收部分爆炸能量。缓冲吸能层通过材料受到挤压破坏而吸收爆炸能量。主防护筒是防爆罐主体防护结构，通过筒体变形吸收爆炸能量并完全抑制爆炸冲击波在水平方向的传播。内防护筒、缓冲吸能层、主防护筒三层复合结构，可有效约束爆炸冲击波和破片，减轻罐体重量。外壳实现装饰罐体的功用。顶盖可遮挡雨水和其他杂物，也可起到装饰罐体的作用。防爆罐通过安装移动轮拥有良好的机动性，可实现临时存放和转移爆炸物的功能。上述防爆罐主要结构如图6-18所示。

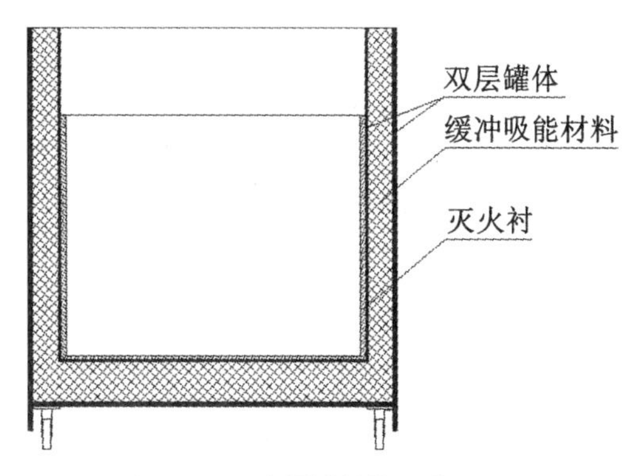

图6-18　防爆罐结构示意图

为了有效抵抗爆炸冲击下的高强度高应变率载荷，防爆罐的防护结构采用由多层材料组成的“三明治”复合结构。双层罐体构成“三明治”的硬质层，缓冲吸能材料构成“三明治”的软质层，这种硬－软－硬多层介质具有较明显的抗冲击和抗爆能力。硬质层能抗击近距离的爆炸冲击波作用，充分发挥其强度与刚度效应；软质层波阻抗低，强度与刚度低，变形大，在吸收爆炸波能量的同时，能起到削波和改变波形以及增加波的脉宽的作用。如果爆炸冲击波的持续时间足够长，软质层被压实后，上述作用中止，软质层外的硬质层将承受爆炸冲击作用，最终抑制冲击波的传播，对周围环境起到防护作用。同时，防爆罐内壁加装灭火衬，不仅可以抑制爆炸产生的高温和火焰，亦可起到削减冲击波、吸收能量的作用。防护示意图如图6-19所示。

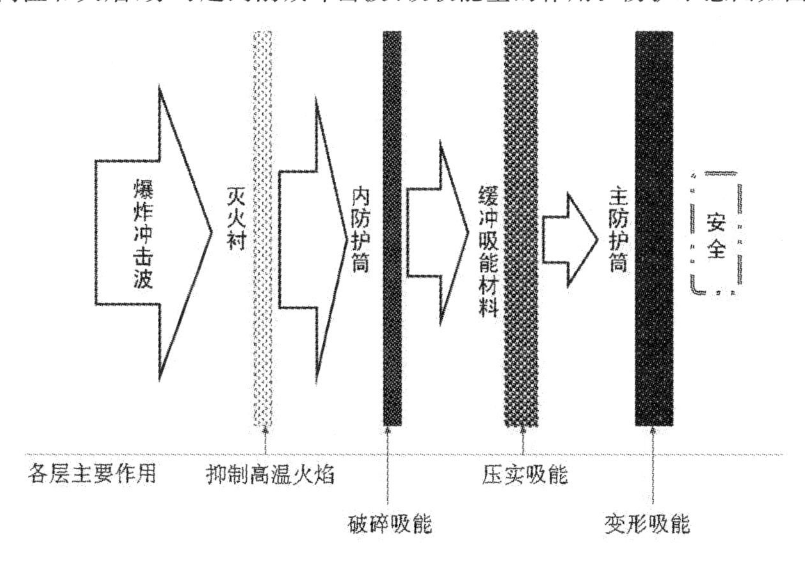

图6-19　防爆罐防护示意图

(2)主要组件设计。

1)内防护筒。

内防护筒结构如图6-20所示，主要由内筒壁、内筒壁加强筋、内筒底、内筒底加强筋、内筒圈组成。内防护筒为抵御爆炸冲击波的第一层防护层，主要通过自身筒体破坏吸收部分爆炸能量。

A. 内筒防护设计

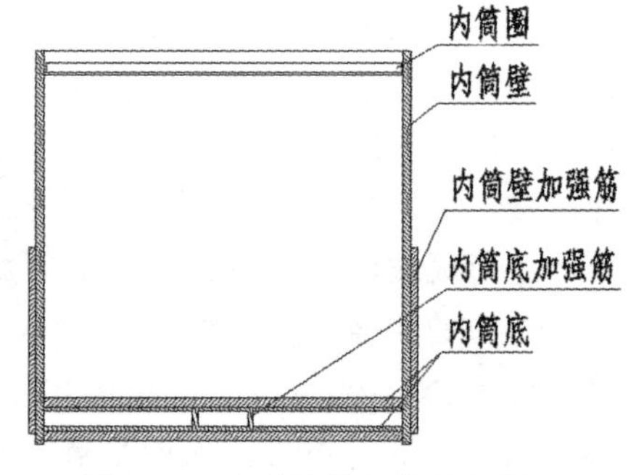

图 6-20 内防护筒结构示意图

为提高内筒壁防护能力，在内筒壁外侧 1/2 以下部位焊接内筒壁加强筋。为提高内筒底防护能力，防止内筒底脱落，内防护筒设计为双层筒底。两筒底之间形成缓冲层，其中填充缓冲吸能材料，并焊接有内筒底加强筋。

B. 组装工艺设计

在内防护筒与主防护筒所形成的缓冲层内灌装吸能材料之后，罐体的上端面需要封口以确保罐体完整、美观。焊接会导致罐体和封口圈严重变形，并且尺寸精度不易保证。采用螺纹连接必须考虑在爆炸过程中螺纹不会受到冲击飞出造成二次伤害。为此在内防护筒上端处焊接内筒圈，将封口圈置于内筒圈内并用螺纹与内防护筒连接，确保封口圈在爆炸过程中不会飞出。

2）主防护筒。

主防护筒结构如图 6-21 所示，主要由主筒壁、主筒壁加强筋、主筒底、主筒底加强筋、主筒定位板组成。爆炸冲击波经过内防护筒和缓冲吸能层的衰减之后，能量被主防护筒约束，在水平方向上完全被抑制。

A. 主防护筒防护设计。

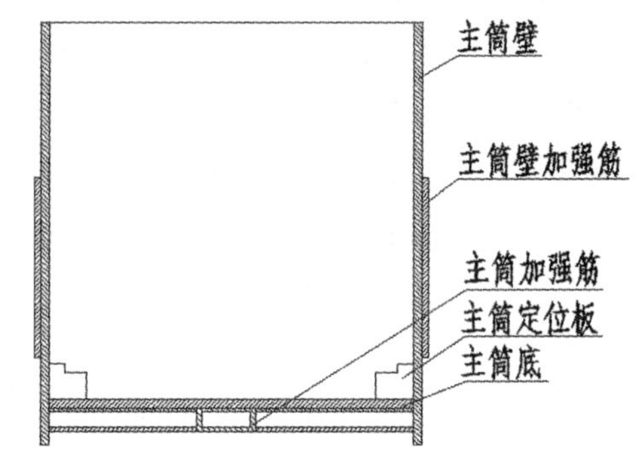

图 6-21 主防护筒结构示意图

对主防护筒进行局部加强，在主筒壁外侧和主筒底焊接加强筋，既提高防护能力，又节省材料。

B. 装配定位设计。

内防护筒与主防护筒装配过程中会存在两个筒体轴线不同轴和两个筒底面不平行的现象，从而导致吸能材料灌装不均匀，造成罐体防护能力在不同位置存在差异，影响整体防护性能。为解决这一问题，在主防护筒底上端面焊接 4 个主筒定位板，从而将内防护筒与主防护筒精确定位，确保罐体防护能力均衡。

3）灭火衬。

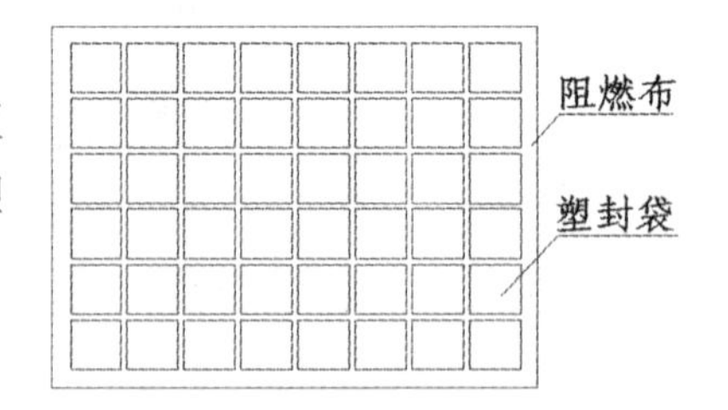

图 6-22 灭火衬结构示意图

灭火衬结构如图 6-22 所示，主要由阻燃布、塑封袋、灭火粉组成。灭火衬在受到爆炸冲击波作用后，阻燃布和塑封袋破碎释放出大量灭火粉，抑制爆炸产生的高温和火焰。

A. 灭火粉封装

灭火粉为粉状物质，在封装过程中容易产生扬尘、灭火粉封装不均匀等问题。因此使用 1 号塑封带将灭火粉分别少量包装，可有效减少扬尘量，使封装变得简单易行，然后用阻燃布将多个塑封带连接固定。

B. 灭火衬安装

灭火衬为软质材料，内防护筒为金属材料，如使用胶黏剂会出现灭火衬连接不牢固、容易脱落的现象。为解决这一问题，设计采用了在灭火衬和内筒上分别固定尼龙搭扣的方案。

3)焊接工艺要求。

焊接工艺是影响防爆罐防护性能的关键因素。当焊接质量不合格时,焊缝强度未能达到母材强度,筒体容易破裂,筒底容易脱落,从而使防爆罐防护失效。为保证焊接质量,应采用以下措施:

A. 筒壁的连接、筒壁与筒底的连接采用双面焊。

B. 焊接材料选用应符合《压力容器焊接规程》。

C. 根据材料和焊接方式选用合适的坡口。

D. 当焊件温度为-20~0℃时,应在施焊处100mm范围内预热到15℃以上。

E. 受压元件角焊缝的根部应保证焊透。

F. 双面焊须清理焊根,显露出正面打底的焊缝金属。

G. 表面不得有裂纹、未焊透、未熔合、表面气孔、弧坑、未填满和肉眼可见的加渣等缺陷,焊缝上的熔渣和两侧的飞溅物必须清除。

H. 焊缝与母材应圆滑过渡。

I. 焊缝表面的咬边深度不得大于0.5mm,咬边的连续长度不得大于100mm,焊缝两侧咬边的总长不得超过该焊缝长度的10%。

J. 焊缝高度应符合技术标准,外形应平缓过渡。

2. 非金属防爆容器方案设计

(1)非金属防爆罐。

在非金属防爆罐设计过程中,以"材料抗拉特性的充分应用"、"高强纤维织物的成形"和"主体防护材料的成本降低"作为方案设计的重要考虑因素。

设计完成的非金属防爆罐结构如图6-23所示。该非金属防爆罐由内防护层①、吸能层②、主防护层③、外装饰层④四个主要部分组成。内防护层采用高强纤维材料与胶粘材料缠绕复合而成,具有较强的防爆能力,又具有良好的破碎吸能作用。

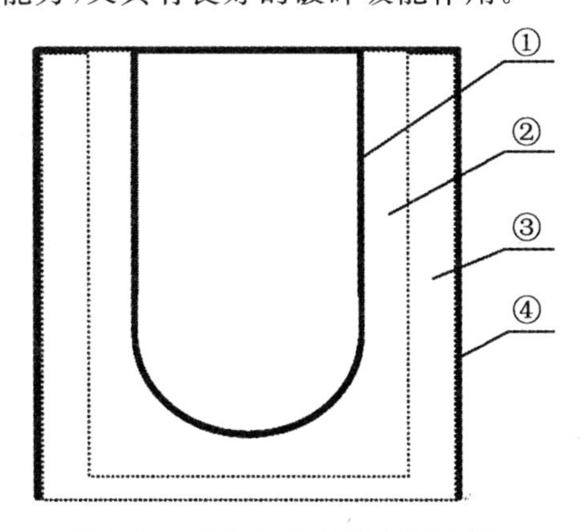

图6-23 非金属防爆罐结构示意图

对于内防护层,在制作过程中,高强纤维围绕胶囊形模具逐层缠绕粘接,形成高强度高硬度的半胶囊形的内防护层,如图6-24所示。这种结构与工艺,可以充分发挥高强纤维材料的抗拉特性,对爆炸产生的球面冲击波予以有效卸载与衰减。

主防护层采用高强纤维织物剪裁粘接复合而成,能够充分发挥纤维织物的径向、纬向抗拉特性，使主防护层在各个方向均具有较高的防爆能力。为实现主防护层的制作成形，防爆容器主防护组件采用六棱体结构。在制作过程中，将六棱体的相对两个面采用较宽条形纤维织物包底粘接，每隔60°使用一条纤维织物，共采用三条纤维织物完成六棱体的六个侧面和底面的包裹，如图 6-25(a)所示。包裹完成后，再采用幅宽与六棱体高度相等的纤维织物将六棱体环向包裹缠绕，如图 6-25(b)所示。按照顺序，每完成三条条形纤维织物的包底粘接，进行一层环向包裹缠绕；如此重复数十次，完成主防护层的制作。制作完成的主防护层，各面具有等同的防护效果，可以耐受爆炸所引起的径向冲击；主防护层的底面因宽条形纤维织物包底粘接，其中心部位厚度得以三倍增强，防冲击性能得以大幅提高，能够耐受爆炸所带来的底部冲击。

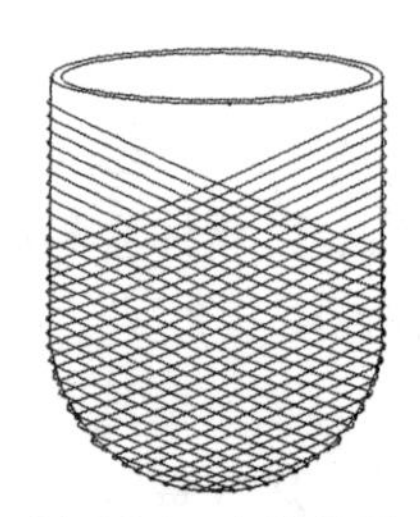

图 6-24　内防护层制作示意图

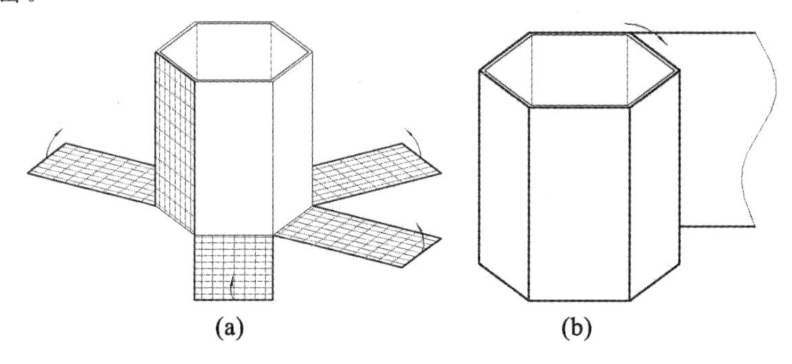

图 6-25　主防护层制作示意图

吸能层采用高分子多孔材料填充制作，起到吸收爆炸能量的作用。该种材料具有较好的抗压力学特性，能够吸收爆炸冲击波的直接冲击。在制作过程中，通过调整各组份材料之间的配比，可以得到不同吸能特性的材料，满足不同防爆的需要。外装饰层采用便于造型的非金属材料制作，具有良好的耐候性和较高的强度，使其能够满足室外各种场合的需求，兼有防爆与美化环境的作用。

采用上述设计方案，所得非金属防爆罐如图 6-26 所示。该产品由多种高强、轻质、阻燃的非金属材料复合而成，具有较强的防爆能力和良好的吸能效果，可用于易爆物品的运输或爆炸物的短时存储。产品防爆能力强、安全裕度大，超当量使用亦无金属破片产生，有效降低了二次杀伤风险。

图 6-26　非金属防爆罐样机

(2)非金属防爆桌柜。

在非金属防爆桌柜设计过程中，以“材料抗拉特性的充分应用”、“爆炸冲击波的衰减”和“爆炸产物的导向泄出”作为产品设计的重要考虑因素。

设计完成的闭口型非金属防爆容器，包括内箱(含抗爆内胆)、中箱、外箱和底托。内箱为抽屉状结构，中箱为抽屉箱柜状结构，外箱为方形筒状结构，抗爆内胆为盒形结构。抗爆内胆置于内箱中，内箱可以推拉置于中箱、中箱可以推拉置于外箱如图 6-27 所示。

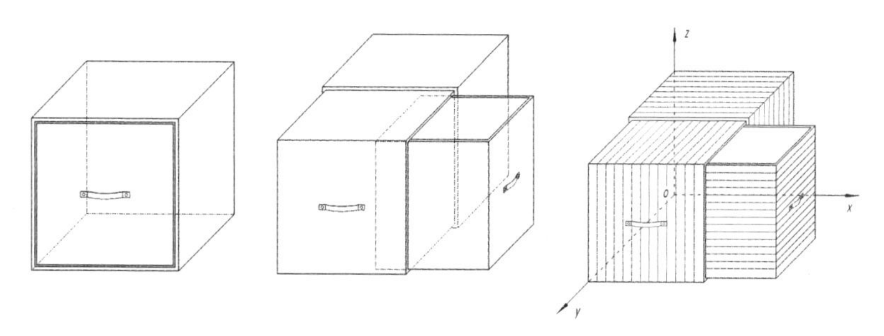

图 6-27　非金属防爆桌柜方案设计

内箱为正六面体结构，上端开口，呈抽屉状。除了开口端外，内箱各面采用非金属材料制成支架，然后采用高强度纤维丝、纤维织物围绕支架缠绕粘接，使内箱在除开口端及其对应面之外的四个方向均有较强的防护能力。

中箱为正六面体结构，侧面开口，呈抽屉箱柜状。除了开口端外，中箱各面采用非金属材料制成支架，然后采用高强度纤维丝、纤维织物围绕支架缠绕粘接，使中箱在除开口端及其对应面之外的四个方向均有较强的防护能力。

外箱为长方体结构，两端开口，呈方形筒状。外箱的非开口面采用非金属材料制成支架，然后采用高强度纤维丝、纤维织物围绕支架缠绕粘接，使外箱在除开口端外的四个方向均有较强的防护能力。

抗爆内胆为半封闭结构，有一个开口，为盒形。内胆开口可人工开闭，以便于爆炸物或疑似爆炸物的收纳与取出。抗爆内胆采用高强纤维织物与吸能材料复合而成，具有较好的抗拉与抗冲击效果。内胆开口闭合后，在六个方向均具有较强的防护能力，可以通过自身的撕裂、破碎来卸载、衰减爆炸冲击。

基于上述设计，所得非金属防爆桌柜如图 6-28 所示。图中，内箱、中箱、外箱和抗爆内胆分别对爆炸冲击进行了四方向、四方向、四方向和六方向的防护，共对爆炸所带来的球面冲击从六个方向进行了三重防护，有效阻止了爆炸冲击波的传播，使爆炸冲击在较小范围内迅速衰减，保证了办公室等狭小空间的环境安全与人员安全。

图 6-28　非金属防爆桌柜样机

非金属防爆桌柜中，内箱、中箱、外箱和抗爆内胆可以根据具体需求制作成不同形状与规格，各组件之间方便组合拆解，内箱可以轻便推拉入中箱中，中箱可以轻便推拉入外箱中，外箱可以通过安装脚轮等方式增强移动性。此外，内箱、中箱、外箱和抗爆内胆可以装饰修改，伪装成办公家具、室内容器，增强防爆容器的隐蔽性，拓展防爆容器的应用范围。

(3)非金属防爆箱。

防爆箱共包括内毯、外毯、内箱、外箱、运输箱等五个组件，每个组件均采用了多方案设计与优化。

1)内毯。

防爆箱内毯方案一采用芳纶加强垫层和PE加强垫层,方案二舍弃了内毯组件,方案三采用包围搭接式内毯,置于防爆箱内箱中。

经过了多方案比较以及产品其他组件的改型,在多次实爆试验的基础上,将内毯结构确定为方案三。内毯的撕裂与炸穿起到了吸收降低爆炸能量的作用,是防爆箱的重要组成部分。

表 6-9 防爆箱内毯方案设计

方案	结构形式
方案一	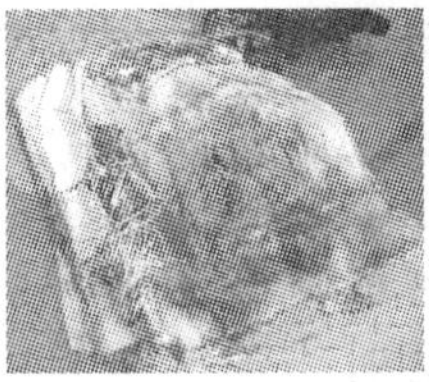 
方案二	无内毯
方案三	  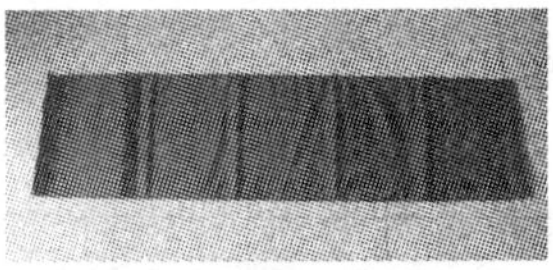 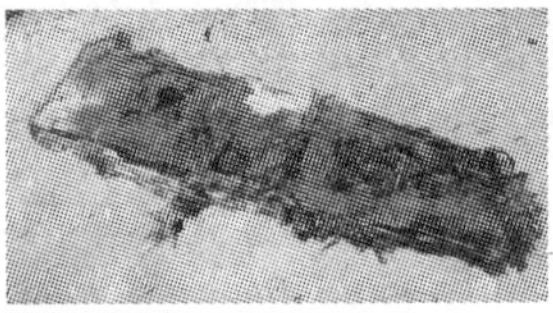

2)内箱。

为实现高强纤维织物的成形与加工,同时提高非金属防爆容器的使用便捷性,我们将防爆箱设计为抽屉式推拉结构。防爆箱内箱方案一采用扁平型抽屉结构。这种结构的尺寸接近于登机行李箱的尺寸,但同时存在有上下方防护能力弱、容积使用率低的缺点。方案二,我们将内箱设计为方正型的抽屉结构;提高了防爆箱的容积使用率与比防护能力。内箱的设计方案如表 6-10 所示。

表 6-10 防爆箱内箱设计方案

设计方案	结构形式
方案一	  

续表

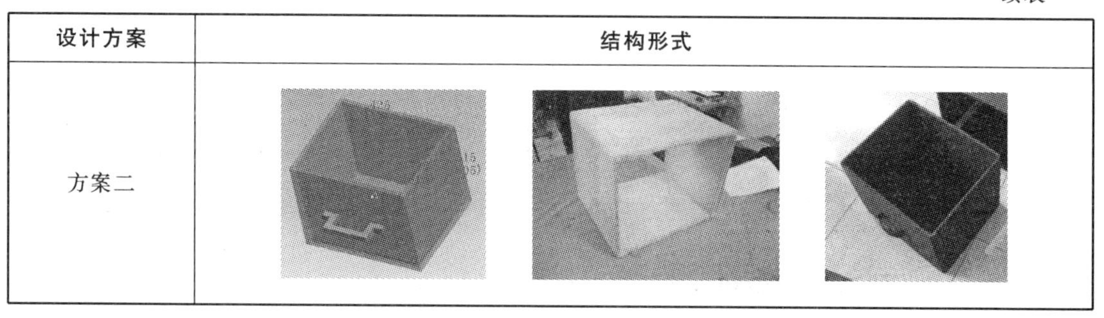

设计方案	结构形式
方案二	

3)外箱。

防爆箱外箱是推拉式抽屉结构的实现的重要组件;外箱的设计与内箱同步进行。外箱方案一为扁平型结构,方案二为方正型结构。经过方案的优化设计,防爆箱的容积由 20L 提高至 36L。防爆箱外箱的设计方案如表 6-11 所示。

表 6-11　防爆箱外箱设计方案

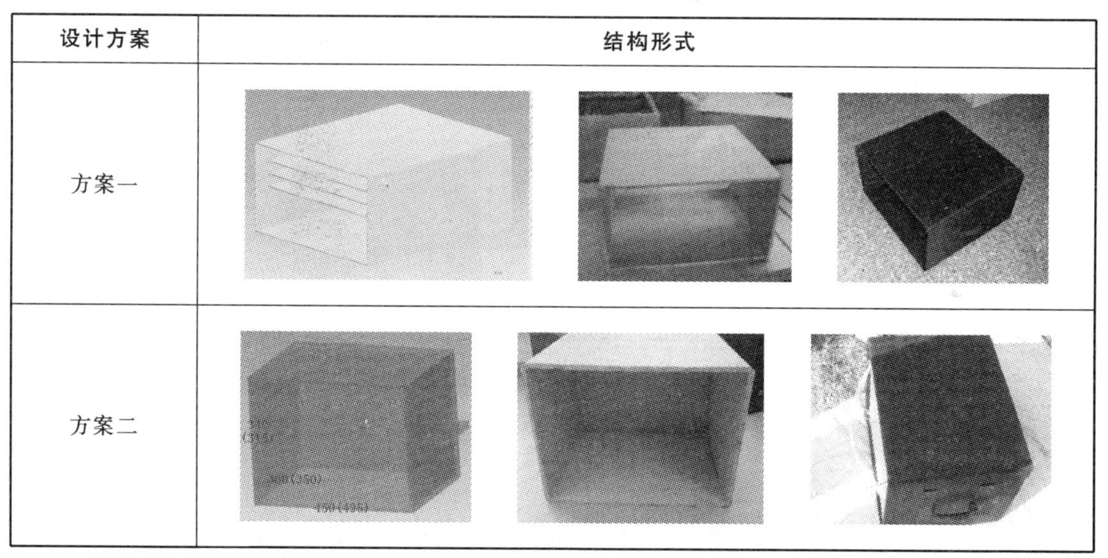

设计方案	结构形式
方案一	
方案二	

4)外毯。

模拟仿真和爆炸实验均证明,防爆箱外毯是防爆箱不可或缺的组成部分。外毯在起到重要的防护作用的同时,还可以对爆炸产物进行导向、泄出。但是,外毯组件的设计却也带来了使用的不便。外毯方案一设计为阶梯厚度的圆筒形结构,方案二、方案三分别将外毯设计为硬质外壳形式和包菜式结构。方案四采用较大的外毯直径,分别将外毯的长度设定为 1 米和 1.6 米。通过爆炸冲击波测试和高速影像烟火观察,选定了方案四,并最终将外毯长度定为 1.2 米,平衡了外毯的防护作用与使用便捷性。防爆箱外毯的方案设计如表 6-12 所示。

表 6-12 防爆箱外毯设计方案

设计方案	结构形式
方案一	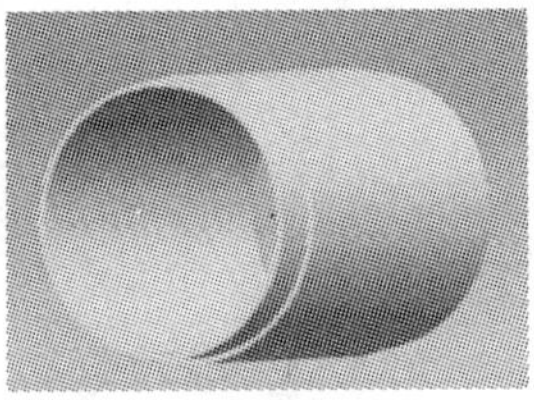  
方案二	  
方案三	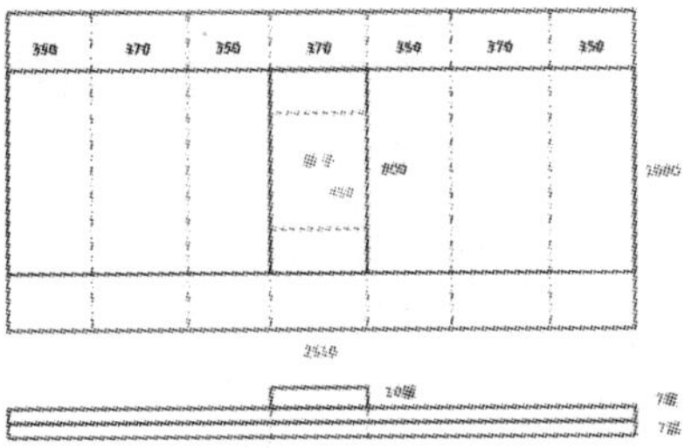   350 370 350 370 350 370 350 800 2510 10层 7层 7层
方案四	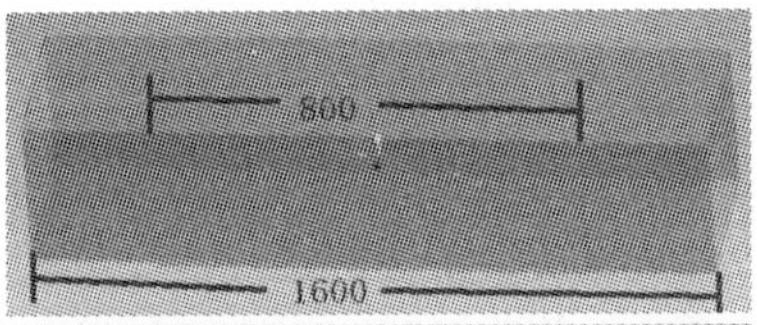 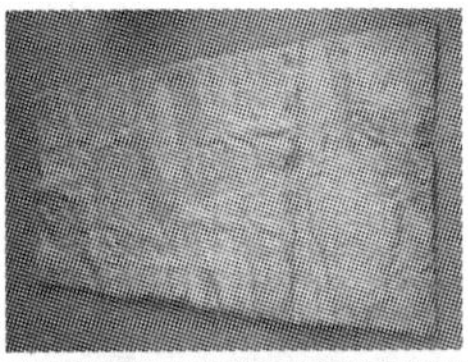 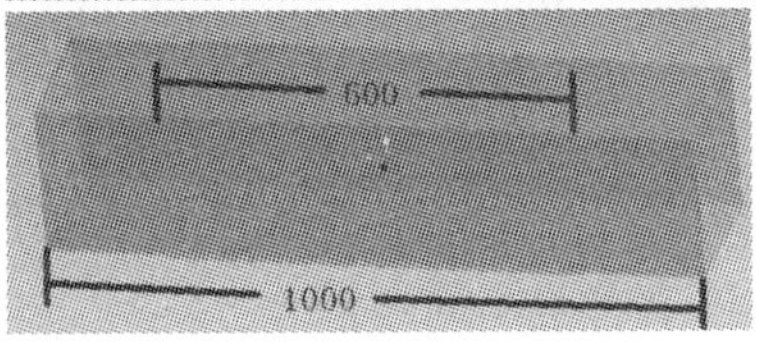  800 1600 600 1000

5)运输箱。

运输箱在切换防爆箱携行状态与贮运状态是具有重要作用。运输箱的设计方案在外观功能、箱体材料、运输方式、移动装置等方面进行了多次改动与优化。经过多方能的设计与优化，运输箱采用了方案四。防爆箱运输箱的设计方案如表 6-13 所示。

表 6-13 防爆箱运输箱设计方案

设计方案	结构形式
方案一	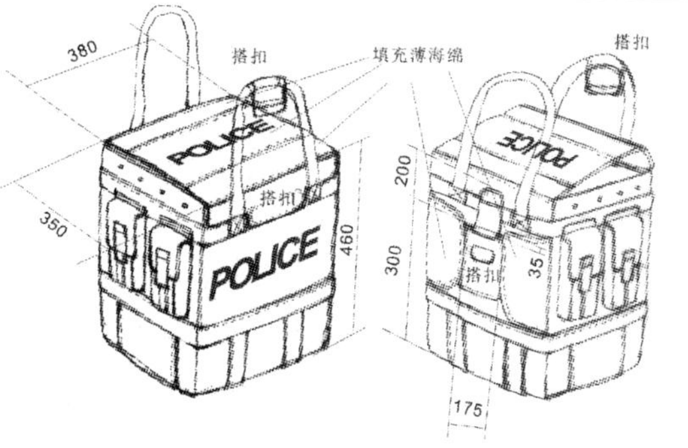  四周内壁用2mm厚的塑料板保持内壁平滑;布料为警察蓝,字为ARIAL,白色.
方案二	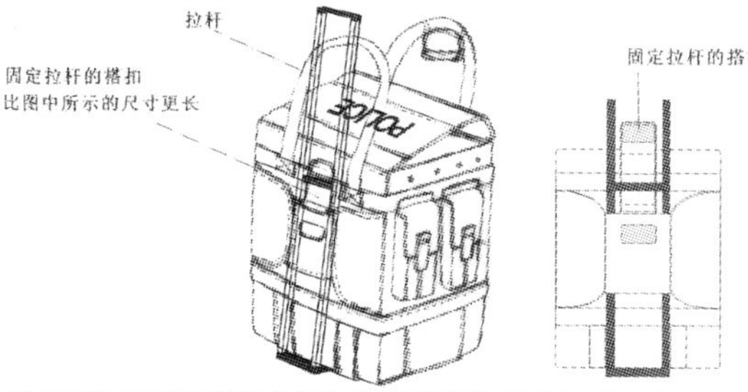 
方案三	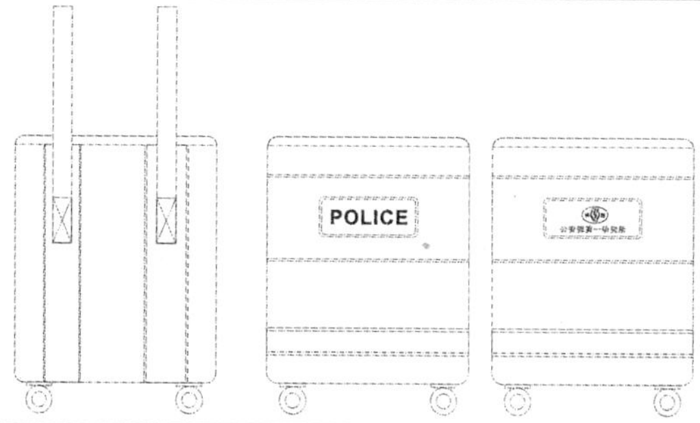 
方案四	 

在对每个组件进行多方案优化设计的基础上,确定了防爆箱的抽屉式推拉结构方案、箱体化套层形式与圆筒状导向泄压方式,制作了内箱、外箱、内毯、外毯、运输箱五个组件,完成了防爆箱总体结构方案的设计。

3. 非金属防爆容器成形工艺

(1)涂胶控制与性能测试。

涂胶量的控制与性能差异对比是复合材料非金属防爆容器成形的关键,也是防爆容器防爆能力实现的保证。为此，我们对芳纶涂胶量进行了大量的摸索，对不同的芳纶材料、采用不同的胶黏剂、使用不同的胶量进行了大量的实验。每个样本的制作、每次实验的进行都经历了剪裁、配胶、分组、涂胶、制样、去湿、修样、静态拉伸、动态拉伸的过程，如图 6-29 所示。

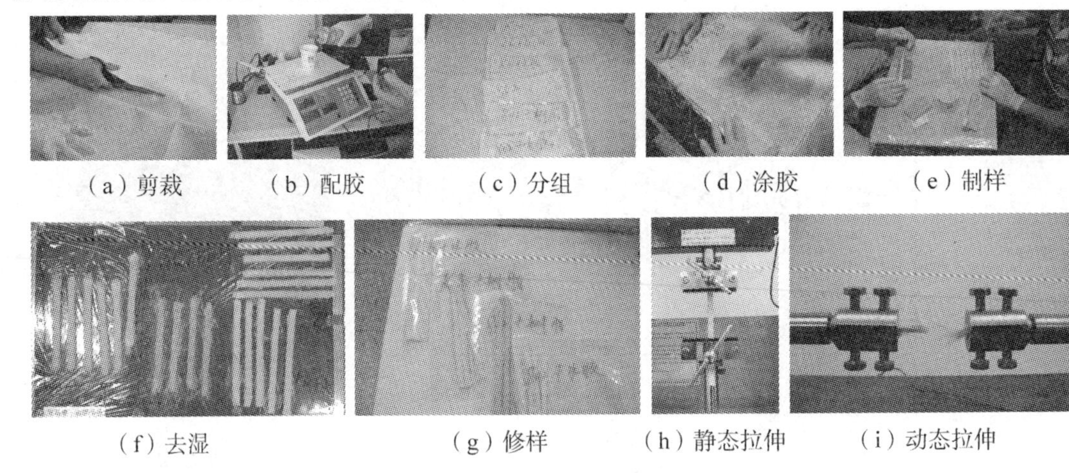

（a）剪裁　（b）配胶　（c）分组　（d）涂胶　（e）制样

（f）去湿　（g）修样　（h）静态拉伸　（i）动态拉伸

图 6-29　涂胶量控制实验与性能差异测试

在涂胶量控制实验与性能差异测试的过程中，对每次实验的层数、芳纶重量、涂胶量、胶比重、重量变化比等参数均做详细测量与记录，为涂胶量的控制与性能测试提高依据，如表 6-14 所示。经过数十次的实验，在大量的数理统计与数据分析的基础上，我们最终确定了适合于防爆容器制作与加工的含胶量。

表 6-14　芳纶涂胶量控制表

序号	规格	芳纶布重量(g)	用胶量(g)	胶比重(g)	粘接前重量(g)	粘接后重量(g)	重量变化比(%)
1	8 层 195×205	29	7.5	20.55	36.5	38	+4.1
2	8 层 195×205	29	8	21.62	37	38	+2.4
3	8 层 195×205	28.5	16	35.96	44.5	44	−1.2
4	16 层 195×205	59	13	18.06	72	70.5	−2
5	16 层 195×205	59	7.5	11.28	66.5	67	+0.7

(2)非金属材料的成形。

非金属防爆容器的成形因芳纶织物的固有特性与胶黏剂体系的差异而存在一定的困难。我们经过大量调研，在多次摸索实验的基础上，完成了从非金属材料板的制作，到简单结构的成形，实现了封闭平整箱体的加工。如图 6-30 所示。

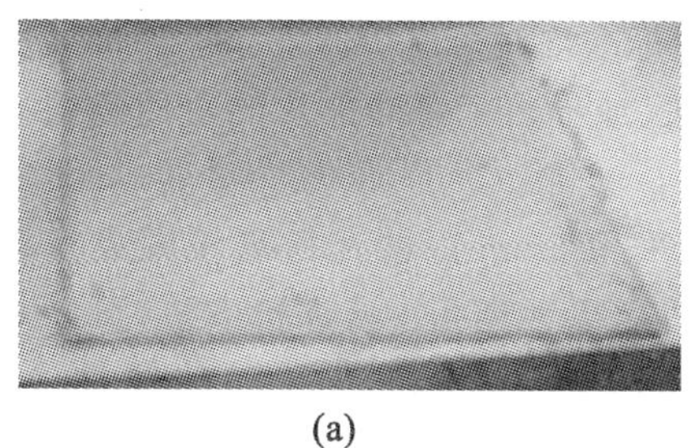

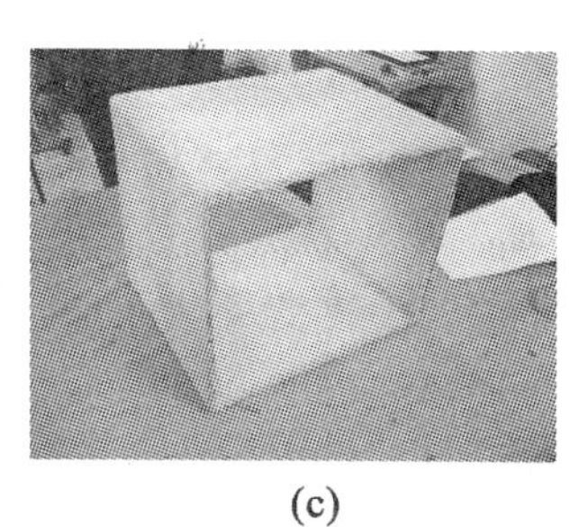

(a)　　(b)　　(c)

图 6-30　非金属材料成形

(3)容器模具的制作。

非金属防爆容器的制作有赖于模具的制作。容器制作模具应具备一定的强度、良好的可拆卸性、可以重复利用。为此,我们先后尝试了石膏模、纸板模、塑料模等模具,最终选定了多层板木质模具,如图 6-31 所示。图中所示模具强度较高、拆卸方便、可重复使用,满足了生产要求。

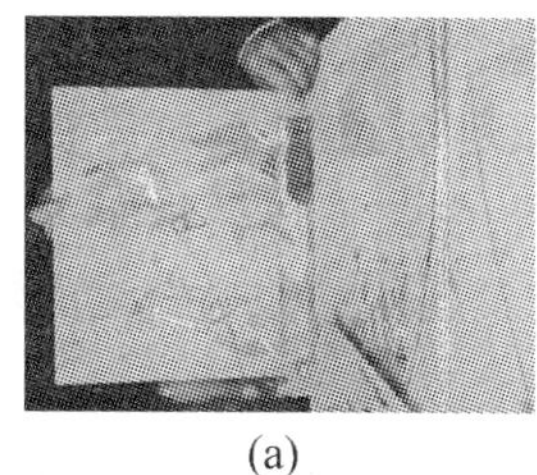
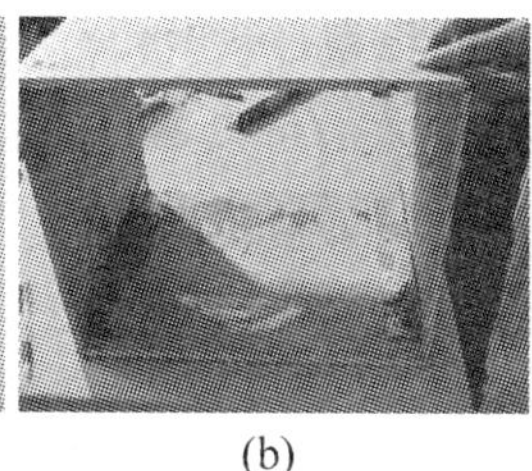

(a)　　(b)　　(c)　　(d)

图 6-31　箱体制作模具

(4)箱体预压固化。

非金属防爆容器在模具上缠绕、涂胶后,需要施加一定的预紧力,才能完成固化,并实现所需要的强度。为此,设计了重力板、装夹具与预紧框等装置;如图 6-32 所示。在非金属防爆容器箱体制作过程中,严格控制预紧力与固化时间,并采用了扭矩扳手保证了预紧力的一致性。

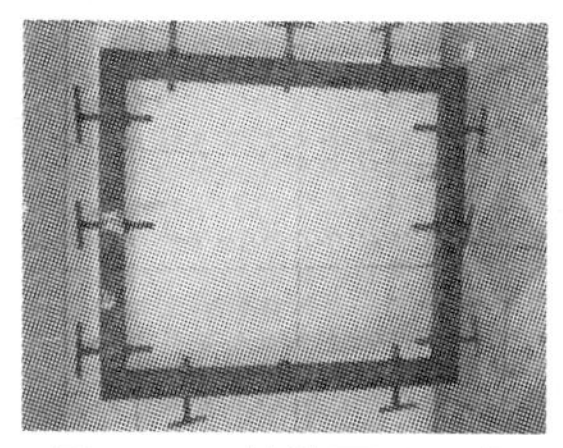

图 6-32　箱体预压固化

6.4　防爆容器效能评价技术

本节主要以防爆容器效能评估技术为研究对象,重点讨论防爆容器使用安全性评价方法。

6.4.1　行业标准评价方法

防爆容器是有效隔离和阻挡爆炸物爆炸时所产生的冲击波和破片对周围环境造成的杀伤效应,用于临时存放和运输爆炸物及其他可疑爆炸物的装具,广泛应用于车站、机场等人口密集场所。对防爆容器的使用安全性进行评价方法是警用防护装备领域研究的重要课题,是防爆容器推广使用的必要前提。[①]

① 王元博. 纤维增强层合材料的抗弹性能和破坏机理研究. 中国科学技术大学,2006

GA 69—2007、GA 871—2010、GA 872—2010 等行业标准均对防爆容器安全性评价提出了一定的要求，这些要求或提出了冲击波的定性评价方法、或提出了爆炸破片的定性测试方法。例如：

《GA 69—2007 防爆毯》中对防爆性能评价时，要求采用 5mm 厚的瓦楞纸板围成直径 6000mm、高 1700mm 的环形靶标，且要求爆炸实验完成后靶标无穿孔。该评价方法，可以对爆炸破片进行定性衡量，却无法测试爆炸冲击波的危害。

《GA 871—2010 防爆罐》、《GA 872—2010 防爆球》要求防爆容器在经历爆炸后不应倾倒、容器表面不应出现裂缝穿孔、附着件不得脱落、不应有飞溅物产生等。

6.4.2 防爆容器效能评价方法

本方法克服了现有行业标准的不足以及测试手段的缺陷，提供一种准确、可靠，能对爆炸所产生的冲击波以及破片进行测试的方法，完成了对防爆容器的使用安全性评价。

1.评价方法技术方案

防爆容器使用安全性评价方法，涉及防爆容器、模拟地板、破片测试靶板、生物损伤模拟单元、冲击波超压测试系统、高速运动分析系统等。该方法可以通过模拟地板、破片测试靶板完成防爆容器对环境、对建筑物的损坏情况的评价，可以通过破片测试靶、生物损伤模拟矩阵完成对爆炸冲击波、爆炸破片的定性评价，可以通过冲击波超压测试系统实现对爆炸冲击波的定量测试、可以通过高速运动分析系统对爆炸现象进行定性分析。

模拟地板可以采用水泥板、铁板等模拟重型防爆容器使用场所的地板、楼板，可以采用铝板、木板、玻璃板等模拟轻型防爆容器使用场所的地板；以评价防爆容器在经历爆炸后对其所使用场所的破坏情况。

破片测试靶板可以采用水泥板、铁板、钢板、玻璃板等材质来模拟防爆容器使用场所的墙壁、立柱等设施，也可以采用铝板、木板、玻璃板、纸板、泡沫板、塑胶板等模拟防爆容器使用场所的顶棚、舱壁等；破片测试靶板实现对爆炸破片的捕捉，测试爆炸过程中是否会产生致命性破片，对爆炸破片的产生方向、速度、数量等参数做定性分析。

生物损伤模拟单元，可以采用水袋、铝箔、锡纸、小动物、硅胶等，使之强度与人体的皮肤及组织器官强度相近。在数理统计的基础上，得到生物损伤模拟单元的抗冲击强度。生物损伤模拟单元在经历冲击波的面冲击、破片的点冲击情况下，均会发生破裂现象；从而实现了对冲击波以及破片的定性测试。生物损伤单元应具有结构简单、成本低、易获得、可靠性高等特点，可以根据需求布置在防爆容器的各个方位，组成测试矩阵。

冲击波超压测试系统由数据采集设备、超压传感器等组成。可以完成对爆炸所产生的爆炸冲击波的超压的定量测试，实现对防爆容器的使用安全性评价。超压传感器可以根据实验需求，布置在防爆容器的侧面、顶面、底面，或者开口方向等方位，组成冲击波超压测试矩阵。

高速运动分析系统，可以实现每秒万帧级的画面拍摄，通过图像分析，可以得到冲击波阵面、爆炸破片的运动轨迹以及运动速度。高速运动分析系统可以实现在防爆容器的防护下，对爆炸的全过程进行定性、定量分析。

2.评价方法应用示意

防爆容器安全性评价方法，实现了对爆炸冲击波、爆炸破片的定性分析与定量测试；实现了防爆容器防护下，爆炸现象对周围环境、建筑物、交通工具以及人体的损毁、损伤情况的定性评价。如图 6-33 所示，图中所示分别为：(1)防爆容器、(2)模拟地板、(3)破片测试靶板、(4)生物损伤模拟单元、(5)冲击波超压测试系统。

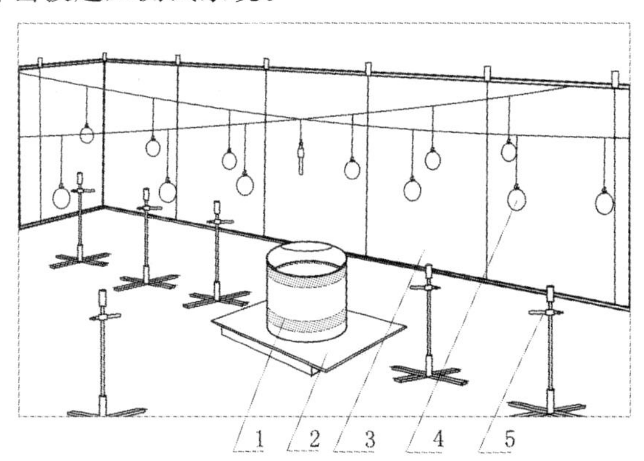

图 6-33　防爆容器使用安全性评价方法示意图

3. 评价方法应用实施

以防爆箱为例，具体比较了有无防爆容器防护的损坏差异性，对防爆箱的使用安全性进行了定性、定量评价。防爆箱由高强、高模、高分子非金属材料制作而成，具有重量小、体积轻、比防护能力强、无二次杀伤的特点，可用于易爆物品的运输或爆炸物的短时存储；适用于银行、邮局、公检法办公场所，或飞机机舱、动车车厢等空间相对狭小的场合。与防爆箱配套使用的运输箱，在防爆箱的携行状态时起到运输防爆箱的作用，在防爆箱的贮运状态时起到对防爆箱的支撑作用。

本次应用实施采用了防爆容器使用安全性评价方案。图 6-34 所示分别为：(1)防爆箱、(2)运输箱、(3)模拟地板、(4)破片测试靶板、(5)水袋、(6)冲击波超压测试系统。

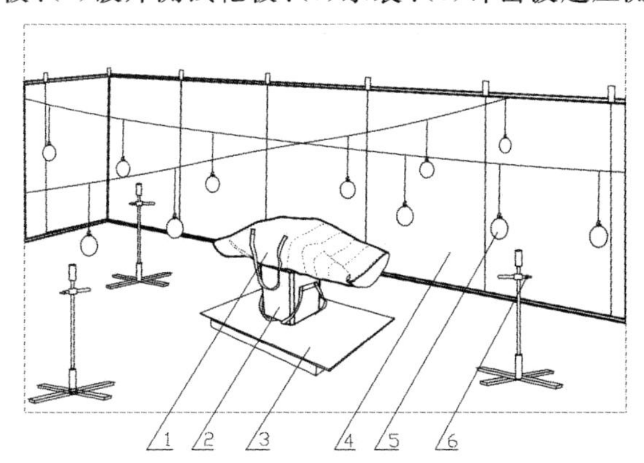

图 6-34　防爆箱使用安全性评价方案

防爆箱置于 100m * 100m 的爆炸实验场地中心，防爆箱开口方向的 1 米、2 米、3 米处、防爆箱侧面的 1 米、2 米、3 米处分别悬挂水袋、防爆箱侧面 1 米处、开口方 1 米处、开口方 2 米处超压传感器 。防爆箱的侧面 1.5 米、开口 3 米处分别放置破片测试靶板，组成“L”状。防爆箱侧面 50 米外架设高速运动分析系统，如图 6-35 所示。

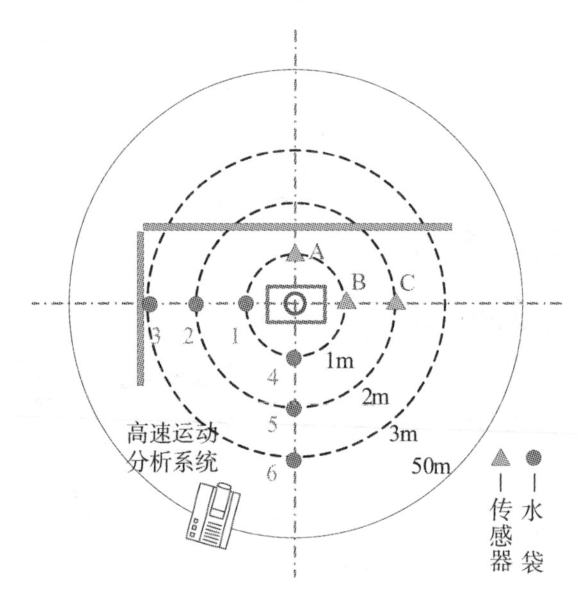

图 6-35 爆炸实验现场布设俯视图

防爆箱下方放置运输箱,运输箱下方设置模拟地板,如图 6-36 所示。

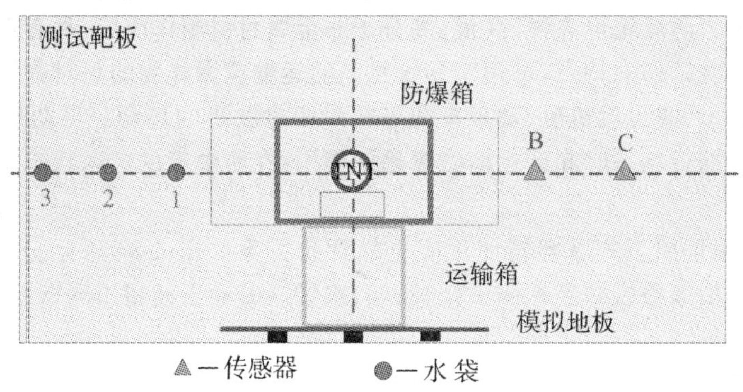

图 6-36 爆炸实验现场布设前视图

水袋经过大量的实测试验,并进行了数理统计。取某型定制水袋 100 个,分别注入 300ml、500ml、800ml、1000ml 的水,从 1 米、1.5 米、1.8 米、2 米等高度自由落下,统计破裂水袋数量,得出合适的注水量与跌落高度,并计算水袋的冲击强度阈值,使之与试验所需冲击强度相近。

基于该技术方案,进行了两次对比实验。实验一将 200gTNT 炸药置于爆炸场中心,使炸药无任何约束。炸药引爆后,模拟地板、破片测试靶板均严重损毁,1＃、2＃、3＃、4＃、5＃水袋均破裂,6＃水袋出现微孔并滴水。A 处、B 处、C 处的超压传感器测得的超压值分别为 0.240Mpa、0.238Mpa、0.060Mpa,均与理论计算值相近。实验一反映了爆炸现象对周围环境的破坏情况,实现了对保证冲击波的定量测试。

实验二将 200gTNT 炸药置于防爆箱内,将炸药引爆。实验后,模拟地板、破片测试靶板均无严重破损、未发现穿孔,1＃水袋破裂,2＃水袋出现微孔并滴水、3＃、4＃、5＃、6＃水袋均完好。A 处、B 处、C 处的超压传感器测得的压力值分别为 0.01584Mpa、0.00649Mpa、0.

00129Mpa，分别比试验一所测得的压力值降低了 89.2%、95.6%、96.8%，有效保证了周围环境与涉爆人员的安全。实验二反映了防爆箱防护下，爆炸现象对周围环境的轻微破坏，实现了对防爆箱约束下冲击波的定量测试。

对比实验一、实验二的测试结果可以发现，本应用可以实现对爆炸冲击波、爆炸破片的定性分析与定量测试；实现了在防爆容器的防护下，爆炸现象对周围环境、建筑物、交通工具以及人体的损毁、损伤情况的定性评价。

6.4.3　防爆容器效能评价应用

1. 防爆罐效能评价

为考核防爆罐产品的安全性、确定防爆罐的安全使用距离，评判爆炸对周围环境造成的影响，本节对防爆罐的防护效能进行了定量化测试。

(1)测试评价方案。

在防爆罐周围布置支架，支架上安装压力传感器。共设 5 个测试点(P1～P5)，其中距地面上方 3 米和 6 米处各 1 点，距爆心水平 1 米、2 米和 3 米，高度 1.7 米处各 1 点，如图 6-37 所示。

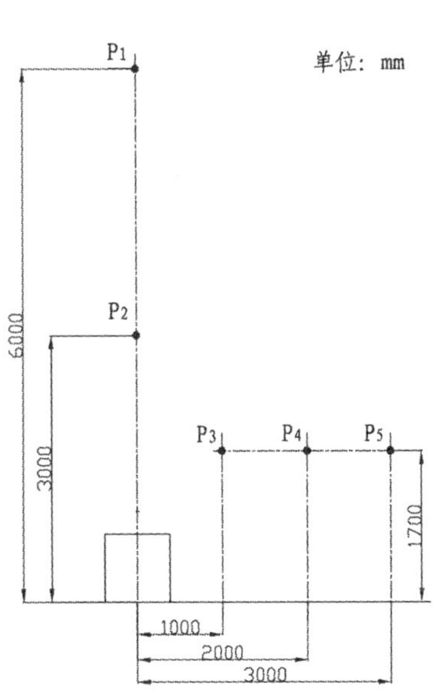

图 6-37　测试方案示意图

(2)爆炸试验过程。

爆炸测试过程中，使用高速摄影系统记录了爆炸过程，拍摄时使用 10000fps 的拍摄速率。图 6-38 所示为 1～5/10000 秒爆炸过程。图 6-39 所示为 10～50/10000 秒爆炸过程。

图 6-38　1～5/10000 秒爆炸过程

图 6-39　10～50/10000 秒爆炸过程

(3)爆炸试验结果。

爆炸过程中，5 个测点所测得的冲击波曲线如图 6-40 至图 6-44 所示。所得冲击波峰值如表 6-15 所示。

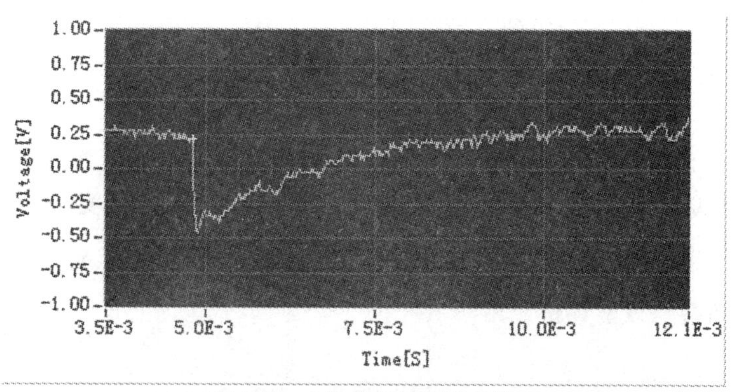

图 6-40　1＃测点冲击波曲线

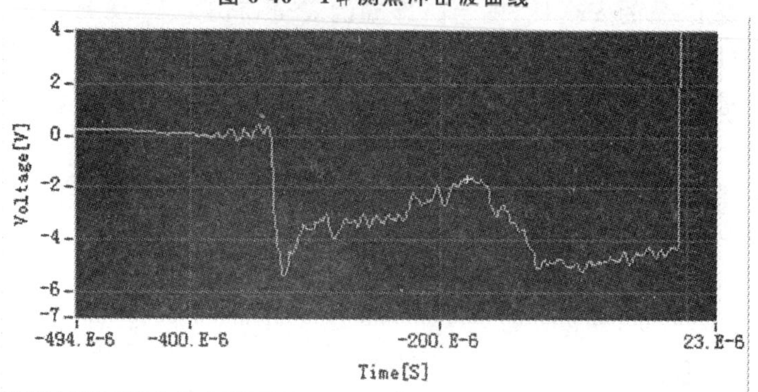

图 6-41　2＃测点冲击波曲线

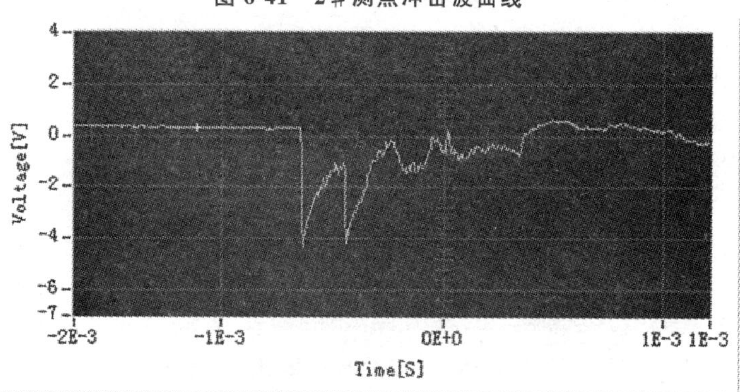

图 6-42　1＃测点冲击波曲线

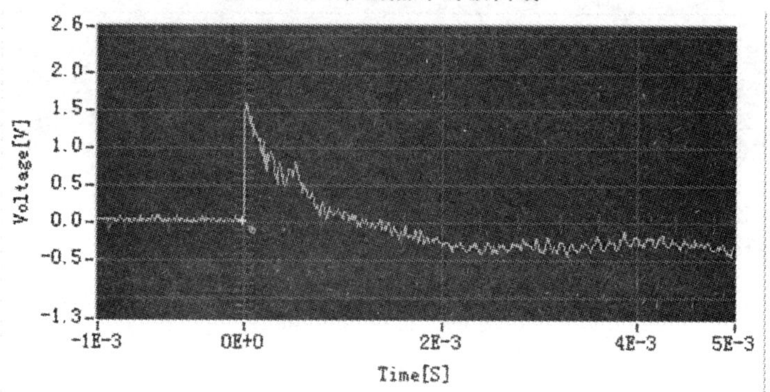

图 6-43　2＃测点冲击波曲线

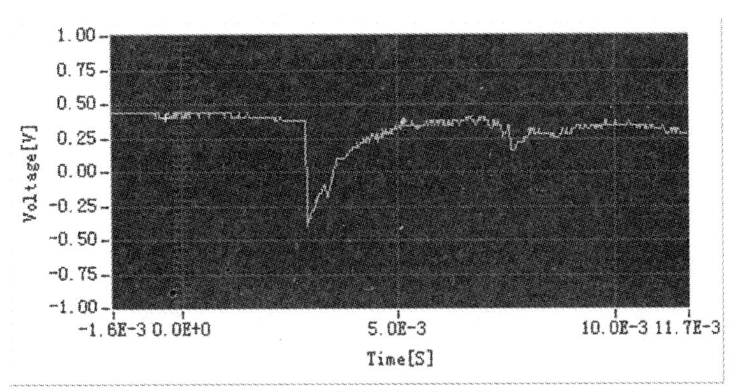

图 6-44　1#测点冲击波曲线

表 6-15　各测点冲击波峰值

测点	P1	P2	P3	P4	P5
自由场超压(Mpa)	0.0719	0.5656	0.4625	0.1594	0.0781
持续时间(ms)	4.15	0.33(断线)	0.667	0.996	2.21

(4)防护效能评价。

为了评估爆炸冲击波对防爆罐上方的建筑物损伤程度，本方案测试了爆心上方 3 米和 6 米处的冲击波超压。超压值分别是 0.5656MPa 和 0.0719MPa。对比测试结果可以看出，上方 3 米处的超压对任何建筑物的破坏极大，上方 6 米处的超压也可能使砖墙破坏。因此开口型防爆罐的使用场所要有严格的限定，一般应在户外使用，如需在室内使用，室内空间应有足够的泄爆高度。

为了评估爆炸冲击波对防爆罐周围人员的损伤程度，本方案测试了距爆心 1 米、2 米、和 3 米的距离上，高 1.7 米处的超压(中国人的平均身高)。超压值分别是 0.4625MPa、0.1594MPa 和 0.0781MPa。对照测试结果，可以得出如下结论：在距离防爆罐 2 米内的区域，冲击波可能产生致命的伤害。在 3 米以外，一般不会造成人员死亡，但听觉器官可能会受到损伤。

2. 防爆箱效能评价

为定性比较防爆箱的使用安全性，在实验现场设置了模拟地板、破片测试靶板、水袋等装置，分别进行 200gTNT 爆炸实验，以比较有无防爆箱的实验结果。

(1)未使用防爆箱定性评价。

未使用防爆箱爆炸实验布设图如图 6-45 所示。图中，将 200gTNT 炸药悬挂于实验场中央，并在下方设置模拟地板，周围设置破片测试靶板和水袋。

(a)

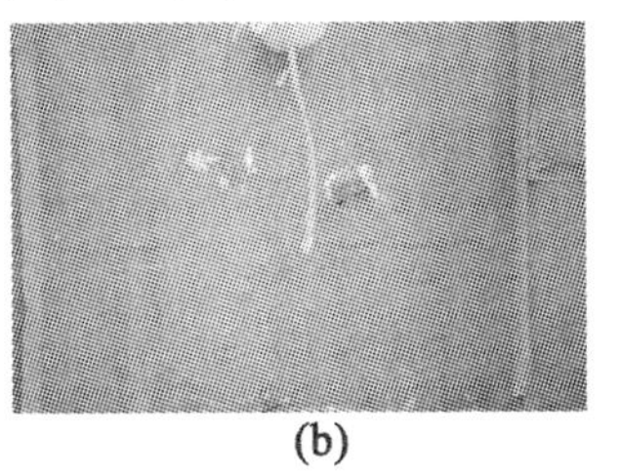

(b)

图 6-45　未使用防爆箱爆炸实验布设图

爆炸实验完成后，实验现场如图 6-46 所示。从图中可以看出，爆炸实验完成后，模拟地板严重变形；破片测试靶板出现了开裂、脱钉、酥化、断层等不同情况的损毁，基本无一完好；水袋分别出现破裂、移位、漏液等情况的破坏，仅有 3 米距离处的 1 个相对完好。由此可见，在不使用防爆箱的情况下，200gTNT 炸药会对周围 3 米内的物体带来严重损毁。

(a) (b) (c) (d)

图 6-46 未使用防爆箱爆炸实验后现场

(2)使用防爆箱定性评价。

在使用防爆箱的情况下，将 TNT 炸药置于防爆箱内部，然后将防爆箱置于同样的实验场中央，并采用同样的模拟地板、破片测试靶板、水袋，如图 6-47 所示。

图 6-47 使用防爆箱爆炸实验前的现场

爆炸实验完成后，实验现场如图 6-48 所示。从图中可以看出，爆炸实验完成后，防爆箱外观完整，仅产生较小水平位移；模拟地板完好无变形，破片测试靶板完好无损坏；水袋大部分完好，仅 1 米处的 2 个水袋破坏。由此可见，使用防爆箱后，爆炸对周围环境的损害程度大大降低；防爆箱具有较高的使用安全性。

通过对比发现，防爆箱对爆炸冲击具有良好的抵御作用，可有效降低爆炸冲击波带来的伤害。

图 6-48　使用防爆箱爆炸实验后的现场

(3)防爆箱使用安全性定量评价。

在对防爆箱使用安全性进行定性评价的同时，我们还尝试定量评价了爆炸冲击波的损害作用。

1)传感器准确性与一致性。

在对防爆箱进行冲击波测试之前，为了考察超压传感器的准确性与一致性，将 3 只自由场压力传感器置于离爆心 2.5 米处，引爆 200gTNT 炸药，运用数采设备采集爆炸场的冲击波超压，所得超压时间曲线如图 6-49 所示。

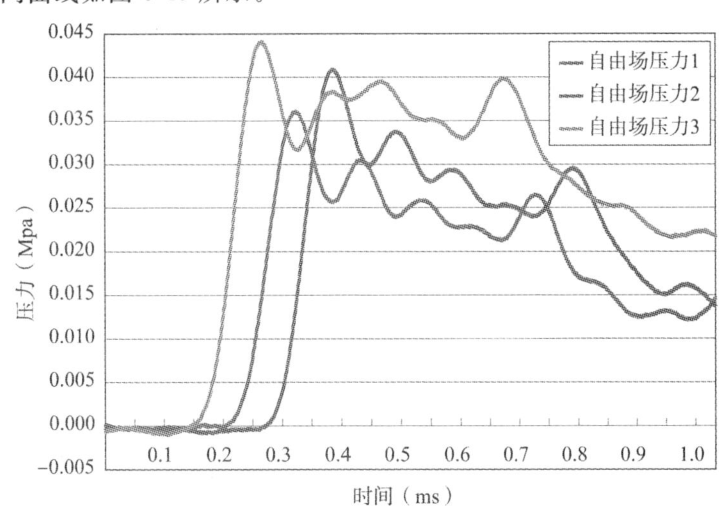

图 6-49　传感器准确性与一致性测试曲线

图中，三只传感器所测得的超压峰值如表 6-16 所示，三个超压峰值的平均值为 0.0403Mpa，与理论计算值 0.0410Mpa 基本一致。由此可见，三只传感器测试准确，并具有良好的一致性。

表 6-16　传感器准确性与一致性分析表

理论计算值	测试峰值一	测试峰值二	测试峰值三	测试平均值	测试误差
0.0410	0.0360	0.0409	0.0440	0.0403	1.7%

2)冲击波超压时间曲线。

为考察防爆箱的使用安全性，将三只超压传感器分别置于防爆箱 4－1 和防爆箱 4－2 的开口 1 米、侧面 1 米、开口 2 米处进行测试，所得超压时间曲线如图 6-50、图 6-51 所示。

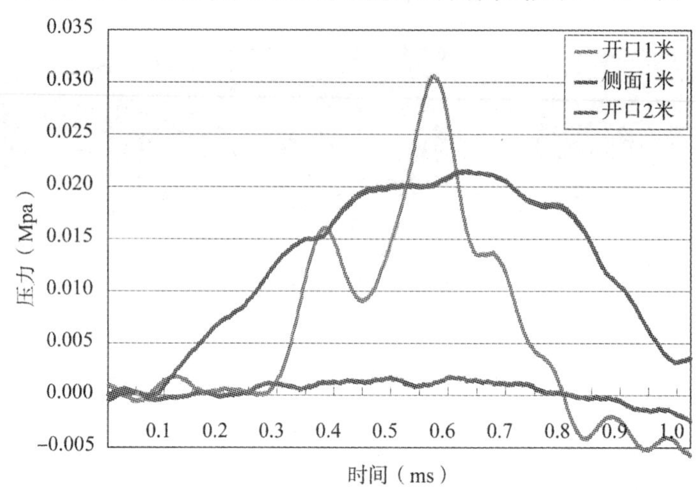

图 6-50　防爆箱 4－1 实验超压时间曲线

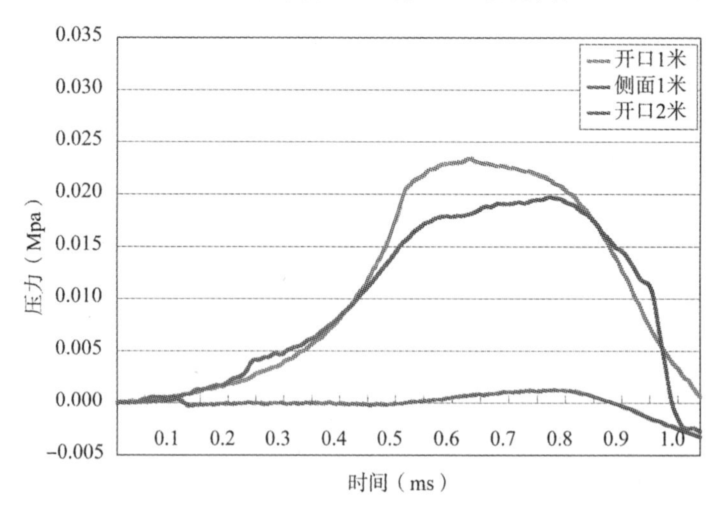

图 6-51　防爆箱 4－2 实验超压时间曲线

从图 6-32、图 6-33 中可以看出，防爆箱开口 1 米处超压峰值最大、侧面 1 米处超压峰值居中、开口 2 米处超压峰值最小。

3)防爆箱对冲击波的衰减作用。

A. 冲击波峰值的降低

将三只传感器所测得的超压峰值与理论计算值相比较，可以看出：防爆箱的使用大大降低了冲击波超压，各点处的冲击波衰减率均在 90%左右。如表 6-17、图 6-52 所示。

表 6-17 防爆箱对冲击波的衰减率

	理论计算值	测试峰值一	冲击波衰减率	测试峰值二	冲击波衰减率
开口 1 米	0.237	0.0306	87.1%	0.0234	90.1%
侧面 1 米	0.237	0.0215	90.9%	0.0197	91.6%
开口 2 米	0.0608	0.0018	97.0%	0.0013	98.7%

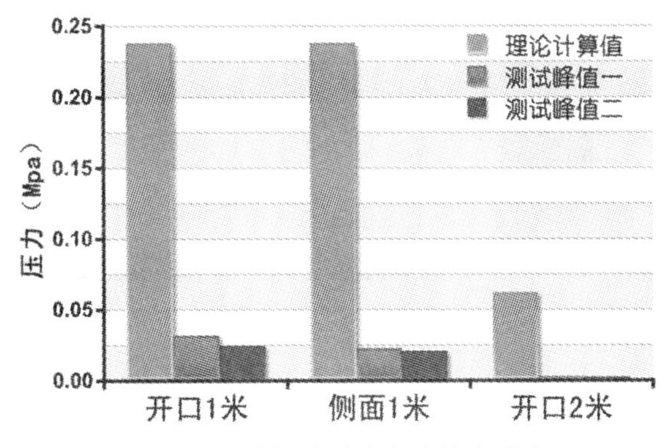

图 6-52 防爆箱对冲击波的衰减率

B. 冲击波上升沿时间历程的延长

比较超压时间曲线的冲击波上升沿时间历程看以看出，使用防爆箱后，该时间大约延长了 5 倍。如图 6-53、表 6-18 所示。

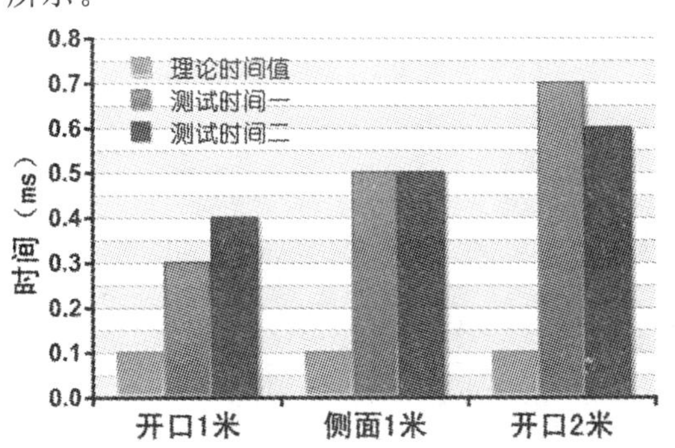

图 6-53 防爆箱对冲击波上升沿时间的延长

表 6-18 防爆箱对冲击波上升沿时间的延长

	理论时间值	测试时间一	时间延长率	测试时间二	时间延长率
开口 1 米	0.1	0.3	约 500%	0.4	约 500%
侧面 1 米	0.1	0.5		0.5	
开口 2 米	0.1	0.7		0.6	

3. 防爆箱的使用安全性评价

(1)防爆箱的防护有效性。

由前面的测试数据可以看出:使用防爆箱后,爆炸的上升沿时间历程延长5倍左右,爆炸冲击压力峰值降低至1/10。大部分的爆炸能量被防爆箱吸收,防爆箱起到了应有的防护作用,如图6-54所示。

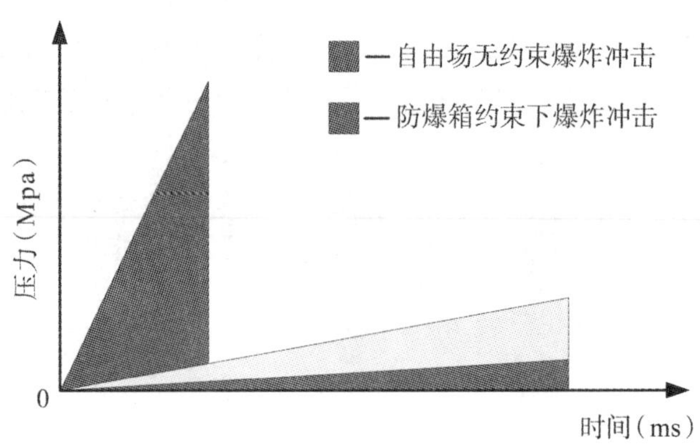

图6-54 防爆箱防护有效性示意图

(2)防爆箱的使用安全性。

图6-55所示为使用防爆箱后,超压传感器测试值与人体耳膜损伤阈值的对比图。从图中可以看出,防爆箱开口1米、侧面1米、开口2米处的冲击波压力逐渐降低,压力峰值均小于人体耳膜损伤阈值0.0345Mpa。因此,防爆箱的使用大大降低了冲击波峰值,保证了人体的安全。

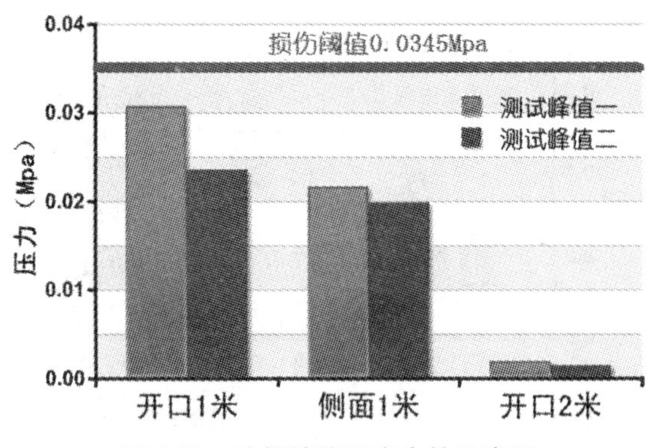

图6-55 防爆箱使用安全性示意图

第7章 爆炸周边人员防护

7.1 涉爆人员的主观防护

7.1.1 姿态防护

在涉爆工作环境下，应根据爆炸环境、爆炸作用原理，充分利用人体的一些动作、姿势，最大限度地减小爆炸对人身带来的危害。

1.爆炸发生时，下意识张开嘴巴

根据炸药爆炸所产生的冲击波超压对有生力量的破坏作用，可以证明：一般人在0.3～0.5 *MP* 的冲击波超压，即冲击波波头压力与当地大气压之差作用下就会产生鼓膜破裂现象[①]。这是因为，正常情况下，人体鼓膜内外承受的压力基本在一个大气压左右，鼓膜内外的压差几乎等于零，鼓膜内外压力基本保持平衡状态。但是，当周围突然发生爆炸时，爆炸所产生的冲击波会使当地气压增大，如果此时嘴巴紧闭，由于鼓膜内部相对保持在一个大气压数值左右，而鼓膜外的压力远大于一个大气压，巨大的压差就会造成人体鼓膜向内穿孔，给人体造成损害。简而言之，当爆炸发生时，冲击波对人体最先造成损害的器官往往是鼓膜。为此，当我们处在可能发生爆炸的环境中时，除了采取防护措施外，还应当下意识地张开自己的嘴巴，使鼓膜内外压力始终保持基本平衡。但是，当人体穿戴有防护耳具时，应当紧闭嘴巴。

2.涉爆工作时，尽量使用左手

严格意义上来讲，涉爆工作时，尽量使用左手并非是一个真正的防护措施，它只是基于我们一般人的生活习惯。日常生活、工作中，一般人都习惯于使用我们的右手。因此，右手相对于左手的重要性是不言而喻的。为此，在不影响工作和确保安全的前提下，应尽量使用左手，尤其是当我们要拣拾一些小的危险品时，如雷管、烟花爆竹等，就可以使用我们的左手，而尽量避免使用右手。在不影响生活、工作的前提下，尽量使用左手检查、触摸物品。对于一线涉爆工作人员来讲，无论是否穿戴防护服，都应当养成这一好的习惯。

3.面临爆炸物品时，尽量侧身

当涉爆工作人员正面对爆炸物品或其他危险物品时，由于其接受打击或受作用的面积比较大，因而受到的伤害相对就比较严重一些。某些情况下，由于环境或工作的原因，我们不可能采取其他的防护姿势，此时除了加大与危险品之间的距离外，还应尽量采取侧身姿势，减小受作用的面积，最大限度地避免使人体正面或其他重要部位直接暴露在危险品的作用范围之内。

在涉爆工作工作中具体运用这一姿态防护技巧时，应当注意以下几点：第一，避免头部直接正对爆炸物或其他危险物品；第二，侧身时尽量使身体左侧远离爆炸物或危险物品；第三，尽

---

① 王新建，熊一新.危险物品管理.北京：中国人民公安大学出版社，1997

量压低身体高度。

4. 涉爆工作时，尽量采取卧姿

通常情况下，当地面的爆炸物品发生爆炸时，在地面的阻挡作用和爆炸的破坏作用下，爆炸所形成的破片飞行方向往往与地面呈扇形结构。而人体在现场可以采取卧姿，以最大限度地减少破片或冲击波的杀伤作用。这是因为，根据人体结构，当一个人采取卧姿时，其高度仅是站姿时身体高度的五分之一。这就意味着此时人体受到的危险会因此减少80%左右。

涉爆工作中，采取卧姿是一项安全防护措施，具体运用卧姿防护技巧时，应当注意以下几点：

第一，采取卧姿时，人体头部应当背离爆炸发生的方向，切勿面向爆炸方向；

第二，采取卧姿时，应当紧闭双眼，面部朝下，双手放在额头下方；

第三，在有条件的情况下，可以跑至一定距离外，然后视情况趴下。如此以来，不但可以减少破片的打击作用，还可以减弱冲击波对人体的杀伤作用。

5. 根据环境选择合适支撑物

人体受爆炸产物或冲击波的猛烈冲击被抛至空中后，坠落地面时会造成广泛性的损伤，也就是抛坠伤。爆炸气浪能将人体抛至几米、几十米，甚至百米以外。抛坠伤的轻重程度，取决于抛掷速度、抛掷高度、坠落时承受体的形状和硬度以及人体有无支撑物等因素。[①]因此，如果在涉爆环境中发生爆炸，人体没有任何支撑和保护，就有可能以自由飞体的形式被爆炸气浪抛至空中或远处，进而造成严重的抛坠伤。为此，在涉爆环境中，除了采用其他防护措施外，还应当选择具备一定柔软性的支撑物体。

在爆炸过程中，确保支撑物体不会产生自由高速运动的情况下，还能保证人体在爆炸作用下可以移动，最大限度地对人体起到防护作用。具体运用该项防护措施时，应当注意以下几个方面：

第一，选择支撑物时，人体应当处在爆炸源与支撑物之间，且背靠支撑物；

第二，选择支撑物时，应当选择那些柔性的、不会产生碎片或硬块的物体，如小树苗、塑性网状物、可移动的轻质物品等；

第三，切忌选择坚固的、不可移动的物体作为支撑物。如果以这类物体作为支撑物，爆炸时不但起不到保护作用，反而会由于支撑物的原因，导致爆炸作用力有可能将人体挤压成重伤；

第四，并非任何时候都需要选择支撑物做保护，具体视环境而定。

7.1.2 距离防护[②]

1. 爆炸破坏作用的距离防护

(1) 距离防护的基本公式。

爆炸事故、爆炸案件处置以及涉爆安全检查中往往存在一定的爆炸危险性，防爆人员要确定合理、科学的最小安全距离、警戒距离以及疏散范围，只有通过控制距离才能保证自身以及周围群众的安全。

---

① 李国安.爆炸犯罪对策教程.北京：中国人民公安大学出版社，1997

② 王建新.警察人身爆炸防护术.北京：中国人民公安大学出版社，2009

在不考虑爆炸所形成的破片的情况下，可以推导出距离防护所依据的基本公式。如表 7-1 所示，其中，ω 是某种炸药换算成 TNT 的当量，单位 kg；R 是人员距爆炸物的直线距离，单位 m。

表 7-1 距离防护基本公式

爆炸条件	安全距离(m)	死亡距离(m)	受伤距离(m)
空中爆炸	$R=7\sqrt[3]{\omega}$	$R=2.8\sqrt[3]{\omega}$	$2.8\sqrt[3]{\omega}<R<7\sqrt[3]{\omega}$
坚硬地面爆炸	$R=8.9\sqrt[3]{\omega}$	$R=3.7\sqrt[3]{\omega}$	$3.7\sqrt[3]{\omega}<R<8.9\sqrt[3]{\omega}$
普通地面爆炸	$R=8.5\sqrt[3]{\omega}$	$R=3.5\sqrt[3]{\omega}$	$3.5\sqrt[3]{\omega}<R<8.5\sqrt[3]{\omega}$

(2) 冲击波破坏作用的量纲分析。

炸药在空气中爆炸时，是通过所产生的冲击波超压对目标实施破坏的。即便爆炸物品带有硬质包装物，且爆炸后产生大量破片，加大了破坏距离，但其动力仍来自于炸药爆炸所形成的爆轰波和冲击波。

假设 TNT 炸药[①]在空气中爆炸，那么影响空气冲击波超压 ΔP 的因素应当包括：炸药的能量 E_0，空气初始状态的压强 P_0 和密度 ρ_0，空气冲击波传播的距离 R 和时间 t。用数学公式可以表达为：

$$\Delta P=f(E_0,P_0,\rho_0,R,t) \tag{7-1}$$

如果选取彼此独立的三个物理量 E_0、P_0、ρ_0 的单位作为基本单位，可以将上述物理关系作为三个无量纲之间的函数关系。由于空气的初始状态是一定的，P_0 和 ρ_0 保持不变，考虑到 t 可以理解为冲击波正压作用的时间，对于冲击波而言，t 可以为零；再者，超压 ΔP 随着炸药能量 E_0 的增加而增加，随着距离 R 的增加而减少，因此由量纲分析可以得到：

$$\Delta P=f\left(\frac{\sqrt[3]{E_0}}{R}\right) \tag{7-2}$$

为便于使用，用炸药的质量 ω 乘以其爆热代替炸药的能量，并以 *TNT* 作为主要基准炸药，因而冲击波超压的表达式可以整理为：

$$\Delta P=f\left(\frac{\sqrt[3]{\omega}}{R}\right) \tag{7-3}$$

将上式展开为多项式，考虑到 $\omega=O$ 时，$p=O$，因而得到冲击波超压计算公式：

$$\Delta P=a_1\left(\frac{\sqrt[3]{\omega}}{R}\right)+a_2\left(\frac{\sqrt[3]{\omega}}{R}\right)^2+a_3\left(\frac{\sqrt[3]{\omega}}{R}\right)^3 \tag{7-4}$$

1) 根据试验数据的处理，空中爆炸冲击波波峰超压计算式可以表示为：

$$\Delta P=0.084\left(\frac{\sqrt[3]{\omega}}{R}\right)+0.27\left(\frac{\sqrt[3]{\omega}}{R}\right)^2+0.7\left(\frac{\sqrt[3]{\omega}}{R}\right)^3 \tag{7-5}$$

其使用范围：$1\leqslant\frac{R}{\sqrt[3]{\omega}}\leqslant 10\sim 15$

其中，ΔP—— 无限空中爆炸时冲击波峰值超压，单位 MPa；ω——TNT 炸药质量，单位

① 炸药没有硬质外包装或内部装填有硬质物品，也就是说爆炸后不会产生致人伤亡的破片。

kg，当使用其他非 TNT 炸药时，需要按照爆热将其换算成 TNT 当量；R—— 距离装药中心的直线距离，单位 m。事实上，无限空中爆炸时，当爆点距地面高度为 h(m) 时，使用上述公式还应当满足条件：

$$h/\sqrt[3]{\omega} \geqslant 0.35$$

2）当炸药在混凝土、岩石、金属等刚性地面发生爆炸时，可以将其视为两倍装药在无限空气中爆炸的情况，此时可将公式(7－5) 中的 ω 替换成 2ω，由此得到计算冲击波超压的公式：

$$\Delta P = 0.106\left(\frac{\sqrt[3]{\omega}}{R}\right) + 0.43\left(\frac{\sqrt[3]{\omega}}{R}\right)^2 + 1.4\left(\frac{\sqrt[3]{\omega}}{R}\right)^3 \quad (7-6)$$

其使用范围：$1 \leqslant \frac{R}{\sqrt[3]{\omega}} \leqslant 15$

3）当炸药在普通土壤地面爆炸时，考虑到地面的吸收和消耗，此时将公式(7－5) 中的 ω 替换为 1.8ω，可以得到计算冲击波超压的公式：

$$\Delta P = 0.102\left(\frac{\sqrt[3]{\omega}}{R}\right) + 0.399\left(\frac{\sqrt[3]{\omega}}{R}\right)^2 + 1.26\left(\frac{\sqrt[3]{\omega}}{R}\right)^3 \quad (7-7)$$

其使用范围：$1 \leqslant \frac{R}{\sqrt[3]{\omega}} \leqslant 10 \sim 15$

2. 与安全有关的距离防护

确定人员距爆炸物的最小安全距离以及环境距离，必须考虑人体在爆炸冲击波超压作用下的杀伤临界值，并以此作为计算安全距离的准则。表 7-2 所示为我国冲击波超压对有生力量的破坏作用标准表。①

表 7-2　冲击波超压对有生力量的破坏作用

Δp(MPa)	破坏作用
<0.2	没有杀伤作用
$0.2 \sim 0.3$	轻伤(轻微挫伤)
$0.3 \sim 0.5$	中等损伤(听觉器官损伤、中等挫伤、骨折等)
$0.5 \sim 1.0$	重伤、甚至死亡(内脏严重挫伤)
>1.0	大部分死亡

(1) 空中爆炸防护。

1) 安全距离防护。

根据表 7-2，当 $\Delta p < 0.2$ MPa 时，对于人体而言冲击波不会对人员造成损伤。将 $\Delta p = 0.2$ MPa 取作人体安全的最小冲击波超压临界值，作为研究爆炸作用下的最小安全距离。

令公式(7－5) 中的 Δp 等于 0.2 MPa，即：

$$0.084\left(\frac{\sqrt[3]{\omega}}{R}\right) + 0.27\left(\frac{\sqrt[3]{\omega}}{R}\right)^2 + 0.7\left(\frac{\sqrt[3]{\omega}}{R}\right)^3 = 0.2 \quad (7-8)$$

---

① 王新建，熊一新. 危险物品管理，北京：中国人民公安大学出版社，1997

解得：
$$R = 7\sqrt[3]{\omega} \tag{7-9}$$
其中，ω——TNT 炸药质量，单位 kg；

R—— 距离装药中心的直线距离，单位 m。如图 7-1 中的 Ⅲ 区所示。

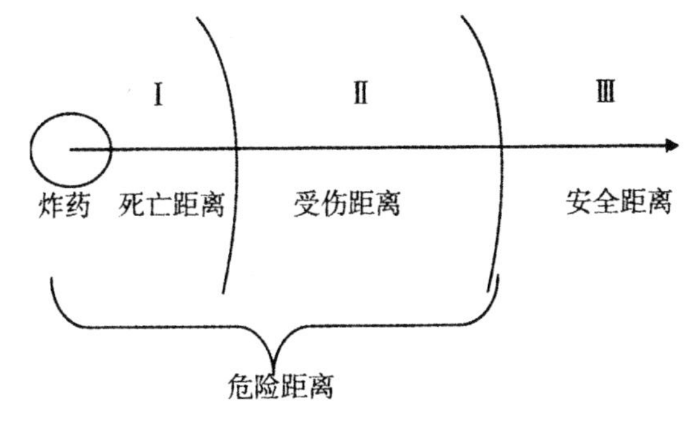

图 7-1　安全距离示意图

2）死亡距离防护。

根据表 7-2，当 $\Delta p > 1.0$MPa 时，对于人体而言，冲击波超压会造成人员死亡。考虑到人员的不同体质以及实践中估算药量存在的误差，因此我们将 $\Delta p = 0.8$MPa 取作人体死亡的最小冲击波超压临界值，并研究在此条件下人体死亡的最大距离。

令公式(7－5) 中的 Δp 等于 0.8MPa，即：
$$0.084\left(\frac{\sqrt[3]{\omega}}{R}\right)+0.27\left(\frac{\sqrt[3]{\omega}}{R}\right)^2+0.7\left(\frac{\sqrt[3]{\omega}}{R}\right)^3=0.8 \tag{7-10}$$
解得：
$$R = 3.2\sqrt[3]{\omega} \tag{7-11}$$
其中，ω——TNT 炸药质量，单位 kg；

R—— 距离装药中心的直线距离，单位 m。如图 7-1 中 Ⅰ 区所示。

3）受伤距离防护。

综上所述，图 7-1 中的 Ⅱ 区即为人体受伤的区域。在该区域，尽管人员一般不会死亡，但是往往会受到一定程度的伤害。特别要注意的是，人体受伤程度会随着距离装药中心的直线距离的减小而加大。如图 7-1 所示，这里的距离是人员距装药中心的直线距离。在死亡距离范围内，人体如果没有其他物体遮挡或防护，理论上，100% 会死亡；在受伤距离范围内，同样人体如果没有采取任何防护措施，理论上，100% 会受到伤害，而且距离装药中心越近，受伤的程度越严重。但处在死亡与受伤范围的交界处，也有可能造成人员死亡。对于一般人而言，任何情况下，原则上都应当处在安全距离以外。

(2) 坚硬地面爆炸防护。

当炸药在混凝土、岩石、金属等刚性地面发生爆炸时，可以将其视为炸药在坚硬地面爆炸的情况。在这种情况下，冲击波超压作用下的人体安全与杀伤临界值是不变的。

1）安全距离防护。

令公式(7－6) 中的 Δp 等于 0.2MPa，即：
$$\Delta P = 0.106\left(\frac{\sqrt[3]{\omega}}{R}\right)+0.43\left(\frac{\sqrt[3]{\omega}}{R}\right)^2+1.4\left(\frac{\sqrt[3]{\omega}}{R}\right)^3=0.2 \tag{7-12}$$
解得：
$$R = 8.9\sqrt[3]{\omega} \tag{7-13}$$

其中，ω——TNT 炸药质量，单位 kg；

R—— 距离装药中心的直线距离，单位 m。如图 7-1 中的 Ⅲ 区所示。

2) 死亡距离防护。

令公式(7－6) 中 Δp 的等于 0.8 MPa，即：

$$0.106\left(\frac{\sqrt[3]{\omega}}{R}\right)+0.43\left(\frac{\sqrt[3]{\omega}}{R}\right)^2+1.4\left(\frac{\sqrt[3]{\omega}}{R}\right)^3=0.8 \quad (7-14)$$

解得：
$$R=3.7\sqrt[3]{\omega}$$

其中，ω——TNT 炸药质量，单位 kg；

R—— 距离装药中心的直线距离，单位 m。如图 7-1 中的 Ⅰ 区所示。

3) 受伤距离分析防护。

图 7-1 中的 Ⅱ 区即为人体受伤的区域。在该区域，尽管人员一般不会死亡，但是往往会受到一定程度的伤害。值得注意的是，人体受伤程度会随着距离装药中心的直线距离的减小而加大。

(3) 普通土壤地面爆炸防护。

当炸药在一般普通土壤地面发生爆炸时，可以根据公式(7－7) 来计算冲击波超压作用下的人体安全距离与死亡距离。同样，此时的安全与死亡的冲击波超压临界值不变。

1) 安全距离防护。

令公式(7－7) 中的 ΔP 等于 0.2 MPa，即：

$$0.102\left(\frac{\sqrt[3]{\omega}}{R}\right)+0.399\left(\frac{\sqrt[3]{\omega}}{R}\right)^2+1.26\left(\frac{\sqrt[3]{\omega}}{R}\right)^3=0.2 \quad (7-15)$$

解得：
$$R=8.5\sqrt[3]{\omega}$$

其中，ω——TNT 炸药质量，单位 kg；

R—— 距离装药中心的直线距离，单位 m。如图 7-1 中的 Ⅲ 区所示。

2) 死亡距离防护。

令公式(7－7) 中的 ΔP 等于 0.8 MPa，即：

$$0.102\left(\frac{\sqrt[3]{\omega}}{R}\right)+0.399\left(\frac{\sqrt[3]{\omega}}{R}\right)^2+1.26\left(\frac{\sqrt[3]{\omega}}{R}\right)^3=0.8 \quad (7-16)$$

解得：
$$R=3.5\sqrt[3]{\omega} \quad (7-17)$$

其中，ω——TNT 炸药质量，单位 kg；

R—— 距离装药中心的直线距离，单位 m。如图 7-1 中的 Ⅰ 区所示。

3) 受伤距离防护。

同样，图 7-1 中的 Ⅱ 区即为人体受伤的区域。在该区域，尽管人员一般不会死亡，但是往往会受到一定程度的伤害。值得注意的是，人体受伤程度会随着距离装药中心的直线距离的减小而加大。

综上所述，根据炸药爆炸的不同条件，可以计算出与安全有关系的距离。由此，可以确定出最小安全距离以及最小警戒距离的理论依据，如表 7-2 所示。

另外，在实践中为了工作方便，考虑到所遇到的爆炸类型以地面接触爆炸为主，地面介质影响差别较小，并且考虑到最大安全的要求，可以以 TNT 在刚性地面爆炸作为距离防护的基准。如表 7-3、图 7-2 所示。但是，如果爆炸使地面破裂，并形成大量破片，则上述距离应适当予以放大，原则上可以增加 50%。

表 7-3　不同装药条件下地面爆炸的安全距离参数

装药量(g)	最小安全距离(m)	死亡距离(m)
100	4.2	1.6
200	5.3	2.1
300	6.0	2.3
400	6.6	2.6
500	6.1	2.8
600	6.6	3.0
700	8.0	3.1
800	8.4	3.2
900	8.7	3.4
1000	9.0	3.5
1500	10.3	4.0
2000	11.3	4.4

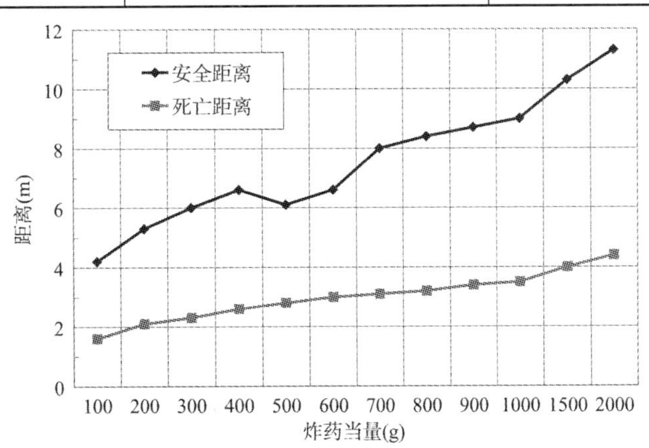

图 7-2　不同装药条件下地面爆炸的距离参数曲线

3. 水中爆炸的距离防护

当遇到炸药在水中爆炸时，需要了解水中爆炸的特殊性，以便紧急情况下进行自我保护。

由于水的不可压缩性，导致水中爆炸的破坏作用比较大。经验表明，水中爆炸时，冲击波杀伤的极限距离要比空气中大 4 倍左右。如果在人体表面有空气层或保护物(如潜水服)，可以减少伤害。各种装药量对人体的伤害作用如表 7-4 所示。

表 7-4　水中爆炸对人体的伤害

装药量(kg)	1	3	5	250	500
使人致死的极限距离(m)	8	10	25	100	250
轻度脑震荡,使胃、肠壁受伤的距离(m)	8 ~ 20	10 ~ 50	25 ~ 100	100 ~ 200	250 ~ 300
微弱脑震荡,而脑、腹腔不受伤的距离(m)	20 ~ 100	50 ~ 300	100 ~ 350	—	—

7.1.3　躲藏防护

1.躲藏防护材料

通常情况下,发生爆炸时,那些相对比较结实,能够吸收爆炸冲击波能量,可以衰减破片飞行速度的材料;或本身发生破坏时不会产生使人伤亡的大量碎片的物体,原则上可以成为人们防护爆炸破坏的屏障。

在所有的材料中,存在一条规律,那就是材料在一定厚度的情况下,往往密度相对较小的要比密度较大的抗爆能力强。如表 7-5 所示,为许多防爆器材和防爆墙体使用土石沙的原因以及冲击波超压对目标的破坏作用。而在实践中,选择防、排爆人员时,应当尽量选择身体肌肉相对比较发达的人员。

表 7-5　冲击波超压对目标的破坏作用

Δp	破坏作用	
<0.2	对有生力量的杀伤	没有杀伤作用
0.2 ~ 0.3		轻伤(轻微的挫伤)
0.3 ~ 0.5		中等损伤(听觉器官损伤、中等挫伤、骨折等)
0.5 ~ 1.0		重伤、甚至死亡(内脏严重挫伤)
>1.0		大部分死亡
0.05	对建筑物的破坏	门窗玻璃破坏
0.1 ~ 0.2		建筑物局部破坏
0.2 ~ 0.3		建筑物中等破坏(墙面出现大裂缝)
0.6 ~ 0.7		建筑物严重破坏(部分倒塌)
1.0		除了防震的钢筋混凝土建筑物外,一切建筑物均被破坏
1.5 ~ 2.0		防震的钢筋混凝土建筑物被破坏

从上表可以看出,在爆炸环境下,可以选择躲藏的材料有:土墙、土堆;砖墙、水泥墙、水泥墩等;木质物品,如木质桌子、门板、大树背后等;汽车;其他棉被、毛织物等物体的背后。但需要注意的是,只要条件允许,应尽可能地躲在土质物体的背后,任何情况下都应尽量压低自己的身体,使身体暴露在爆炸作用下的部位越少越好。

根据物体在爆炸作用下的破坏机理,那些在爆炸作用下容易破裂形成尖锐碎片的物体背后,是应该避免躲藏的。这些物体有:玻璃制品、铸铁、带有瓷砖贴面的墙体、装有易燃易爆腐蚀物品的容器以及管道等。

另外，虽然有的墙体较厚，但在墙体一侧贴有瓷砖等易碎物品，因此，在靠近贴有瓷砖的一侧同样避免躲藏。这是因为建筑材料一般抗压的能力要远远大于抗拉伸的能力，当1处发生爆炸(图7-3)，冲击波开始冲击墙体时，包括贴面在内的整个墙体承受的是压力。但是，当冲击波越过界面3时(即带有瓷砖贴面的一侧时)，压力突然改变为拉力，就会使得瓷砖贴面在拉力作用下大量剥离出墙体，造成躲在背离炸药爆炸墙体一面的人员伤亡。

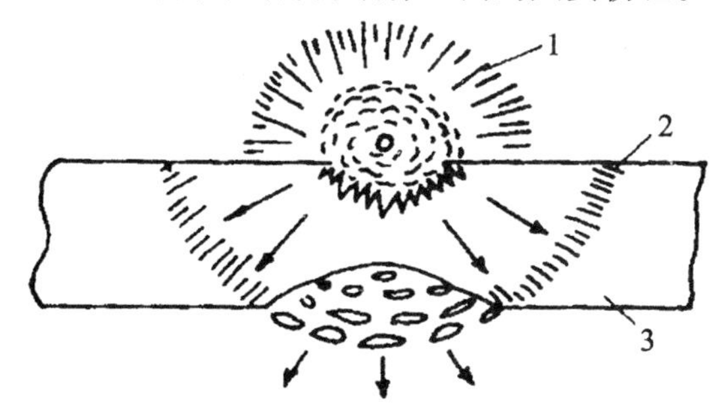

图7-3　带有瓷砖贴面的墙体

2.躲藏防护技巧

(1) 选择物体的背后。

原则上只要物体在爆炸作用下，能够衰减、抵挡冲击波的强度和破片飞行的速度，自身不会轻易产生尖锐的破片，就可以成为爆炸环境下人们躲藏的材料选择。躲藏的最佳方法是，人们应当与爆炸物处在物体的不同两侧，即物体的背后。

(2) 地下掩体。

如果发生爆炸的环境中存在有地下掩体，只要爆炸物没有放置在掩体的上方，那么该掩体就可以成为躲藏爆炸破坏的一个有效部位。根据爆炸作用原理，当人体躲藏在掩体中时，安全距离可以在同等条件下减少到原来的三分之一至三分之二左右。当然，有的时候地下并没有现成的掩体，在具体工作中，可以根据需要挖掘掩体。

(3) 躲藏位置的高低。

当爆炸物接触其他物体的时候，由于接触面的阻挡，爆炸所形成的破坏区域往往呈扇形结构，即爆炸破坏作用区域与地面成一定的夹角。因此，发生爆炸时，应尽可能卧倒在地或者逃至比装药位置更低的位置，从而形成爆炸防护中所的“躲低不躲高”的防护原则。

(4) 角落躲藏。

爆炸发生的时候，原则上尽量不要选择面对爆炸破坏作用的角落进行躲藏。这是因为它充分利用了建筑物和墙体的三角稳定性和牢固性，能有效地阻挡冲击波和破片的飞行。但是，当该角落面对爆炸物时，人员躲藏在该角落就未必是一个正确的选择了，因为冲击波将在角落来回反射，有可能由于冲击及反射的叠加而对人体造成更大的杀伤作用。

7.1.4　疏散防护[①]

当发生爆炸时，具体疏散除了一些共有的特点外，一定要牢记爆炸中人员疏散与一般消防

① 杨泗霖.防火与防爆.北京：首都经贸大学出版社，2000

人员疏散有所不同。一是爆炸发生时，冲击波作用远比火灾时产生的冲击波作用大得多，一般不在一个数量级，因而疏散距离要远比火灾时的大；二是爆炸发生时，爆炸产生的破片数量要远比火灾时多得多，飞行的距离也要远得多；三是爆炸疏散时可做的事情要较发生火灾时可做的事情少得多。一般而言，一旦发生爆炸，除了疏散人员，人们可做的扑救工作非常有限。因此，在疏散时就人员的安全而言，应当注意以下几点：第一，切断一切电源、气源；第二，尽可能打开所有门窗；第三，原则上不要触动爆炸物；第四，选择门窗少的疏散通道。

疏散时另一个重要的问题就是疏散线路问题。不同的建筑物放置爆炸装置的位置不同，人员疏散的方式和线路也是截然不同的。总体上选择疏散方式和线路的原则就是在人员疏散的过程中，尽量最大限度地远离爆炸装置，争取在最短的时间内撤离危险地带。如果在疏散过程中发现有可疑爆炸物，一定不能触摸或移动它。

7.1.5 缺口防护

1.缺口概述

缺口是指在建筑防爆当中，一般将建筑物结构强度相对于其他单元较弱的建筑单元。当建筑物内部发生爆炸时，如果人体或重要仪器设备处在缺口部位，就会受到严重伤害与损坏。这是因为，爆炸所产生的大量气体具备一般气体流动的基本特性，即遇到的障碍越小，就会率先破裂，气体就会朝该方向快速流动。因此，建筑结构强度最为薄弱的地方，即缺口部位，爆炸发生时的冲击波压力要远远大于周围其他地方。

2.缺口防护实施方法

(1) 尽量不要靠近门窗。

尽量不要靠近门窗。这是因为：① 当建筑物的结构呈条形状或建筑物的面积比较小时，如果站在门窗前后或附近，就有可能被爆炸气浪抛至门窗外部，造成严重的抛坠伤；② 门窗往往都安装有玻璃，根据空气冲击波对建筑物的破坏准则，当冲击波超压处在 0.02 ~ 0.12 MPa 时，就会造成门窗玻璃的部分或全部破坏。

此外，我们在爆炸防护及其处置过程当中也可以反向利用建筑物的爆炸缺口效应，最大限度地将爆炸危害降低到最小。例如，当建筑物中可能会出现爆炸物品或爆炸装置时，可以根据建筑物门窗前后的具体情况，将门窗有选择地打开，以降低爆炸对室内人员、物品以及建筑主体结构的破坏程度范围，因而也就减小了人员以及其他物体遭受破片打击的范围。实践当中，在打开门窗的同时，还可以适当有选择地将窗帘拉下，这对阻挡破片的侵入，衰减破片的飞行速度可以起到一定的作用。

(2) 尽量不要靠近管道。

爆炸现场如果存在管道，原则上尽量不要躲在管道的周围，尤其是当管道一端距离爆炸物比较近时，更不能躲在其后面或周围，以防管道破裂后，里面的危险物对人体造成伤害。这是因为：① 当管道附近可能存在爆炸物品时，一端的爆炸会沿着管道内部集中传递至另一端，造成另一端的炸药爆炸；即使管子其中一端没有炸药，但是另一端的爆炸也有可能因管道效应沿管道传播，造成没有炸药一端的人员伤亡；② 当管道中有易燃易爆化学品、高温高压气体、流体时，爆炸时管道可能会产生爆裂现象，造成管道内部物体的飞溅，也会对人员造成伤害。

此外，当管道距炸药距离较远、管道比较结实时，原则上可以躲藏在管道的后方。这是因为距离爆炸源一段距离，只要管壁较厚，可以根据距离防护原理进行判断，只要管子距离爆炸源的距离处在人员死亡距离以外，原则上就可以躲藏在其后方。

(3) 尽量不要靠近沟渠。

如果爆炸源处在沟渠的一端，其爆炸作用传播方向将与沟渠中心线一致，这种情况下是绝对不允许躲藏在沟渠之中的。当然，如果沟渠的方向与爆炸作用的传播方向垂直，原则上，躲进沟渠是会大大增强人体抗爆能力的。一般情况下，之所以不能躲在沟渠附近，其主要原因是由于缺口效应的存在，传播方向上截面积的减少，会使得沟渠中的动压大大增加，进而造成人员伤亡。

7.1.6　扑救防护[①]

当防爆人员在具体防爆工作中出现意外情况时，如爆炸物品燃烧、局部发生爆炸等，如果处置方法得当，就有可能抑制危险的进一步扩大，最大限度地减小爆炸所带来的危害，同时也对从事爆炸执法人员的身体形成一种防护。

1. 燃烧扑救防护

一般情况下，防爆人员在燃烧扑救时应当注意以下两个方面：一是炸药燃烧并不需要从周围空气中吸取氧气；二是环境压力增加，燃烧容易转变为爆炸。这两个方面也是扑救方法的选择与实施。

(1) 炸药物质防护。

通常情况下，如果炸药只发生燃烧现象，并且其堆积厚度不高，炸药量不大，周围也没有其他易燃易爆物品，其危险就小。而问题的关键在于燃烧现象是否稳定，燃烧是否会转变成为爆炸。如果答案是否定的，那么扑救的方法可以为：

1) 任其燃烧；

2) 如有可能，可将还没有燃烧的炸药分离开来，以减少燃烧量；

3) 可以在燃烧炸药的四周打出隔离带来，防止燃烧向四周蔓延；

4) 围三放一，如图7-4所示，在燃烧的炸药三面放置隔离墙体，而上方和第四面放开，使爆炸冲击波定向泄压。

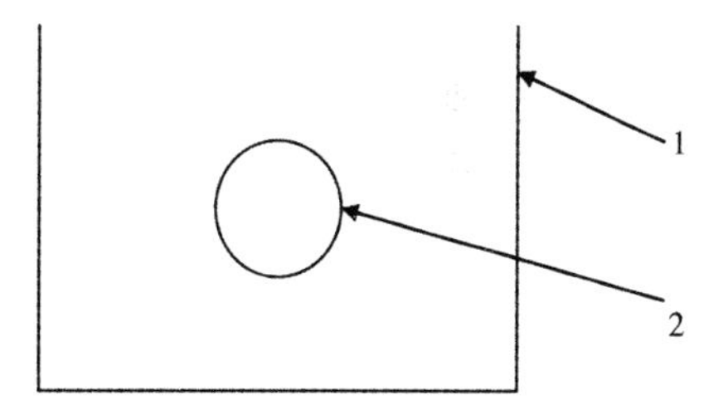

图7-4　烧防护中的围三放一

1. 隔离墙体；2. 正在燃烧的炸药物质

特别要注意的是：勿用土石沙或其他重物覆盖正在燃烧的炸药物质；勿使用其他空气隔绝方法试图扑灭正在燃烧的炸药物质；勿用脚或其他类似的方法踩灭或蹍灭正在燃烧的炸药物质。

对于现场人员而言，在整个扑救过程中，应当站在安全距离以内，并且借助其他物品的防护，采取低位姿态，保护自身安全。

(2) 导火索防护。

对于正在燃烧的导火索引燃的爆炸装置而言，正确的灭火方法是：

首先，用力看看能否将导火索拽下，使得导火索与其他相联结的物体脱离开来。通常情况下，单独燃烧的导火索只要不爆炸，并没有什么破坏作用；

---

① 王海福，冯顺山. 防爆学原理. 北京：北京理工大学出版社，2004

其次，可以用剪刀迅速剪断导火索，使导火索正在燃烧的部位与未燃烧部位分开；

最后，当上述方法失效后，紧急安全撤离现场。

另外，实际防爆工作中，有些防爆人员会试图采用脚踩或浇水的方法去扑灭正在燃烧的导火索，这都是不正确的做法。脚踩正在燃烧的导火索，会使导火索的泄气口出气不畅，从而提高管内气压，最终将可能导致爆炸；而用浇水的方法试图扑灭正在燃烧的导火索也是错误的，这是因为导火索均有较好的防水效果，且正在燃烧的导火索燃烧气流速度以及压力很大，外界水流难以进入。

(3) 烟花爆竹燃烧处置。

通常情况下，烟花爆竹一旦发生了燃烧事故，根据现场具体情况，可以采取以下措施进行扑救：① 打开烟花爆竹存放环境中的门窗，使得万一发生爆炸时不至于产生大量玻璃碎片，同时实现泄压的作用，保护建筑主体结构；② 切断周围水电气源；③ 向烟花爆竹洒水；④ 转移周围其他易燃易爆物品。

另外，对于现场防爆人员而言，应当了解正在燃烧的烟花爆竹的种类，选择站位时应当避开烟花爆竹爆炸时所产生的冲击波的泄压方向和通道，避开飞行类爆竹的飞行方向。同时，在可能的泄压和飞行方向上，应事先及时清理或转移其他易燃易爆物品，严防殉爆现象发生。

2. 爆炸扑救防护

在发生爆炸时，直接对发生爆炸的物质本身可以采取的措施并不是很多。通常情况下，现场人员可以采取如下措施。

第一，疏散人群，使附近人员撤离至安全距离；

第二，抢救伤者。爆炸往往会造成人员的伤亡，如何安全救助受伤人员，最大限度地减少伤亡，是发生爆炸后的另一件艰巨的工作；

第三，安全撤离周围其他易燃易爆危险物品，降低发生次生燃烧爆炸事故的可能性；

第四，现场控制，不要让无关人员出入现场，最大限度地减少人员伤亡。

7.2 排爆防护装备与评价现状

7.2.1 排爆装备现状

1. 排爆装备概述

排爆装备是一种多功能的人体爆炸防护装具，它能最大限度地抵抗爆炸所产生的高温、高压冲击波和高速碎片的冲击，为排爆人员提供除手以外的全身防护，并且具有高度的穿着舒适性和方便灵活的特点，是排爆专业人员必备的防护装具。全套服装一般包括多功能头盔（含面罩、麦克、耳机、风机及照明灯等）、防护套装（分体服装、加强插板、脊椎护板）等。

2. 排爆装备现状

表 7-6 及表 7-7 是 2005 年 8 月美军纳蒂克研究中心（U. S. Army Natick Soldier Center）发布的爆炸物处置个体防护装备国际市场调查报告，报告阐述了世界主要搜爆服、排爆服生产厂商（代理商）和产品。目前国际上应用最为广泛的是加拿大 Med－Eng Systems Inc.（Allen Vanguard Technologies Inc. 的子公司）生产的 EOD 系列及英国 SDMS Security Products UK

Ltd 生产的 MK 系列排爆服。其中加拿大的 MED－ENG 公司是世界最大的排爆服制造商，约 120 多个国家装备了其产品。该公司研制的排爆服以设计先进、防护能力强、穿着舒适灵活著称；可对爆炸后产生的超压、碎片、冲击波提供防护。配备万用连接线缆的夹克，胸部至腹股沟保护板和腹股沟加强保护板，裤子带内置仿生学脊椎防护器，脚部保护板，接地线（静电消除装置）。头盔为可对爆炸后产生的超压、碎片和冲击波提供防护。另外，还配有智能型电池驱动电源系统、排风系统、活性炭过滤系统、智能式声音放大器及巨响防护装置、可掀起的面罩、防雾贴膜、头部照明顶灯。

表 7-6 世界主要排爆装备供应商简况

EOD PPE Providers	Location	Status
Med-Eng Systems Inc.	Ottawa，Ontario，CANADA	Manufacturer
Protective Materials Group(purchased Safeco)	Miami Lakes，Florida，USA	Manufacturer
NP Aerospace Ltd.	West Midlands，ENGLAND	Manufacturer
ADMS	London，ENGLAND	Manufacturer
LBA International(purchased RBR)	Fife，SCOTLAND	Manufacturer
Rabintex Industries Ltd	Bnei Brak，ISRAEL	Manufacturer
Ballistic Body Armour	Germiston，SOUTH AFRICA	Manufacturer
T. G. Faust Inc.	Reading，Pennsylvania，USA	Manufacturer
Force Ware GmbH	Eningen，GERMANY	Unknown
M Kumar Udyog	Kanpur，INDIA	Unknown
Codetel	Velloron，FRANCE	Unknown
First Defense International	California，USA	Unknown
PW Allen[1] (distributes Safeco)	Tewkesbury，UK	Unknown

1 P. W. Allen is in the process of cbanging their offered bomb suit and did not elaborate if they would become a “true” manufachirer or were changing supplier.

表 7-7 世界主要排爆装备产品简况

Suit Name	Provider	Stated Suit Type
EOD-8 Bomb Suit	Med-Eng	Bomb Suit
EOD-7B Bomb Suit		Bomb Suit
SRS-5		—
Safeco EOD 2000 Bomb Suit	Protective Materials Group	Bomb Suit
PS-820 EOD Bomb Suit		Bomb Suit

续表

Suit Name	Provider	Stated Suit Type
Combat EOD Suit	NP Aerospace Ltd.	—
EOD MKV Bomb Disposal Suit		Bomb Suit
MK5 EOD Bomb Disposal Suit	SDMS	Bomb Suit
801 IED Search Suit	LBA International	De-mining/Search
802 IED Search Suit		De-mining/Search
802-10 Advanced Mine Clearance Suit & 801-11 Mine Clearance Trousers		De-mining/Search
RBR 805 Bomb Suit		Bomb Suit
RAV 95105 EOD SUit	Rabintex Industried Ltd.	—
—	Ballistic Body Armour	—
EOD Suit	T. G. Faust Inc.	—
EOD Squad Suit "M-98"	Force Ware GmbH	—
Modular De-Mining Suit	M Kumar Udyog	De-mining/Search
De-Mining Suit	Codetel	De-mining/Search
EOD Bomb Disposal Suit	First Defense	Bomb Suit
600－350 EOD Bomb Suit	P. W. Allen	Bomb Suit

7.2.2 典型排爆防护装备

1. EOD－9 排爆服

EOD－9是加拿大Allen－Vanguard Corporation公司生产的一款先进的排爆服(图7-5)，具备最新的模块化防护组合，可提供更高的防护能力。整套系统包括了夹克、内置护裆和裤子(包括靴套)。头盔配备高亮度LED照明灯，保证昏暗环境下视觉清晰；腕部配有头盔遥控器，调节和控制更加方便。系统中的生化保护内衣可以提供一定程度的生化防护。排爆服内置有BCS－4型身体冷却系统，可以使着装人员保持凉爽，减少因为过热而中暑的风险。

2. MK5 排爆服

MK5排爆服是英国SDMS Security Products UK Ltd.公司生产的一款性价比高兼具高防护性能的排爆服(图7-6)。该款排爆服和新式头盔都旨在为为排爆专家提供尽可能最好的全方位保护。它取代了在北约和其他国家一直在使用的MK4排爆服。MK5排爆服经过广泛的研究和发展，可提供最佳的保护，能防止碎片、超压、冲击或热量的同时保持高度的舒适性和灵活性。它的新的头盔不仅提供外部防护，还有内置风扇和VOX声控通信系统。

3. AC－BDS 排爆套装

AC－BDS排爆套装(图7-7)为以色列Achidatex Nazareth Elite Ltd.公司的产品。该排爆服分为上下两部分，上半部分可保护胸颈、下半部分保护生殖器和腿部。配有可调节的肩带，穿戴、脱卸无须他人协助，穿戴者可自由行走。该套装的防护材料为芳族聚酰胺纤维，是一种非常有效的防弹织物，可达到极佳的防护水平。该套装胸前配有口袋，可安装保护片来提升防护等级，最高可防 250g 炸药和钢壳体的冲击；下半身的保护裤穿脱迅速，为穿戴者提供最大灵活性和舒适性；防爆头盔的护目镜采用双层聚碳酸酯可提供双重防护，强度达 V50 — 600m/s。

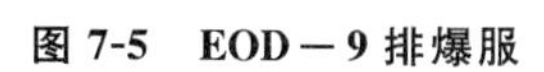
图7-5 EOD — 9 排爆服

图7-6 MK5 排爆服

图7-7 AC — BDS 排爆套装

7.2.3 防护与损伤研究现状

随着全球反恐形势的日益严峻，公安机关对防护装备的安全性与可靠性越来越重视。面对当前防护装备种类多、来源广、质量参差不齐的现状，对装备的有效性与差异性进行定量评价、对动能打击、爆炸冲击的致伤效应进行准确评估，变的越来越重要。在防护装备的评价方面，我国已颁布了多项国家标准、行业标准。现行标准对防护装备提出了一些强制性要求，这些要求对装备的功能评定和质量监督起到了重要作用。但现有标准又往往存在着一些不足，如定性评价多、定量评价少，重视贯穿性损伤、轻视非贯穿性损伤等。

1. 防护装备评价技术现状

关于防护装备的评价，常参照采用以下三个标准，即 GA141 — 2001《警用防弹衣通用技术条件》、GJB 4300 — 2002《军用防弹衣安全技术性能要求》和美国的 NIJ0101.04《BALLISTIC RESISTANCE OF PERSONAL BODY ARMOR》。根据这些标准及相关文献，在评估警用武器的致伤效应与防护装备的安全性时，通常采用胶泥法、头模法、高速摄影法和生物试验法。

胶泥法、头模法所表现的是射击或爆炸后防护受体的物理状况，这种方法可以通过凹坑的深浅来定性分析射击和爆炸的强度；但却无法对冲击力、冲击加速度等进行定量测定，不能重现冲击与防护的力学过程，难以评估冲击与伤害之间的关系。高速摄影法可以形象直观地表现冲击的运动轨迹、防护装备的作用过程，但也无法量化各运动学、生物动力学指标。

生物试验包括志愿者试验、尸体试验和动物试验。志愿者试验可以对小当量、低强度的冲击予以感知，但在个体差异与测试烈度方面具有明显的局限性。尸体试验虽可以获得极高的生物逼真度，但受制于相关法律法规，难以应用至警用装备研究领域。动物试验可操作性强，具有一定的比对作用，却又由于器官尺寸、解剖结构和组织材料特性的差异，不能将动物试验的结果直接应用到人体上。

2. 人体冲击伤害研究现状

目前，国内外临床创伤多是参照和采用美国简明创伤计分评价标准(AIS)。AIS 是 1969 年美国医学会和汽车医学会，通过自身经验和对比数千例不同类型的创伤资料，制定出的简明创伤定级标准。该标准经历了四次修订，1990 完成最终版 AIS90，并逐渐成为了现代医院创伤的评分基础。该标准最初只应用于机动车事故损伤评估，后来逐渐应用弹道冲击、爆炸冲击等领域。

对于冲击伤害，欧美工业发达国家多从生物动力学角度进行研究。这些研究基于大量的志愿者实验、尸体实验和动物实验，结合计算机仿真分析，探讨了人体遭受外部冲击过程中身体损伤机理，提出了人体的耐受限度指标，建立了符合欧美人体响应特性的力学和数学模型，并开发了用于模拟人体运动和指导工业产品设计的软件，研制出了符合真人生物力学特性的假人系列。

国内对于人体生物力学及冲击伤害的研究起步较晚，上世纪 90 年代航空航天领域率先开展人体的胸部、膝部、肘部的着陆冲击、碰撞生物力学性能实验研究。近年来，防护装备与冲击伤害等课题，吸引了多家高校及研究所的科研力量参与其中。

3. 防护装备与冲击伤害的关系

防护装备是指公安民警、武警在处理各种违法犯罪活动中，用于保护自身免受伤害、减少伤亡，由人体承载的具有特定防护功能的技术装备的总称。常见的防护装备有防弹衣、防弹头盔、搜爆服、防爆服、排爆服、防爆靴等。

对于防弹衣、防弹头盔，其作用在于依靠防护材料的变形、破碎等物理变化，来吸收、降低弹头的动能，相对延长弹头对人体的作用时间，使人体的躯干及头部免受伤害。根据能量守恒原理，防弹衣、防弹头盔无法的吸收能量，必将通过力及加速度的形式传递给人体。因而，在弹头动能已知的情况下，通过定量测定人体或人体模型相应部位的力学响应，就可以计算出防护装备吸收或转移能量的多少；同样，在测得弹头动能和防护装备防护能力的前提下，便可推定人体所受伤害的轻重度。对于搜爆服、防爆服、排爆服、防爆靴等个体防护装备，其作用在于降低或抵御爆炸所产生的冲击波及破片。其防护机理与防弹衣、防弹头盔的防护机理相类似。因此，研究人体或人体模型在经历动能打击或爆炸冲击后的力学响应，参照人体各主要部位的损伤阈值，便可建立防护装备的防护性能与人体损伤之间的量效关系。

冲击对人体的伤害主要以加速度或过载的形式出现，其致伤效应主要是引起疼痛，短暂意识丧失和各种机械性损伤，如组织器官变形、撕裂及破坏等。伤害程度除了与冲击过载峰值、作用时间、过载速率有关外，还与人体所着穿的防护装备、束缚状况、人的体位等因素有关。人体在冲击环境中常见的损伤有颅脑损伤、颈损伤、胸腹损伤和脊柱损伤。颅脑损伤包括颅骨骨折和脑震荡两种。颈损伤表现为头颈部惯性载荷引起的过度前屈和后仰。胸腹损伤主要是内脏器官的牵拉、位移，血管破裂等。脊柱损伤多为压缩性骨折。基于上述致伤分析，可以看出结构合理、重量适宜的防弹头盔、防爆头盔，可以对人体的头部、颈部予以有效防护，避免产生颅骨骨折、脑震荡、颈椎骨折等致命伤害。同样，防护全面的排爆服、防爆服、搜爆服、防弹衣也可通过自身的变形吸能，降低内脏器官的受伤风险，对胸部、腹部起到保护作用。

7.3　防护装备效能评价准则

7.3.1　爆炸冲击损伤评价准则

1. 自由场冲击

爆炸冲击波的评价指标有很多,影响人体冲击损伤的因素主要有冲击波压力的传播速率和压力大小、压力上升时间、持续时间等。压力峰值是指爆炸冲击波超压或者动压的最高值。在多数情况下,特别是处在暴露空间的人员,压力峰值常常是决定其伤情的主要因素。压力上升时间是指某作用点受冲击波作用后,到达压力峰值所经历的时间;通常而言,压力上升时间越短,伤情越重。压力持续时间是指冲击波压缩区作用于人的时间。对人而言,在其他条件相同的情况下,在一定时间内,正压作用时间越长,损伤就越重。

2. 耳部冲击

以往研究认为,鼓膜破裂主要取决于超压峰值压力,而不是超压持续时间。赫希积累的数据表明,当冲击波超压达到 34KPa 时,快速上升的冲击波对鼓膜损伤达 96%,而缓慢上升的冲击波达 65% 左右,说明鼓膜对快速上升的冲击波比对缓慢上升的冲击波更敏感。因此,鼓膜破裂不仅取决于超压峰值,与超压持续时间也有关系。一般情况下将鼓膜破裂的阈值设为 34KPa,50% 鼓膜破裂一般采用的值为 103KPa。

3. 胸部冲击

爆炸冲击波对人体胸部的影响主要体现在肺部损伤方面,根据文献,人体肺部损伤的阈值为 68.9 ~ 82.7kpa。综合以上论述,可得到冲击波压力峰值与成年人人体损伤之间的关系,如表 7-8 所示。

表 7-8　冲击波压力峰值与成年人体损伤之间的关系

伤情	鼓膜破裂		肺部损伤	致死		
	阈值	50% 破裂	阈值	阈值	50% 致死	100% 致死
压力峰值(Mpa)	0.0345	0.103 ~ 0.137	0.0689 ~ 0.0827	0.206 ~ 0.289	0.289 ~ 0.393	0.393 ~ 0.551

7.3.2　力学冲击损伤评价准则

1. 头部冲击评价准则

冲击对人体头部产生的损伤通常有两种:颅骨骨折和脑震荡。颅骨骨折往往 是由于头部与周围环境介质直接碰撞、撞击引起,严重时合并脑损伤。脑震荡一般是由于突然减或加速度作用引起,脑的滞后运动在其组 织中产生了剪应力及剪应变。根据这些损伤特点,可以给出三个评价参数,即 HIC、加速度峰值、3ms 加速度。

基于韦恩状态冲击忍受曲线。HIC 包括加速度时域记录的影响 $a(t)$ 和加速度的持续时间。HIC 被定义成:

$$HIC = \left\{ (t_2 - t_1) \left[\frac{1}{t_2 - t_1} \int_{t_1}^{t_2} a(t) dt \right]^{2.5} \right\}_{max}$$

$t1$ 和 $t2$ 是 HIC 达到峰值的一个初始时间和结束时间。所以 HIC 包括头的加速度和持续时间。当加速度以 g 来表达，一个头部伤害值 1000 被说明成头部严重伤害的级别。HIC 的最大持续时间被限制到了一个具体的值，通常是 15ms 准则和 36ms 准则。HIC 预计了大加速度可能被短时间忍受，通过在头部三维重心使用三维加速度计被评估。这个标准经常被用作评估使用混合 3 型假人的前端冲击的头部损伤。然而，HIC 是基于人类死尸和动物冲击实验的。其持续时间有 5ms 或者更多，以及极端的数据限制在持续时间上少于 1ms。近场冲击波的加速度影响经常少于 5ms，带来通常使用的伤害标准和爆炸头部钝伤的适用性的问题。

加速度峰值是人体头部加速度的合成值的最大值。假人头部在 3ms 时间内的加速度值的累积，表示发生碰撞时的峰值加速度，用重力加速度 g 表示。其高性能界限为 72g，低性能界限为 88g。

2. 颈部冲击评价准则

冲击波的颈部损伤有可能源于冲击波载荷的头部和胸部的不同加速度速率。颈部的物理损伤可以用颈部力传感器来估计。除了颈部的局部损伤，颈部的动力学冲击必须由胸部和头部的相对运动来传输。这个力的传输和爆炸冲击波相比相对缓慢。所以，爆炸中的颈部损伤和汽车被动安全研究领域的颈部冲击损伤在速率上相同，在评价颈部损伤时通常采用美国 Nij 准则。

Nij 标准是一个基于颈部活动和载荷线性组合的复合伤害指示。这些载荷包括颈部轴线拉伸和压缩，活动包括颈部弯曲和扩展。这些复合载荷的伤害水平基本原理用人类尸体、自愿者和动物证实验证。Nij 被定义成

$$N_{ij} = \frac{F_Z}{F_{INT}} + \frac{M_Z}{M_{INT}}$$

Fz 是拉伸力/压力而 Mz 是弯曲/扩展活动。FINT 和 MINT 值是轴线力或者弯曲的标准化模式值，如表 7-9 所示。图 7-8 的六边形周长代表了 Nij＝1.0 时相应于 30％ 的颈部严重伤害风险的伤害参考值(IRV)。阴影部分是被认为在这个标准下可以接受的颈部载荷。

表 7-9　标准化的力和运动的 Nij 标准

Intercept Value	Hybrid Ⅲ 50th % Male	Hybrid Ⅲ 5th % Female
F_{INT} − Tension(N)	4170	2620
F_{INT} − Compression(N)	4000	2520
M_{INT} − Flexion(N-m)	310	155
M_{INT} − Extension(N)	135	67
Peak Tension(N)	6806	4287
Peak Compression(N)	6160	3880

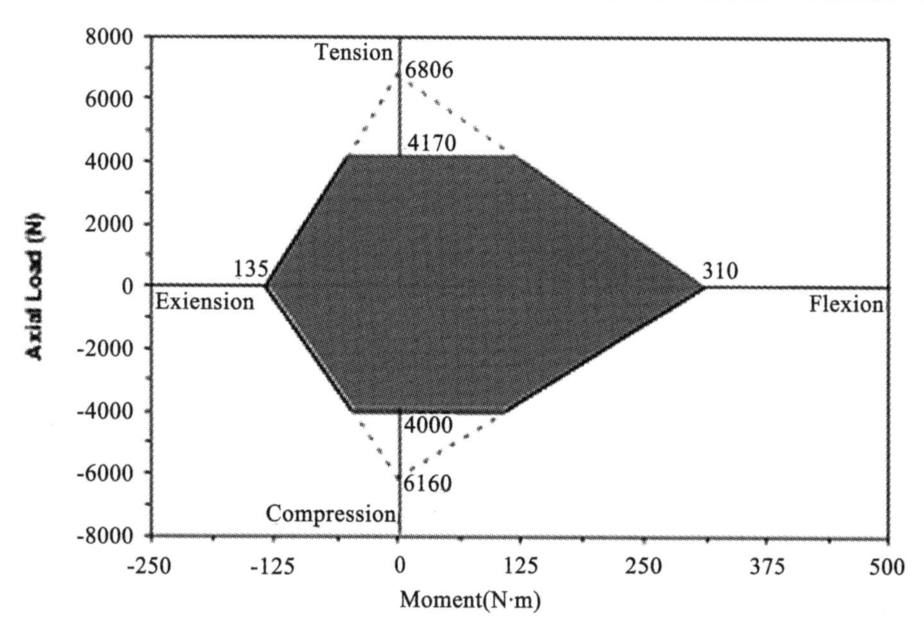

图 7-8 百分位男性假人的 Nij 标准

根据中国的 CNCAP 法规，颈部损伤评价可选用剪切力 Fx、张力 Fz 和伸张弯矩 My 等参数。这三个参数的阈值，如图 7-9 ～ 图 7-11 所示。图中，剪切力 Fx 的限值为(3.1kN@0 ms,1.5kN@5-35ms,1.1kN@45ms)，张力 Fz 的限值为(3.3kN@0ms，2.9kN@ 5ms,1.1kN@60ms)，伸张弯矩 My 的限值为 57Nm。

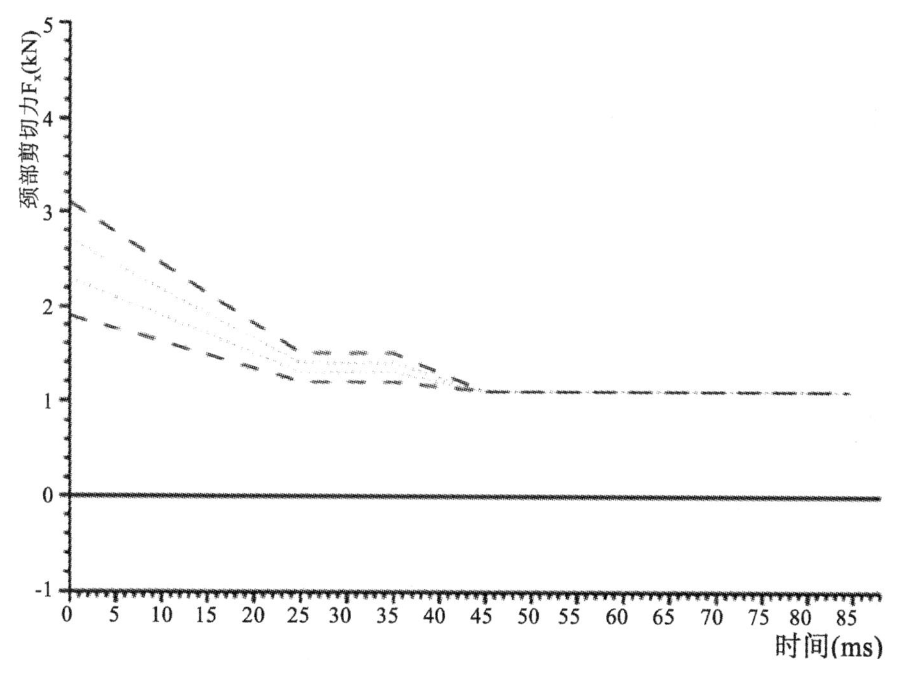

图 7-9 颈部剪切力 Fx(正向)

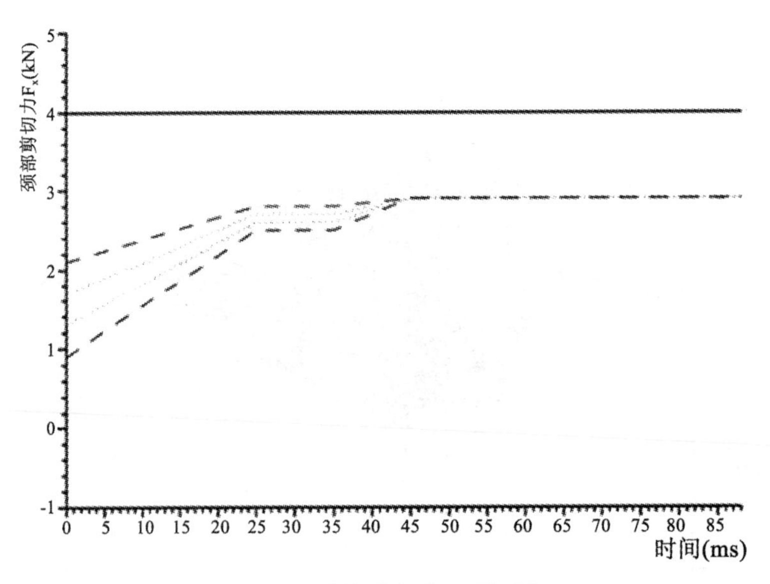

图 7-10 颈部剪切力 Fx(负向)

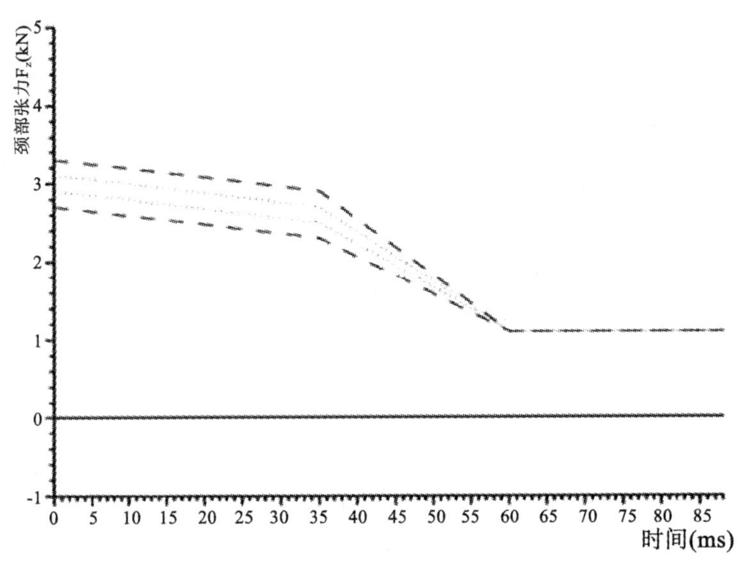

图 7-11 颈部张力 Fz(正向)

3.胸部冲击损伤评价准则

由炸药爆炸引起的冲击压力波和随后的压力波会对人的胸腔产生严重影响。目前,已经提出了一些损伤评价指标来表征胸部的受损程度。其中,一个广为应用的损伤评价指标是基于胸腔壁的最大位移量制定的,法规允许 50 百分位男性胸腔壁最大位移量从 50mm 到 76.2mm 不等,本研究选用 50mm。胸腔壁的位移量被当作替代胸腔内局部应力的指标,可能是因为胸腔内的局部应力越大,局部冲击造成的伤害越大。另一个常用的损伤评价指标为 3ms 合成加速度值。该指标表示假人胸部在 3ms 时间内的加速度值的累积,表征发生碰撞时的峰值加速度,用重力加速度 g 表示。其阈值选为 60g。

7.4 半身人体模型评价方法

7.4.1 评价方法技术方案

1.半身人体模型的设计

半身人体模型造价低廉、可有效模拟人体物理形态及骨骼分布，传感器安装方便。参照中国人体参数，设计了钢制半身人体模型如图7-12(a)所示。该模型前后对称、左右对等，重约40kg，等同于中国成年男性上半身重量。警员防护装备着穿于人体模型后，其效果如图7-12(b)所示。人体模型重心位置、胸部左右两侧分别预设计了传感器安装支座；所采用的传感器分别为力传感器、加速度传感器、壁面压力传感器。传感器与人体模型的安装关系如图7-12(c)所示。

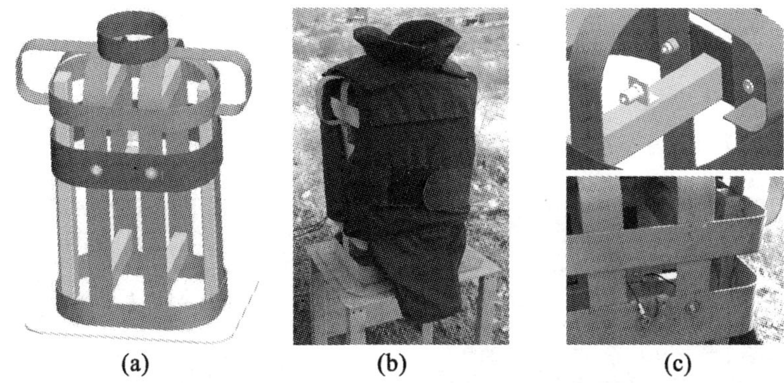

图7-12 半身人体模型及传感器安装示意图

2.半身人体模型爆炸试验方案

为对防护装备的防护能力进行探索性研究，应用半身人体模型进行了爆炸冲击测试。试验共分4组，试验方案如图7-13所示。图7-13(a)中，人体模型和自由场测试架均置于爆心3米远位置；图7-13(b)中，两者离爆心的距离分别为2米、1米。

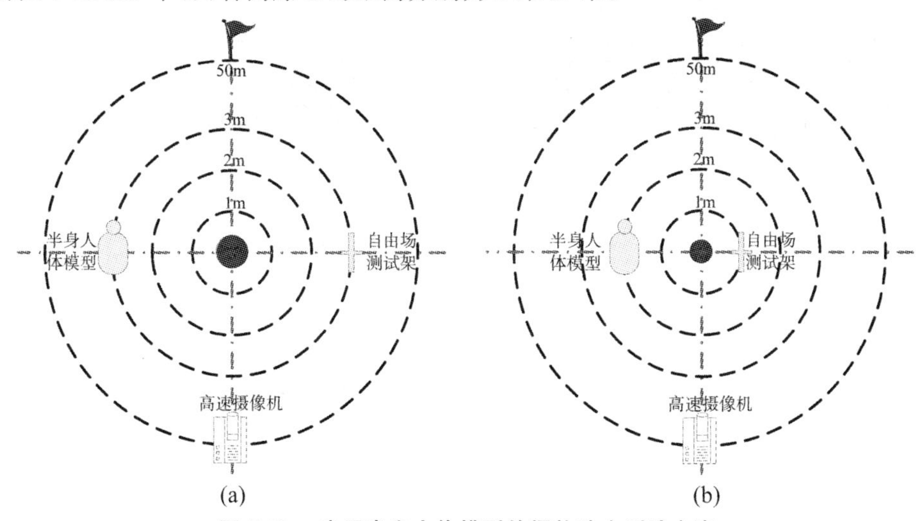

图7-13 应用半身人体模型的爆炸冲击测试方案

图 7-13 中，标准制式 TNT 炸药置于中央位置，着穿防护装备的半身人体模型与自由场测试设备分别置于炸药左右两侧，高速摄影设备与数据采集设备在爆炸域 50 米外相向设置。4 组试验的详细情况如表 7-10 所示。

表 7-10 试验组别情况表

试验序号	TNT 当量	人体模型位置	自由场测试位置
I	1000g	3m	3m
II	500g	3m	3m
III	200g	3m	3m
IV	200g	1m	2m

7.4.2 冲击曲线与试验结果

1. 爆炸冲击测试曲线

图 7-14 ～ 图 7-17 为 4 组试验所测得试验曲线。

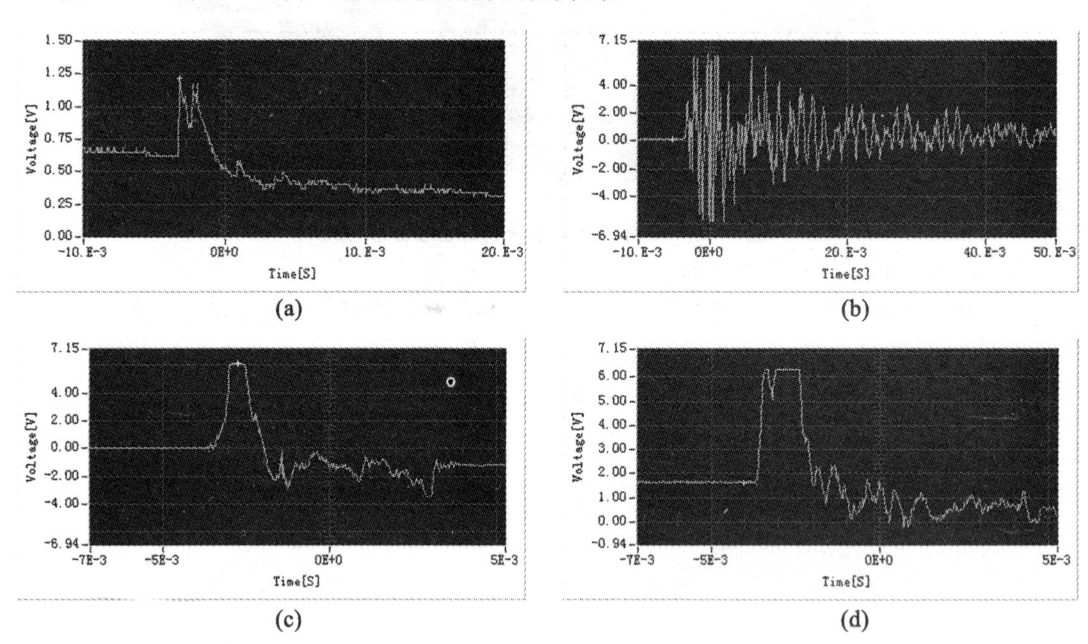

图 7-14 实验 I 测试曲线

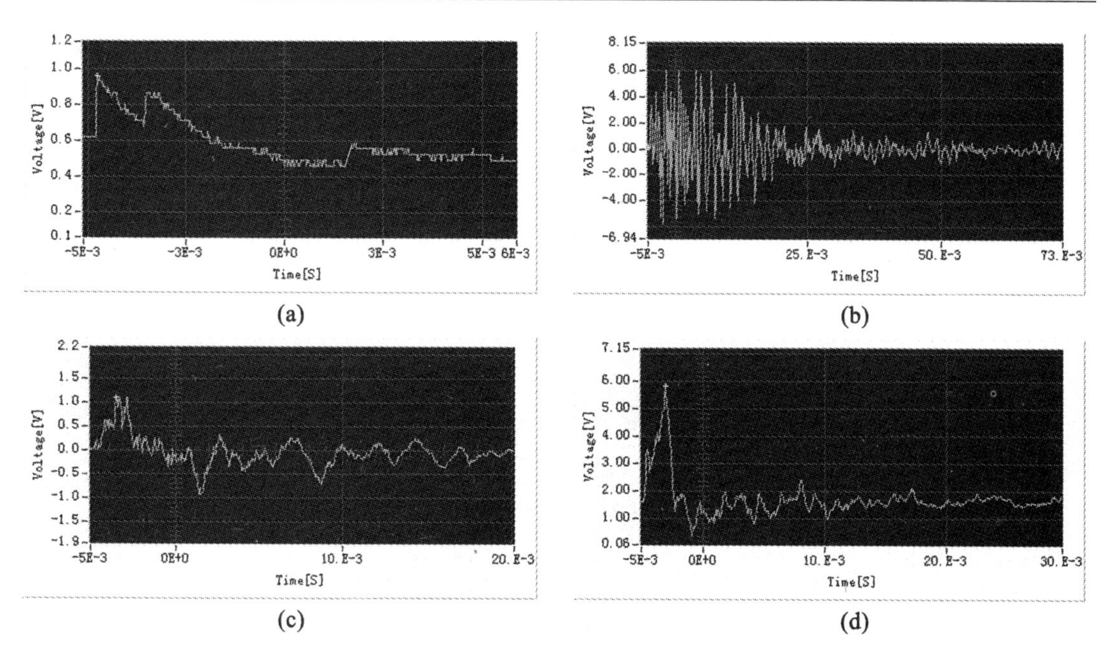

图 7-15 实验 Ⅱ 测试曲线

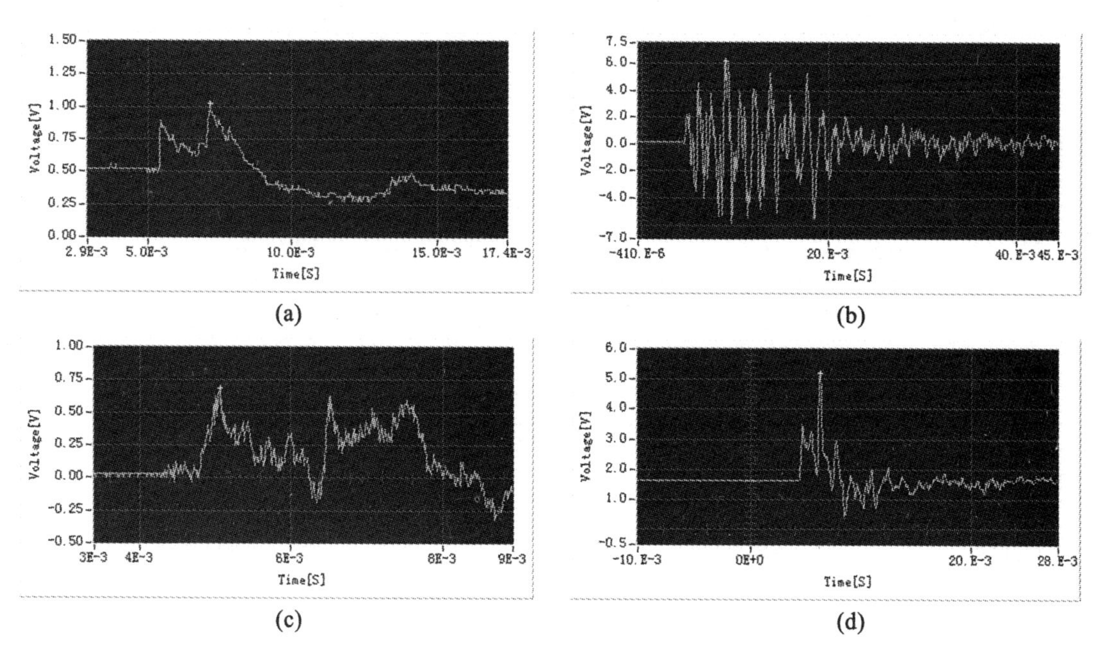

图 7-16 实验 Ⅲ 测试曲线

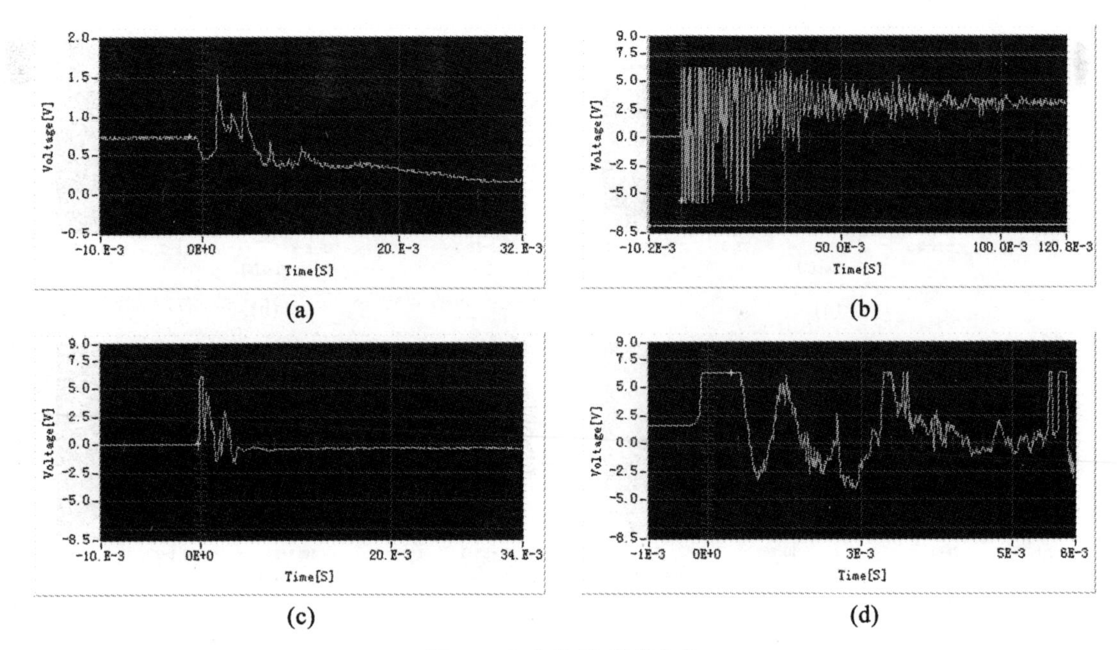

图 7-17　实验 Ⅳ 测试曲线

上述试验测试曲线中，图(a) 为自由场压力测试曲线，图(b) 为振动冲击测试曲线，图(c) 为力传感器测试曲线，图(d) 为壁面压力测试曲线。

2. 爆炸冲击测试结果

4 组试验的数据结果如表 7-11 所示。该表分别描述了 4 组试验中，冲击超压峰值、冲击持续时间和冲击上升时间。其中，实验 Ⅳ 因量程设置及设备故障，部分数据可能存在失真。

表 7-11　爆炸冲击试验结果

实验序号		I	II	III	IV
峰值	加速度(G)	118.12	60.03	59.69	—
	压力(Mpa)	0.0642	0.0578	0.0497	—
	力(N)	60.93	10.94	7.19	60.31
	自由场压力(Mpa)	0.0625	0.0344	0.025	0.0438
过程持续时间(ms)	加速度	42.07	61.15	19.06	—
	压力	1.25	2.64	1.64	—
	力	1.4	2.3	1.93	0.71
	自由场压力	0.95	1.24	1.64	1.5
上升时间(ms)	加速度	1.7	1.67	1.4	—
	压力	0.28	1.78	0.29	—
	力	0.38	1.29	0.74	0.3
	自由场压力	0.03	0.03	0.03	0.03

冲击超压峰值、冲击持续时间和冲击上升时间分别表征了最大冲击强度，冲击对人体作用时间的长短和冲击过载的速率。这些力学参数与人体的受伤害程度密切相关，这些值越大，人体受伤害程度越大；相反这些值较小，人体受到的伤害也较小。

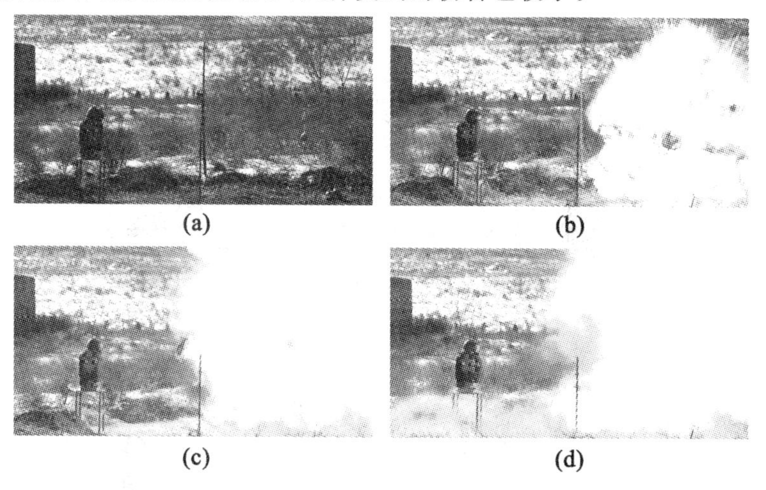

图 7-18　爆炸冲击测试图像

图 7-18 为爆炸冲击测试实验在不同时间段的高速摄影截图。由以上各图可以看出，在实验的不同时间段，着穿于半身人体模型上的警员防护装备前防护面先正面受力压缩、后背面受力鼓起，人体模型也相应经历了这一冲击变化过程。

7.4.3　爆炸试验结果分析

1. 距离、当量与冲击之间的关系

(1) 相同距离下，爆炸冲击峰值、冲击上升沿时间、冲击作用时间随当量的增加而增大。

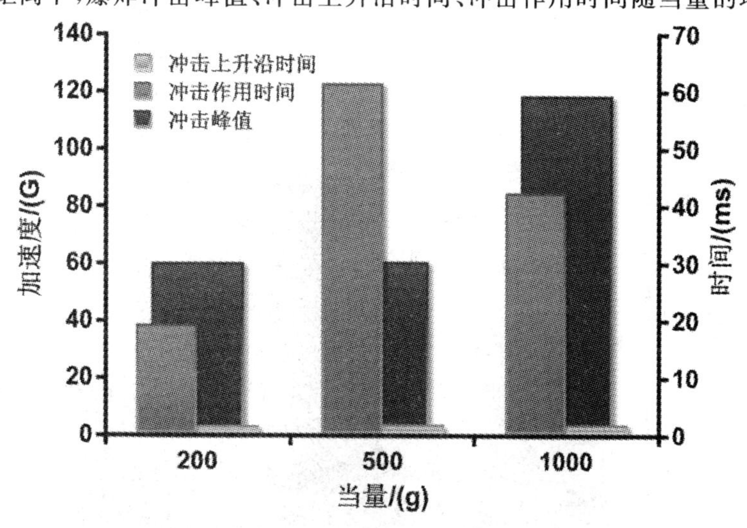

图 7-19　3 米距离处不同爆炸当量的冲击参数

如图 7-19 所示，离爆心 3 米远处，人体模型对不同当量的爆炸冲击响应呈现一定的规律性。以冲击加速度为参照，在 200g、500g、1000g 三种不同当量下，冲击峰值在 59.69G 到

118.12G 范围内非线性增大，冲击上升沿时间分别为从 1.4ms 逐渐延长至 1.7ms，冲击作用时间也对应的波动性增大。这也证明，冲击峰值越大、上升沿时间越短、作用时间越长，对应的炸药当量越大，对人体的伤害越严重；同样，炸药当量越小，冲击峰值便越小、作用时间便越短，人的安全性便相应提高。

(2) 相同当量下，爆炸冲击峰值随距离的减小而增大，冲击上升沿时间、冲击作用时间随距离的减小而减小。

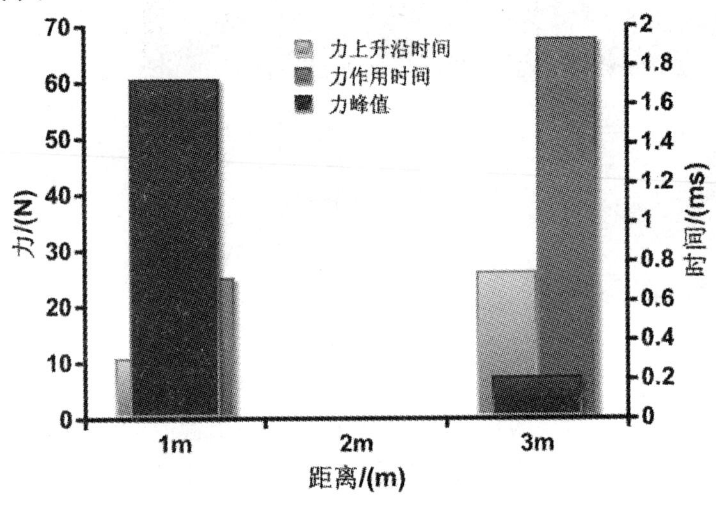

图 7-20　200 克当量下不同距离处冲击参数

如图 7-20 所示，在 200g 标准 TNT 炸药当量下，人体模型对爆炸冲击的响应因距离的不同而表现出较大的差异性。以冲击力为参照，在 3m、1m 两个距离处，力峰值由 7.19N 增大为 60.31N，力上升沿时间由 0.74ms 降为 0.3ms，冲击作用时间从 1.93ms 缩短为 0.71ms。由此说明：离爆心越近，爆炸冲击力越大，爆炸冲击波的传播速度越快，所产生的破坏性越强，危害性越大。

2. 防护装备对冲击的衰减作用

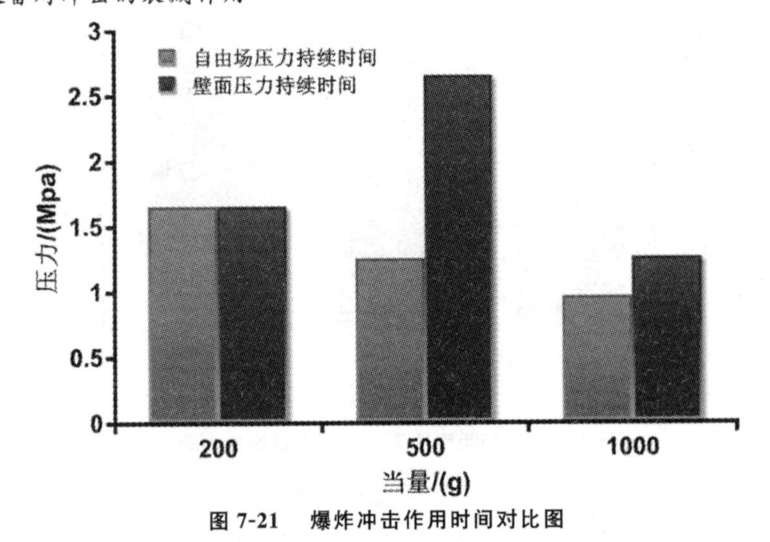

图 7-21　爆炸冲击作用时间对比图

图7-21所示为有无防护装备两种情况下，爆炸冲击作用时间长短的对比。从图中可以看出，两种情况下压力作用时间因炸药当量的不同而体现出一定的差异性；但壁面压力作用时间始终大于自由场压力作用时间。依据动量原理及能量守恒理论，在动量一定的情况下，作用时间越长，作用力必然越小。因此，防护装备对冲击力的冲击持续时间的延长，必然相应减弱了冲击力，降低了冲击强度。这说明防护装备对爆炸冲击起到了一定的衰减作用，对人体予以了有效防护。

3. 小结

由半身人体模型的方案和应用该模型进行的爆炸冲击测试可以看出，与传统的胶泥模评价方法相比，基于半身人体模型的警员防护装备评价方法具有一定的优势。安装有传感器的人体模型可以准确测定弹道冲击、爆炸冲击的作用时间、作用力大小及作用速率，能够对警员防护装备的防护能力进行定量化评价、能够对防护受体的伤害程度进行评估。

但是半身人体模型由钢板焊接而成，没有柔性缺乏弹性，应用钢制半身人体模型虽然可以验证当量、距离与爆炸冲击之间的关系，体现防护装备对冲击的衰减作用；但却不能如实模拟真人着穿防护装备后对爆炸冲击的响应特性。

在经受冲击时，人体胸腹部因肌肉组织、内脏器官的存在而具有粘弹特性，半身人体模型则不具备这种特性；人体颈部会出现拉伸、压缩、或“挥鞭效应”，半身人体模型则因颈椎的设计困难，无法实现对颈部冲击与损伤进行测定评价。

7.5　基于假人的评价方法

7.5.1　假人评价测试平台

1. Hybrid III 假人

Hybrid III 型假人是一种能较为忠实模拟真人身体的设备。Hybrid III 型假人与真人相比，具有“外部形态相似性、材料组织等效性、内部结构仿真性、力学指标可测性”等特性；能够真实的进行身体姿势定位以代表排爆姿态，能保持数据处理过程中的响应一致性，可保证与爆炸物距离的可度量性、能够实现爆炸的可重复性。从而有效进行数据采集、精确分析排爆服损伤、逼真模拟真人特性，准确、稳定、可重复性地对排爆服的防爆能力进行评价。

Hybrid III 型假人广泛应用于汽车碰撞、航空试验等领域中，近年来被逐渐应用于防护装备评价领域。在假人的身体上，遍布着大约数十个传感器，最多可以为180多个信道提供数据，并以每秒2000次的速度刷新数据。本试验主要测试假人头部、颈部、胸部的力学响应，选取了其中的13个传感器，以测定这些部位的冲击力学响应，如图7-22所示。所采用的传感器简况表7-12所示。

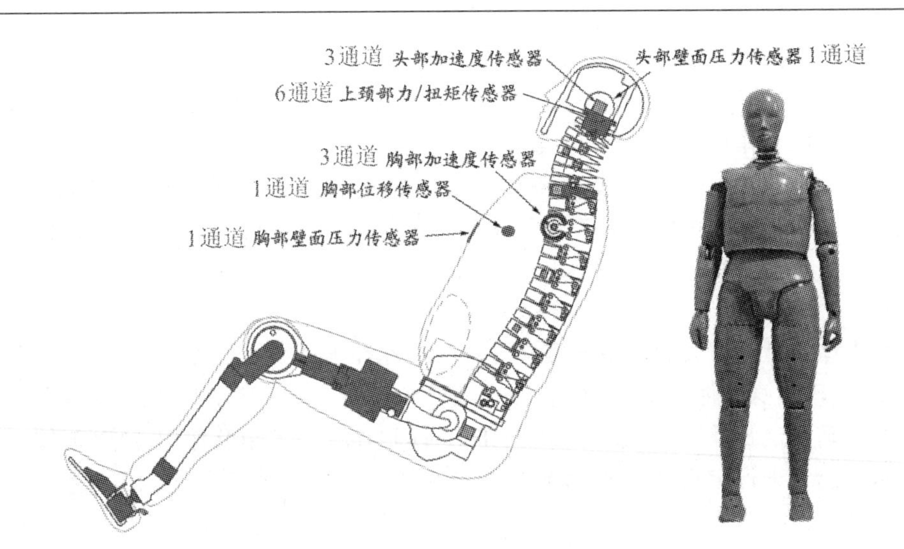

图 7-22 Hybrid III 型假人及其传感器

表 7-12 Hybrid III 型假人传感器简况

<table>
<tr><th>通道序号</th><th>传感器名称</th><th>安装位置</th><th>数量</th><th>测试的物理量</th></tr>
<tr><td>1</td><td rowspan="3">头部加速度传感器</td><td rowspan="3">头颅内部</td><td rowspan="3">3</td><td rowspan="3">加速度 Ax、Ay、Az</td></tr>
<tr><td>2</td></tr>
<tr><td>3</td></tr>
<tr><td>4</td><td rowspan="3">颈部力传感器</td><td rowspan="6">上颈部</td><td rowspan="6">6</td><td rowspan="3">力 Fx、Fy、Fz</td></tr>
<tr><td>5</td></tr>
<tr><td>6</td></tr>
<tr><td>7</td><td rowspan="3">颈部力矩传感器</td><td rowspan="3">力矩 Mx、My、Mz</td></tr>
<tr><td>8</td></tr>
<tr><td>9</td></tr>
<tr><td>10</td><td rowspan="3">胸部位移传感器</td><td rowspan="3">胸腔内</td><td rowspan="3">3</td><td rowspan="3">加速度
Atx、Aty、Atz</td></tr>
<tr><td>11</td></tr>
<tr><td>12</td></tr>
<tr><td>13</td><td>胸部位置传感器</td><td>胸骨处</td><td>1</td><td>胸部位移</td></tr>
</table>

假人作为冲击力学响应测试装备的同时，也是安装爆炸冲击传感器的工具。本实验中，在假人的耳部与胸部又安装了两个外置传感器，以测定这两个部位的冲击超压。另外，为验证试验的有效性与可重复性，在排爆服之外，离爆心距离等同于排爆服离爆心距离处，安装了一个自由场传感器。这三个传感器简况如表 7-13 所示。

表 7-13 爆炸冲击波测试传感器

通道序号	传感器名称	安装位置	数量	测试的物理量
14	自由场超压传感器	排爆服之外，离爆心距离等同于排爆服离爆心距离处	1	自由场超压
15	耳部爆炸冲击测试传感器	耳部	1	耳部爆炸冲击
16	胸部爆炸冲击测试传感器	胸部	1	胸部爆炸冲击

2.数据采集设备

数据采集设备有16个通道，包括13个低速通道、3个高速通道。低速通道用于采集假人数据，高速通道用于测试爆炸冲击。该数采的软硬件如图7-23、图7-24所示。

图 7-23 数据采集设备

在试验过程中，将低速通道的采样频率设置为100k，低通滤波设置为2000hz，将高速通道的采样频率设置为2M，低通滤波设置为10000hz。如图7-25所示。数据采集完成后，采用数据处理软件进行信号后处理，如图7-26所示。

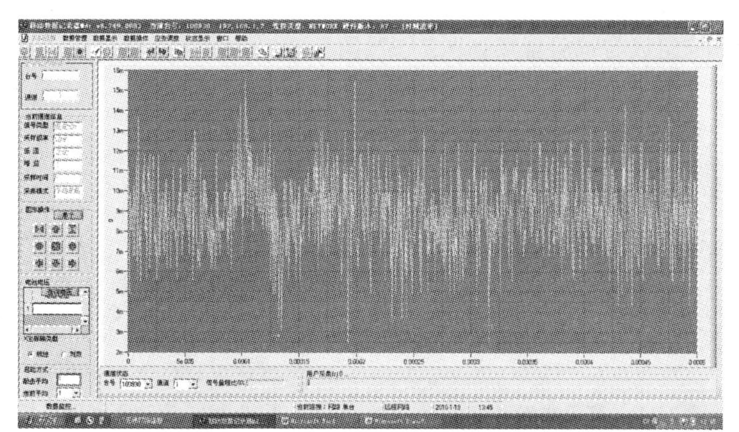

图 7-24 数采上位机操作界面

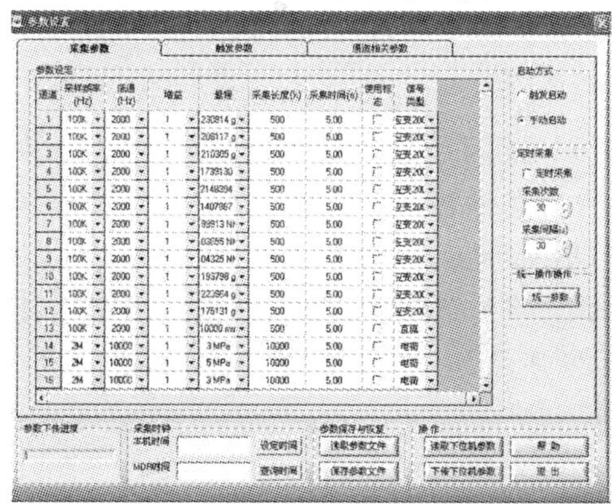

图 7-25 通道采样频率与低通滤波设定

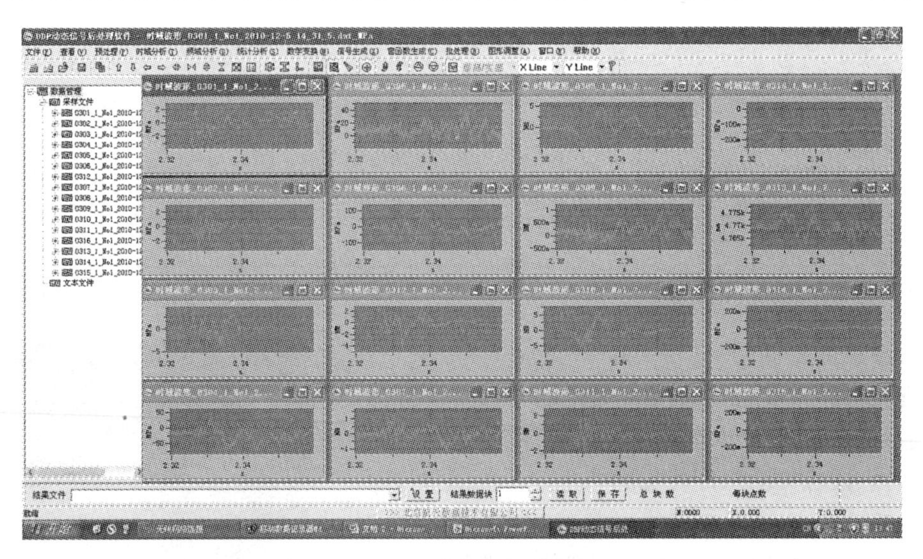

图 7-26　动态信号后处理

3. 高速摄影设备

高速摄像系统由 Phantom v310 型数字式高速彩色摄像机、Phantom Camera Control 软件、笔记本电脑等组成，配有 AF24－85mm、AF80－200mm 两个镜头和摄像光源等多套辅助设备。高速摄影系统组成与试验现场如图 7-27、图 7-28 所示。

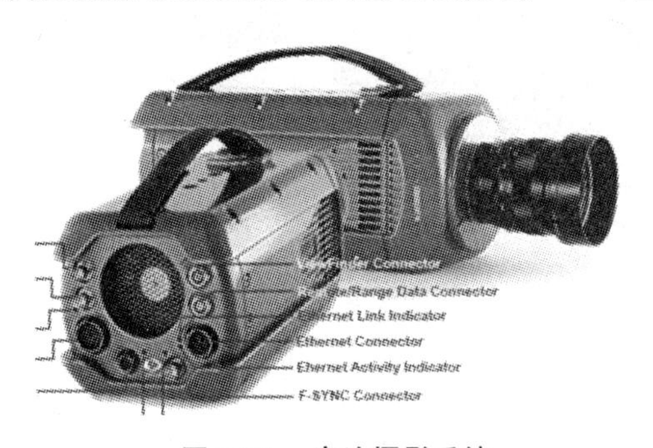

图 7-27　高速摄影系统

图 7-28　高速摄影现场视频采集

7.5.2　假人评价测试方案

1. 传感器安装方式

如图 7-29 所示，试验分别采用了多种传感器及安装方式；分别将壁面压力传感器安装于人体头部、上胸部、腰部，将自由场传感器安装于耳部、胸部、排爆服外侧、支架等位置，制定了 3 套传感器选取方案如表 7-14 所示。

在多次试验分析的基础上，将传感器安装方式选定为方案三，即将自由场传感器分别安装于耳部、胸部、支架，如图 7-29 所示。

表 7-14　传感器选用与安装方案

	自由场压力传感器		耳部压力传感器		胸部压力传感器	
	传感器类型	安装方式	传感器类型	安装方式	传感器类型	安装方式
方案一	自由场压力传感器	粘于服装外侧，敏感面平行于冲击波传播方向	自由场压力传感器	粘于头盔内侧，敏感面平行于冲击波传播方向	自由场压力传感器	粘于胸部，敏感面垂直于胸部皮肤
方案二	自由场压力传感器	固定于钢制支架上，敏感面平行于冲击波传播方向	壁面压力传感器	粘于耳部，敏感面垂直于耳部皮肤	自由场压力传感器	粘于胸部，敏感面垂直于胸部皮肤
方案三	自由场压力传感器	置于牢固支架上，敏感面平行于冲击波传播方向	自由场压力传感器	粘于耳部，敏感面垂直于耳部皮肤	自由场压力传感器	粘于胸部，敏感面垂直于胸部皮肤

图 7-29　传感器安装方式

2. 现场布设与实爆方案

爆炸试验所用炸药为标准制式TNT炸药，每块200克，采用8号雷管引爆。试验过程中，采用软绳将炸药悬空于离地1米的高度，如图7-30、图7-31所示。

图 7-30　炸药粘困装载图

图 7-31　炸药离地距离设定

根据试验的方便性与试验的连续性，将着穿衣服的假人置于场地中心，根据试验要求，调整传感器的位置及爆心的位置。实验设备架设示意图及现场实验位置图，如图7-32、图7-33所示。

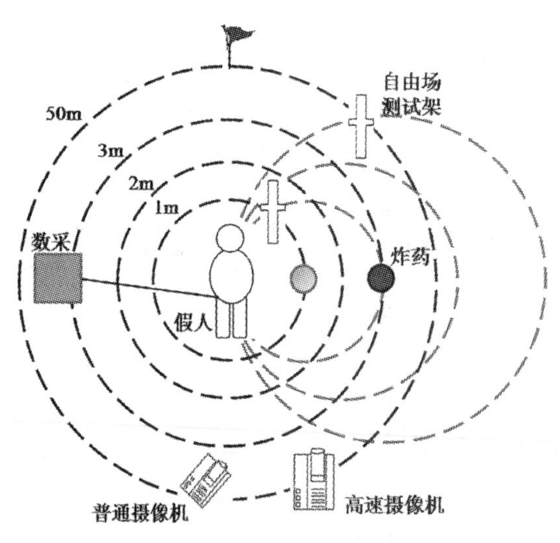

图 7-32 实验设备架设示意图

图 7-33 现场实验位置图

3. 试验矩阵

本次试验选用了两套排爆服，代号分别为 Fri、EOD；不使用排爆服的爆炸工况代号为 WFH。试验设计爆炸次数为 30 次，采集有效数据 28 组，试验矩阵如表 7-15 所示。

表 7-15 排爆服测试试验矩阵

服装	距离	试验次数		
		200g 当量	500g 当量	1000g 当量
Fri	3m	3	3	3
	1m	3	0	0
EOD	3m	3	3	3
	1m	3	0	0
WFH	3m	3	3	0

7.5.3 假人评价测试结果

1. 测试结果

(1) 头盔对冲击波的衰减。

在 3 米距离，200g 和 500g 当量下，耳部压力传感器所测得的压力峰值及头盔对冲击波的衰减率如表 7-16 所示。

表 7-16 头盔对爆炸冲击波的衰减作用

服装	WFH		Fri		EOD	
当量	200g	500g	200g	500g	200g	500g
压力峰值	0.03465	0.05894	0.00900	0.01084	0.01111	0.01464
衰减率	—	—	74.0%	81.6%	67.9%	75.2%

由表7-16和图7-34可以看出，排爆服头盔对爆炸冲击波的衰减率在67.9%～81.6%之间，排爆服头盔可以对冲击波予以较大衰减。在两种当量下，冲击波产生的超压均超过了人体耳部鼓膜的损伤阈值，如若不戴防爆头盔，则人的耳膜有受损的可能；佩戴头盔则有效保护了涉爆人员的耳部安全。

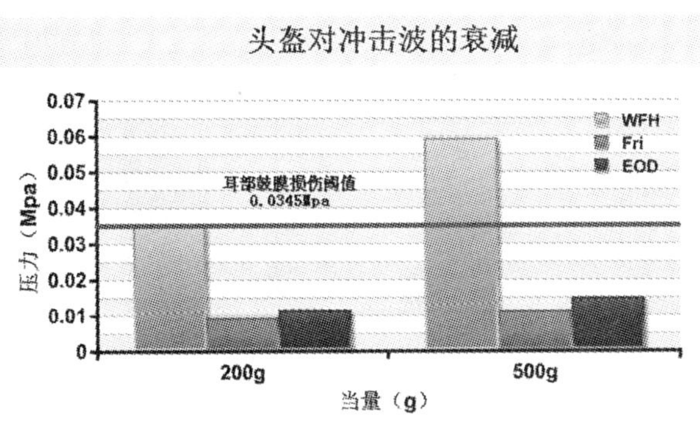

图7-34 头盔对冲击波的衰减

(2) 排爆服对冲击波的衰减。

在3米距离，200g和500g当量下，胸部压力传感器所测得的压力峰值及排爆服对冲击波的衰减率如表7-17所示。

表7-17 排爆服对爆炸冲击波的衰减作用

服装	WFH		Fri		EOD	
当量	200g	500g	200g	500g	200g	500g
压力峰值	0.06394	0.12310	0.07100	0.02426	0.05209	0.05993
衰减率	—	—	－11.0%	80.3%	18.5%	51.3%

Fri排爆服、EOD排爆服对爆炸冲击波的衰减作用如图7-35所示。由表7-17和图7-35可以看出，排爆服对爆炸冲击波的衰减率在18.5%～80.3%之间，排爆服对爆炸冲击波具有较大的衰减作用。但在200g当量下，Fri排爆服对爆炸冲击波有一定的增强作用，这可能是由排爆服结构设计引起的，有待于进一步分析原因。在两种当量下，冲击波产生的超压已接近或超过人体的肺部损伤阈值，排爆服的使用较大程度的衰减了冲击波，爆炸了人员的安全。

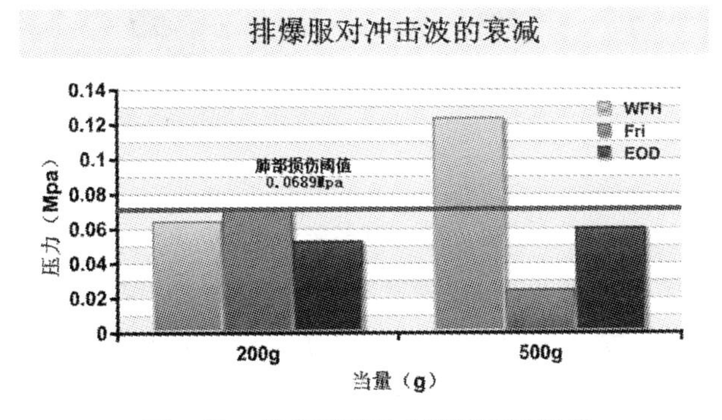

图7-35 排爆服对冲击波的衰减作用

(3) 头部损伤评价。

图 7-36 为假人在 3 米距离、1 米距离处经历爆炸冲击后，所计算得到的 HIC 值。由图中可以看出，在 3 米距离下，HIC 值均小于 4，而 1 米距离下的 HIC 也不超过 20；这均远小于损伤阈值 1000。因此，由爆炸冲击引起的振动不足以对人体头部产生损害。

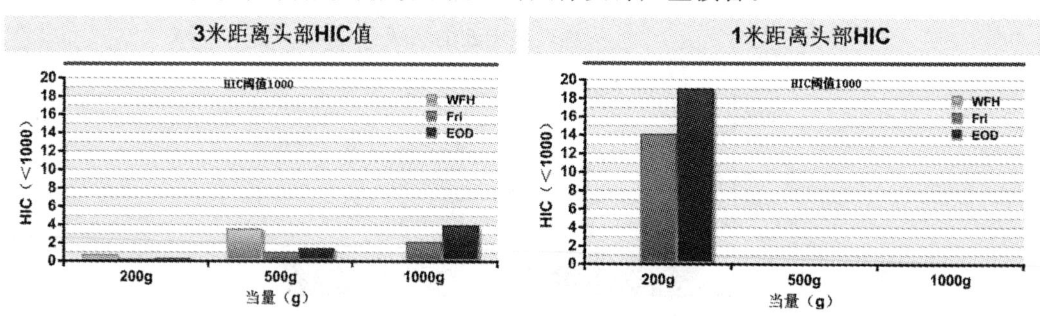

图 7-36　1 米和 3 米距离 HIC 值

(4) 颈部损伤评价。

颈部剪力。由图 7-37 可以看出，在各种试验情况下，防爆头盔与排爆服的使用，有效降低了颈部剪力的大小，且假人颈部所受剪力均不超过 300N，远远低于(3.1kN@0 ms，1.5kN@5－35ms，1.1kN@45ms) 的限值；也就是说颈部不会受到剪切损伤。

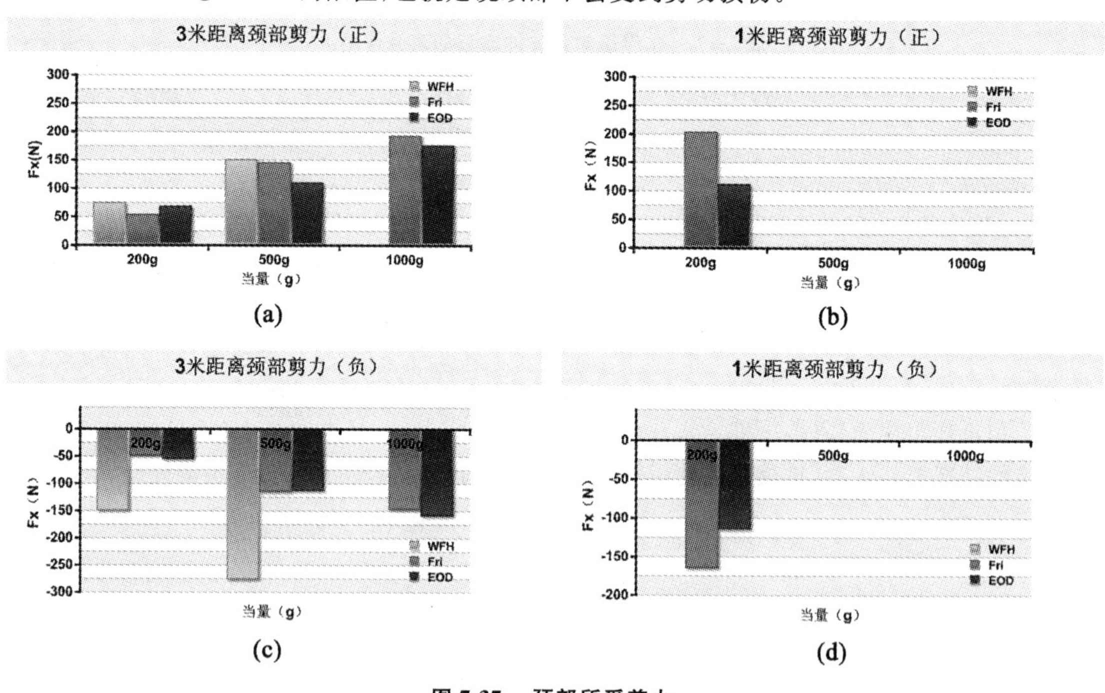

图 7-37　颈部所受剪力

颈部张力。由图 7-38 可以看出，在各种试验情况下，防爆头盔与排爆服的使用，有效降低了颈部张力的大小，且假人颈部所受剪力均不超过 500N，远远低于(3.3kN@0ms，2.9kN@5ms，1.1kN@60ms) 的限值；也就是说颈部不会受到拉伸损伤。

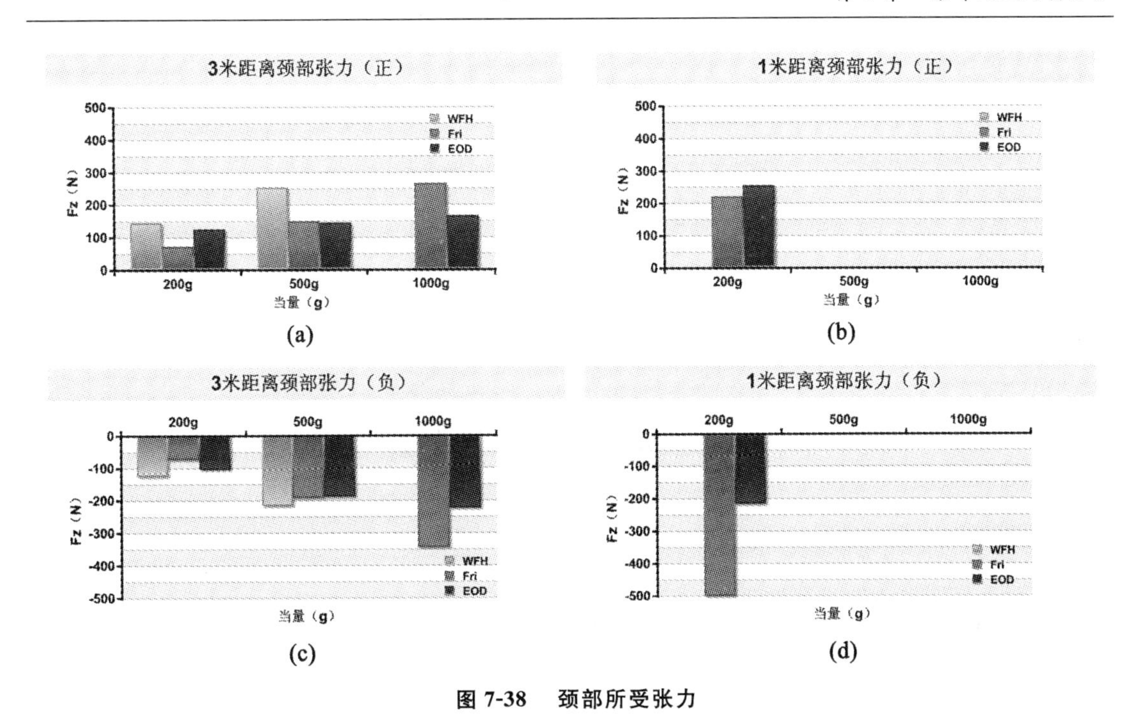

图 7-38　颈部所受张力

(5) 胸部损伤评价。

由图 7-39 可以看出，在各种试验情况下，排爆服的使用，有效减小了胸部压缩量，且胸部压缩量的值均未超过 10mm，低于 50mm 的限值；因此，胸部不会因爆炸冲击波的作用而产生较大压缩，人体胸部是安全的。

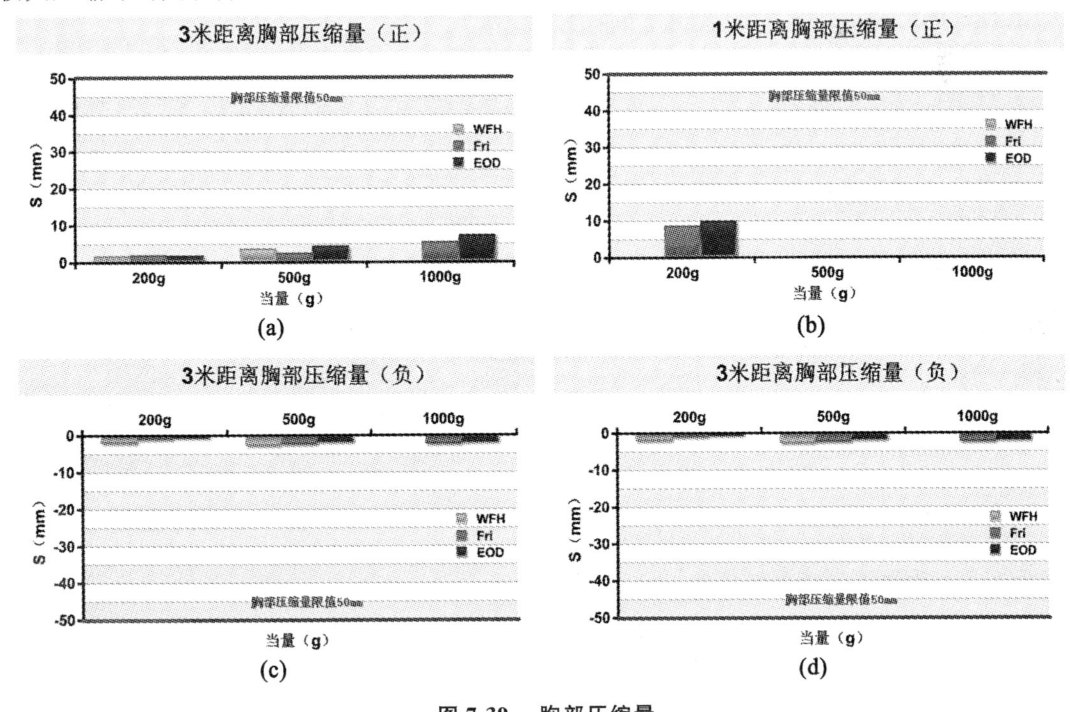

图 7-39　胸部压缩量

2. 评价结论

经过一系列的现场试验并对所得数据进行分析，关于排爆服的性能评价有以下结论：

(1) 两种型号的排爆服均能有效降低爆炸冲击，排爆头盔对冲击波可衰减 60% ～ 80%，排爆服对冲击波可衰减 50% ～ 80%；

(2) 在较小炸药当量下，Fri 排爆服性能略差于 EOD 排爆服；在较大炸药当量时，Fri 排爆服性能优于 EOD 排爆服，其性能提高约 20% ～ 70%；

(3) 排爆头盔、排爆服的使用可较大提高涉爆人员的人身安全，免受头部、颈部、胸部等重要部位免受损伤。

7.6 近距离爆炸与防护评估

7.6.1 近距离爆炸测试方案

为考核近距离情况下的爆炸损伤与装备的防护效能，制定了如图 7-40 所示的五种测试工况。工况一：0.8 米距离，200gTNT 炸药上悬，假人卧姿，防护 I。工况二：0.8 米距离，200gTNT 炸药下埋，假人卧姿，防护 I。工况三：1 米距离，200gTNT 炸药悬空，假人站姿，防护 I。工况四：1 米距离，200gTNT 炸药悬空，假人站姿，防护 II。工况五：3 米距离，1000gTNT 炸药悬空，假人站姿，无防护。

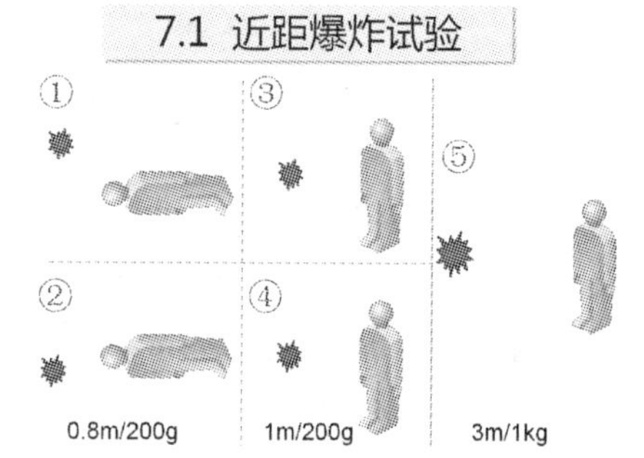

图 7-40 近距离爆炸测试方案

五种工况的设定以最少的试验次数，有效考核了炸药放置方式、排爆姿态、有无防护、防护差异性、操作距离等因素对爆炸损伤的影响。工况一二对比了不同炸药放置方式的区别。工况三四对比了不同防护装备的效能差异性。工况五与工况一二三四的区别在于无防护。工况三四与工况一二在排爆姿态与操作距离上不同。图 7-41 ～ 图 7-43 分别为工况一二、工况三四、工况试验现场布置图。

图 7-41 工况一二布置图

图 7-42 工况三四布置图

图 7-43 工况五布置图

7.6.2 近距离爆炸测试结果

采用上述测试方案的现场爆炸情况如图 7-44 和 7-45 所示。

图 7-44 工况二爆炸现场

图 7-45 工况三爆炸现场

在五种工况下，所测试的得到了假人力学响应如表 7-18 所示。表中列出了假人头部的加速度峰值与 HIC。

表 7-18

工况编号	工况描述	头部加速度峰值(G)	头部 HIC
①	炸药上悬 0.8m/200g，卧姿，防护 I	84.56	1750.86
②	炸药下埋，0.8m/200g，卧姿，防护 I	35.47	218.22
③	炸药悬空，1m/200g，站姿，防护 I	54.15	21.78
④	炸药悬空，1m/200g，站姿，防护 II	65.43	47.29
⑤	炸药悬空，3m/1000g，站姿，无防护	90.61	2275.43

测试所得头部加速度峰值和计算所得 HIC 值结果如图 7-46、7－47 所示。

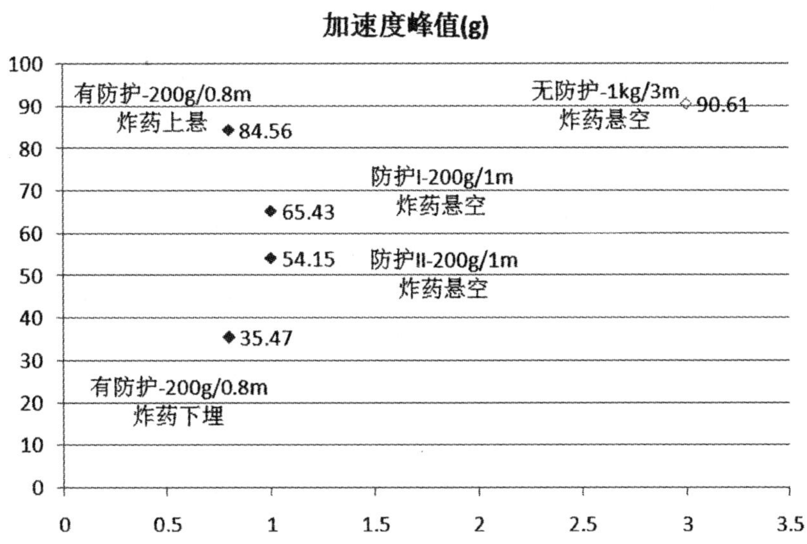

加速度峰值(g)

有防护-200g/0.8m
炸药上悬 ◆84.56
无防护-1kg/3m
炸药悬空 ◇90.61
防护I-200g/1m
炸药悬空
◆65.43
◆54.15
防护II-200g/1m
炸药悬空
◆35.47
有防护-200g/0.8m
炸药下埋
100 90 80 70 60 50 40 30 20 10 0
0 0.5 1 1.5 2 2.5 3 3.5

图 7-46 加速度峰值分别图

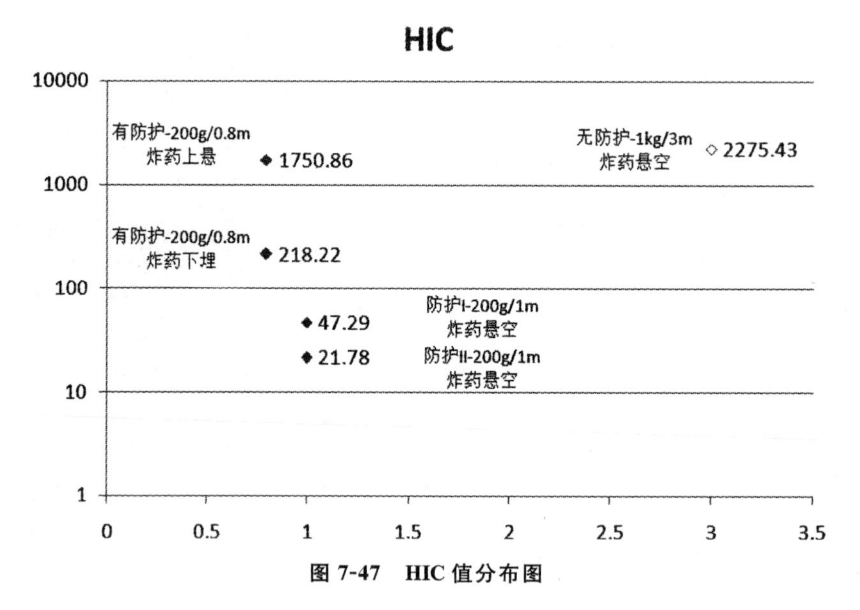

图 7-47　HIC 值分布图

7.6.3　近距离爆炸致伤评估

依据 7.3 节相关评价准则，将爆炸测试结果与加速度峰值和 HIC 的阈值相比较，如图 7-48 和图 7-49 所示。取加速度峰值阈值为 70g，可以看出工况一、五测试结果大于阈值，工况二、三、四测试结果小于阈值。取 HIC 的阈值为 1000，可以看出工况一、五测试结果大于 1000，工况二、三、四测试结果小于 1000。

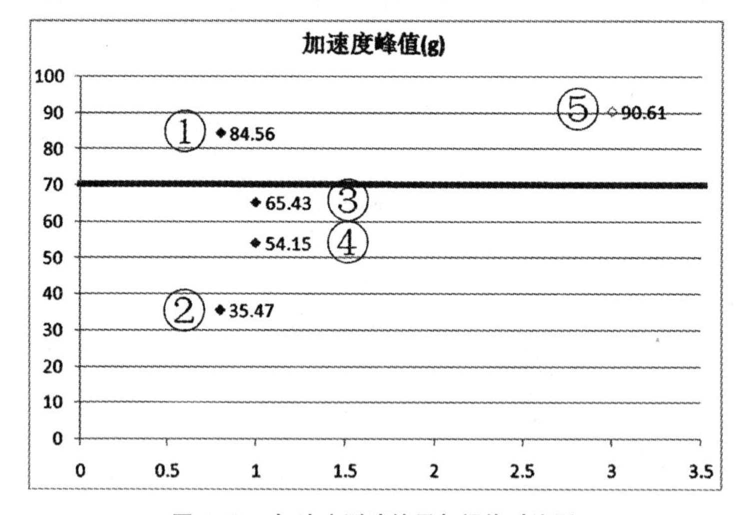

图 7-48　加速度测试结果与阈值对比图

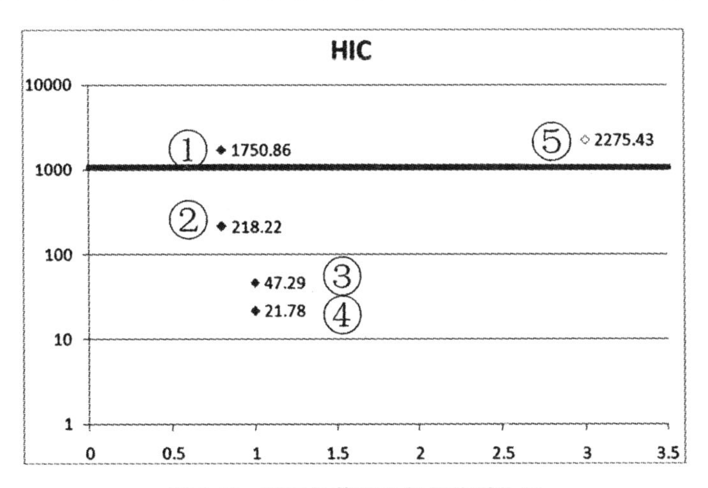

图7-49 HIC计算结果与阈值对比图

综合考虑上述两图可以看出，工况二、三、四为安全工况，在此工况下进行排爆操作无重大风险。工况一、五为危险工况，在这两种情形下进行排爆操作有重大伤亡风险，如图7-50所示。

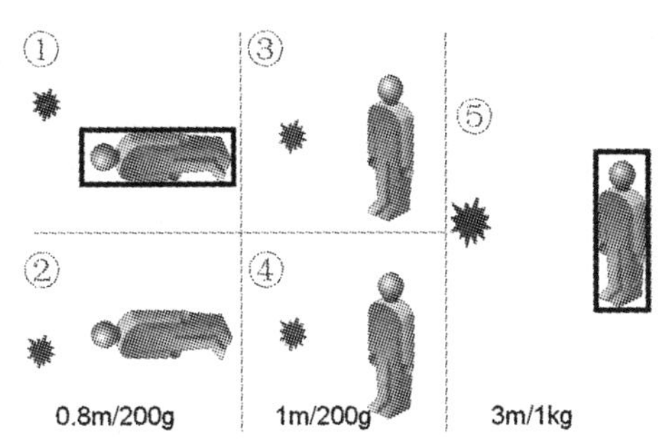

图7-50 危险工况示意图

对比工况一、二可以看出，同等距离、当量和排爆姿态下，炸药下埋比炸药上悬安全；因此推荐在处理爆炸物时将爆炸物置于深坑进行操作。对比工况三、四可以看出，工况四所使用的排爆服防护性能优于工况三所使用的排爆服，不同的排爆服之间具有防护效能的差异性。对比工况三四与工况二的测试结果可以看出，工况二的加速度峰值小于工况三、四的加速度峰值，这同时表明不同的排爆姿态会带来损伤差异，卧姿比站姿安全。

由工况一可以看出，在距离较近、当量较大时，排爆服不能保证排爆人员的安全。将工况五与工况一二三四相比较可以看出，排爆服具有一定的防爆能力，可在一定程度上降低排爆人员的身体损伤。

参考文献

[1]奥尔连科.爆炸物理学.北京:科学出版社,2011
[2]赵雪娥,孟亦菲,刘秀玉.燃烧与爆炸物理学.北京:化学工业出版社,2011
[3]王玉玲,余文力.炸药与火工品.西安:西北工业大学出版社,2011
[4]朱益军.安检与排爆.北京:群众出版社,2004
[5]黄正平.爆炸与冲击电测技术.北京:国防工业出版社,2006
[6]张国顺.燃烧爆炸危险与安全技术.北京:中国电力出版社,2003
[7]张英华,黄志安.燃烧与爆炸学.北京:冶金工业出版社,2012
[8]谢兴华.起爆器材.合肥:中国科学技术大学出版社,2009
[9]王凤英,刘天生.毁伤理论与技术.北京:北京工业大学出版社,2009
[10]周霖.爆炸化学基础.北京:北京理工大学出版社,2005
[11]张宝平,张庆明,黄风雷.爆轰物理学.北京:兵器工业出版社,2009
[12]张立.爆破器材性能与爆炸效应测试.合肥:中国科学技术大学出版社,2006
[13]宁建国,王成,马天宝.爆炸与冲击动力学.北京:国防工业出版社,2010
[14]蔡继峰.爆炸与冲击相关损伤.北京:人民卫生出版社,2011
[15]杨秀敏.爆炸冲击现象数值模拟.合肥:中国科学技术大学出版社,2010
[16]金韶华,松全才.炸药理论.西安:西北工业大学出版社,2010
[17]王海福,冯顺山.防爆学原理.北京:北京理工大学出版社,2004
[18]钱七虎.如何应对爆炸恐怖.北京:科学出版社,2009
[19]王建新.警察人身爆炸防护术.北京:中国人民公安大学出版社,2009
[20]郝建斌.燃烧与爆炸学.北京:石油化工出版社,2012
[21]杨泗霖.防火与防爆.北京:首都经贸大学出版社,2000
[22]徐厚生,赵双其.防火防爆.北京:化学工业出版社,2004
[23]张守忠.爆炸基本原理.北京:国防工业出版社,1988
[24]蔡瑞娇.火工品设计原理.北京:北京理工大学出版社,1999
[25]徐更光.炸药性质与应用.北京:北京理工大学出版社,1991
[26]马晓青.冲击动力学.北京:北京理工大学出版社,1992
[27]劳允亮.起爆药化学与工艺学.北京:北京理工大学出版社,1997
[28]蒋荣光.工业起爆器材.北京:兵器工业出版社,2003
[29]李国新,焦青介,程国元.火工品试验与测试技术.北京:北京理工大学出版社,1998
[30]孙锦山,宋建士.理论爆轰物理.北京:国防工业出版社,1995
[31]吕春绪.工业炸药.北京:兵器工业出版社,1994
[32]董海山.高能炸药及相关物性能.北京:科学出版社,1989